沉积盆地热演化史与油气勘探进展丛书

丛书主编　任战利

银额盆地构造热演化史与油气成藏

Thermal Evolution History and Hydrocarbon Accumulation in Yingen-Ejinaqi Basin

任战利　陈志鹏　等　著

科　学　出　版　社

北　京

内 容 简 介

本书是在充分利用野外地质调查、地震勘探、钻测录井及大量分析测试新资料分析的基础上,对银额盆地苏红图拗陷沉积构造热演化史与油气富集规律研究成果的全面总结,厘定了古生代和中生代不整合界面及地层层序,明确了古生代裂谷盆地和中生代断陷盆地的叠合盆地属性,分析了研究区内各时代地层及沉积相展布规律,探讨了早白垩世的热液喷流等特殊沉积作用,研究了苏红图拗陷构造热演化史及油气成藏基本条件,落实了含油气层系归属、有效烃源岩分布及主要生储盖组合特征,探索了有效储层、缝洞及含油气性的地震预测方法。通过典型油气藏的解剖,探讨了银额盆地苏红图拗陷的中生界和古生界的油气成藏规律和主控因素,建立适合研究区的油气成藏模式。

本书可供从事盆地油气地质与成藏研究、油气地质勘探及开发的科技工作者,以及高等院校师生参考使用。

图书在版编目(CIP)数据

银额盆地构造热演化史与油气成藏 = Thermal Evolution History and Hydrocarbon Accumulation in Yingen-Ejinaqi Basin / 任战利等著. —北京:科学出版社,2020.12

(沉积盆地热演化史与油气勘探进展丛书)

ISBN 978-7-03-066769-4

Ⅰ. ①银… Ⅱ. ①任… Ⅲ. ①构造盆地 – 地热史 – 内蒙古 ②构造盆地 – 油气藏形成 – 内蒙古 Ⅳ. ①P314 ②P618.130.2

中国版本图书馆 CIP 数据核字(2020)第 218940 号

责任编辑:万群霞 冯晓利 / 责任校对:王 瑞
责任印制:师艳茹 / 封面设计:无极书装

科学出版社 出版

北京东黄城根北街 16 号
邮政编码:100717
http://www.sciencep.com

北京九天鸿程印刷有限责任公司 印刷

科学出版社发行 各地新华书店经销

*

2020 年 12 月第 一 版 开本:787×1092 1/16
2020 年 12 月第一次印刷 印张:23 1/2
字数:556 000

定价:320.00 元

本书作者名单

任战利　陈志鹏　祁　凯　王宝江
韩　伟　杨　鹏　崔军平　于　强

序 一

银额盆地是目前国内现存油气勘探程度较低的大型含油气盆地之一，也是最具勘探潜力的盆地之一。但在过去的 50 年里，银额盆地仅在查干凹陷获得了油气探明储量，表明银额盆地的油气地质条件复杂、油气勘探难度大。近年来，随着国内放开油气勘查开发市场，竞争出让油气探矿权，多家油气公司在银额盆地加大了勘探投入力度，陆续在哈日凹陷、拐子湖凹陷获得重大油气发现；其中陕西延长石油(集团)有限责任公司的延哈参 1 井试油获得折合日产天然气 9.15 万 m^3(无阻流量)和少量凝析油的高产油气流；中国石化中原油田分公司的拐参 1 井获得日产原油 51.67m^3、天然气 7290m^3 的高产油气流，成果振奋人心。这些的油气发现在银额盆地油气勘探史上具有重要里程碑意义，展示了银额盆地丰富的油气资源和广阔的勘探前景，对带动银额盆地的新探区、新层系、新领域的油气勘查具有重要意义。

沉积盆地构造热演化史研究是盆地分析及油气评价的重要内容，对指导油气勘探有重要意义。银额盆地的油气勘探开发总体还处于初级阶段，对该地区的构造热演化史、油气成藏条件、油气富集机理、油气成藏规律仍缺乏深入研究。任战利研究员带领的研究团队在国家自然科学基金、陕西延长石油(集团)有限责任公司重点研究项目等多个项目支持下，针对银额盆地苏红图坳陷油气勘探面临的油气成藏条件、成藏规律、油气勘探潜力不清等难题进行了系统深入的综合研究，先后取得了一系列的创新研究成果，并在此基础上完成了专著《银额盆地构造热演化史与油气成藏》。

该书是在钻井、录井、测井、地震、分析化验等大量资料分析的基础上，结合油田勘探开发实践，从地层与沉积层序、构造特征与构造演化、沉积特征、烃源岩特征与分布、储层预测及评价、储层与储盖组合、构造热演化史与排烃史、典型油气藏解剖、油气富集规律、资源潜力预测与圈闭目标评价等方面全面论述了银额盆地苏红图坳陷油气成藏的基本地质条件，分别探讨了下白垩统页岩油气、致密油气成藏基本规律及成藏模式。该书在含油气层位厘定、盆地构造特征及演化、盆地热演化史、热水沉积的确定、主力烃源岩特征及分布、储层预测、生排烃史、油气富集规律及成藏模式等方面创新性明显，理论紧密结合油气实践，对油气勘探有重要指导意义。

该书内容全面、资料丰富，其出版对银额盆地的油气勘探有重要的推动作用及参考价值，值得一读。

中国工程院院士

2020 年 9 月

序 二

　　银额盆地构造位置重要，演化历史复杂，后期改造强烈，找油难度大，20 世纪 50 年代，我国就开展了银额盆地油气勘探工作，但早期勘探未取得油气勘探突破。

　　油气资源是国家重要战略资源，事关社会经济发展和国家安全。历史使命激励国内石油地质家们不断解放思想、大胆创新，深入挖掘新区、新层系、新领域，重新认识和评价前期勘探程度低的区域。2009 年，银额盆地查干凹陷取得了重要的油气突破；2014 年，苏红图拗陷及邻区的延哈参 1 井和拐参 1 井相继获得高产工业油气流，再次引起石油界对银额盆地油气勘探的重视，并逐渐成为国内油气勘探的新热点之一。

　　沉积盆地构造热演化史是盆地动力学研究的前沿领域，其控制着油气生成及成藏。沉积盆地热演化史研究不仅对盆地动力学、大地构造及演化有重要理论意义，而且对油气等多种矿产资源形成研究有重要实用价值。以任战利教授为首的研究团队长期致力于我国沉积盆地热演化史恢复研究，取得了一系列显著创新成果。《银额盆地构造热演化史与油气成藏》一书，是任战利研究团队近几年来在银额盆地关于地层划分及沉积特征、盆地构造演化、有效烃源岩分布、热演化史、油气成藏基本条件、油气成藏模式、含油气性的地震预测方法、油气成藏规律及主控因素、油气资源潜力与有利勘探方向等方面最新系列研究成果的系统总结和升华。该书运用古生物、锆石测年等多种技术和手段确定了含油气层位的归属，厘清了研究区的地层层序和展布规律；发现了热水沉积的存在并建立断陷湖盆的热水沉积模式；将研究区断裂划分为"三种类型、三个级别、三个期次"，明确其断陷分布规律并划分了构造单元。对烃源岩特征进行了评价，恢复了盆地沉积、构造热演化史；确定了研究区构造热事件的存在及发生时期，明确了生烃史及成藏历史、油气成藏主控因素及油气富集规律，构建了适合研究区的油气成藏模式。通过热演化及生排烃模拟，计算了盆地非常规资源总量及常规资源总量。

　　该书资料丰富，内容全面，在盆地沉积构造演化、构造热事件及抬升时间、热演化史、生烃成藏期次、热水沉积等方面具有创新性。研究成果紧密结合油田勘探实践，不仅具有重要理论意义，而且对指导该区油气勘探有重要的实用价值，值得一读。

中国科学院院士 任纪舜

2020 年 9 月

前　言

　　银额盆地地处内蒙古自治区中西部阿拉善盟境内，是目前中国陆上地区油气勘探程度相对较低的大中型沉积盆地，一直是油气资源评价勘探的重要区域，吸引了众多学者的关注和讨论。银额盆地在区域构造上位于塔里木、哈萨克斯坦、西伯利亚和华北四大板块结合部位，是发育在前寒武结晶地块及早古生界褶皱基底上，由晚古生代海相和中新生代陆相地层组成的叠合盆地，盆地经历了石炭纪—二叠纪裂谷、晚二叠世—三叠纪挤压隆升、侏罗纪—早白垩世断陷和晚白垩世—新近纪拗陷四个构造演化阶段。特殊的大地构造位置、多期次的构造运动及复杂的沉积体系决定了油气勘探的复杂性。

　　银额盆地勘探程度较低、勘探面积较大，是目前国内最具有勘探潜力的盆地之一。但在过去的 50 年里，银额盆地仅在查干凹陷获得了油气探明储量，其他凹陷未取得油气勘探的突破，表明银额盆地的油气地质条件复杂、油气勘探难度大。近年来，众多油气公司在银额盆地加大了勘探投入力度，陆续在哈日凹陷、拐子湖凹陷获得重大油气发现，证实了银额盆地具有丰富的油气资源和广阔的勘探前景。

　　陕西延长石油（集团）有限责任公司（简称延长石油）在银额盆地北部苏红图拗陷开展了大量的勘探工作，完成钻井 12 口，二维地震 2946km，三维地震 153km^2，见到了良好的油气显示，获得了高产油气流，展示了良好的勘探前景。但在勘探过程中遇到了一系列的难题，表现在勘探的重点应该是古生界还是中生界，高产油气产层的时代归属、构造演化史、主力烃源岩及烃源岩的生烃潜力的评价、特殊岩性储层的成因及预测、油气聚集成藏规律及主控因素等需要进一步明确，这都成为制约研究区勘探突破瓶颈的关键问题，需要系统和深入研究。

　　在国家自然科学基金、延长石油等多个科研项目的支持下，笔者针对银额盆地苏红图拗陷油气勘探面临的沉积构造热演化史、油气成藏成藏规律、油气勘探潜力等难题进行了系统深入的综合研究。自 2014 年开展银额盆地构造热演化史及油气成藏研究以来，查阅和收集了相关文献及资料，收集了研究区钻井、录井、测井、地震、化验分析等各种资料，完成 8 口探井的岩心观察，共采集岩心样品 200 余块，完成孢粉分析、锆石测年、常量微量元素分析、裂变径迹、包裹体测温、热解、有机碳、干酪根镜鉴、镜煤反射率、饱和烃色谱、伊利石结晶度、电镜扫描、X 衍射、孔隙度、渗透率、压汞、盖层分析、敏感性分析等 430 余项分析化验数据。对工区 67 条二维地震剖面进行了精细解释工作，完成 K$_2$w、K$_1$y、K$_1$s、K$_1$b、P、C 共 6 个层系的地震解释，完成地层对比剖面图、各层位构造图、构造演化史图、储层预测图、沉积相图、烃源岩平面图、有利区预测图等 200 余幅。对哈日凹陷高产出油气井哈参 1 井进行了综合评价，对银额盆地苏红图拗陷沉积构造热演化史、油气成藏规律等进行了深入研究，取得了一系列的创新研究成果。在对研究成果进行了总结、提炼和升华基础上，完成了本书。

本书在含油气层位厘定、盆地构造特征及演化、盆地热演化史、热水沉积的确定、主力烃源岩特征及分布、储层预测、生排烃史、油气富集规律及成藏模式等方面有明显创新性,理论紧密结合实践,对油气勘探有重要指导意义。

本书是笔者对银额盆地苏红图拗陷沉积构造热演化史及油气富集规律研究成果的总结,主要取得了以下成果。

(1)运用古生物、锆石测年等多种技术和手段确定了含油气层位的归属,厘清了研究区的地层层序和展布规律。

(2)发现了热水沉积的存在,建立了断陷湖盆热水沉积模式。

(3)对断裂进行了详细刻画,将研究区断裂划分为"三种类型、三个级别、三个期次"。

(4)明确了研究区以箕状断陷为主,以巴布拉海凸起为中心,东部和西部的断陷具有对称分布的特点,将断陷划分为陡断带、中央深凹带和斜坡带三个构造单元,恢复了盆地构造演化史。

(5)根据沉积相标志将研究区沉积相划分为 5 类,进一步划分为 13 类沉积亚相和 25 种微相,恢复了不同时期沉积相演化历史。

(6)烃源岩评价表明优质烃源岩以中生界下白垩统为主,哈日凹陷和拐子湖凹陷的烃源岩明显好于巴北凹陷和乌兰凹陷。

(7)根据镜质体反射率、包裹体测温、裂变径迹及盆地模拟软件恢复了研究区构造-热演化史。将研究区石炭系—二叠系热演化史划分为两种类型:一类为与上覆白垩系连续变化型,这种热史类型表明石炭系—二叠系有二次生烃;另一类为间断型,此种热史类型表明石炭系—二叠系为一次生烃,且生烃在白垩系沉积之前。野外剖面石炭系—二叠系裂变径迹年龄为 129~159Ma,主要为 150Ma,反映了主要在晚侏罗世研究区遭受重要一期抬升、剥蚀事件。苏红图拗陷哈日凹陷裂变径迹分析表明在 49~28Ma 以来经历了缓慢抬升,后期有加快的趋势。

(8)不同的热演化史类型决定了不同的生烃史过程。白垩系烃源岩热演化史表明哈日凹陷巴音戈壁组烃源岩在115Ma 演化左右进入生烃门限,93~102Ma 进入生油高峰,银根组在 80Ma 左右进入生烃门限,目前大部分仍未达到生油气高峰,49~28Ma 以来发生抬升冷却,生烃减弱。

(9)研究区主要发育白云质泥岩、灰质泥岩、砂砾岩和火山岩四类储层,四类储层均属于特低孔特低渗储层,相比而言,砂岩储层及灰质泥岩储层物性较好,其中灰质泥岩储层主要发育在巴音戈壁组,火山岩储层主要发育在巴一段。

(10)研究区油气藏类型多样,发育灰质泥岩裂缝油气藏、致密砂岩岩性油气藏、砂岩构造油气藏,以岩性油气藏和构造油气藏为主。

(11)研究区油气藏具有"上油下气"的特点,在凹陷深部以天然气和含气油层为主,在凹陷较浅部位以原油为主,油气主要来源于下白垩统,以巴音戈壁组烃源岩贡献最大。

(12)油气成藏期次研究表明研究区巴音戈壁组主要油气充注期为早白垩世到晚白垩世早期。

(13)在对典型油气藏实例解剖及对探井钻探效果分析的基础上,明确了油气成藏主控因素。油气成藏富集主要受烃源岩、储层及断裂、裂缝控制。在此基础上,建立了适合研究区的油气成藏模式。

(14)通过热演化及生排烃模拟，计算了研究区非常规资源总量及常规资源总量。

(15)在综合分析有效烃源岩、有效储层展布、油气成藏组合、圈闭类型等的基础上，预测了有利区带及目标。

本书由任战利、陈志鹏、祁凯、王宝江、韩伟、杨鹏、崔军平、于强等执笔完成，全书由任战利负责统稿。研究团队成员参与相关研究工作的主要有曹展鹏、陈占军、杨燕、于春勇、任文波、杨桂林、马骞、刘润川、邓亚仁、马文强、罗亚婷等。

本书在撰写过程中，延长石油油气勘探公司和研究院领导与研究人员给予了大力的支持与帮助，研究团队也得到了国家自然科学基金、延长石油科研项目等经费的支持，此外，延长石油油气勘探公司还提供了大量基础资料，在此一并表示感谢！

由于笔者水平有限，书中难免有不当之处，敬请读者批评指正。

任战利

2020 年 2 月 8 日

目　录

第1章　区域地质概况

　　银额盆地东以狼山为界，西邻北山，南邻北大山和雅布赖山，北至中蒙边界及洪格尔吉山、蒙根乌拉山；位于北纬39°至中蒙边界之间和东经99°～108°；东西长约60km，南北宽75～225km，面积约12.13万km^2；由20多个大小不等的中生代小型断陷湖盆构成，发育侏罗系与白垩系两套沉积盖层，凹陷总面积3.59万km^2（郭彦如等，2000；王新民等，2001）。

　　苏红图拗陷位于内蒙古自治区西部银额盆地北部，包括哈日凹陷、巴北凹陷、乌东凹陷、乌西凹陷等，行政区主要位于阿拉善盟（包括阿拉善左旗、阿拉善右旗、额济纳旗等），部分涉及巴彦淖尔市的乌拉特后旗（图1.1）。

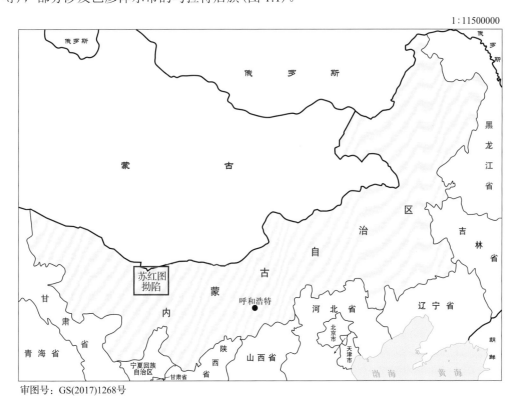

审图号：GS(2017)1268号

图1.1　银额盆地苏红图拗陷行政区划及交通位置示意图

1.1　地　层　特　征

　　银额盆地地层发育较全，从太古界至第四系均有分布。早古生界及更老地层构成盆地基底，晚古生界以海相沉积为主，中新生界均为陆相沉积，构成盆地的沉积盖层（吴茂炳和王新民，2003；陈启林等，2006）。银额盆地从早石炭世晚期（人塘期）开始接受晚古生代海相沉积，石炭系—二叠系横跨准噶尔-兴安地层大区的内蒙古-吉林地层区，包括了北山（金塔）、内蒙古中部（额济纳旗、哲斯）等地层小区（表 1.1）。早三叠世，受印支运动影响，银额盆地处于隆起状态，晚三叠世进入造山期后的伸展松弛阶段，开始接受中生代湖相沉积，依次沉积了三叠系、侏罗系、白垩系、古近系、新近系和第四系。

表 1.1 银额盆地及其邻区石炭系—二叠系岩石地层对比关系（据卢进才等，2014）

中国年代地层			国际标准		生物地层或重要化石	岩石地层分区					统一命名	
系	统	阶	统	阶		明水-嘎顺淖尔	马鬃山-五道明	额旗-杭乌拉	努尔盖	因格井-海力素	东部	西部
二叠系（二）	乐平统 P3	长兴阶	乐平统	长兴阶	*Paracalamites, Callipteris, Pecopteris, Spiriferella*	方山口组	哈尔苏海组	哈尔苏海组		P1（未命名）	哈尔苏海组	方山口组
		吴家坪阶		吴家坪阶								
	阳新统 P2	冷坞阶	瓜德鲁普统	卡匹敦阶	*Uraloceras—Linoproductus—Stenocisma*组合带 *Uraloceras—Waagenoconchia—Uncinunellina*组合带	金塔组	金塔组	阿其德组 火山岩段	P2（未命名）	阿其德组	阿德组	金塔组
		孤峰阶		沃德阶		菊石滩组（哲斯）	菊石滩组	碎屑岩段		菊石滩组		菊石滩组
		祥播阶		罗德阶								
	船山统 P1	罗甸阶	乌拉尔统	空谷阶	*Spiriferella—Kochiproductus—Yakovlevia*组合带	双堡塘组	双堡塘组	埋汗哈达组 上碎屑岩段 碳酸盐岩段 下碎屑岩段	双堡塘组	哲斯组	埋汗哈达组	双堡塘组
		隆林阶		亚丁斯克阶								
		紫松阶		萨克马尔阶	*Pseudoschwagerina*带	干泉组	干泉组	阿木山组 碎屑岩段 碳酸盐岩段 火山岩段	干泉组	阿木山组	阿木山组	干泉组
				阿瑟尔阶								
石炭系	马平统 C2²	小独山阶	宾夕法尼亚系	格舍尔阶 卡西莫夫阶	*Triticites*带	石板山组	石板山组					石板山组
	威宁统 C2¹	达拉阶		莫斯科阶	*Pseudostaffella—Profusulinella*组合带							
		滑石板阶		巴什基尔阶								
		罗苏阶		谢尔普霍夫阶			白山组					白山组
	大塘统 C1²	德坞阶	密西西比系									
		上司阶		维宪阶								
		旧司阶										
	岩关统 C1¹	汤耙沟阶		杜内阶								
下伏地层						D2	D3	D3	Pt3	Pt3	D3	D2

地层接触关系：—— 整合 ------ 平行不整合 ～～～ 不整合

三叠系仅局部地区接受沉积；侏罗系沉积范围较三叠系有所扩大，但分布仍很局限；白垩系分布较广，发育较全，遍布各个拗陷，钻遇最大视厚度为 3612m（查参 1 井）；古近系、新近系及第四系相对较薄，钻遇最大视厚度为 431.2m。中—下侏罗统和下白垩统为盆地主要油气勘探目的层（刘春燕等，2006；李光云等，2007）。据钻井与地震资料，在居延海拗陷居东凹陷、尚丹拗陷及岌岌海子凹陷和锡勒凹陷有侏罗系分布。居东凹陷侏罗系发育齐全，厚度变化大（0~4000m）；尚丹拗陷及岌岌海子凹陷和锡勒凹陷无钻井资料，根据露头、地震和重力推测侏罗系厚度变化为 0~4000m。下白垩统分布范围广，除在苏亥图拗陷、达古拗陷情况不明外，查干德勒苏拗陷、苏红图拗陷、尚丹拗陷、居延海拗陷及务桃亥拗陷均有分布。上白垩统乌兰苏海组分布范围较下白垩统缩小。地表露头见于东部各拗陷，西部出露很少。古近系、新近系、第四系全盆地广泛分布，厚度较薄，为 0~300m。

1.2 构造特征

银额盆地及其邻区位于华北板块、塔里木板块、哈萨克斯坦板块的边界位置是古亚洲洋与特提斯洋构造的交汇部位，处于中朝克拉通（准地台）与塔里木克拉通（准地台）、天山—兴安造山系与秦岭—祁连山—昆仑造山系的交切、复合地带（任纪舜，2003）。红柳河—牛圈子—洗肠井缝合带、阿尔金东缘断裂、恩格尔乌苏断裂带是分割塔里木板块、哈萨克斯坦板块和华北板块的边界断裂。

根据盆地内基底性质、岩浆活动、沉积地层、断裂活动的不同及盖层构造特征的差异等因素，将银额盆地中生代构造单元划分为 4 个隆起（即绿园隆起、特罗西滩隆起、宗乃山隆起和楚鲁隆起）、7 个拗陷或断陷（居延海拗陷、务桃亥拗陷、达古拗陷、苏红图拗陷、苏亥图拗陷、尚丹拗陷及查干拗陷）共计 11 个二级构造单元，并进一步划分出 23 个凹陷、20 个凸起、1 个斜坡共计 44 个三级构造单元（陈启林等 2006；刘春燕等，2006），详见图 1.2。

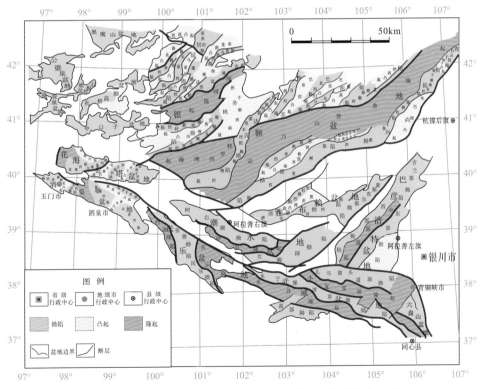

图 1.2 银额盆地及其邻区中生代构造单元划分图（据卢进才，2012）

1.3 区域构造演化

银额盆地是古生代与中生代的叠合盆地，中—晚泥盆世古亚洲洋闭合之后，构造沉积演化经历了石炭纪—二叠纪海陆演化阶段，中生代陆内盆山演化阶段(表 1.2)。石炭纪—二叠纪地层记录了盆地裂解、扩张、萎缩完整的沉积序列，岩性组合为火山岩、沉火山碎屑岩、碎屑岩夹煤层，三叠纪—侏罗纪盆地以隆升为主，缺失三叠系，侏罗系零星分布，以河流相为主。白垩纪是银额盆地中生代发育的主要时期，白垩系在区内广泛分布，主要为河流、湖泊相沉积的碎屑岩。前人研究成果将研究区石炭纪、二叠纪及其之后的构造演化划分为以下几个阶段(靳久强等，2000；陈启林等，2006)。

表 1.2　银额盆地及其邻区构造运动与盆地演化序列简表

发生年龄/亿年	地史期		代号	构造活动	构造变动大事件	盆地形成与构造演化	简要说明
	代	纪					
0.15	新生代		Q	~喜马拉雅运动Ⅱ期	区域挤压逆冲	盆地分割与局部断陷阶段	更新世以来的差异升降运动奠定了现代盆山地貌的基础，形成山体割裂的中生代中小盆地
0.233		新近纪	N_2—Q_1 N_2 N_1		局部断陷		喜马拉雅期褶皱带再度挤压隆升、逆冲，拗陷区相对下陷形成内陆盆地
0.65		古近纪	E	~喜马拉雅运动Ⅰ期			
1.37	中生代	白垩纪	K		区域拗陷	陆内盆山构造演化阶段	进入中生代后，控制和支配盆地形成与演化的地壳性质和构造体制发生了根本性的变化。从三叠纪开始，研究区全面进入陆内盆山构造演化阶段。侏罗纪和白垩纪是区内内陆盆地大规模伸展扩展的两个时期
2.05		侏罗纪	J_3 J_2 J_1	~燕山运动Ⅲ期 ~燕山运动Ⅱ期	区域隆升		
2.50							
2.95		三叠纪	T	~燕山运动Ⅰ期 ~印支运动			
3.54	晚古生代	二叠纪	P	~晚华力西期运动	裂谷裂陷盆地发育	海陆(陆内裂谷)演化阶段	多期次火山喷发和深成侵入岩体的广泛发育是这个发展阶段的重要构造特征。在巴丹吉林裂谷裂陷盆地形成巨厚的火山岩+碎屑岩+碳酸盐岩建造。由北向南的超覆和广泛发育的浅海陆棚相、浅海碳酸盐岩台地与台地斜坡相沉积，代表了典型裂谷盆地的沉积特征
3.72		石炭纪	C				
4.10		泥盆纪	D_3 D_{1-2}	~早华力西期运动	天山-蒙古洋闭合		
4.38	早古生代	志留纪	S		天山-蒙古洋形成与发育	洋陆(板块构造)演化阶段	南华纪壳开启，形成第一个盖层沉积。奥陶纪形成具有多岛弧盆系的大洋盆地(天山-蒙古洋-古亚洲洋的南支和秦祁昆大洋)。天山-蒙古洋中晚志留世—早泥盆世前陆盆地沉积的出现标志着碰撞造山的开始，中泥盆世碰撞型花岗岩的出现，则标志着碰撞造山作用的终结。阿拉善陆块、华北陆块、中南祁连陆块及南蒙古陆块连接在一起，形成大面积的新生陆壳
4.90		奥陶纪	O				
5.43		寒武纪	€	~加里东运动			
6.80		震旦纪	Pt_{2-3}	~晋宁运动	裂陷槽(或裂陷盆地)发育	陆壳裂陷阶段	形成线状裂陷槽或裂谷盆地，晋宁运动后形成统一大陆。构成了研究区的沉积变质基底
10.00	元古代	南华系					
18.00				~吕梁运动 ~阜平运动			
25.00			Pt_2			结晶基底形成阶段	变形变质、固结硬化，形成原始古陆
			Ar_2				

注："~"表示约。

资料来源：中国地质调查局西安地质调查中心.2014.银额盆地石炭系—二叠系地质调查报告(银额盆地野外地质踏勘和剖面测量报告).西安。

(1)石炭纪—二叠纪裂谷、裂陷构造演化阶段。石炭纪—二叠纪阶段是加里东—早华力西期构造带强烈活动时期，形成若干个陆内裂谷或裂陷盆地，多期次火山喷发和深成侵入岩体的广泛发育。石炭系—二叠系同向轴连续性较差，反射振幅较强，多为火山岩。

(2)晚二叠世—三叠纪主要为挤压隆升构造阶段，形成隆拗相间格局。石炭系—二叠系沉积之后经历一次强烈的构造改造作用——海西末期构造运动，使之形成了隆拗相间的格局，受此构造运动影响，石炭系—二叠系广泛发育东西向展布的紧闭褶皱，同时由于差异抬升，石炭系—二叠系经历的剥蚀作用使中生界不同时期的地层不整合覆盖在石炭系—二叠系上。印支运动早期，研究区以隆升为主，受印支期长期隆升的影响，三叠系分布局限，多数地区未沉积或遭受后期剥蚀，残留厚度较小。

(3)侏罗纪—白垩纪陆内小型断陷盆地构造演化阶段。侏罗纪时期，研究区进入初始裂谷盆地演化阶段，在居东、路井等形成断陷。后期，研究区经历了强烈的南北向挤压与抬升作用，与上覆白垩系不整合接触。

早白垩世时期裂谷盆地发育、岩浆大量喷溢。到晚白垩山沉积范围扩大，沿主断裂带沉积厚度大。下白垩统沉积之后，区域应力使局部隆升，部分地区表现为下白垩统与上白垩统的平行不整合接触。研究区发育小型断陷盆地的单断、双断式断陷湖盆等构造样式。

(4)晚白垩世末期构造运动，晚白垩世末的构造运动是该区改造作用最强烈的一次构造运动。这一时期由北向南的推覆作用，形成了大型的逆冲推覆构造，元古界覆盖在寒武系、白垩系之上。

(5)古近纪—新近纪盆地分割与局部断陷阶段。古近纪以来，由于印度板块向北俯冲及与欧亚板块碰撞产生的远程效应，研究区以挤压应力为主，在阿尔金断裂北延断裂带形成一系列左行断裂系。盆地拗陷式沉积，具有西厚东薄的特征，沉积地层主要分布在盆地西部。

1.4　勘 探 历 程

银额盆地自 20 世纪 50 年代以来，陆续开展了区域地质调查、重力(重)、航磁(磁)、电法(电)、地震、地球化学勘探(化探)、钻井等多种方法勘探，特别是近几年勘探取得了较大的成果，见到了良好的油气显示和工业油流，展示了盆地良好的油气勘探前景。但由于地表条件限制，盆地各凹陷勘探程度极不均衡，其勘探现状如下。

1. 重、磁、电、化探

自 20 世纪 70 年代至 1995 年，先后有地质矿产部航空物探大队、核工业部、中国石油天然气总公司新区事业部、石油物探局第五地质调查处、陕西省测绘地理信息局等单位完成不同区块不同比例尺的重力、航磁、电法和大地电磁(MT)勘探。全盆地已完成 1：100 万、1：20 万重力普查，盆地东部 1：5 万和盆地西部 1：10 万航磁普查，额济纳旗和银根部分地区电法普查，盆地东、中、西部三条 MT(700km)大剖面。完成额济纳旗地区约 3000km^2、查干凹陷 1500km^2 的化探普查。

1988 年以前，银额盆地的油气勘探程度很低，只开展过少量地面地质调查，西北石油管理局玉门矿务局在马鬃山中口子盆地西部油砂山发现白垩系油苗和沥青，在腾格里南部青土井发现 J_{1-2} 油苗，经过进一步勘探（少量地震和钻井），于油砂山和青土井钻获工业油流（吴少波，2003）。

1992 年，地质矿产部石油地质海洋地质局设立"巴丹吉林盆地油气勘查项目"，在额济纳旗地区开展了约 3000km² 的化探普查。

1994~1995 年，地质矿产部华北石油地质局、石油地质综合研究大队分阶段在额济纳旗-银根盆地开展了地震概查和遥感化探普查，石油物探局第五地质调查处在查干凹陷开展了 1500km² 的化探普查。

2007 年，中国地质调查局西安地质调查中心启动了"银额盆地及其邻区石炭系—二叠系油气远景调查"项目，至目前，在银额盆地已完成了以石炭系—二叠系为目的层的油气资源远景调查，采取地质与地球物理相结合的方法，完成了 1∶1000 地质剖面测量 94.16km，实施综合物化探（重、磁、电、化探）剖面 1900km，地震勘探 200km，1∶5 万土壤油气化探和 1∶5 万高精度重磁测量 3500km²，采集各类样品 3 万余件。研究表明，银额盆地及其邻区石炭系—二叠系发育多套厚度大、TOC 含量中等—较高、演化程度以成熟—高成熟为主的烃源岩，具有良好生烃条件；通过重、磁、电综合剖面地球物理勘探，结合前人的重、磁、电、遥感、地震等资料，对盆地基底结构、构造和残留石炭系—二叠系的分布有了进一步的认识，基本明确了石炭系—二叠系有利勘探区。

2. 地震勘探

从 1986 年至今，先后有长庆石油勘探局物探处、石油物探局第四地质调查处、中原石油勘探局地球物理物探公司、玉门石油管理局地质调查处等单位开展了地震勘探。石油系统下属单位累计完成 12 次、24 次、30 次、60 次覆盖二维地震数字剖面 326 条 14647.5km（其中中国石油天然气总公司新区事业部组织完成 11136.3km）。查干凹陷测网达 2km×2km、局部达 1km×1km，白云凹陷达 8km×16km，红果凹陷为概查，居东、天草凹陷中部达 2km×2km，西部达 8km×16km，哈日凹陷达 2km×2km，乌力吉、托来凹陷达 4km×4km，巴丹吉林沙漠区的锡勒及岌岌海子凹陷基本为地震勘探空白区。1992 年和 1995 年地质矿产部在银额盆地西部完成二维地震测线约 1000km。2014 年以来，延长石油在该区共完成二维地震 2877km，完成三维地震采集 152km²。

3. 钻探情况

全区完成水文钻孔 246 口。完钻石油探井 19 口，其中 2000 年前钻探井 13 口（石油系统钻 11 口探井，总进尺约 32000m），分别位于查干凹陷（查参 1 井、毛 1 井、巴 1 井和毛 2 井）、居东凹陷（居参 1 井）、天草凹陷（天 1 井）、路井凹陷（额 1 井、额 3 井、额 4 井）、哈日凹陷（哈 1 井）和梭梭头凹陷（务参 1 井），其中额 1 井、查参 1 井、毛 1 井获低产油流；原地矿部在路井凹陷完钻 2 口石油探井，在侏罗系见到低产工业油流。

1995 年在麻木乌苏施钻第 1 口探井"额 1 井"，完钻井深 2951.8m，于下白垩统、侏罗系和石炭系—二叠系顶面风化壳发现多层油气显示。对麻木乌苏组和石炭系—二叠系顶面风化壳进行钻杆测试（DST）测试，获原油 2.58m³/d，天然气 1902m³/d，显示了良好的勘探开发前景。由于地质矿产部体制改革，地质矿产部新星石油有限责任公司整体划归中国石化，进入商业性油气勘探开发公司后，再未对这一地区进行公益性石油勘探。

2000 年后，中石油吐哈油田分公司钻石油探井 5 口，分别为天草凹陷的天 2 井、天 3 井、天 5 井及哈日凹陷的苏 1 井、乌力吉凹陷的吉 1 井，总进尺约 12700m，其中天 2 井获低产油流。

2009 年，中国石化中原油田分公司在银额盆地东部查干凹陷进行滚动勘探开发，多口井在白垩系获工业油流，并建成一定产能。

2010 年，中国石化华北分公司在银额盆地居延海拗陷的麻木乌苏区块进行勘探开发，实施探井 6 口，均钻达石炭系—二叠系，其中祥探 9 井揭示石炭系 1027.4m，有 4 口井在石炭系—二叠系钻遇油层或见油气显示，祥探 9 井在 3105m 处出现气涌，祥探 8 井和祥探 10 井于石炭系—二叠系顶面风化壳试获工业油流，表明该区石炭系—二叠系具有一定的油气勘探前景。

2014 年，中石化中原油田分公司在拐子湖凹陷钻探拐参 1 井，并获得高产油气流，其后相继完成了拐 2、拐 3、拐 4、拐 5 等井的钻探。

2014 年，延长石油在哈日凹陷及巴北凹陷完成钻井 11 口，分别是延哈地 1 井、延哈参 1 井、延哈 2 井、延哈 3 井、延哈 4 井、延哈 5 井、延哈 6 井、延巴地 1 井、延巴参 1 井、延巴 1 井、延巴南 1 井。

2.1   地层划分及对比方案

银额盆地构造位置特殊，位于四大板块的结合部，经历了多期构造运动，发育晚古生代裂谷和中生代断陷两期截然不同的沉积演化阶段。中生代盆地拗陷间为凸起或隆起所隔，其沉积环境差异较大，地层特征自东向西有明显变化。盆地内各凹陷间分割性较强，岩性、电性变化较大，对比难度大，导致研究区的地层划分及对比上存在较多分歧。同一拗陷不同构造位置，岩相也有较大区别。尤其是中生界与晚古生界之间的分界线，不同学者之间存在较大差异(郭彦如，2003；卫平生等，2007；明楷曼等，2013；魏仙样等，2014；陈治军等，2018b；卢进才等，2018a，2018b)。因此，地层划分与统层是研究区首先需要解决的难题。

2.1.1   地层划分及对比依据

目前，大区或区域地层划分对比的方法主要有生物地层学、岩石地层学、层序地层学及地球物理响应四种方法(吴元燕等，2005)。近年来，随着地球化学分析技术的快速发展，形成一系列新的地层划分方法，同位素地质年代学依据放射性同位素衰变定律进行精确的地质计时，为地球形成以来各个主要演化阶段确定了科学时标，目前已成为了标定地质年代的重要方法之一(Faure，1998；陈岳龙等，2005)。

笔者对研究区哈日凹陷的哈参 1 井进行了系统采样，并进行了孢粉、锆石测年、常微量元素等详细分析测试。在此基础上，对孢粉组合、火山岩锆石 U-Pb 年龄、矿物组合、钻井、测井、地震等资料进了综合分析，对哈参 1 井地层进行化详细划分，建立了地层划分标准[1][2]。为了较好完成研究区内地层统层，在广泛收集研究区区域地质资料的基础上，首先从银额盆地地层整体发育特征出发，分析研究不同时代地层特征；其次，充分利用钻井、测井、地震及分析化验等资料，运用孢粉组合鉴定、地震层序识别、矿物分类对比以及火山岩锆石 U-Pb 同位素测年等多种地层划分技术和手段，以哈参 1 井等为分层标准，识别重要地层界面、确定组段，进而确定地层层序(界、统、系、组)界限；最后，通过进行井间对比，进一步论证所确定地层界限合理性和准确性。按照以上研究方法及步骤，建立了研究区地层划分方案，具体地层划分依据详见表 2.1。

---

① 任战利，杨鹏，曹展鹏，等.2016.银额盆地哈日凹陷延哈参 1 井单井综合评价.西安：陕西延长石油(集团)有限责任公司。

② 任战利，陈志鹏，祁凯，等.2017.银额盆地延长探区勘探潜力研究及目标优选.西安：陕西延长石油(集团)有限责任公司。

表 2.1 银额盆地苏红图拗陷地层划分依据

层位	划分依据				
	典型孢粉化石	岩性组合特征	电测曲线特征	岩石矿物特征	地震反射层特征
乌兰苏海组	化石资料贫乏，见少量介形类、孢粉及藻类	上部为棕红色泥岩、砂砾岩，下部为灰色泥岩夹薄层粉砂质泥岩，底部可见一套泥砾岩	自然电位除顶部呈较明显的负异常外，其余部位较平直；电阻率曲线对应顶部石膏层处呈块状高阻，其余为锯齿状中—低阻	成分以黏土、石英、长石为主，含少量白云石和方解石	地震反射特征表现出为两个强反射同相轴，区域分布连续，在凹陷的南北呈下部反射轴顶削现象
银根组	有突肋纹孢(*Appendicisporites*)-皱球粉(*Psophosphaera*)-扁三沟粉属(*Tricolpites*)组合	顶部为一套棕色砾岩夹薄层粉砂质泥岩、灰质泥岩，中部为大套白云质泥岩及泥质粉砂岩互层，底部为大套深灰色泥岩	自然电位曲线上部呈不规则波状，下部较平直；双侧向电阻率曲线上部呈不规则密集锯齿状，下部相对较为平直，局部有低幅度起伏	成分以黏土、长石和白云石为主，石英含量次之，含方解石	地震反射同相轴在凹陷表现为底超现象，在凹陷南北边缘出现下伏反射层顶削特征，表现为 2~3 个连续的反射同相轴，中—强振幅，连续性较好
苏二段	蛟河粉(*Jiaohepollis*)-原始松柏粉(*Protoconiferus*)-双束松粉(*Pinuspollenites*)组合	该组为大套灰质泥岩，中部可见少量粉砂岩夹层，下部可见部分泥灰岩	自然电位曲线呈平直状或微波状；双侧向电阻率曲线上部呈块状与不规则深槽状间互出现，下部双侧向电阻率曲线呈块状、齿状或钝齿状	成分以黏土、石英、长石、方解石为主，白云石含量次之	地震反射特征为 2~3 个强反射同相轴，区域上易追踪
苏一段	周壁粉(*Perinopollenites*)-原始松柏粉(*Protoconiferus*)-蛟河粉(*Jiaohepollis*)组合	上部为棕色玄武质、玄武质泥岩，中部为大套英安岩，下部为凝灰质泥岩夹少量英安岩		成分以黏土为主，石英、长石次之，含方解石和白云石	地震反射特征为 1~2 个强反射同相轴，凹陷边缘存在削截，凹陷中心表现为平行关系
巴二段	克拉梭粉(*Classopollis*)-苏铁粉(*Cycadopites*)-罗汉松粉(*Podocarpidites*)组合	上部为灰质泥岩及少量凝灰岩，中部为灰色泥岩和凝灰质泥岩互层，底部可见黑色凝灰岩与深灰色泥岩互层	自然电位曲线呈较平直基础上的微波状，底部成钟形；自然伽马曲线总体呈现齿状，局部呈梳状；双侧向电阻率曲线呈锯齿状，局部呈峰状，下部呈不规则峰状高阻和明显锯齿状	成分以长石为主，白云石和黏土次之，含石英，方解石较少	地震发射特征为 2~3 个低频强反射同相轴，易追踪
巴一段		该组上部为棕色泥岩，中部可见灰绿色泥岩及凝灰岩，下部为深灰色泥岩及黑色含灰泥岩		成分以石英、长石、黏土为主，含少量方解石、白云石及铁矿物	地震反射特征为 2~3 个不太连续的强反射，凹陷边缘底超明显，主体呈现下部反射上部顶削的关系
二叠系	周壁孢(*Perotrilites*)、假二肋粉(*Gardenasporites*)、科达粉(*Cordaitina*)、克氏粉(*Klausipollenites*)和碟饰粉(*Discernisporites*)	上部为灰色泥岩、粉砂质泥岩，中部可见大套的英安岩及红棕色泥岩，下部以变质砾岩为主	自然伽马曲线上部呈现不规则的箱形或者微幅度锯齿状，下部呈锯齿状和箱形；双侧向电阻率曲线上部呈明显上部呈明显的梳状，下部起伏幅度相对较小	成分以石英、长石、黏土为主，含少量方解石、硫酸盐，及铁矿物，硅酸盐、白云石含量低	地震反射特征为一套杂乱反射，难易追踪，表现为 1~2 个反射轴，频率较低，中-强振幅，连续性较好
石炭系	化石资料贫乏			数据缺乏	地震反射特征为一套杂乱反射，难易追踪，表现为 1~2 个反射轴，频率较低，中—强振幅，不连续

2.1.2 孢粉化石组合

笔者对哈日凹陷的哈参 1 井进行了系统的孢粉分析，为地层划分提供了重要依据 (图 2.1)。结合前人研究成果分析(卫平生等，2005，2007)，银额盆地古生界及白垩系岩性、古生物孢粉化石组合总体特征表现如表 2.2 所示。

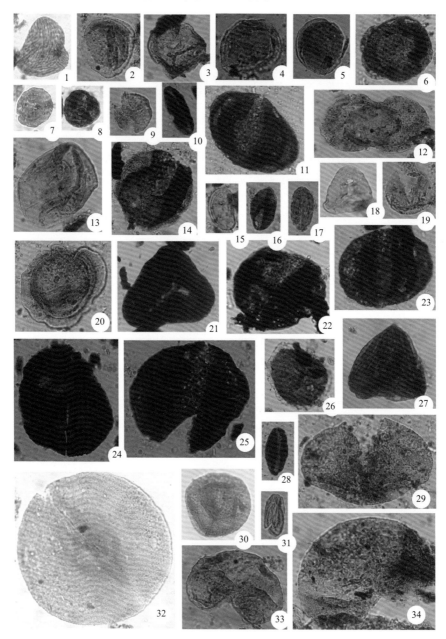

图 2.1　银额盆地哈日凹陷下白垩统代表性孢粉化石

1.无突肋纹孢（*Cicatricosisporites*）；2,5.周壁粉（*Perinopollenites*）；3.层环孢（*Densoisporites*）；4.周壁孢（*Perotrilites*）；6,20.蛟河粉（*Jiaohe-pollis*）；7,8.克拉梭粉（*Classopollis*）；9.扁三沟粉属（*Tricolpites*）；10,16,28.苏铁粉（*Cycadopites*）；11.单束松粉（*Abietineaepollenites*）；12.罗汉松粉（*Podocarpidites*）；13.皱球粉（*Psophosphaera*）；14.古松柏粉（*Paleoconiferus*）；15.光面水龙骨单缝孢（*Polypodiaceaesporites*）；17,31.希指蕨孢（*Schizaeoisporites*）；18.桫椤孢（*Cyathidites*）；19.杉科粉（*Taxodiaceaepollenites*）；21.瘤面海金沙孢（*Lygodioisporites*）；22.假二肋粉（*Gardenasporites*）；23.原始松粉（*Protopinus*）；24.科达粉（*Cordaitina*）；25.克氏粉（*Klausipollenites*）；26.膜环弱缝孢（*Aequitriradites*）；27.有突肋纹孢（*Appendicisporites*）；29.拟云杉粉（*Piceites*）；30.棒瘤孢（*Baculatisporites*）；32.原始松柏粉（*Protoconiferus*）；33.双束松粉（*Pinuspollenites*）；34.冷杉粉（*Abiespollenites*）

表 2.2　银额盆地苏红图拗陷晚古生代—中生代地层岩性及古生物特征

<table>
<tr><th colspan="3">地层</th><th>岩性特征</th><th>古生物</th></tr>
<tr><td rowspan="10">白垩系</td><td>上统</td><td>乌兰苏海组</td><td>细碎屑岩沉积组合</td><td>*Protoceratops* sp., *Bactrosaurus* sp., *Tyrannosauridae*, *Ankylosaurus*</td></tr>
<tr><td rowspan="9">下统</td><td>银根组</td><td>泥岩相对集中，上部以灰色泥岩为主，局部夹粉砂岩及紫红色泥岩；下部为大套深灰色泥岩</td><td>*Laevigatosporites-Cicatricosisporites-Inaperturollenites*</td></tr>
<tr><td rowspan="2">苏红图组</td><td>苏二段</td><td>泥岩相对集中，上部以灰色泥岩为主，下部为大套灰色钙质泥岩</td><td>*Classopollis-Piceaepollenites-Darwinula ustella-Flabellochara hebeiensis*, *Classopollis-Piceaepollenites-Cicatricosisporites*</td></tr>
<tr><td>苏一段</td><td>泥岩相对集中，上部以深灰色泥岩为主，中下部以褐色和棕色泥岩为主，局部夹深灰色泥岩</td><td>*Concavissimisporites-Densoisporites-Classopollis-Atopocharatra-Chypeator jiuquanensis*, *Jiaohopollis-Palaeoconiferales-Cycadopites*</td></tr>
<tr><td rowspan="2">巴音戈壁组</td><td>巴二段</td><td>上部为灰色砂砾岩，夹钙质粉砂岩，中部为深灰色钙质泥岩与褐色泥岩不等厚互层，下部为深灰色钙质泥岩褐色泥岩，棕红色泥岩与薄层状灰色砂砾岩不等厚互层</td><td rowspan="2">*Protoconiferus*，*Classopollis*，*Cicatrieosisporites*，*Klukisporites*，*Cypridea unicostata*</td></tr>
<tr><td>巴一段</td><td>上部为大套深灰色泥岩，中部为深灰色泥岩与褐色泥岩，棕红色泥岩不等厚互层，局部夹钙质粉砂岩，下部为大套深灰色及灰黑色泥岩</td></tr>
<tr><td colspan="3">石炭系</td><td>灰色玄武岩及大套的变质砾岩</td><td></td></tr>
<tr><td colspan="3">二叠系</td><td>浅海相为主的火山岩、碎屑岩和碳酸盐岩建造</td><td></td></tr>
</table>

1. 上白垩统乌兰苏海组(K$_1$w)

乌兰苏海组假整合于银根组之上，为一套河湖相细碎屑岩沉积组合，以砖红色和橘黄色砂岩、粉砂岩、粉砂质泥岩、泥岩及底砾岩等组成，局部夹石膏及泥砂质灰岩，含有脊椎动物化石。该组成地层集中出露于苏红图拗陷和乌力吉拗陷带，可见恐龙 *Protoceratops* sp.，*Bactrosaurus* sp.，*Tyrannosauridae*，*Ankylosaurus*，恐龙蛋 *Oolithes elongates*，另外还可见 *Hadrosauridae*，*Sauropoda*，*Ornithomimus* sp.，*Nodosauride* 等。

2. 下白垩统银根组(K$_1$y)

银根组泥质岩相对集中，上部以灰色泥岩为主，局部夹粉砂岩及紫红色泥岩；下部为大套深灰色泥岩，*Laevigatosporites-Cicatricosisporites-Inaperturollenites* 为代表孢粉的组合带。

3. 下白垩统苏红图组(K$_1$s)

苏红图组自上而下可分为苏二段和苏一段，苏二段钙质泥岩相对集中，上部以灰色泥岩为主，下部为大套灰色钙质泥岩。代表的生物组合带为 *Classopollis-Piceaepollenites-Darwinula ustella-Flabellochara hebeiensis*，另外 *Classopollis-Piceaepollenites-Cicatricosisporites* 孢粉组合带也是划分苏二段的重要依据；苏一段泥岩相对集中，上部以深灰色泥岩为主，中下部以褐色和棕色泥岩为主，局部夹深灰色泥岩。代表的生物组合带为：

Concavissimisporites-Densoisporites-Classopollis-Atopocharatra-Chypeator jiuquanensis 和 *Jiaohopollis-Palaeoconiferales-Cycadopites* 孢粉组合带。

4. 下白垩统巴音戈壁组(K₁b)

巴音戈壁组自上而下可以分为巴二段和巴一段，巴二段上部为灰色砂砾岩，夹钙质粉砂岩，中部为深灰色钙质泥岩与褐色泥岩不等厚互层，下部为深灰色钙质泥岩褐色泥岩，棕红色泥岩与薄层状灰色砂砾岩不等厚互层，局部夹钙质粉砂岩，下部为大套深灰色及灰黑色泥岩；巴一段上部为大套深灰色泥岩，中部为深灰色泥岩与褐色泥岩，棕红色泥岩不等厚互层，局部夹钙质粉砂岩，下部为大套深灰色及灰黑色泥岩。该组地层主要孢粉为：*Protoconiferus*，*Classopollis*，*Cicatrieosisporites*，*Klukisporites* 等，另外还可见 *Cypridea unicostata* 等介形类化石。

5. 古生界石炭系—二叠系(C—P)

银额盆地及其邻区石炭系—二叠系为一套活动性浅海相为主的火山岩、碎屑岩和碳酸盐岩建造，上二叠统为陆相火山岩和沉积岩建造，可见灰色玄武岩及大套的变质砾岩。

根据延哈参 1 井及延巴参 1 井的孢粉化石分析，发现了数量丰富的孢粉化石，依据孢粉化石纵向分布特征，自下而上可划分为五个孢粉组合(表 2.2)。

第一组合：克拉梭粉-苏铁粉-罗汉松粉组合。该组合以裸子类花粉占优势(93.64%～95.40%)，蕨类孢子含量较低(4.60%～6.36%)，未见到被子类花粉。裸子类花粉中除了原始松柏粉(5.75%～20.91%)和双束松粉(10.34%～14.55%)百分含量很高外，克拉梭粉(3.64%～27.59%)、苏铁粉(8.05%～10.00%)和罗汉松粉(2.86%～8.40%)也具有一定含量，还见古松柏类(*Paleoconifer*)花粉、微囊粉(*Parvisaccites*)和冠翼粉(*Callialasporites*)等。蕨类孢子中相对较高的是桫椤孢(0%～2.30%)，还见希指蕨孢、无突肋纹孢等。

第二组合：周壁粉-原始松柏粉-蛟河粉组合。该组合中裸子类花粉占绝对优势(91.38%～95.28%)，蕨类孢子含量低(4.72%～8.62%)，被子类花粉(0.00%～1.05%)零星出现。裸子类花粉中，原始松柏粉百分含量最高(12.26%～22.11%)，其次为双束松粉(8.49%～18.95%)，周壁粉(6.03%～14.15%)、克拉梭粉(0%～15.09%)，皱球粉(4.72%～11.58%)和云杉粉(*Piceaepollenites*)(3.45%～11.32%)也具有一定含量，还见古松柏类(*Paleoconifer*)花粉、蛟河粉等。蕨类孢子中，桫椤孢(0.00%～2.59%)和层环孢(0.00%～2.59%)百分含量最高，其次是无突肋纹孢(0.00%～2.11%)，还见希指蕨孢、有孔孢(*Foraminisporis*)、凹边瘤面孢(*Concavissimisporites*)等。被子类花粉百分含量低，仅见棒纹粉(*Clavatipollenites*)。

第三组合：蛟河粉-原始松柏粉-双束松粉组合。该组合裸子类花粉占绝对优势(93.18%～97.94%)，蕨类孢子含量极低(2.06%～4.55%)，见有少量被子类花粉(0.00%～2.27%)。裸子类花粉中原始松柏粉(15.91%～30.93%)和双束松粉(16.49%～20.45%)百分含量最高，克拉梭粉(4.12%～12.50%)、单束松粉(9.09%～9.28%)和罗汉松粉(4.12%～9.09%)也具有一定含量，还见古松柏粉、微囊粉和蛟河粉等。蕨类孢子类型少含量低，零星见到有多环孢(*Polycingulatisporites*)、膜环弱缝孢、瘤面海金沙孢(*Lygodioisporites*)

和层环孢等。被子类花粉百分含量虽低，但见有时代意义的星粉(*Asteropollis*)和棒纹粉(*Clavatipollenites*)。

第四组合：有突肋纹孢-皱球粉-扁三沟粉组合。该组合裸子类花粉占优势(84.91%)，蕨类孢子含量低(11.32%)，见有少量被子类花粉(3.77%)。裸子类花粉中皱球粉(15.09%)和双束松粉(13.21%)百分含量最高，原始松柏粉(11.32%)和单束松粉(9.43%)也具有一定含量，还见到古松柏类花粉和克拉梭粉。蕨类孢子中仅见有有突肋纹孢、无突肋纹孢和层环孢等。被子类花粉百分含量低，仅见少量扁三沟粉 *Tricolpites*。

第五组合：刺环孢(*Spinozonotriletes*)-带环孢(*Cingulatisporites*)-稀饰环孢(*Kraeuse-lisporites*)-二肋粉(*Lueckisporites*)组合。以蕨类孢子为主(90%)，裸子类花粉含量极少(10%)。蕨类孢子见有三角粒面孢(*Granulatisporites*)、三角光面孢(*Leiotriletes*)、三角瘤面孢(*Lophotriletes*)、三角刺面孢(*Acanthotriletes*)、锥刺圆形孢(*Apiculatisporites*)、密穴孢(*Foveotriletes*)、圆形粒面孢(*Cyclogranisporites*)、三角块瘤孢(*Converrucosisporites*)、带环孢(*Cingulatisporites*)、圆形块瘤孢(*Verrucosisporites*)、层环孢、稀饰环孢(*Kraeuselisporites*)、瘤环孢(*Lophozonotriletes*?)、刺环孢(*Spinozonotriletes*)、膜环孢(*Hymenozonotriletes*)、无脉蕨孢(*Aneurospora*)和窄环孢(*Stenozonotriletes*)等，裸子类花粉见有苏铁粉、二肋粉和宽沟粉(*Urmites*)等。

第一至第四个孢粉组合中，裸子类花粉中古松柏类、微囊粉、冠翼粉和克拉梭粉均是繁盛于早白垩世的典型分子。孢粉组合中蕨类植物孢子含量虽然不高，但类型多样，尤其是早白垩世的特征分子——无突肋纹孢具有较多的含量，该属孢粉在早白垩世早期的组合中普遍出现。凹边瘤面孢同样在世界各地早白垩世地层中分布十分广泛，是早白垩世的常见分子。而组合中早期被子类花粉棒纹粉和星粉也是该地区早白垩世孢粉组合重要特点。该孢粉组合分类与卫平生等(2005)建立的早白垩世的孢粉组合可进行较好类比，仅部分孢粉含量略有区别，分析认为是由于所处古地理位置或沉积环境不同所致。根据第一至第四个孢粉组合对比基本可以确定该层段沉积时代为早白垩世，大致为凡兰期(Valanginian)—欧特里夫期(Hauterivian)(136.4～99.6Ma)。

第五个孢粉组合中三角粒面孢、三角光面孢、锥刺圆形孢、蠕瘤孢(*Convolutispora*?)、层环孢、刺环孢和带环孢属于晚古生代常见分子，刺环孢时代较老，目前仅在新疆北部克拉玛依百口泉井区车排子组、布克赛尔县和布克河组上段有发现。根据对比分析，第五个孢粉组合应属于晚古生代二叠纪。

2.1.3　锆石 U-Pb 同位素定年

同位素测年理论是 1902 年由新西兰著名科学家卢瑟福提出的，目前，常用的地质定年主要包括以下几种：锆石 U-Pb 法、Rb-Sr 法、Sm-Nd、^{40}Ar-^{39}Ar、Re-Os 法、普通铅法和裂变径迹法等(赵玉灵等，2002)。锆石是自然界种广泛存在的一种副矿物，普遍存在于各种岩石中，包括沉积岩、岩浆岩和各种变质岩。锆石一直被视为具有高度稳定性的矿物，具有能持久保持矿物形成时的物理和化学(特别是元素和同位素)特征。锆石在形成时初始铅含量极低，并且它的铀和铅含量较高、矿物封闭温度也较高(达 900℃以上），一次测量可同时获得 $^{206}Pb/^{238}U$、$^{207}Pb/^{235}U$ 和 $^{207}Pb/^{206}Pb$ 三组年龄，成为较理想的测定对象。因而，锆石 U-Pb 定年法近年来得到了长足发展。

锆石 U-Pb 年龄主要有三种测定方法：一是加铀-铅混合稀释剂高温溶解后，用热电离质谱仪进行同位素测定，即较传统 TIMS（thermal ionization mass spectrometry）法；二是用激光束对锆石进行剥蚀，通过 ICP-MS（inductively coupled plasma-mass spectrometry）进行同位素测定，测定样品的同时，要对加入锆石标样一并测定，以保证仪器测定的稳定性，称为 LA-ICP-MS（laser ablation-inductively coupled plasma-mass spectrometry）；三是利用离子流对锆石晶体进行轰击，再对溅射出的离子进行测定，称作二次离子质谱法，即 SIMS（secondary ion-mass spectroscopy）法。目前以 LA-ICP-MS 技术最为成熟，且对存在环带的锆石能选择性地获取晶体边缘的最新年龄，进而得出锆石的形成年龄。研究区采用 LA-ICP-MS 锆石 U-Pb 定年方法分析样品 11 个，结合延长石油的锆石测年样品，共计 25 个锆石 U-Pb 测年数据。

根据天然锆石的成因类型，通常可将其分为碎屑锆石、继承锆石、岩浆锆石、变质锆石、热液锆石和深熔锆石等（吴元保和郑永飞，2004）。其中岩浆锆石是指直接从岩浆中结晶形成的锆石，它的年龄往往能反映其形成年龄，又能代表火山岩形成年龄，对判断地层归属具有重要意义。通过收集整理了研究区火成岩锆石 LA-ICP-MS 锆石 U-Pb 测年数据统计表（表 2.3），可以为该地区地层划分和对比提供较为可靠的依据。

表 2.3   银额盆地火成岩锆石 U-Pb 测年数据统计表

井名	样号	取心段	取样深度段/m	岩性	最早年龄/Ma	地层年代
延哈参 1 井	HC1-76	12(3/40)	3394.20～3394.38	玄武岩	109～128	早白垩世
	HC1-77	12(37/40)	3394.66～3394.74	灰色玄武岩	107	早白垩世
	HC1-80	13(25/30)	3659.06～3659.07	灰色变质砾岩	223～275	
	H04	12(37/40)	3394.74	玄武安山岩	132～263	早白垩世
延哈 2 井	H02	12(28/40)	1732.22	安山岩	312～321	石炭纪
延哈 3 井	H03	15(4/24)	2221.24	玄武岩	135～564	早白垩世
延哈 2 井	H2-16	12(25/40)	1732	安山岩	215～802	石炭纪
延巴南 1	BN1-6	3(14/47)	1275	闪长玢岩	239～2001	石炭纪
延巴南 1	BN1-12	5(8/25)	1561.23	闪长玢岩	243～846	石炭纪

注：H02、H03、H04 样品数据收集自延长石油。表中取心段数据表示：取心筒次（岩心块数/该筒次岩心总块数）。

以下为利用锆石 U-Pb 测年的结果对延哈参 1 井、延哈 2 井、延哈 3 井的地层划分，特别是对中生界与古生界的分界有重要的指导作用（图 2.2）。

延哈参 1 井 3386.950～3471.258m 岩性鉴定为玄武岩-玄武安山岩，属于喷出岩，通过对其进行锆石 U-Pb 测年分析，HC1-76、HC1-77 及 H04 号样品的锆石测年结果表明锆石年龄主要分布在 107～132Ma，对应于早白垩世；而下部 HC1-80 锆石测年主要分布在 223～275Ma，对应三叠纪—二叠纪。以上结果表明该火山岩为早白垩世形成的，其上地层应该晚于该火山岩形成年龄，而火山岩之下很可能是古生代地层。

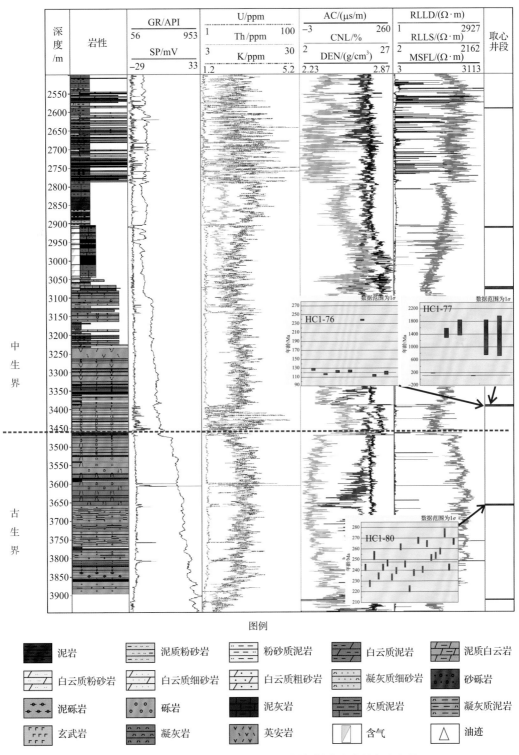

图 2.2　延哈参 1 井火山岩锆石 U-Pb 测年划分中生界和古生界

本书其他类似图的图例同此图

　　延哈 2 井 1724.21～1742.15m 岩性鉴定为蚀变安山岩，属于喷出岩，通过对其进行锆石 U-Pb 测年分析(图 2.3)，H02 号样品的锆石测年结果表明锆石年龄主要分布在 312～321Ma，对应石炭纪。这说明该火山岩为石炭纪形成的，其下部地层应该早于该火山岩形成年龄，因此火山岩之下很可能是古生代地层。

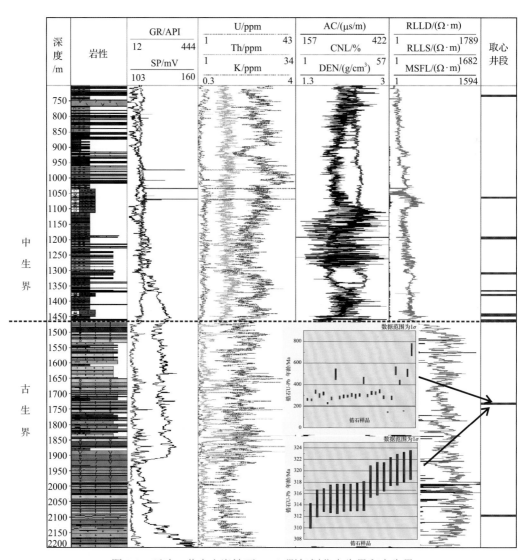

图 2.3　延哈 2 井火山岩锆石 U-Pb 测年划分中生界和古生界

　　延哈 3 井 2092.20～2357.92m 岩性鉴定为浅灰色杏仁状玄武岩，属于喷出岩，通过对其进行锆石 U-Pb 测年分析(图 2.4)，H03 号样品的锆石测年结果表明锆石年龄主要分布在 135～564Ma，对应早白垩世。这说明该火山岩为早白垩世形成的，其上地层应该晚于该火山岩形成年龄，而火山岩之下很可能是古生代地层。

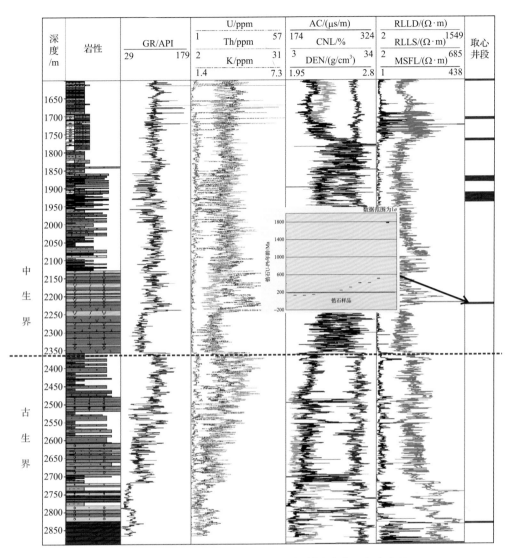

图 2.4　延哈 3 井火山岩锆石 U-Pb 测年划分中生界和古生界

2.1.4　X 衍射全岩分析

利用 X 射线衍射全岩分析技术判断岩性的原理是：当 X 射线沿某方向入射某一晶体时，晶体中每个原子的核外电子产生的相干波，并彼此发生干涉（沈守文，1990）。当两个相邻波源在某一方向的光程差（$\varDelta$）等于波长 λ 的整数倍时，它们的波峰与波峰将互相叠加而得到最大限度的加强，这种波的加强叫作衍射，相应的方向叫作衍射方向，在衍射方向前进的波叫作衍射波。$\varDelta=0$ 的衍射叫零级衍射，$\varDelta=\lambda$ 的衍射叫一级衍射，$\varDelta=n\lambda$ 的衍射叫 n 级衍射，n 不同，衍射方向也不同。在晶体的点阵结构中，具有周期性排列的原子或电子散射的次生 X 射线间相互干涉的结果，决定 X 射线在晶体中衍射的方向，所以通过对衍射方向的测定，可以得到晶体的点阵结构、晶胞大小和形状等信息。根据不同矿物晶体的特征，对样品进行 X 衍射全岩分析可以获得样品的矿物组成。

　　X 衍射全岩矿物可识别的矿物种类较多，为了便于分析矿物的纵向变化，需要对矿物分析结果进行简化。以延哈 4 井为例，该井 319～3550m 井段的 X 衍射全岩分析识别的 22 种矿物成分，对主要化学成分进行了分类，可分为：黏土矿物、石英、长石(斜长石、钾长石)、方解石、白云石(铁白云石)、铁矿物(磁铁矿、黄铁矿、菱铁矿、钛铁矿)、硫酸盐(天青石、钙芒硝、无水芒硝、石膏、硬石膏)、硅酸盐(云母、滑石、浊沸石、方沸石、辉石、叶蜡石)，以及其他矿物(萤石、刚玉、石盐、重晶石)。

　　从图 2.5 可以看出，岩石矿物在纵向上存在着旋回性变化，特别是中生界与古生界

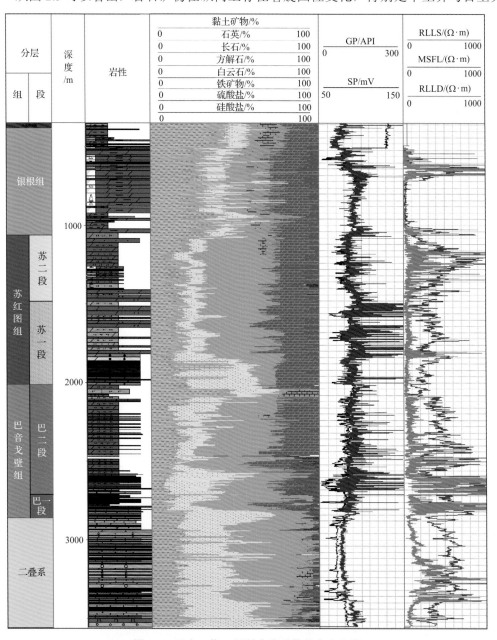

图 2.5　延哈 4 井 X 衍射全岩矿物纵向变化图

之间岩石矿物存在明显的突变特征，石英含量和碳酸盐含量具有较大幅度变化，地层各矿物成分组成见表 2.4。白垩系自巴音戈壁组至乌兰苏海组，黏土含量增加，长石含量减少，硫酸盐含量也减少。与白垩系相比，二叠系的石英、硫酸盐、硅酸盐、铁矿物含量较高，白云石含量较低。

表 2.4　延哈 3 井中生界和古生界岩石矿物在纵向上的变化　[单位: %(质量分数)]

层位	矿物含量							
	黏土	石英	长石	方解石	白云石	铁矿物	硫酸盐	硅酸盐
乌兰苏海组	39.7	13.4	9.2	14.5	22.9	0.04	0.26	0
银根组	26.2	11.3	21.8	8.1	31.4	0.4	0.6	0.1
苏红图组	18.2	15.4	34.1	1.8	29.4	0.7	0.1	0.2
巴音戈壁组	17.5	17.8	36	2.8	22.8	0.4	2	0.5
二叠系	18.5	32.4	36.5	3.3	1.5	1.6	4.5	1.4

岩石矿物的纵向变化在地层横向展布中也可进行较好对比(图 2.6)，延哈 4 井、延哈 5 井和延巴南 1 井的岩石矿物在银根组、苏红图组及巴音戈壁组均存在自下而上的黏土和石英含量降低，碳酸盐含量升高的旋回性变化。

2.1.5　地震层序界面

地震资料中包含着丰富的地层、构造、沉积特征等信息，通过对地震反射资料进行合理详细的解释，对地层划分对比、判断沉积环境、预测岩相岩性等有着重要意义。地震层序就是通过利用整合地震波阻特性等地震探测方法确定出沉积层的时间地层单元。地震层序与沉积层序相对应，它是沉积层序在地震剖面上的反映(张兆辉等，2012)。在地震剖面上，找出两个相邻的不整合面，分别追踪到整合面处，则这两个整合面之间的全套地层，就是一个完整的地震层序(图 2.7)。

哈日凹陷采集的地震资料品质总体较好，构造主体部位主要目的层反射波阻连续性较好，波组特征清晰，能有效追踪对比，凹陷边界清晰，能有效勾画。

银根组底界(K_1y)：与下伏地层不整合接触。其特征表现为：①标层相位为一个连续性较好的波峰；②地震反射同相轴在凹陷内表现为底超现象；③在凹陷边缘出现下伏反射层顶削特征。全区范围内可以对比追踪。

苏红图组底界(K_1s^1)：与下伏地层平行不整合接触。其特征表现为：①标层相位为一中—弱相位—中连续的波谷；②凹陷边缘可见上超现象，中心表现为平行关系。全区范围内可以对比追踪。

巴音戈壁组底界(K_1b^1)：与下伏古生界不整合接触。其特征表现为：①地震反射特征为 2~3 个不太连续的强反射；②主体呈现下部反射被顶削的现象。全区范围内可以对比追踪。

石炭系—二叠系(C—P)：与上覆地层呈角度整合接触，地震反射特征为杂乱反射，全区不易追踪。

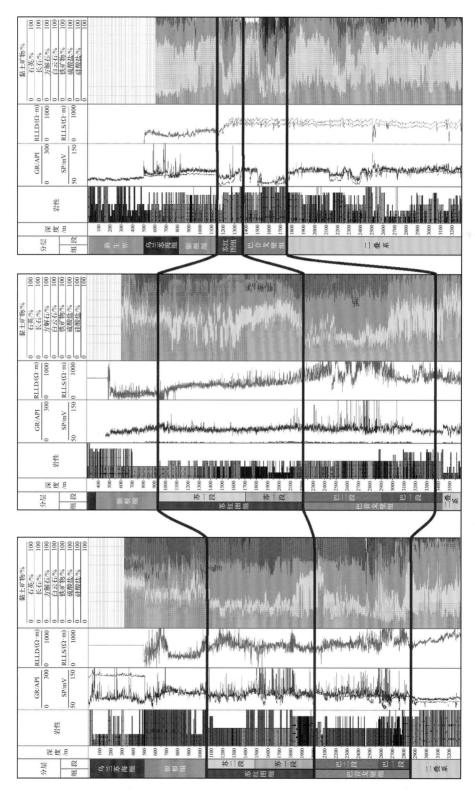

图 2.6　延哈 4 井、延哈 5 井和延巴南 1 井 X 衍射全岩矿物横向对比图

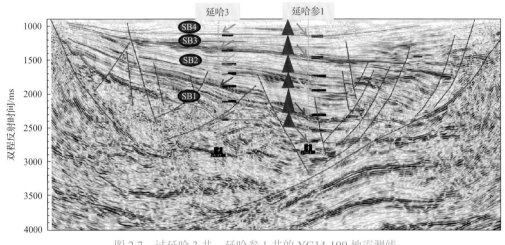

图 2.7　过延哈 3 井、延哈参 1 井的 YG14-199 地震测线

SB1～SB4 为层序编号

2.1.6　地层划分方案

在前人研究的基础之上，以岩性组合、测井曲线特征、沉积旋回及地震层序为基础，结合孢粉化石组合分析、锆石 U-Pb 同位素测年、X 衍射全岩矿物等，对工区 11 口井进行了地层划分，对其中 30 余个分层进行较大幅度调整，基本确定了该区的地层格架。本次地层划分结果与前人划分结果对比见表 2.5，白垩系与前人划分结果差别较小，古生界地层划分结果与前人划分结果差别较大。

表 2.5　银额盆地苏红图拗陷地层划分方案　　　　　　　　　　　　（单位：m）

地层					延哈参1		延哈2		延哈3		延哈4		延哈5		延哈6		延巴南1		延巴参1		延巴1	
界	系	统	组	段	原分层	新分层	原分层	新分层	原分层	新分层	原分层	新分层	原分层	新分层	原分层	新分层	原分层	新分层	原分层	新分层	原分层	新分层
中生界	白垩系	上统	乌兰苏海组		198	342	328	194	252	263	342	393	660	375		518	500	817	298	162	250	300
			银根组		913	913	566	627	739	707	1060	1062	1010	936		1044	700	1154	735	582	400	468
		下统	苏红图组	二段		1509		769		1087	1383	1484		1708		2160				1080	625	727
				一段	1948	1938	960	953	1336	1377	2015	2013	1850	2220	3000	3046	1103	1502	1350	1348	850	1011
			巴音戈壁组	二段		2789		1292		1792	2470	2575		2908		3626			1780		1100	1205
				一段	3102	3471	1457	1456	2178	2359	2800	2860	3250	3436	4200	4074	1428	1756	2104	2098	1450	1456
上古生界	二叠系	中—下统	埋汗哈达组		3471	3940（未穿）	1979	1696	2718	2718	3525	3550（未穿）	3800	3850（未穿）			2294	3380（未穿）	2927		2825	3135
	石炭系	上统	阿木山组		3940（未穿）		2200（未穿）	2200（未穿）	2880（未穿）	2880（未穿）	3550（未穿）			3850（未穿）	4200（未穿）			3380（未穿）	3259（未穿）		3500	

注："未穿"指钻井未揭示的底界。

2.2 地层发育特征

根据区域地质资料，受印支期构造运动影响，研究区中生界白垩系之下普遍缺失三叠系和侏罗系，上覆沉积盖层发育白垩系(K)与新生界(Cz)。根据地震解释和钻井资料，研究区白垩系由下而上可划分为下白垩统巴音戈壁组(K_1b)、苏红图组(K_1s)和银根组(K_1y)，以及上白垩统乌兰苏海组(K_2w)，下伏地层为上古生界石炭纪——二叠纪地层。依据岩石地层、生物地层、地球物理特征综合研究结果，将钻井所揭露的沉积层序自下而上予以划分(图2.8)。

2.2.1 石炭系

阿木山组(C_2—P_1a)：可分为三个岩性段。其中下段为灰绿色安山岩、流纹岩夹硬砂岩、长石砂岩、粉砂质泥岩及薄层灰岩，厚度变化大，最厚达2500m以上。中段为碳酸盐岩段，发育灰色砂(砾)屑灰岩、鲕状灰岩、生物碎屑灰岩夹钙质砂岩、泥岩，厚度变化大，一般厚600~1000m。上段由多个下粗(粉—细砂岩夹薄层灰岩)上细(暗色泥页岩)的正旋回构成，夹薄层灰岩，厚600~900m。

通过火山岩锆石U-Pb测年确定了延哈2井1456~2212m深度段为石炭系。其上部岩性为灰白色、浅棕色不等粒砂岩夹砾岩，中部为灰绿色安山岩、英安岩，下部为灰色、浅绿色变质砾岩。碎屑岩多见绢云母化，火山岩可见蚀变作用。电性特征表现为低伽马、低声波、低中子、高密度、高电阻的特点，反映为低泥质含量、低孔隙的岩石特征。

本组地层目前未获得有效孢粉化石。

2.2.2 二叠系

银额盆地沉积了厚度巨大的石炭系—二叠系，但石炭系—二叠系沉积之后经历了多期次的构造改造，其残留厚度不仅与沉积厚度有关，而且还受海西末期和印支期抬升剥蚀的影响。区域上二叠系自下而上发育中下二叠统埋汗哈达组、中二叠统阿其德组和上二叠统哈尔苏海组地层。

埋汗哈达组($P_{1-2}m$)：分为三个岩性段。其中下段为以泥页岩为主的碎屑岩，具有粗—细—粗的粒度变化特征；中部发育多套厚层泥页岩，为良好的烃源岩。中段为生物碎屑灰岩、泥晶灰岩、砂屑灰岩夹硅质岩与薄层砂岩，灰岩横向不稳定。上段为岩屑长石砂岩、泥质粉砂岩与灰色泥岩夹灰岩、泥晶灰岩。碎屑岩由北向南粒度变粗。残留厚度可达1500m。

阿其德组(P_2a)：下部为深灰绿色长石质硬砂岩、钙质凝灰质砂岩夹玄武岩、英安岩、英安质玄武岩，厚600~800m；上部为灰绿色安山岩夹长石硬砂岩、长石石英砂岩及薄层灰岩，厚1200~1800m。碎屑岩由北向南粒度变粗。

哈尔苏海组(P_3h)：分上、下两段。其中下段为灰黑色泥岩、粉砂质泥岩、透镜状灰岩夹薄层灰岩，横向岩性变化大，岩相变为流纹质凝灰熔岩、英安质凝灰熔岩，局部浅变质，厚600~850m。上段灰黑色泥岩、粉砂质泥岩、生物灰岩夹含砾长石质硬砂岩，厚度大于1000m。

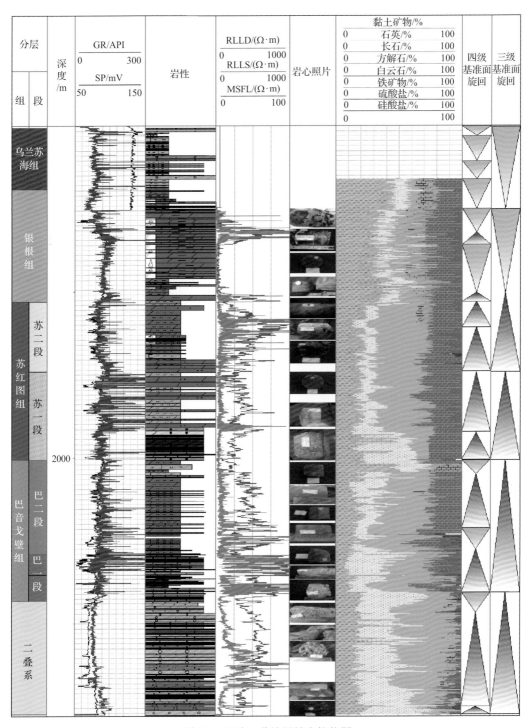

图 2.8　延哈 4 井地层综合柱状图

在哈日凹陷二叠系岩性下部以大套安山岩、英安岩为主，夹有棕色、灰色泥岩及凝灰质砾岩。中下部主要为一套中酸性火山岩为主，中部下段为棕色泥岩与凝灰质砾岩互层，夹有火山岩段。上部主要为灰色泥岩、泥质砂岩夹有凝灰质细砂岩及火山岩。巴北凹陷二叠系整体以细碎屑岩为主，下部为灰色泥岩与凝灰质泥岩、凝灰质砂岩互层。中部为泥岩与泥质砂岩互层。上部自下而上分别为一套泥质砂岩和一套泥岩段。根据该区地球物理资料解释和钻井剖面资料分析，古生界二叠系分布较稳定，残留厚度可达1000m。电性特征表现为自然伽马曲线上部呈现不规则的箱形或者微幅度锯齿状，下部呈锯齿状和箱形；双侧向电阻率曲线上部呈明显的梳状，下部起伏幅度相对较小。

该组地层(巴参 1 井样品)保存较差、含量较少的孢粉化石，其组合特征为：①组合中裸子植物花粉占优势(80.0%)，蕨类植物孢子居从属地位(20.0%)。②孢子中以无环三缝孢子居多，见有 *Leiotrilets*、*Punctatisporites*、*Calamospora* 和 *Gulisporites* 属，具纹饰三缝孢子包括粒面、瘤面、刺面和棒刺面三缝孢子等属；具环(具腔、周壁等)三缝孢子出现较少，无明显优势分子，不过出现了一些石炭纪色彩较浓的种类，如 *Angulisporites* cf. *screupus*、*Discernisporites micromanifestus* 和 *Perotriltes perinatus* 等。③花粉中以双囊具肋属种为主，其中单气囊花粉含量高于双气囊无肋花粉的含量。单囊花粉出现了 10 余属，*Cordaitina* 含量较高，其次为 *Florinites*、*Potonieisporites*、*Parasaccites*，而 *Crucisaccites*、*Vesicaspora*、*Noeggerathiopsidozonotrilete*、*Zonalasporites* 等少量或个别出现；双囊具肋花粉的分异度很高，以 *Protohaploxypinus* 居多，*Hamiapollenites* 次之，*Lunatisporites*、*Striatoabieites* 和 *Striatopodocarpites* 也有一定含量，还有少量 *Karamayisaccites*、*Gardenasporites*、*Chordasporites* 少量或个别出现；单囊具肋花粉 *Striatomonosaccites*、*Striatolebachiites* 及叉肋粉均个别出现；双囊无肋花粉以 *Pityosporites* 含量较高，其他属如 *Platysaccus*、*Klausipollenites*、*Voltziaceaesporites* 等具少量或个别代表；具单裂的 *Limitisporites* 有一定数量；单沟类花粉以少量的 *Cycadopites* 为代表。④从形态上看，双囊具肋花粉的肋条主要以低平、肋与肋之间间距不宽为特征，"*Lunatisporites*" 肋纹特征亦较原始。

2.2.3 下白垩统

1. 巴音戈壁组

该组按岩性及沉积旋回可分为上、下两段。区域上在盆地西部，下段以大套杂色砂砾岩为主，夹暗紫色泥质砂砾岩；上段以大套暗紫色泥岩为主，夹薄层钙质泥岩。地层特点是颜色杂，纵向上基本表现为下粗上细的正旋回。在盆地东部，上段主要为深灰、灰色、黑灰色砂岩、粉砂质泥岩、泥岩、页岩、白云质(泥)页岩；下段为一大套深灰色砾岩，夹灰色砂砾岩、砂岩、泥质砂岩和棕色、深灰色泥岩。

在研究区内，该组钻遇最大厚度达 1250m。哈日凹陷延哈参 1 井剖面上部为灰色、深灰色泥岩或灰质泥岩夹有凝灰岩。下部为灰色厚层状含灰泥岩、含灰泥岩与火山岩互层，下部底部分别发育一套黑色、绿色、棕红色泥岩段，底层为一套含砾砂岩。巴北凹陷巴参 1 井剖面上表现为泥岩、泥质砂岩、砂岩、含砾砂岩、砾岩互层，自下而上表现为下粗上细的正旋回。电性特征表现为自然电位曲线呈较平直基础上的微波状，底部成钟形；自然伽马曲线总体呈现齿状，局部呈梳状；双侧向电阻率曲线呈锯齿状，局部呈峰状，下部呈不规则峰状高阻和明显锯齿状。在哈 1 井巴音戈壁组下段底部，发现有 *Perinopollenites-Protoconiferus-Classopollis-Granodiscus-Minutisphaeridium* 组合带（周壁粉属-原始松柏粉属-克拉梭粉属-粒面球藻属-微小球形藻属）。

2. 苏红图组

据岩性及古生物特征分上、下两段。区域上在盆地西部，上岩性为一大套的暗紫色泥岩、钙质泥岩夹灰色泥岩。下段岩性上部主要为一套灰色泥岩，下部为含煤的砂砾岩层。在盆地西部以不含火山岩系为特征，颜色偏红，局部地区含煤层或煤线。

在研究区内，苏红图的露头区可见多套火山岩，前人通过同位素测年确定为苏红图组火山岩，在盆地东部的查干凹陷也在苏红图组钻遇多套火山岩，但哈日凹陷延哈参 1 井、哈 1 井和苏 1 井在该组均未钻遇火山岩，说明火山岩在各凹陷为局限分布。巴北凹陷该组主要为灰色、暗紫色、黄色泥岩，夹有砂岩、砂砾岩、砾岩。在哈日凹陷中该组钻井钻遇最大厚度达 1000m 左右。电性特征表现为自然电位曲线呈较平直基础上的微波状；双侧向电阻率曲线上部呈块状与不规则深隔槽状间互出现，下部双侧向电阻率曲线呈块状基础上的齿状或钝齿状。

该组产出 *Cicatricosisporites-Classopollis-Piceaepollenites* 孢粉组合：①组合中裸子植物花粉占重要地位，含量为 53.6%～59.0%；蕨类植物孢子次之，含量为 41.0%～46.4%；未见疑源类、藻类和被子植物花粉。②本组合的显著特点是海金砂科孢子的大量出现，无论是属种和含量较上述晚侏罗纪有了大幅度的增加，尤以无突肋纹孢为盛，且种类丰富多彩，出现的种有：南方无突肋纹孢（*Cicatricosisporites australiensis*）、薄弱无突肋纹孢（*Cicatricosisporites exilioides*）、小无突肋纹孢（*Cicatricosisporites minor*）、细纹无突肋纹孢（*Cicatricosisporites minutaestriatus*）、亚圆无突肋纹孢（*Cicatricosisporites subrotundus*）等；常见 *Concavissimisporites* 和 *Trilobosporites*，出现的种有 *C. punctatus*，*T. minor* 等；*Appendicisporites macrorhyza* 和 *Radialisporis radiatus* 零星出现。*Schizaeoisporites* 的含量不高，却出现了多种类型，如 *S. cretaceous*，*S. evidens*，*S. rotundus* 和 *S. kulandyensis* 等。③裸子植物花粉仍以 *Classopollis* 为主，但不如晚侏罗世兴旺；松科花粉大量出现，以 *Piceaepollenites* 为主，*Pinuspollenites* 和 *Cedripites* 次之；*Pseudopicea*、*Podocarpidites* 与 *Callialasporites* 尚有一定的含量；*Exesipollenites* 普遍出现，且具有一定的含量。新出现数量不多的 *Rugubivesiculites* 和 *Concentrisporites minor* 类型。

3. 银根组

该组区域上东、西部有两种不同类型，盆地西部岩性为一套以泥岩、白云质泥岩为主，夹少量粉、细砂岩的湖相沉积。盆地东部岩性上部为泥岩、砂质泥岩与砂岩、含砾砂岩、砂砾岩不等厚互层；下部为以泥岩为主夹有含砾砂岩、砂岩、碳质页岩的不等厚互层。

在本研究区内，不同凹陷显示有东西部的差异。在哈日凹陷钻井剖面上，银根组上部主要为一大套白云质泥岩或泥岩，下部为含泥白云岩或泥岩。巴北凹陷钻井剖面上，上部主要以砾岩、含砾砂岩为主，夹泥岩段，下部以泥岩为主，夹砾岩、含砾砂岩。该组在研究区凹陷内钻遇最大厚度为 450m。电性特征表现为自然电位曲线上部呈不规则波状，下部较平直；电阻率曲线上部呈不规则锯齿状，局部显尖峰状高阻，下部双侧向电阻率曲线呈密集齿状，局部显块状。

该组产出 *Appendicisporites-Piceaepollenites-Tricolpollenites* 孢粉组合；介形类于上部产出 *Cypridea*（*Pseudocypridina*）*infidelis-Cypridea*（*Pseudocypridina*）*tengerensis* 组合带，于下部产出 *Cypridea*（*Cypridea*）*polita-Limnocypridea impolita* 组合带；未发现轮藻化石。

4. 乌兰苏海组

根据钻井剖面，研究区乌兰苏海组厚约 300m，岩性以红、棕色泥岩、砂质泥岩为主，夹薄层泥质砂岩、砂岩及含砾砂岩。顶部为灰白色石膏层。电性特征表现为自然电位除顶部呈较明显的负异常外，其余部位较平直；电阻率曲线对应顶部石膏层处呈块状高电阻率，其余为锯齿状中—低电阻率。研究区内相应井段化石资料贫乏，哈 1 井见少量介形类、孢粉及藻类。

2.2.4 第四系

各个凹陷内均发育不同厚度的第四系，视厚度为 2～130m。岩性为未成岩的棕黄色砂砾岩、灰色泥砾岩，成分以火山岩碎屑、变质碎屑为主，暗色矿物次，颗粒呈次棱角-次圆状，分选差，灰质胶结，松散。砾径一般为 3.0～5.0mm，最大 40.0mm。区内第四系以其未固结成岩而明显有别于下伏地层单元，易于识别。

2.3 地层展布特征

通过钻井地质分层与地震资料标定的基础上（图 2.9、图 2.10），对银额盆地苏红图拗陷 2877km 二维地震及 152km^2 三维地震资料的精细解释，在精细成图的基础上，编制出银根组、苏红图组、巴音戈壁组地层厚度图，明确了研究区哈日凹陷、巴北凹陷、拐子湖凹陷、乌兰凹陷、哈日南凹陷和巴南凹陷的地层厚度变化趋势。

1. 巴音戈壁组

巴音戈壁组可分为巴一段和巴二段，其中巴二段又分为上、下两段，整体上巴二段较巴一段沉积厚度大，但两者的平面厚度展布特征相似，均为东部巴北凹陷与乌兰凹陷较薄，中部哈日凹陷和西部拐子湖凹陷较厚（图 2.11、图 2.12）。西部拐子湖凹陷为北东-南西走向，整体厚度形态表现为中间厚，两翼逐渐变薄，堆积中心在该构造区的西南部，最大沉积厚度达 1900m。中部的哈日凹陷厚度形态表现为东部厚度大，向西部逐渐减薄，构造走向为北东-南西，堆积中心在该构造区的东部，最大沉积厚度达到 1750m，位于哈 1 井和延哈参 1 井以东。东部巴北凹陷的厚度形态表现为中间厚，东、西部薄，堆积中心在该构造区的中部，最大沉积厚度达 1000m，地层由中心向两翼变薄。东南部乌兰凹陷分为两个次凹，北东-南西走向，厚度从凹陷中心向两翼逐渐变薄，最大沉积厚度为 850m。哈日南凹陷、巴南凹陷与哈日凹陷分隔，为独立的个体，两者的巴音戈壁组厚度均较薄。

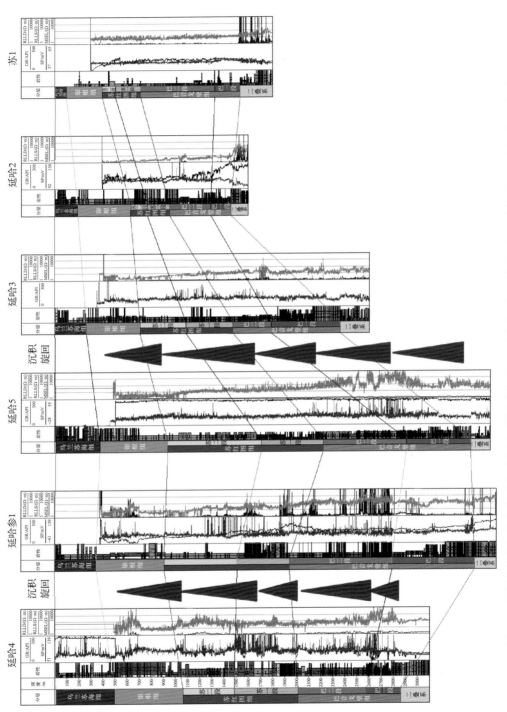

图 2.9　银额盆地苏红图凹陷连井对比剖面图 (延哈 4 井—延哈 5 井—延哈 3 井—延哈参 1 井—延哈 2 井—苏 1 井)

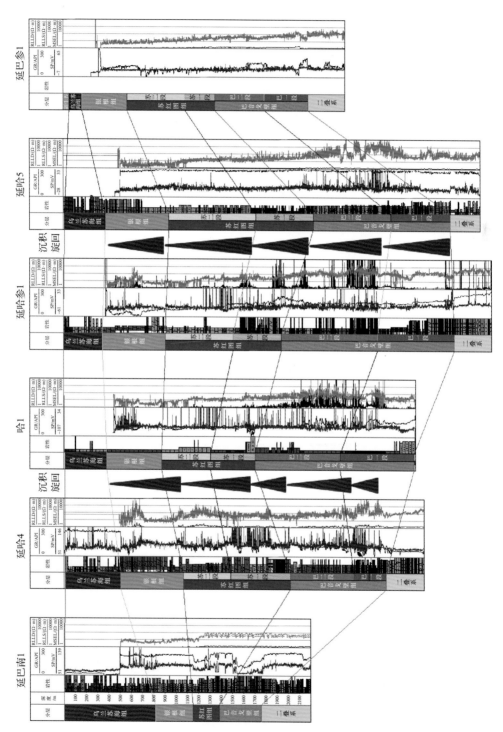

图 2.10　银额盆地苏红图凹陷连井对比剖面图（延巴南 1 井—延哈 4 井—哈 1 井—延哈参 1 井—延哈 5 井—延巴参 1 井）

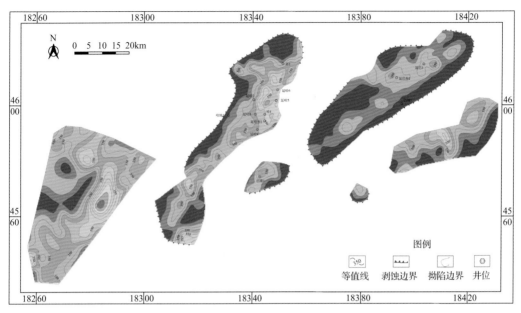

图 2.11　银额盆地苏红图拗陷巴一段地层厚度等值线图(单位：m)

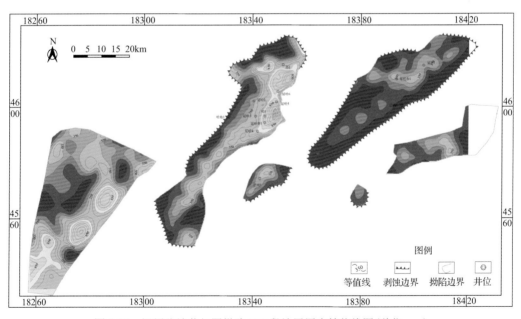

图 2.12　银额盆地苏红图拗陷巴二段地层厚度等值线图(单位：m)

2. 苏红图组

苏红图组可分为苏一段和苏二段，整体上苏一段较苏二段地层厚度略大，但两者的地层厚度展布特征类似，均为东部巴北凹陷与乌兰凹陷较薄，西部拐子湖凹陷和中部哈日凹陷较厚(图 2.13、图 2.14)。西部拐子湖凹陷为北东-南西走向，整体厚度形态表现为中间厚，两翼逐渐变薄，堆积中心在该构造区的西南部，最大沉积厚度达 1250m。中部的哈日凹陷厚度形态表现为东部厚度大，向西部逐渐减薄，构造走向为北东-南西。堆积中心在该构造区的东部，最大沉积厚度达到 1450m。东部巴北凹陷的厚度形态表现为东厚西薄，堆积中心在该构造区的中部，最大沉积厚度达 800m，地层由中心向两翼变薄。东南部乌兰凹陷分为两个次洼，最大沉积厚度为 600m。哈日南凹陷、巴南凹陷与哈日凹陷相连，为相对统一整体，具有统一的湖平面，两者的苏红图组厚度均较薄。

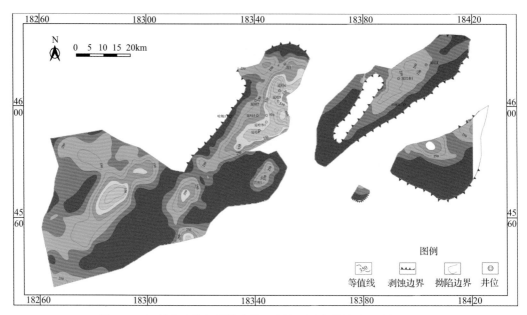

图 2.13　银额盆地苏红图拗陷苏一段地层厚度等值线图(单位：m)

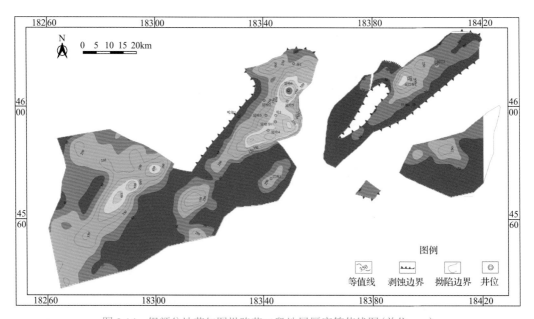

图 2.14　银额盆地苏红图拗陷苏二段地层厚度等值线图(单位：m)

3. 银根组

银根组地层厚度整体上为东部巴北凹陷与乌兰凹陷较薄，西部拐子湖凹陷和中部哈日凹陷较厚(图 2.15)。西部拐子湖凹陷整体厚度形态表现为西部薄东部厚，堆积中心靠近凹陷的东部，最大沉积厚度达 850m，地层厚度由东向西逐渐变薄。中部的哈日凹陷厚度形态与拐子湖凹陷类似，表现为东厚西薄的特点，构造走向为北东-西南，堆积中心在凹陷的东北部，最大沉积厚度达到 1000m。东部巴北凹陷的厚度形态与哈日凹陷截然不同，表现为西部偏厚东部偏薄的特点，北东-西南走向，堆积中心在凹陷的中部，最大沉积厚度达 450m，地层由中心向两翼变薄。东南部乌兰凹陷存在东西两个次洼，厚度均从凹陷中心向两翼逐渐变薄，最大沉积厚度为 400m。哈日南凹陷与巴南凹陷银根组厚度均较薄。

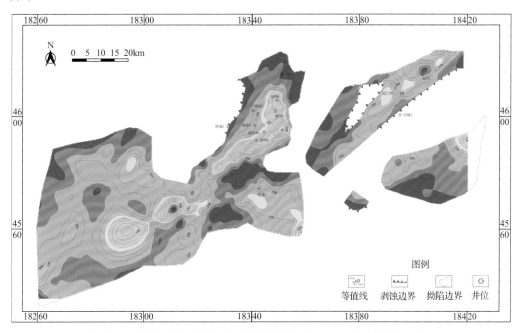

图 2.15　银额盆地苏红图拗陷银根组地层厚度等值线图(单位：m)

在凹陷分析中，堆积中心、沉降中心和构造中心常常被述及，人们常用这三个中心的分布和变迁来分析凹陷演化过程中区域动力学、构造属性、物源特征及水动力条件等。堆积中心是指凹陷中沉积物堆积最厚的地区；沉降中心指沉积过程中下伏岩层顶面在凹陷中沉陷最深的地区，在断陷盆地中通常为凹陷边界断裂下降一侧；构造中心则指凹陷构造位置的中心。

下白垩统地层厚度展布特征表明，巴音戈壁组沉积期，各凹陷堆积中心与沉降中心重合，而远离构造中心，地层厚度在凹陷边界断裂下降盘处最大。中部与西部四个凹陷间相互分离。中部与西部凹陷表现为东厚西薄，东部凹陷与之相反，为西厚东薄。苏红图组沉积期，各凹陷沉积速率增大，分布面积逐渐扩大，厚度亦增大，各凹陷堆积中心仍与沉降中心重合，但向构造中心延伸，西部拐子湖凹陷和中部哈日凹陷、哈日南凹陷及巴南凹陷连接为一体。银根组沉积期，地层沉积速率开始减小，展布的面积略有扩大，但沉积厚度略有减小。西部拐子湖凹陷和中部哈日凹陷、哈日南凹陷及巴南凹陷面积继续增大，各凹陷形成统一湖盆，具有统一的沉积界面。各凹陷堆积中心继续向构造中心迁移，进而偏离沉降中心。

第3章 地震构造解释、特征演化与圈闭识别及描述

3.1 野外地质露头观察

地震构造解释就是利用地震波的反射时间、同相轴、波速等运动学信息，研究地层界面的分布范围和起伏形态、断层发育情况，并把地震时间剖面中的旅行时间转变为地层界面的深度，绘制地质构造图，为寻找油气藏提供依据(孙家振和李兰斌，2002)。地震构造解释是一项非常基础的工作，却具有非常重要的地质意义。地质情况的复杂性、地球物理勘探的精度及地震解释的水平导致了地震解释存在多解性。因此，为了搞清研究区的构造特征及演化规律，特别是古生代的地层展布及构造形态，开展了对研究区中生界—古生界野外地质露头的实地观察工作，利用构造隆起剥蚀区的露头岩性及构造特征，对研究区凹陷内部地层进行露头、钻井及地震联合分析，以提高地震解释精度，进而解决研究区古生界构造样式及其与中生界地层划分存在的问题。

对银额盆地苏红图拗陷11个露头剖面进行了地质观察，其中中生代剖面2个，石炭系—二叠系剖面9个。其中雅干阿其德剖面、好比如剖面、杭乌拉剖面、蒙根乌拉剖面和恩格尔乌苏剖面位于工区附近，对钻井地质分层及地震解释有重要参照意义(图3.1)。

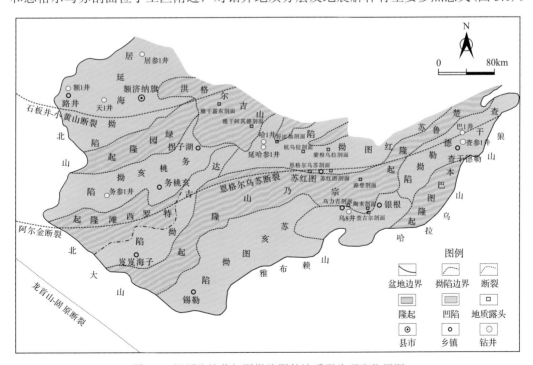

图 3.1　银额盆地苏红图拗陷野外地质露头观察位置图

1. 雅干霍东剖面

该剖面构造上位于洪格尔吉山北西,地层为上二叠统哈尔苏海组。岩性以灰色砂岩、石英岩屑砂岩、长石岩屑砂岩、细砾岩夹粉砂岩为主。泥岩发生明显的变质变形,为碳质泥岩、板岩,性脆,如同草木灰。中部见花岗岩脉及石英岩脉,围岩见糜棱岩。推测两者一起发生构造变形,并发生动力变质作用(图3.2)。

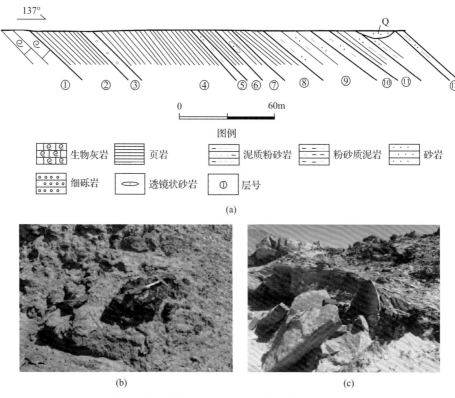

图 3.2 雅干霍东哈尔苏海组剖面略图及岩石照片

(a)地层剖面图;(b)草木灰状泥岩;(c)花岗岩脉变形。①~⑫均为地层小层号,下图同含义

资料来源:中国地质调查局西安地质调查中心. 2014. 银额盆地石炭系—二叠系地质调查报告(银额盆地野外地质踏勘和剖面测量报告). 西安

2. 雅干阿其德剖面

该剖面构造上位于洪格尔吉山东,地层为中二叠统阿其德组,岩性为碎屑岩,以灰色粉砂岩、灰黑色粉砂质泥岩为主,见轻微地层变形。露头整体为一背斜,顶部被剥蚀,出露少量埋汗哈达组虎皮灰岩,两翼为阿其德组粉砂岩及泥岩(图3.3)。

3. 好比如剖面

该剖面构造上位于哈日凹陷与巴北凹陷之间的巴布拉海凸起北,属中元古界至早古生界。从西南到东北方向,地层依次见元古界硅质岩、寒武系碳酸盐岩、石炭系杂色砾岩，见石英岩脉，见地层倒转及背斜。前寒武硅质板岩出露较多，见大量石英脉体及砂屑灰岩。石炭系杂色砾岩多为层间砾岩，下部为含砾砂岩，向上为砾岩，再后为砂岩。砾石颗粒大小不一，磨圆较好(图 3.4)。

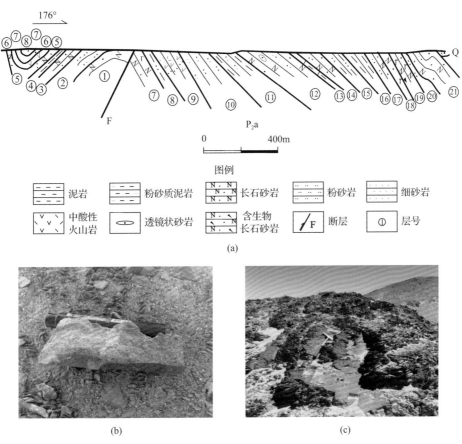

图 3.3　雅干阿其德剖面略图及岩石照片

(a)地层剖面图；(b)砂岩、泥岩突变接触；(c)灰色粉砂岩

资料来源：中国地质调查局西安地质调查中心. 2014. 银额盆地石炭系—二叠系地质调查报告(银额盆地野外地质踏勘和剖面测量报告). 西安

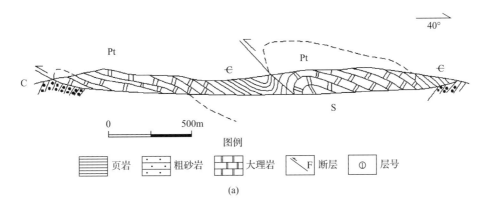

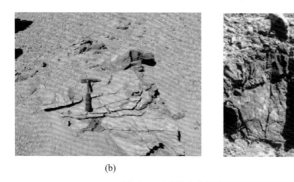

(b)　　　　　　　　　　　　　　　　(c)

图 3.4　好比如剖面略图及岩石照片

(a)地层剖面图；(b)元古界褐黄色碳酸盐岩；(c)前寒武灰黑色硅质板岩

资料来源：中国地质调查局西安地质调查中心. 2014. 银额盆地石炭系—二叠系地质调查报告(银额盆地
野外地质踏勘和剖面测量报告). 西安

4. 杭乌拉剖面

该剖面构造上位于巴东凸起，主要为古生界。地层依次见蓟县硅质条带碳酸盐岩、寒武系硅质板岩、奥陶系硅质岩、志留系—泥盆系砂岩及灰岩、石炭系杂色砾岩，见石英岩脉，构造上见逆冲推覆、倒转背斜以及挠曲等。露头整体为一倒转背斜，背斜规模加大，大背斜内部发育多个褶皱，核部为蓟县系硅质白云岩，奥陶系棕红色硅质岩，奥陶系或石炭系泥灰岩，灰绿色砾岩，两侧为二叠系埋汗哈达组浅灰色虎皮状灰岩，向北逐渐变为碎屑岩—海底扇—灰绿色砾岩(图 3.5)。

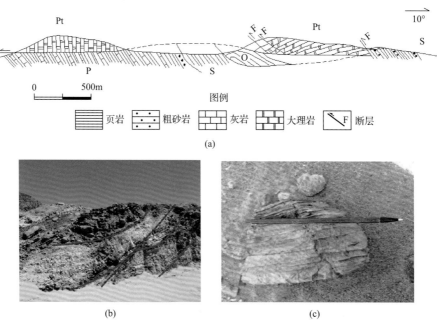

图例

| 页岩 | 粗砂岩 | 灰岩 | 大理岩 | F 断层 |

(a)

(b)　　　　　　　　　　　　　　　　(c)

图 3.5　杭乌拉剖面略图及岩石照片

(a)地层剖面图；(b)逆冲断层；(c)奥陶系硅质岩

资料来源：中国地质调查局西安地质调查中心. 2014. 银额盆地石炭系—二叠系地质调查报告(银额盆地
野外地质踏勘和剖面测量报告). 西安

5. 蒙根乌拉剖面

该剖面构造上位于巴东凸起的北部，地层主要为上二叠统哈尔苏海组。岩性主要为变质板岩—变质片岩，原岩为粉砂质泥岩。岩石表现为动力变质作用的产物，变质程度中等—低级，存在大规模片理化，呈页片状产出。变质板岩、变质片岩岩性观察推测，原岩为一套粉砂质泥岩、泥岩，发生大规模片理化，被认为是局部动力变质作用的产物(图 3.6)。

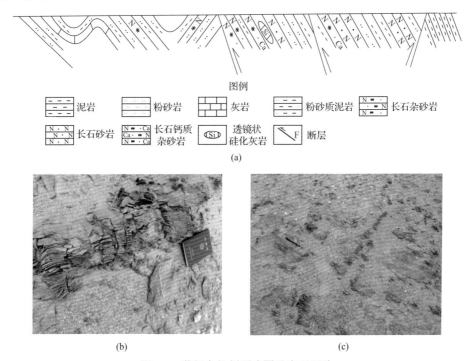

(a)

图 3.6 蒙根乌拉剖面略图及岩石照片

(a)地层剖面图；(b)片理化板岩；(c)片岩

资料来源：中国地质调查局西安地质调查中心. 2014. 银额盆地石炭系—二叠系地质调查报告(银额盆地野外地质踏勘和剖面测量报告). 西安

6. 恩格尔乌苏北剖面

该剖面构造上位于巴东凸起与宗乃山隆起交界，地层主要为上石炭统阿木山组，岩性为浅灰色及黄灰色长石石英砂岩、含砾砂岩、砾岩，夹中酸性火山岩(图 3.7)。岩石破碎，变形作用较强，普遍存在变质现象。剖面上可见玄武岩，玄武岩下覆地层变质，呈片岩，原岩为碎屑岩。剖面所见地层硅质含量较高反映其构造变形作用较强。

7. 陶来剖面

该剖面构造上位于宗乃山隆起与南部乌力吉凹陷和托莱凹陷中部凸起的交接处，地层为阿木山组中上段及埋汗哈达组。上部岩性主要为灰色细砂岩与灰绿色泥质粉砂岩互层，褶皱变形较强烈，见大量层间层内挠曲。下部地层主要为生物碎屑灰岩，蜓类、腕足类化石较多。局部见火成岩，中—浅层侵入岩，基质见隐晶质，灰绿色(图3.8)。向上见埋汗哈达组含砾砂岩，可见砂岩与灰岩互层，阿木山与埋汗哈达之前为整合接触，灰岩发生变形，内部发育逆冲断层，灰岩上部覆盖火山岩，角度不整合接触。

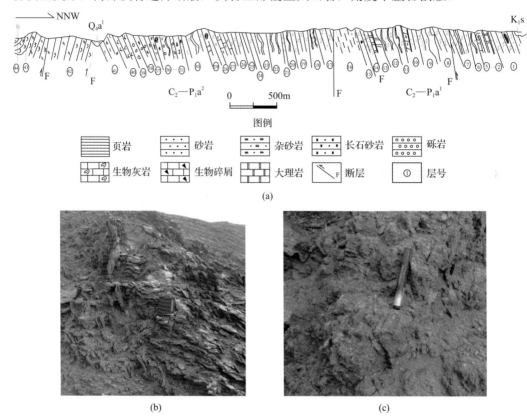

图 3.7　恩格尔乌苏北剖面略图及岩石照片

(a)地层剖面图；(b)强烈构造变形作用；(c)硅质圆砾，厚层砾岩

资料来源：中国地质调查局西安地质调查中心. 2014. 银额盆地石炭系—二叠系地质调查报告(银额盆地野外地质踏勘和剖面测量报告). 西安

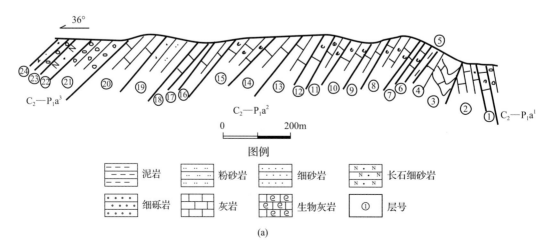

(a)

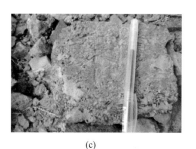

(b)　　　　　　　　　　　　　　　(c)

图 3.8　阿拉善左旗陶来阿木山组剖面略图及岩石照片

(a)地层剖面图；(b)变形及褶皱；(c)生物灰岩

资料来源：中国地质调查局西安地质调查中心.2014.银额盆地石炭系—二叠系地质调查报告(银额盆地
野外地质踏勘和剖面测量报告).西安

8. 查古尔剖面

该剖面构造上位于宗乃山隆起与南部乌力吉凹陷和托莱凹陷间中部凸起交接部位，地层为石炭系阿木山组下段。岩性以浅变质碎屑岩为主，夹石英脉。砂岩表面矿物定向排列，近似千枚岩，发育线理(图 3.9)。

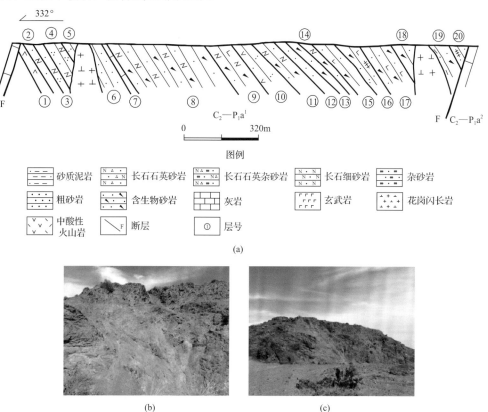

(a)

(b)　　　　　　　　　　　　　　　(c)

图 3.9　阿拉善左旗查古尔阿木山组剖面略图及岩石照片

(a)地层剖面图；(b)断层；(c)辉长岩

资料来源：中国地质调查局西安地质调查中心.2014.银额盆地石炭系—二叠系地质调查报告(银额盆地
野外地质踏勘和剖面测量报告).西安

9. 乌力吉剖面

该剖面构造上位于宗乃山隆起中部,地层主要为二叠系侵入岩。岩性主要为正长花岗斑岩。斑岩内部见断裂及逆冲构造,上部见二长花岗岩上切穿过正长花岗斑岩(图 3.10)。

(a)   (b)

图 3.10 乌力吉剖面二叠系侵入岩岩石照片

(a)二长花岗岩上切穿正长花岗斑岩;(b)反冲断层

10. 苏红图剖面

该剖面构造上位于艾西凹陷,地层属下白垩统苏红图组。岩性以砂、泥质碎屑岩夹灰黑色玄武岩为主,玄武岩具气孔杏仁构造,杏仁构造充填方解石,上下围岩分别为泥岩和石英砂岩。在剖面点上,既可见到切割玄武岩的断层,亦可见未切割玄武岩的断层,指示该地区断裂活动持续时间长,在玄武岩形成前后均存在断裂活动(图 3.11)。

(a)   (b)

图 3.11 苏红图组火山岩岩石照片

(a)K_1b 与 K_1s 接触部位,上部火山气孔;(b)断层边缘地层中的小裂缝,均被充填

11. 路登剖面

该剖面构造上位于宗乃山隆起及艾勒隆起交界,地层属下白垩统苏红图组。岩性以灰质粉砂岩、白云质粉砂岩为主,夹薄层浅灰色泥岩及多套玄武岩。含灰粉砂岩、白云质粉砂岩的溶蚀溶孔发育。上下共见三套玄武岩,向上变细粒序砂岩、含砾砂岩、砾岩(图 3.12)。上下两套火山岩间的碎屑岩岩石较为疏松,成岩作用较弱。

(a)

(b)

图 3.12　路登剖面岩石照片
(a)白垩系火山岩;(b)白垩系风化剖面

3.2　地震资料品质分析

苏红图拗陷地震资料主要包括延长石油 2014 年在该区采集的长度为 1874.65km 的二维地震资料、2015 年采集的哈日加密二维和四条格架地震剖面及 2016 年采集的哈日三维地震资料,主要目的层段为中生界巴音戈壁组、苏红图组、银根组及古生界二叠系等。在地震资料解释前,首先分析和评价地震工区的地震资料品质。

判断地震资料品质好坏的主要依据是目的层同相轴连续性的好坏和断裂断点的清晰程度。通过对研究区所有地震资料的成像、频谱等多方面综合分析,该区现有的地震资料品质可以分为优、良、差三个级别,分布于以下三类情况的地震测线中。

(1)第一类:2016 年哈日三维地震资料、2015 年哈日加密二维地震资料以及 2015 年区域格架地震剖面。

该类地震资料比 2014 年采集资料在信噪比和分辨率上有明显改善。地质年代界面的反射特征明显,可在全区进行可靠的连续追踪对比,主要目的层白垩系资料品质较好,地震资料的信噪比、分辨率及连续性均有明显提高,频带较宽;古生界成像品质也取得明显改善(图 3.13、图 3.14)。三维地震资料识别地质现象(断裂和地层尖灭)的能力得以提高,地震剖面上各层系间不整合接触关系比较清楚,不仅有利于进行精细的构造和地层研究，而且可以满足高精度的各类岩性及地质体的识别与刻画。

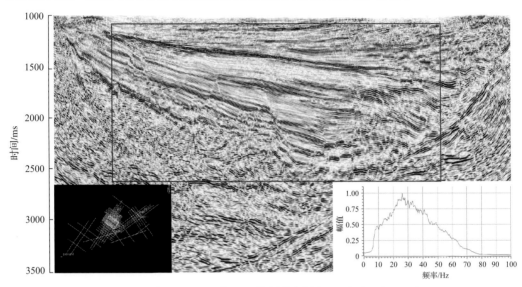

图 3.13　哈日三维地震剖面及其频谱分析(三维地震测线 1503)

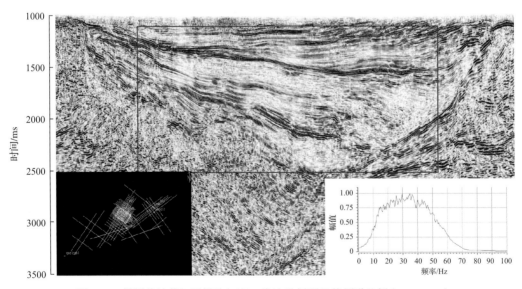

图 3.14　银额盆地苏红图拗陷加密二维地震剖面及其频谱分析(YG15-197)

(2)第二类：2014 年除拐子湖凹陷沙漠区外其他二维地震资料。

该类地震资料的哈日凹陷地震资料具有较高的信噪比，波阻特征统一，断层归位准确，地质现象明显(图 3.15)；主要目的层段连续性好、信噪比相对较高；反射结构清楚、内幕清晰、断点易于识别。巴北凹陷地震资料和哈日凹陷地震资料具有相同的分辨率，主频均在 35Hz 左右，但信噪比相比哈日凹陷相对较低，凹陷内波阻特征统一，断层归位准确，地质现象明显。研究区该类地震资料品质较好，可以满足地震构造解释的要求。

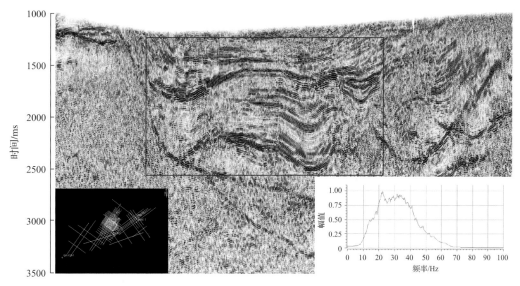

图 3.15　银额盆地苏红图拗陷二维 YG14-512 地震测线频谱分析(哈日凹陷)

(3)第三类:2014 年采集的拐子湖凹陷二维地震资料。

拐子湖凹陷地震资料是相对较大的凹陷中品质最差的,由于地表沙丘的影响,主要目的层段信噪比、分辨率均比较低,主测线 YG14-125 测线上凹陷底界隐约可见(图 3.16),但联络测线上找不到凹陷的底界,看不出内幕反射,层序界面不清楚,利用该凹陷的资料解释得到的成果可靠性较低。

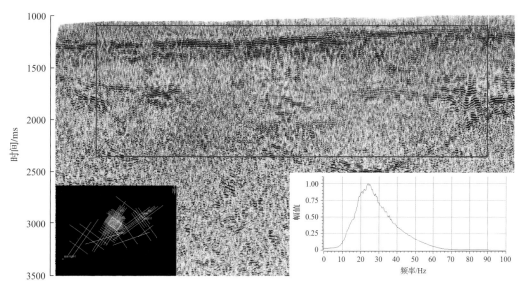

图 3.16　银额盆地苏红图拗陷二维 YG14-125 地震测线频谱分析(拐子湖凹陷)

综上所述,除拐子湖凹陷地震资料品质较差之外,银额盆地苏红图拗陷现有绝大部分资料均能满足构造研究的要求。如图 3.17 所示,蓝色标注的测线品质最好,不仅能满足构造解释的需要,也可进行不同程度的岩性、地质体识别及预测工作;红色标注的部分测线品质较好，可较好地满足区域地震构造解释的需要；绿色标注的位于工区西段拐子湖凹陷的二维地震资料品质较差，利用该类地震资料进行的构造解释、储层预测等工作取得的成果可靠性均较差。

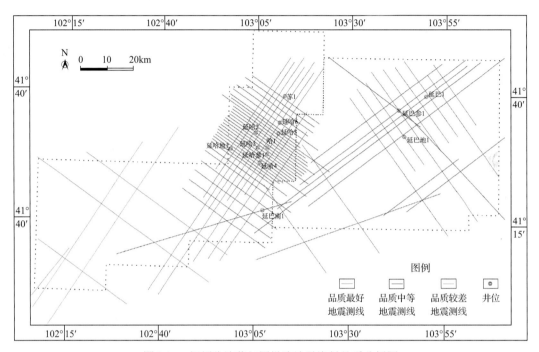

图 3.17　银额盆地苏红图拗陷地震资料品质分析图

3.3　层　位　标　定

地震地质层位的精细标定用于确定地震层序的地质层位，将钻井分层与井旁地震层序匹配起来，它是层序地层学的基础。层位标定的正确与否直接影响到地震反射层与地质层位的关系，进而影响井旁地震相的沉积相标定、储层在时间剖面上的时间(深度)标定等。层位标定是构造解释、储层预测、地震数据体反演等工作的基础和关键，为确保标定结果的准确性，采用"两步法"开展层位(油层)的标定研究。

第一步：利用 Landmark 地学软件制作合成地震记录，通过对十余口井的声波、密度值经过环境影响校正，利用 Landmark 的 Syntool 工具做出每口井不同频率、正、负极性的一系列合成地震记录，并与实际地震资料和区域地质构造特征对比分析，最终优选出正极性合成地震记录，并结合地震剖面对目的层段进行粗标定(图 3.18、图 3.19)。

第二步：将第一步粗标定的结果(主要是时深关系)作为储层预测软件层位标定的初始条件，再对目的层进行细微层位标定。储层预测软件层位标定的优点是可从井旁地震道中提取地震子波，并可对子波的相位谱、振幅谱进行调整，优化子波，最终选取合理子波的频率和极性。在子波选定后，再与测井反射系数序列褶积，求取合成记录，分别将合成记录与井旁地震道进行相关性分析，求取相关系数，其相关值的大小可作为质量控制的依据。

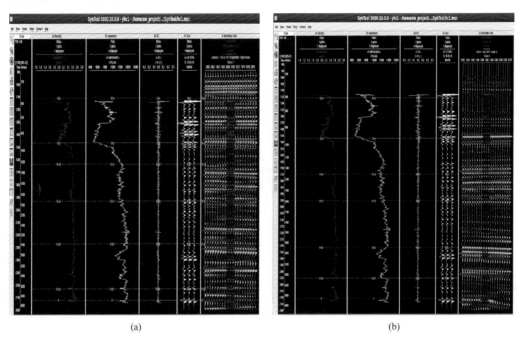

(a)　　　　　　　　　　　　　　　(b)

图 3.18　延哈参 1 井合成记录

(a)调整前；(b)调整后

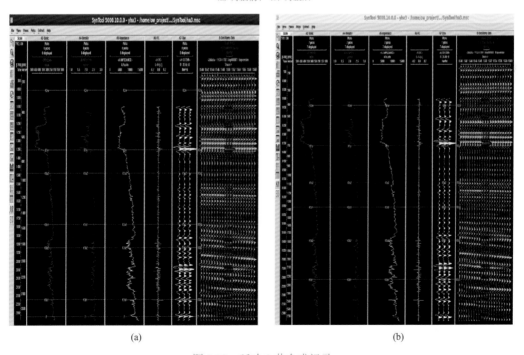

(a)　　　　　　　　　　　　　　　(b)

图 3.19　延哈 3 井合成记录

(a)调整前；(b)调整后

　　利用上述方法对延哈参 1 井、延巴参 1 井和哈 1 井等 11 口井制作合成记录。在尊重测井速度的基础上确定了第一轮解释方案(图 3.20)。在解释过程中,随着化验分析数据及野外露头观察结果的相继完成,对相关地质分层进行了多次调整,新标定结果与第一轮解释测井速度标定结果有一定出入,银根组底界与苏红图组底界两次标定结果基本吻合,而深层巴音戈壁组底界与二叠系底界变化较大,因此根据新标定的层位对研究区的解释方案进行调整(图 3.21、图 3.22),重点调整巴音戈壁组底界与二叠系底界,共反复

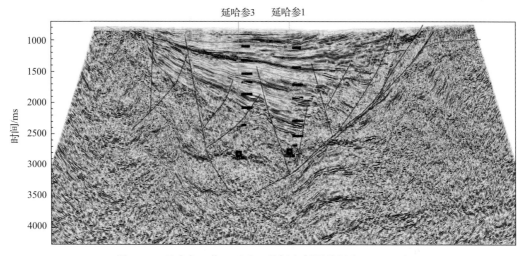

图 3.20　延哈参 1 井、延哈 3 井标定剖面特征(YG14-199)

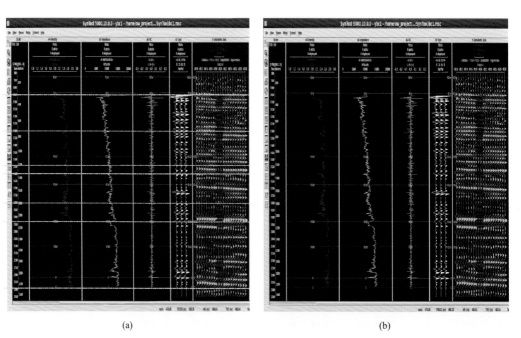

(a)　　　　　　　　　　　　　　　　(b)

图 3.21　延巴参 1 井合成记录

(a)调整前；(b)调整后

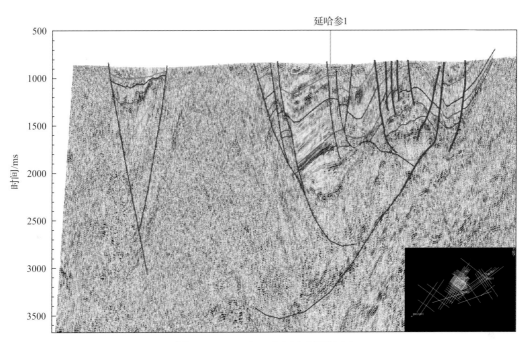

图 3.22　延巴参 1 井标定剖面特征

进行了三次区域调整解释。在本次层位标定中，11 口井的相关系数值相差较大，对于新钻井和最新采集的地震资料来说，这在一定程度上反映了该区工程技术的复杂性，但是由于全区标志层银根组底界无论在测井还是地震上均清晰可见，易于全区追踪对比，因此在一定程度上确保了层位标定的准确性。在每口井层位标定后，抽取连井地震剖面分析其波组特征，通过在全区追踪闭合，并根据地震界面特征对测井地质分层进行适当的调整，使得测井-地震标定达到最佳匹配。

3.4　层位解释及地震层序

地震解释所用资料在资料品质 I 类、II 类区信噪比较高，层位波组特征清晰、断层断点清楚；第Ⅲ类资料信噪比差，多为杂乱反射，造成层位、断层追踪解释难度很大，只能根据区域构造认识和构造-沉积模式来进行层位与断层的追踪解释。构造解释流程如图 3.23 所示。除了局部地层倾角大和深部地层存在闭合差外，其他方向的线都基本闭合。

通过 11 口井的层位精细标定，并结合前人研究成果及区域地质特征，追踪、解释了7 个地震反射层位。在解释过程中划分出 7 套地震层序，分别为古生界二叠系地震层序，白垩系巴一段地震层序、巴二段地震层序、苏一段地震层序、苏二段地震层序、银根组地震层序以及乌兰苏海组地震层序。地震层序与地质分层的对应关系如表 3.1 所示，地震反射层位波组特征如图 3.24 所示。

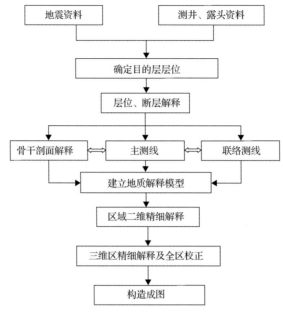

图 3.23　二维构造解释流程图

表 3.1　银额盆地苏红图拗陷地层层位与地震层序对应关系

地层						构造期	地震反射特征	亚层序	地震层序	超层序	地震反射层位
界	系	统	组	段	代号						
新生界	古近系—新近系				E—Q	喜马拉雅期	下超		A	I	T_Q
中生界	白垩系	上统	乌兰苏海组		R				B		T_E
					K_2w						T_{K_2w}
		下统	银根组		K_1y	燕山期	上超 削蚀 下超		C	II	T_{K_1y}
			苏红图组	上段	K_1s^2			D_1	D		$T_{K_1s^2}$
				下段	K_1s^1			D_2			$T_{K_1s^1}$
			巴音戈壁组	上段	K_1b^2			E_1	E		$T_{K_1b^2}$
				下段	K_1b^1			E_2			T_g
古生界	二叠系				P	海西期	削蚀	F_1	F	III	T_p
	石炭系				C			F_2			

根据精细对比分析，三个主要目的层的地震反射主要具有以下剖面特征。

银根组（K_1y）：该组底部为一套中强振幅反射，全区特征明显，连续性好，易于追踪，与下伏地层呈不整合接触。标层相位为一个连续性较好的波峰；地震反射同相轴在凹陷内表现为底超现象；在凹陷边缘出现下伏反射层顶削特征。

苏红图组底界（K_1s^1）：地震反射特征整体表现为中弱较连续的反射特征，局部可见中—强振幅，全区可追踪。与下伏地层呈平行不整合接触。标层相位为一中—弱相位—中连续的波谷；凹陷中心表现为平行关系，局部可见中—强振幅。

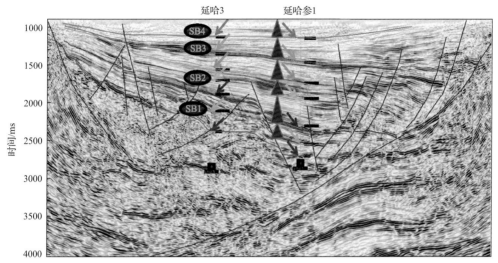

图 3.24　地震反射层位标定及与上覆、下伏地层接触关系(YG14-199)

巴音戈壁组底界(K_1b^1)：新分层标定后，该段为上下两套中强振幅反射，连续性较好，全区易于追踪，与下伏古生界呈不整合接触，主体呈现下部反射被顶削的现象。

根据地震层位的标定结果，对比研究区地震层位的反射特征和波组关系，基本能够确定本区的主要反射目的层。在确定了主要反射目的层后，解释主要按照以下的步骤进行层位及断层的解释。

第一步：过井线解释。首先解释过井测线 YG15-193、YG14-195、YG14-199、YG15-201、YG14-203、YG15-208、YG15-506、YG15-522W、YG14-239E、YG14-243E、YG14-512，通过过井主测线的标定结果和剖面特征，结合露头信息，确定各个目的层段的地震层位(图 3.25)。

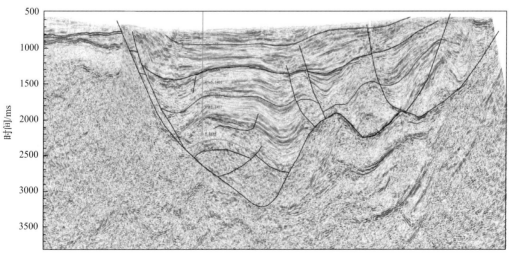

图 3.25　过延哈 4 井二维地震解释剖面(YG14-512)

第二步：解释任意连井剖面。根据连井测线的剖面标定结果，结合其本身的剖面特征，与过井的主测线闭合解释，确定主要目的层段的地震反射特征(图 3.26)。

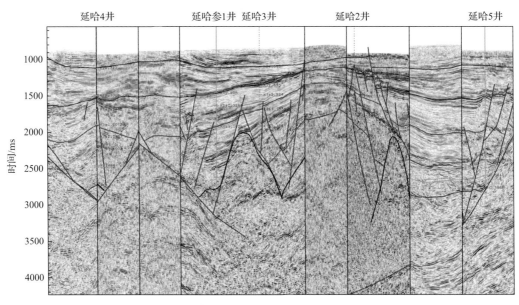

图 3.26　连井二维地震解释剖面(YG14-512)

第三步：利用过井测线解释成果、连井解释成果进行主测线与联络线的十字剖面闭合解释，进而推广到整个工区。

第四步：层位追踪解释后，拉任意折线剖面进行全区层位闭合检查，根据对区域的地质构造认识，对解释方案做反复修改、落实，对不合理处进行改正，直至全区层位闭合。

第五步：利用哈日凹陷三维地震资料进行三维联动立体精细解释(图 3.27)，对二维地震解释不合理部分进行局部微调，直至全区解释准确、合理。

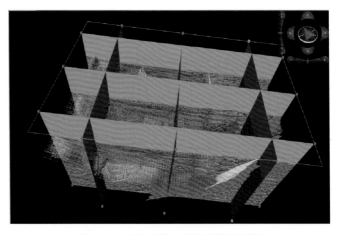

图 3.27　哈日凹陷三维地震精细解释

3.5　断　裂　特　征

由于地震资料处理原因或非构造因素往往形成一些断点假象，正确识别断点是断层解释的基础。根据油气勘探的需要，应用有效的技术手段，开展精细目标解释，在解释骨干剖面的基础上，利用任意线、连井线检验小幅度构造，经过多次反复人机交互，最终提供较为精细的解释成果。

垂直剖面上判断断层的依据主要有：①反射波错断、分叉、合并、扭曲等；②反射同相轴数目突然增减或消失；③波阻间隔发生突变；④反射同相轴产状突变或两侧反射结构不同；⑤断面波、绕射波的存在；⑥剖面上的较大断层附近，一般发育较小的协调断层；⑦产状变化点及拐点，多为孤立小断层。

基于断层识别的原则，经过对全区地震资料进行精细解释，工区内共解释断裂近 200条，命名主要断裂拐子湖凹陷 7 条、哈日凹陷 80 条、巴南凹陷 2 条、巴北凹陷 14 条、乌兰凹陷 13 条，共计 116 条，各凹陷主要断裂要素如表 3.2 所示，断层纲要如图 3.28 所示。

表 3.2 断裂要素表

序号	断裂名称	性质	断开层位	区内延展长度/km	断距/m	产状		可靠程度
						走向	倾向	
1	GZH_F1	正断层	T_{K_2w}—T_C	63	50~3000	北东	北西	可靠
2	GZH_F2	正断层	T_{K_1s}—T_P	18	150~500	北北西	西	可靠
3	GZH_F3	正断层	T_{K_2w}—T_C	19	100~800	南北	西	可靠
4	GZH_F4	正断层	T_{K_2w}—T_C	44	50~800	北东东	南南东	可靠
5	GZH_F5	正断层	T_{K_2w}—T_C	35	50~800	北东东	北北西	可靠
6	GZH_F6	正断层	T_{K_2w}—T_C	27	1050~2200	北东东	南南东	可靠
7	GZH_F7	正断层	T_{K_2w}—T_C	32	50~800	北西西	南南东	可靠
8	HR_F1	正断层	T_{K_2w}—T_C	91	10~5000	北北东	北西西	可靠
9	HR_F3	正断层	T_{K_2w}—T_C	16	10~3000	北东东	南	可靠
10	HR_F3	正断层	T_{K_1y}—T_C	17	10~2000	北北西	西	可靠
11	HR_F7	正断层	T_{K_1y}—T_C	27	20~500	北北东	南南东	可靠
12	HR_F21	正断层	T_{K_1s}—T_P	11	20~50	北北东	南南东	较可靠
13	HR_F16	正断层	T_{K_2w}—T_P	10	20~800	北北东	北北西	可靠
14	HR_F39	正断层	T_{K_1s}—T_P	5	10~50	北北东	北北西	较可靠
15	HR_F52	正断层	T_{K_1y}—T_C	8	10~50	北北东	南南东	较可靠
16	HR_F61	正断层	T_{K_1y}—T_C	13	20~500	北北东	南南东	可靠
17	HR_F71	正断层	T_{K_2w}—T_C	14	50~500	北东东	北北西	可靠
18	HR_F75	正断层	T_{K_1y}—T_C	26	600~1000	北北东	南南东	可靠
19	BN_F2	正断层	T_{K_1b}—T_C	17	20~50	北东东	北北西	较可靠
20	BN_F1	正断层	T_{K_2w}—T_C	27	20~200	北北东	南南东	可靠
21	BB_F1	正断层	T_{K_2w}—T_P	36	50~800	北北东	北西西	可靠
22	BB_F3	正断层	T_{K_2w}—T_P	57	200~3200	北北东	南南东	可靠
23	BB_F4	正断层	T_{K_2w}—T_P	28	200~1000	北北东	北西西	可靠
24	BB_F11	正断层	T_{K_2w}—T_P	15	70~100	北东东	北北西	较可靠
25	BB_F13	正断层	T_{K_2w}—T_C	27	30~1200	北东东	南南东	可靠
26	BB_F14	正断层	T_{K_2w}—T_C	7	80~600	北北东	西	可靠
27	WN_F3	正断层	T_{K_2w}—T_C	25	20~1600	北北东	西	可靠
28	WN_F7	正断层	T_{K_2w}—T_C	27	100~3000	东西	南	可靠
29	WN_F12	正断层	T_{K_2w}—T_C	16	20~3000	北北东	南东东	可靠
30	WN_F11	正断层	T_{K_2w}—T_C	44	20~3000	东西	北	可靠

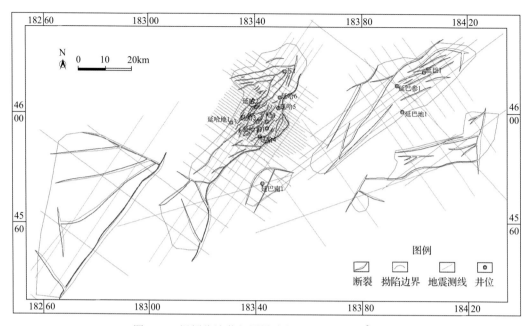

图 3.28　银额盆地苏红图拗陷断层纲要图(K₁b² 底界)

　　工区内断裂较发育，目前解释的断裂均为正断层，尚未发现逆断层。断层走向多与地层走向斜交，表现为北东向或北西向延伸，为凹陷内形成断鼻、断块构造创造了条件。断层多为顺向正断层，凹陷内有反向正断层发育。Ⅰ级凹陷边界断层控制了哈日凹陷、巴北凹陷、拐子湖凹陷、乌兰凹陷、哈日南凹陷的形成及各个凹陷的沉积厚度和规模；凹陷内发育的Ⅱ级断层控制了各凹陷内局部圈闭的形成和发育；其余为凹陷内地层应力调节释放的Ⅲ级小型正断层，使构造更加复杂化。

3.5.1　断裂形成期次

　　依据断层形成及活动时间、与其他断层搭接关系，结合构造演化将断层形成划分三个期次。

　　第一期：早白垩世之前就存在且后期一直活动的控制性断层。海西—燕山中期发育的断层主要存在两种特征：一类是控凹同沉积断层，发育于海西期，结束于燕山运动Ⅲ幕晚期，与凹陷的发育相依相存，控制着凹陷的沉积。断层开始发育，凹陷开始形成，断层活动停止，凹陷即随之消亡。区内控制五个凹陷形成的同沉积断层即为此类断层。另一类断层虽然发育于燕山运动Ⅲ幕早期，但不是生长断层，发育期短暂，很快停止活动且仅断穿基底的断裂的即属于此类断裂。该类断裂属于该区的一级断裂，为控制凹陷的形成和沉积充填的区域性断层，发育最早，断穿基底，断距大，活动期长，规模较大，控制整个凹陷沉积(图 3.29 中红色断层)。

　　第二期：早白垩世沉积时期形成的同沉积断层。该期的断层主要发育在各个凹陷内部，位于同沉积大断层的上盘，因盆地区域性拉张，上盘沉降速度加快，产生重力下滑形成断阶状断层，是一组同生正断层。该类断裂多为二级断裂，控制局部构造带的分布，如形成鼻状构造的两翼断层，剖面特征上断距不是很大，延伸较短(图 3.29 中蓝色断层)。

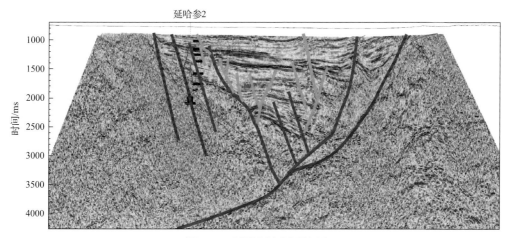

图 3.29　断裂期次剖面特征

第三期：早白垩世沉积之后形成的改造性断层。这期断裂是研究区内最新的一期断裂，该期断层是盆地基岩局部抬升拉张引发的正断层。各凹陷中部基岩隆升幅度最大，是断层集中发育的部位。该类断裂多为三级断裂，多为伴生小断层等，断距小、延伸短、数量多，形成局部小型构造，如断垒、断堑(图 3.29 中绿色断层)。

3.5.2　断裂剖面特征

按断层的断开层位，可将银额盆地苏红图拗陷自古生界到新生界发育的断层划分为三个层次：①古生界—新生界持续发育的同生长控凹断层；②从二叠系顶部断穿至白垩系上部的凹陷内部断层；③为白垩系内部发育的一些层间调整正断层(图 3.29)。

古生界—新生界持续发育的同生长控凹断层，断层从古生界开始持续发育，印支期以来，断层仍继续活动，侏罗纪期，区域构造继承了印支期以来隆升、剥蚀的构造面貌，缺失侏罗系的沉积记录，直到白垩纪才形成了中生界断陷形态，断裂活动控制了断陷形态及沉积。在地震剖面上可明显见到石炭系—白垩系的地震反射波组中断或错断，形成断陷的陡坡带，断面波特征明显。断层倾角一般大于 60°，并经常伴生一些次级小断裂产生，在其顶部形成"Y"字形断裂样式。

从二叠系顶部断穿至白垩系上部断层，多为断陷构造活动的产物。这类断层从剖面上来看，大多数断穿二叠系顶部到苏红图组顶部或银根组，多为顺向正断层，其断穿层位虽然跨度较大，但是剖面断距一般都不是很大，且大多数倾角都较大，近似直立断层。在地震剖面上一般可以看见比较明显的地震同相轴错断，尤其是在巴音戈壁组和苏红图组。该断层一般都延伸不是很远，但是却对凹陷内的微幅构造、油气运聚、圈闭的形成起着决定性的作用。

白垩系沉积内部还发育的一些层间调整正断层，这类断层多为局部应力调整形成的小断层，多伴随其他断层形成。在地震剖面上识别起来较为困难，断开层位较少，一般都发育在巴音戈壁组和苏红图组内部，剖面上会偶尔出现一个小的同相轴抖动，发育比较孤立，很难在区域连续发育，其对圈闭、构造的影响作用也非常有限。

综合来说，该区发育的断裂在地震剖面上表现为三种类型："Y"字形断裂、反"Y"字形断裂以及平行雁列式断裂(图 3.30～图 3.32)。

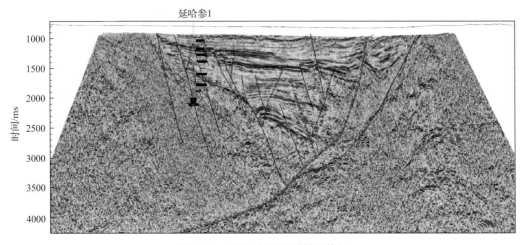

图 3.30 "Y"字形断裂剖面特征

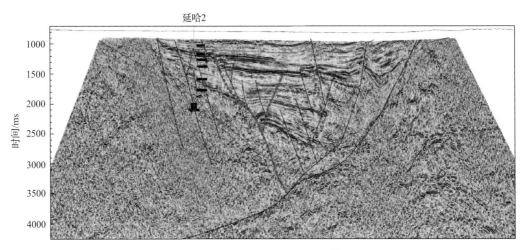

图 3.31 反"Y"字形断裂剖面特征

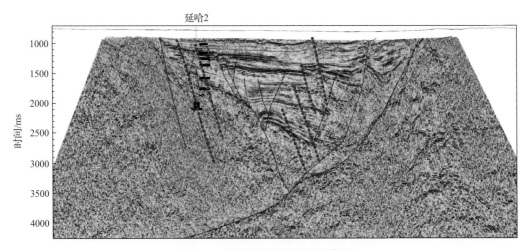

图 3.32 平行雁列式断裂剖面特征

3.5.3　断裂平面特征

　　银额盆地苏红图拗陷的断裂走向主要表现为北东向或北北东向，其中几条大的控陷断裂控制了哈日凹陷、巴北凹陷、拐子湖凹陷等凹陷边界，这类断层断距大，延伸广（图 3.33～图 3.37）。在平面上主要有以下几个特点：①区内断层多期发育，具有较强

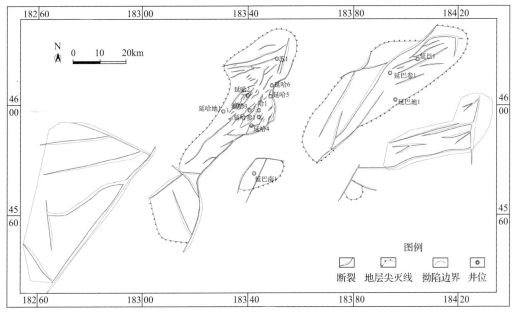

图 3.33　巴一段底界面断层纲要图

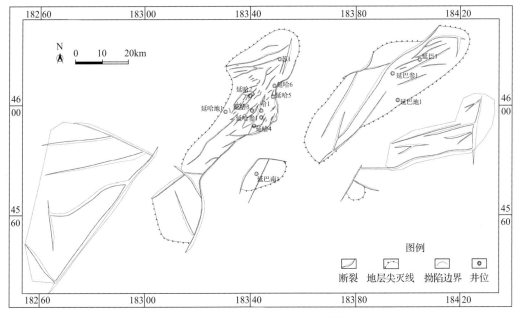

图 3.34　巴二段底界面断层纲要图

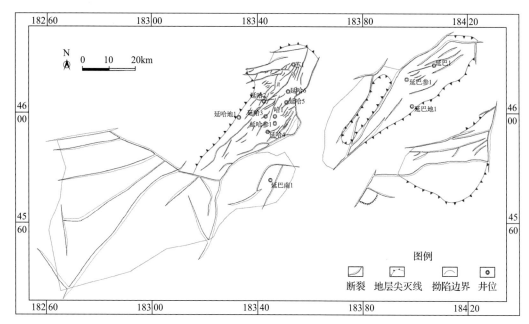

图 3.35　苏一段底界面断层纲要图

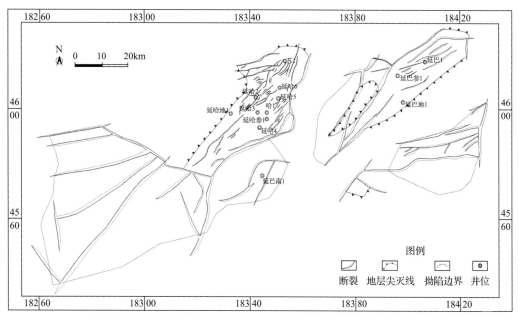

图 3.36　苏二段底界面断层纲要图

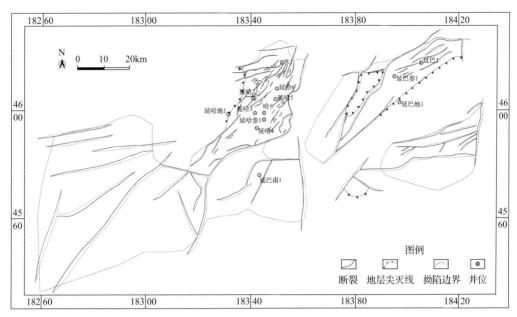

图 3.37　银根组底界面断层纲要图

的规律性，断层均为正断层，走向基本为北东向和北北东向，平面上的条带特征明显；②各凹陷断裂活动强度和时间均有差异；③控制凹陷的同沉积正断层均为二级断层，北东向延伸，斜列式展布，这类断层发育时期早，活动期长，断裂延伸长，断距大；④控制二级构造带的三级断裂主要发育在各凹陷同生断层的上盘，这类断层发育时期相对较晚，活动时期较短，主要延伸方向为北北东向和北东向，北西向次之，大部分与控陷断层呈台阶式分布；⑤研究区内的三级断层较发育，断层的整体走向近北东向，断层延伸长短不一，组合关系相对复杂，有单列式、平行雁列式、地垒式、地堑式等；⑥早期断层发育，逐渐到晚期断层减少，构造活动减弱，断层继承性发育明显。

3.6　速度场建立及构造成图

1. 速度场建立

根据对区内现有的井速度的分析，认为研究区内速度差异不大(图 3.38)，延巴参 1 井、延哈参 1 井、哈 1 井、苏 1 井等井的等时深梯度较为一致，说明该区块速度横向变化不大。

由于研究区内构造格局相对稳定，速度横向变化不大，因此构造成图采用 TDQ 时深转换算法进行时深转换，在转换的过程中，11 口井同时参与计算，横向上严格遵循 T_0 构造外延趋势，从而得到整个工区的平均速度图。

2. 构造成图

经过时深转换、井点控制成图后，得到研究区的埋深图，经过浮动基准面的校正，得到研究区各主要目的层反射界面的构造图(图 3.39)。

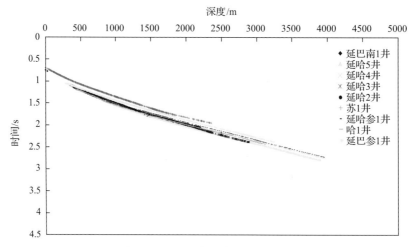

图 3.38   工区内探井速度分析图

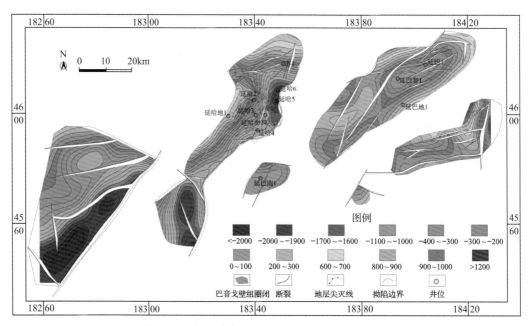

图 3.39   苏红图拗陷下白垩统巴一段底面构造图

3.7   主要凹陷及构造特征

银额盆地苏红图拗陷中生代为凹凸相间的构造样式，凹陷间多被凸起相隔，研究区北部为洪格尔吉山隆起，南部为宗乃山隆起。现今构造表明银额盆地苏红图拗陷主要包括拐子湖凹陷、哈日凹陷、巴北凹陷、乌兰凹陷四个大的凹陷，在哈日凹陷和巴北凹陷的外缘发育两个小洼陷，分别为哈日南凹陷、巴南凹陷(图 3.40)。这六个凹陷具有相同的沉积基底，是在石炭系、二叠系褶皱基底上发育起来的中新生界断陷盆地。

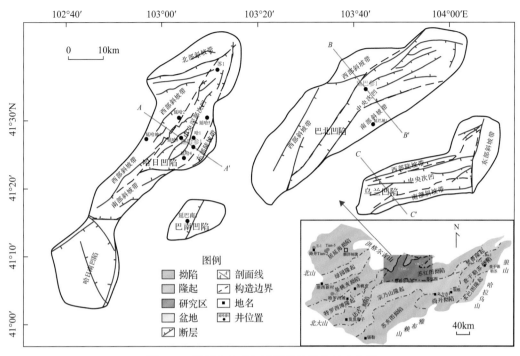

图 3.40　银额盆地苏红图凹陷构造单元分布图

研究区凹陷以箕状断陷为主，可分为单断、断阶、双断式等形态，凹陷边界大断层均为控制沉积的同生长断层，构造形态表现为从缓坡到陡坡的单斜形态，走向北东，在凹陷的中央形成深洼槽，整体构造形态被一系列北东向延伸的正断层切割，形成断块、断鼻等次级构造。

研究区以哈日凸起为中心，东部和西部的断陷具有对称分布的特点[①]。西部拐子湖凹陷、哈日凹陷为东断西超、东深西浅，东部巴北凹陷和乌兰凹陷表现为西断东超、西深东浅（图 3.41）。从构造规模上看，研究区自东向西构造规模不断缩小，凹陷由单断向双断发展。

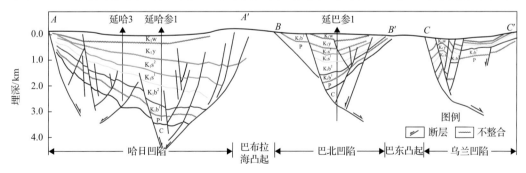

图 3.41　银额盆地苏红图凹陷凹陷构造样式对比图

单个断陷的规模受控凹断层规模，边界断层的断距越大，沉积地层的厚度越大，具

---

① 任战利，陈志鹏，祁凯，等. 2017. 银额盆地延长探区勘探潜力研究及目标优选. 西安: 陕西延长石油(集团)有限责任公司。

有典型的断陷盆地沉积的特点，依次可划分为陡坡带、中央深凹带、斜坡带三个次级构造区(图 3.42)。

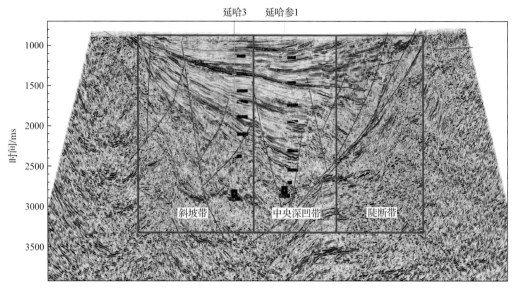

图 3.42   哈日凹陷构造单元分布图

1. 拐子湖凹陷

拐子湖凹陷剖面质量较差，但依然能够识别出其地质结构，是一个以下白垩统为主体的不对称断阶箕状断陷(图 3.43)，凹陷的主体被同沉积正断层分割为三个台阶状的小次凹，每个小次洼都有东断西超的特点，整个凹陷的沉积层都向三条同沉积断层方向增厚、层次增多、呈发散状，具有断箕断陷的特征。

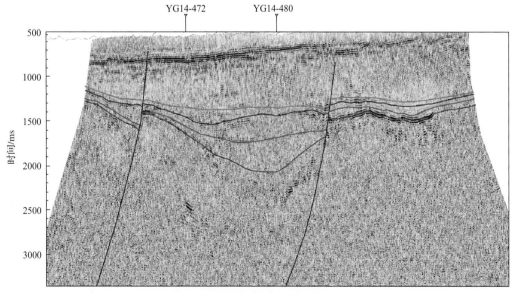

图 3.43   拐子湖凹陷典型剖面图(YG14-125)

2. 哈日凹陷

哈日凹陷是一个以下白垩统为主体的不对称箕状断陷(图 3.44),表现为东断西超、南北双断的特点,断陷东部的沉积层都向同沉积正断层方向增厚、层次增多、呈发散状。东南边界断层为一继承性发育的凹陷边界大断层,控制了地质结构特征、地层厚度及沉积岩相带分布,其下降盘盖层最大沉积厚度达 4400m。总体上凹陷边界断层对凹陷的发育具有重要的控制作用。凹陷西部受后期构造运动的影响,地层抬升、遭受剥蚀,凹陷边界可见地层剥蚀尖灭线。

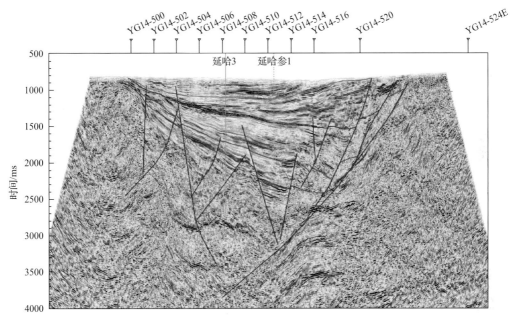

图 3.44　哈日凹陷典型剖面图(YG14-199)

3. 巴北凹陷

巴北凹陷也是一个不对称单断箕状凹陷,表现为西断东超、南北双断的特点(图 3.45),与哈日凹陷不同的是,巴北凹陷西部同沉积断层表现为两到三条断层组成的断阶式控凹断层。西南边界断层是凹陷的控制断层,断层下降盘盖层最大沉积厚度达 2900m。

4. 乌兰凹陷

乌兰凹陷位于巴北凹陷的东偏南,也是一个不对称断阶箕状凹陷(图 3.46),但其规模远小于其他几个凹陷。该凹陷结构南北过洼槽的测线剖面形态差异较大,显示出复杂的结构特征。南部的 YG14-231E 测线显示凹陷近东西向,断层下降盘盖层最大沉积厚度达 2600m,而北部 YG14-259E 测线显示凹陷为南北向延伸,断层下降幅度较小。

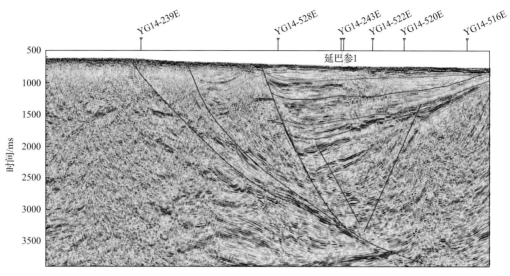

图 3.45　巴北凹陷典型剖面图（YG15-245N）

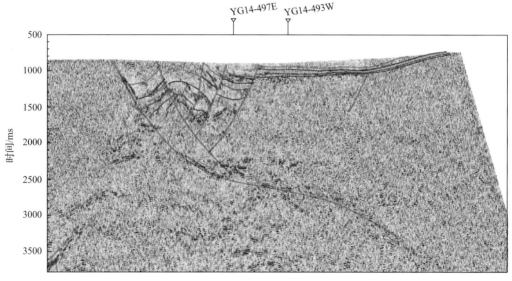

图 3.46　乌兰凹陷典型剖面图（YG14-231E）

5. 哈日南凹陷

哈日南凹陷是哈日凹陷向西南方向的延伸，与哈日凹陷具有相似的构造沉积特征，是一个以下白垩统为主体的不对称单断箕状凹陷（图 3.47），表现为东断西超的特点，但整体规模比哈日凹陷较小，沉积较浅。

6. 巴南凹陷

从区域上来看巴南凹陷属于巴北凹陷向西南方向的延伸，因此取名叫巴南凹陷。从已完钻的延巴南 1 井和地震发射特征来看，该凹陷主体为古生界地层，中生界地层披

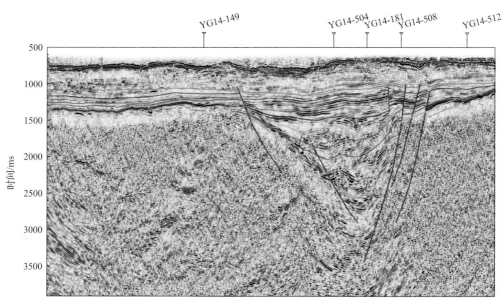

图 3.47　哈日南凹陷典型剖面图（YG14-149）

覆沉积在残留的古生界凹陷之上，整体沉积较少。该凹陷中生界地层表现为西北断、东南超的单断形态（图 3.48），古生界地层要比中生界地层分布范围大得多，整体与上覆地层呈角度不整合接触，在凹陷东部整体抬升遭受一定程度的剥蚀。

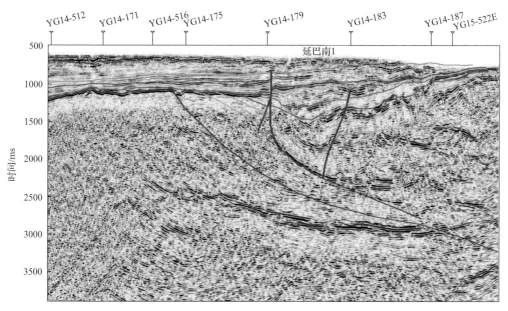

图 3.48　巴南凹陷典型剖面图（YG15-522W）

3.8　构造发育史

银额盆地及其邻区主要位于华北板块、塔里木板块、哈萨克斯坦板块的边界位置。

红柳河—牛圈子—洗肠井缝合带、阿尔金东缘断裂、恩格尔乌苏断裂带是分割塔里木板块、哈萨克斯坦板块和华北板块的边界断裂(钟福平等,2011;严云奎等,2011)。阿尔金断裂—恩格尔乌苏断裂以南的华北板块缺失下古生界,以元古界变质岩为基底,其北则以古生界为基底(郭彦如等,2002;张进等,2007)。银额盆地中新生代经历了由断陷到坳陷的以下几个构造演化阶段。

(1)下白垩统巴音戈壁组沉积之前:经过整体抬升剥蚀,导致该区域缺失三叠系、侏罗系,古生界石炭系—二叠系局部残留,形成了高低起伏、陡缓分明的古地形。

(2)在早白垩世沉积阶段,凹陷开始沉降,受近北西-南东向拉张应力作用,形成北东向雁列式断裂带,这些断裂在盆地群东部(苏红图、银根)最为发育,进入断陷盆地全面发展时期,形成了凹凸相间的构造格局。火山事件是厘定该时期构造运动的重要标志,在早白垩世研究区经历了一次重要的地壳延伸事件,导致了断陷盆地的形成和发育,沿基底断裂带还分布有侵入岩体。

(3)早白垩世—晚白垩世(银根组—乌兰苏海组沉积阶段),研究区经历了南北向挤压作用,盆地微幅抬升,裂陷作用逐渐减弱,岩石圈大幅度拉伸沉降,进入坳陷阶段,沉积范围扩大,在盆地边缘超覆于不同时代的老地层之上。

其中,哈日凹陷和拐子湖凹陷断裂持续时间长,沉降幅度大,沉积厚度大,巴北凹陷和乌兰凹陷次之。边界断裂的断距越大、倾向越缓,凹陷规模越大。研究中选取YG14-199测线恢复了哈日凹陷构造发育史(图3.49),选取YG14-125测线完成了拐子湖凹陷构造发育史(图3.50),选取了YG14-243E测线同时恢复了巴北凹陷和乌兰凹陷的构造发育史(图3.51)。

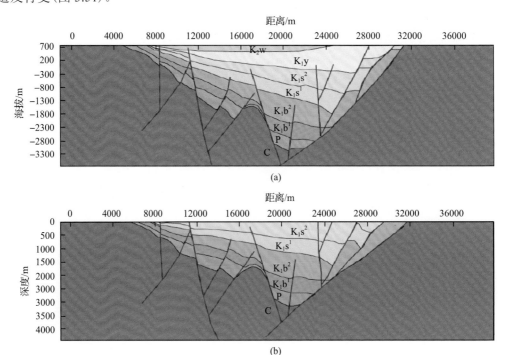

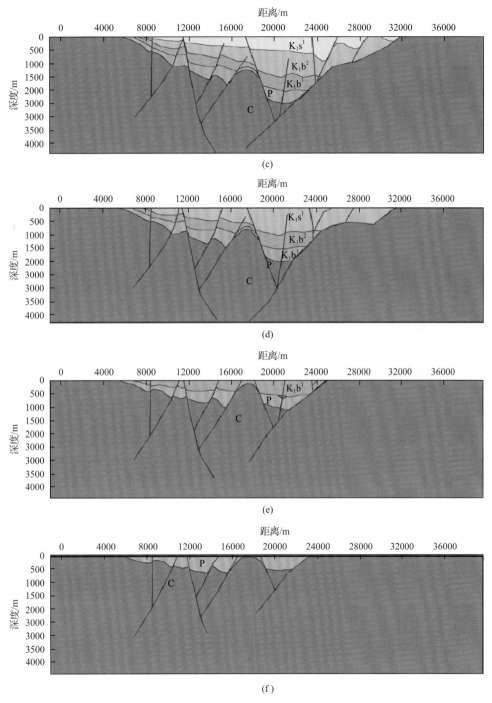

图 3.49　哈日凹陷构造演化剖面（YG14-199）

(a)现今构造；(b)银根组沉积前；(c)苏红图组二段沉积前；(d)苏红图组一段沉积前；

(e)巴音戈壁组二段沉积前；(f)巴音戈壁组一段沉积前

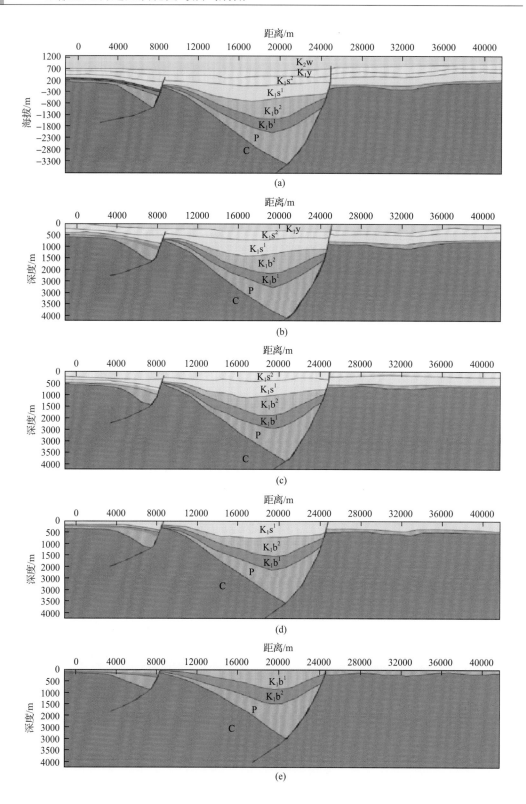

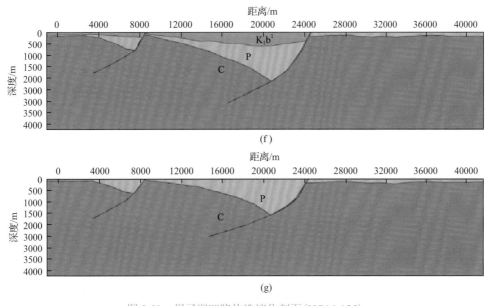

图 3.50　拐子湖凹陷构造演化剖面(YG14-125)

(a)现今构造；(b)乌兰苏海组沉积前；(c)银根组沉积前；(d)苏红图组二段沉积前；(e)苏红图组一段沉积前；

(f)巴音戈壁组二段沉积前；(g)巴音戈壁组一段沉积前

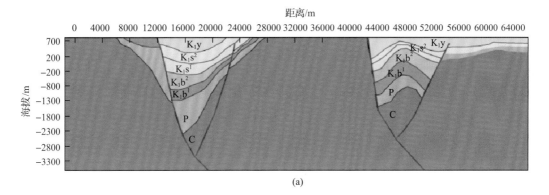

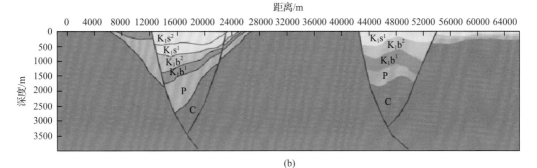

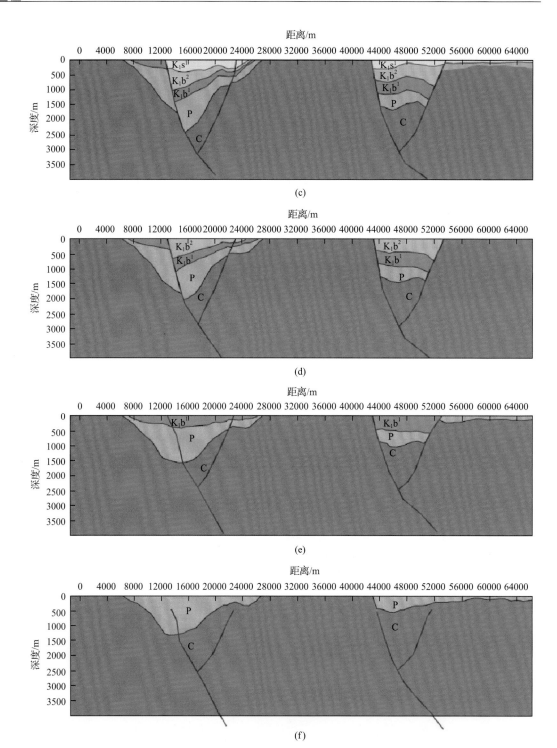

图 3.51 巴北凹陷和乌兰凹陷构造演化剖面(YG14-243E)

(a)现今构造; (b)银根组沉积前; (c)苏红图组二段沉积前; (d)苏红图组一段沉积前;

(e)巴音戈壁组二段沉积前; (f)巴音戈壁组一段沉积前

哈日凹陷在白垩系沉积之前经过整体抬升剥蚀，导致该区域缺失三叠系、侏罗系，古生界石炭系—二叠系局部残留，并伴随一次火山活动(图 3.49)。进入白垩纪之后，盆地重新沉降，接受白垩系沉积。巴音戈壁组沉积期，在北西-南东向拉张应力作用下，哈日凹陷东陡西缓的箕状断陷初具雏形。当时总的古地形特征是北高南低、西高东低，高低悬殊，陡缓分明。后来区域性左旋张扭应力作用加强，东部边界断层活动加剧，使巴音戈壁地层差异沉陷幅度增大，在这一时期火山持续活动。到了苏红图沉积期，边界断裂持续活动，火山岩以裂隙式喷发等形态发育，该时期凹陷面积明显扩大。银根组沉积期区域拉张应力场的作用增强，凹陷整体差异性沉降，开始进入断拗扩展沉积阶段，凹陷中心沉积加厚。之后随着凹陷不断抬升，至银根期末期，湖盆渐趋消亡。

拐子湖凹陷和哈日凹陷一样，在白垩纪沉积之前经过整体抬升剥蚀，导致该区域缺失三叠系、侏罗系，古生界石炭系—二叠系局部残留(图 3.50)。进入白垩纪之后，盆地重新沉降，接受白垩系沉积。巴音戈壁组沉积期，在拉张应力作用下，拐子湖凹陷东陡西缓的箕状断陷初具雏形。当时总的古地形逐渐高低悬殊，陡缓分明。后来区域性左旋张扭应力作用加强，东部边界断层活动加剧，使得巴音戈壁地层差异沉陷幅度增大。到了苏红图沉积期，边界断裂持续活动，该时期凹陷面积明显扩大。银根组沉积时期，拐子湖凹陷与哈日凹陷经历了相似的构造演化历史，均表现为坳陷扩展、构造拉伸下的地层沉积作用。

巴北凹陷与哈日凹陷一样，存在两期构造运动，缺失三叠系、侏罗系(图 3.51)；在白垩系沉积前巴北凹陷二叠系、石炭系沉积局部残留，到下白垩统巴音戈壁沉积期，构造应力场变为拉张应力，地层受边界断层控制在古生界残留地层的基础上呈现典型的断陷型盆地形态；巴音戈壁末期，断层上升盘一直处于抬升状态，未接受新的沉积。凹陷内部为西断东超，凹陷中心沉积加厚。乌兰凹陷在巴音戈壁组沉积期开始呈现双断凹陷的形态，在苏红图沉积时期断裂活动较为剧烈，使凹陷形态复杂化。巴北凹陷、乌兰凹陷虽然都与哈日凹陷均有相似的构造演化规律，但是由于其控洼的边界断裂活动较弱，尤其在早白垩世初期巴音戈壁组沉积时期，边界断裂的活动没有哈日凹陷或者拐子湖凹陷那么强烈，这就造就了这两个凹陷白垩系均埋藏较浅，尤其是目前评价最好的烃源岩发育层巴音戈壁组沉积厚度较小，直接影响了这两个凹陷中生界的油气勘探潜力。

3.9　圈闭识别及描述

精细的构造解释是圈闭识别的基础。本次研究中构造精细解释充分利用精细的井震标定、合理的断裂解释与组合、特殊沉积的地质背景分析及各类地震速度、地震属性等多种手段搜寻各类圈闭，为后续圈闭的识别工作奠定了坚实的基础。

圈闭类型大致可以分为构造圈闭和构造-地层复合圈闭、地层圈闭、岩性圈闭四类，通过本次精细构造解释和对现有钻井出油层段的精细分析，发现苏红图坳陷整体缺乏大型构造圈闭，多以地层圈闭、构造-地层复合圈闭或地层-岩性圈闭为主，根据地震识别精度，本次圈闭识别主要在大区利用二维地震数据搜寻断块、构造-地层等构造类圈闭。

在具体圈闭识别过程中，根据各时代地层所经历构造运动的不同所表现出的明显的垂向差异，以及各套地层在地震剖面上的特征，再结合对该工区内探井油气显示情况进行统计分析后确定，本次研究中圈闭识别主要集中在古生界上部、中生界白垩系巴音戈壁组、苏红图组及银根组。结合以上工作思路，本次工作中共发现和落实构造、地层类圈闭圈层 77 余个（图 3.52），共命名圈闭 13 个（表 3.3）。

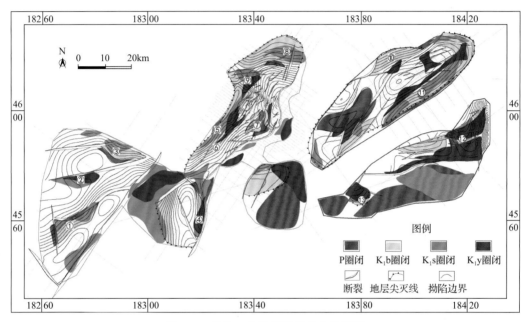

图 3.52 构造、地层类圈闭叠合显示图

表 3.3 银额盆地苏红图拗陷圈闭要素表

圈闭编号	圈闭名称	圈闭类型	层位	圈闭要素			可靠程度
				圈闭面积/km²	闭合度/m	高点海拔/m	
1	拐子湖 1 号圈闭	断块	K_1s	10.6	300	−1300	可靠
			K_1b	68.6	1500	−2000	
			P	97.5	1500	−2250	
2	拐子湖 2 号圈闭	断鼻	K_1y	26.4	200	250	可靠
			K_1s	51.1	200	−200	
3	拐子湖 3 号圈闭	断鼻	K_1s	30.6	600	600	较可靠
			K_1b	52.7	1250	−250	
			P	58.7	1000	−500	
4	哈日 1 号圈闭	断块	K_1y	27.7	800	50	较可靠
			K_1s	54.7	800	−200	
			K_1b	26.2	1000	−1500	

续表

圈闭编号	圈闭名称	圈闭类型	层位	圈闭要素			可靠程度
				圈闭面积/km^2	闭合度/m	高点海拔/m	
5	哈日 2 号圈闭	地层	K$_1$y	22.3	300	900	较可靠
			K$_1$s	61.3	600	800	
			K$_1$b	124.4	1000	250	
6	哈日 3 号圈闭	断块	K$_1$b	15.6	750	−250	较可靠
7	哈日 4 号圈闭	断鼻	K$_1$b	8.1	500	−1350	较可靠
			P	4.5	250	−1750	
8	哈日 5 号圈闭	地层	K$_1$s	54.2	800	1100	较可靠
			K$_1$b	152.3	1500	1000	
9	哈日 6 号圈闭	断层–地层	K$_1$y	26.5	200	700	较可靠
			K$_1$s	26.7	500	500	
			K$_1$b	27.7	1000	−750	
10	巴北 1 号圈闭	断层-地层	K$_1$b	65.8	1250	1250	较可靠
11	巴北 2 号圈闭	断层-地层	K$_1$y	74.9	300	1000	可靠
			K$_1$s	69.7	500	900	
			K$_1$b	174.1	1000	750	
12	乌兰 1 号圈闭	断鼻	K$_1$s	42.7	700	1300	较可靠
			K$_1$b	34.9	750	500	
13	乌兰 2 号圈闭	断块	K$_1$y	38.1	800	1000	可靠
			K$_1$s	22.2	1100	900	
			K$_1$b	29.6	1000	250	

第4章 沉积相及沉积演化研究

4.1 区域沉积背景

银额盆地苏红图拗陷的沉积相类型复杂多样，主体受盆地构造演化控制。银额盆地形成经历了晚泥盆世—二叠纪陆内裂谷、裂陷作用演化阶段和中生代陆内盆山构造演化阶段(吴泰然和何国琦，1992；王廷印等，1993；郑荣国等，2016)。

银额盆地是古生代与中生代的叠合盆地，中—晚泥盆世古亚洲洋闭合之后，构造沉积演化经历了石炭纪—二叠纪海陆演化阶段，中生代陆内盆山演化阶段(李锦轶等，2009；卢进才，2012；韩伟等，2014)。上古生界晚石炭世—二叠世，经过裂谷、裂陷作用盆地雏形基本形成，石炭纪—二叠纪地层记录了盆地裂解、扩张、萎缩完整的沉积序列，在石炭系—二叠系沉积期，以滨浅海沉积为主，岩性组合为火山岩、火山碎屑岩、碎屑岩夹煤层(赵省民等，2010；赵省民和黄第藩，2011；卢进才等，2017)。之后盆地抬升、剥蚀，三叠纪盆地以隆升为主，缺失三叠系，至中生代晚三叠世—侏罗纪，银额盆地进入盆山转换阶段，盆地再次沉降，接受沉积(郭彦如等，2002)。侏罗系沉积时期，盆地处于断陷初始阶段，地层零星分布，主要以发育河流相为主。白垩纪是银额盆地中生代发育的主要时期，依次沉积了巴音戈壁组、苏红图组、银根组和乌兰苏海组四套地层。白垩系在区内广泛分布，主要为河流、湖泊相沉积的碎屑岩(李文厚和周立发，1997；靳久强等，2000)。早白垩世巴音戈壁组沉积时期，断陷作用进一步加强，湖盆范围相对较大，盆地逐渐发育半深湖相沉积，在边界断层附近发育规模较小的水下扇，控陷断层附近主要以辫状河三角洲和扇三角洲沉积为主。在苏红图组沉积时期，断陷活动进一步发育，水体再次加深，盆地进入断陷-拗陷转换阶段，水体再次扩大，发育半深湖相。该时期由于火山活动较强，局部地区存在火山岩体的侵入，苏红图组末期盆地开始进入拗陷阶段；银根组沉积时期，盆地处于拗陷阶段，水体较深，以半深湖相为主，之后盆地缓慢抬升；银根组沉积晚期，以滨浅湖相沉积为主；至乌兰苏海组沉积期，盆地进入缓慢沉降阶段，以滨浅湖相沉积为主；进入新生界以来，盆地抬升、剥蚀，基本没有沉积。

4.2 沉 积 特 征

沉积环境的动态时间变化与静态古地理分异将造成复杂多变的环境迁移，从而在时空上形成多变的产物(朱筱敏，2008)。因而，沉积相分析需要进行综合分析，来自各个方面的证据都有助于古环境解释。相标志是指能够反映沉积特征和沉积环境的标志，岩心是沉积相研究乃至整个油藏描述的第一手资料。岩心分析是沉积相研究中的基础，通过对岩心的观察和描述挖掘岩心中所蕴含相标志信息，建立沉积相划分标志系统，确定沉积相类型。通过对银额盆地 8 口取心井及钻测井资料的分析,选取了岩性、沉积构造、砂岩粒度、地球化学分析、测井相及地震相作为沉积相划分的主要标志,建立了区内研究层段的沉积相划分标志体系。

4.2.1　岩性特征

1. 颜色

沉积岩的颜色是鉴别岩石、划分对比地层、分析判断古地理、古气候条件的重要依据。一般而言,粗粒碎屑沉积岩的颜色主要受岩石矿物成分的影响,而细粒碎屑岩颜色主要受沉积环境的影响(刘宝珺,1992)。因此,本节主要将细粒碎屑岩的颜色作为沉积环境与沉积相分析的辅助标志。

对泥质岩来说,泥岩的原生色可以直接反映沉积时的水介质的氧化还原条件,间接反映水体的深浅。通常黄色、红色、紫红色、褐红色、黄棕色,表明岩石中含有铁的氧化物或氢氧化物,指示水体浅、流动性强的氧化及氧化环境,其中黄色常见于炎热干燥气候条件下的陆相沉积物中,红色常见于炎热潮湿气候条件下的陆相或海相沉积物中。灰绿色和蓝色反映水体相对较深、流动性较弱的弱氧化、弱还原的条件下,三价铁离子被部分还原成二价铁离子,导致形成绿泥石类、海绿石类矿物;灰色、灰黑色和黑色则是在覆水深、水体静滞的强还原条件下,有机质大量堆积,三价铁离子多被还原成二价铁离子,形成黄铁矿、白铁矿等,沉积物被这些暗色有机质和无机矿物浸染所致。所以,细粒沉积岩的颜色是沉积环境氧化还原性的直接反映,是判断沉积介质深度、流动强度的最直观标志。

银额盆地苏红图拗陷,银根组泥岩颜色在哈日凹陷、拐子湖凹陷以深灰色、灰黑色为主,在巴北凹陷以灰黄色、黄色、棕黄色为主;苏二段泥岩在哈日凹陷、拐子湖凹陷、巴北凹陷,颜色较杂,见灰黄色、黄色、棕黄色、棕色与黄灰色、棕灰色、灰色;苏一段和巴二段在哈日凹陷、拐子湖凹陷、巴北凹陷均以深灰色、灰色为主,偶夹棕黄色,巴一段在部分井为棕色、棕红色、紫色,部分井为灰色、深灰色、灰黑色泥质岩(图 4.1)。泥质岩的颜色整体上自下而上为由深到浅,再由浅到深,反映出其沉积环境由水体较深、有机质较丰富的还原环境转变为陆上水体较浅的氧化环境的多期湖平面变化旋回。二叠系及石炭系泥岩岩性变化较快,氧化色和还原色变化较快。

(a)　　　　　　　　　　(b)　　　　　　　　　　(c)

 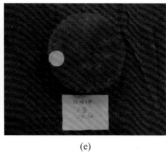 

(d)　　　　　　　　　　　(e)　　　　　　　　　　　(f)

图 4.1　银额盆地苏红图拗陷泥岩类型

(a)延巴参 1 井，第 1 筒心，乌兰苏海组；(b)延巴南 1 井，第 2 筒心，苏红图组；(c)延哈 4 井，第 11 筒心，巴一段；
(d)延哈 4 井，第 2 筒心，银根组；(e)延哈 3 井，第 8 筒心，巴二段；(f)延巴参 1 井，第 8 筒心，二叠系

2. 岩石类型

地层的岩性组合特征反映了盆地演化的区域沉积-构造背景。研究区岩石类型多样，包括碎屑岩(泥岩、砂岩、砾岩)、碳酸盐岩(灰岩、白云岩)、蒸发岩(膏盐)及火成岩。现就几种典型岩性进行分述。

1)粉砂岩、细砂岩

研究区砂岩以苏红图组及巴音戈壁组分布最为广泛；粒度以细、粉砂岩为主，粗砂岩和含砾砂岩次之；岩性以岩屑砂岩、岩屑石英砂岩为主，总体上岩屑含量较高，且多数富含碳酸盐成分，为灰质或白云质；颗粒大小不一，分选较差，碎屑颗粒以棱角状或次棱角状为主，磨圆均较差，反映为近源的扇三角洲前缘砂体沉积(图 4.2)。

(a)　　　　　　　　　　　(b)　　　　　　　　　　　(c)

(d)　　　　　　　　　　　(e)　　　　　　　　　　　(f)

图 4.2　银额盆地苏红图拗陷砂岩类型

(a)和(b)延哈参 1 井，第 6 筒心，苏一段，粉粒白云质岩屑粉砂岩；(c)和(d)延哈 2 井，巴二段，
细粒含铁白云石岩屑砂岩；(e)和(f)延哈 3 井，第 12 筒心，巴一段，细粒岩屑石英砂岩

2) 砾岩

研究区砾岩主要出现在二叠系地层中，白垩系中仅在巴一段底部可见少量砾岩。砾岩的分选、磨圆较差，未见明显定向，表现为快速堆积。根据砾石的大小（＞2mm）、颗粒的成分（石英岩岩屑、千枚岩岩屑或火山岩岩屑等）及接触关系（点-线接触、线接触、凹凸接触）进行区分，巴音戈壁组主要以水道底部砾岩为主，见少量水下扇砾岩，二叠系砾岩主要以冲积扇为主（图 4.3）。

(a)　　　　　　　　　　(b)　　　　　　　　　　(c)

(d)　　　　　　　　　　(e)　　　　　　　　　　(f)

图 4.3　银额盆地苏红图拗陷砾岩类型

(a)和(b)延哈 2 井，巴一段，杂色砂砾岩；(c)和(d)延哈参 1 井，二叠系，蚀变砂砾岩；
(e)和(f)延巴参 1 井，二叠系，蚀变砂砾岩

3) 白云岩

研究区白云质岩类主要为白云质泥岩和泥质白云岩为主，成分较纯的白云岩厚度较薄。白云石以泥晶或粉晶为主，多与泥质互层，呈条带状。白云岩岩心上可见大量的溶蚀孔洞，形状多为虫孔状或梅花状（图 4.4）。通常白云岩多形成于温暖、安静的沉积水体中，研究区白云岩主要出现在银根组，表现为湖相沉积。

(a)　　　　　　　　　　　　(b)

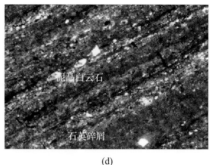

(c)　　　　　　　　　　　　　　(d)

图 4.4　银额盆地苏红图拗陷白云岩类型

(a)和(b)延哈参 1 井，银根组，白云质泥岩；(c)和(d)延哈 4 井，银根组，泥质白云岩

白云岩的形成机理是碳酸盐岩石学中最复杂、争论时间最久而又难以解决的问题之一。在不同的成岩环境中，引起白云化作用和白云石生成的流体显然具有不同的成分与特性。一般地，它们可以是正常海水、经过蒸发浓缩或修饰的海水、大气水与海水形成的混合水、地层水，甚至来自深部的热液等。白云岩成因分析的关键通常在于 Mg^{2+} 的来源，当满足 $Mg^{2+}/Ca^{2+}>5.2$ 时，才可能发生白云石化。Mg^{2+} 的来源主要有三个途径：成岩流体、岩浆岩及固体矿物和生物来源。银额盆地早白垩世存在多期岩浆喷发，且该地区凹陷边界断裂规模较大，深入深部基岩，且断裂活动时期较长，存在向上提供深部热液的运移通道，因此研究区泥质白云岩的形成可能与火山活动和湖底热液作用有密切关系。

4）膏盐岩

膏盐岩多分布在潟湖、内陆盐湖，反映沉积时的湖水盐度较高、气候干旱。湖水的强烈蒸发作用导致卤水浓度增大，致使盐类结晶析出沉淀。研究区膏岩主要分布于银根组，呈透明的晶体形状(图 4.5)。

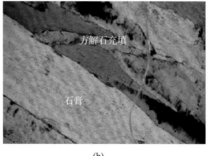

(a)　　　　　　　　　　　　　　(b)

图 4.5　银额盆地苏红图拗陷膏盐岩类型

延哈 4 井，银根组，蒸发岩

5）岩浆岩

银额盆地自元古代至白垩纪存在多期次、广泛分布的火山活动(图 4.6)，以石炭纪和二叠纪火山活动最为强烈，白垩纪和寒武纪的火山活动相对较弱。研究区火山岩亦较为发育，多口井在钻井过程中在不同层位见到火山岩。目前钻井过程中在白垩系、二叠系和石炭系均发现了岩浆岩，岩浆岩类型以喷出岩为主，见少量侵入岩。实际上白垩纪火

山岩较发育，以基性-中性为主(玄武岩、安山岩)，见少量浅成玢岩(图 4.7)。

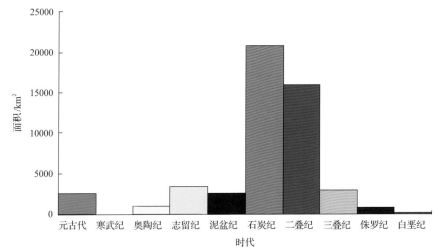

图 4.6　银额盆地及邻区侵入岩分布统计(据中国地质调查局西安地质调查中心)

资料来源：中国地质调查局西安地质调查中心. 2014. 银额盆地石炭系—二叠系地质调查报告(银额盆地
野外地质踏勘和剖面测量报告). 西安

图 4.7　银额盆地苏红图坳陷火山岩类型

(a)和(b)延哈参 1 井，巴一段，其中(a)为英安岩，(b)为玄武安山岩；(c)和(d)延哈 2 井，石炭系，蚀变安山岩；
(e)延哈 3 井，巴一段，玄武岩；(f)延哈 3 井，石炭系，花岗岩

4.2.2　沉积构造

沉积构造是指岩石颗粒彼此间的相互排列关系，是沉积物形成过程中水动力条件、搬运介质、搬运机制及沉积速度的综合反映；是在沉积期间或沉积物成岩固结之前，沉积物中形成的构造，主要有层理、层面构造及变形构造等；是判断沉积环境的重要标志，可以确定沉积环境，确定地层的顶底关系，分析和恢复水流系统及水流状态。

1. 层理构造

层理是沉积岩中最重要的特征之一，岩心中最能直观反映沉积环境的信息的也是层理构造。通过对工区内取心井的观察，发现研究区内沉积层理、构造类型多样，主要发育小型平行层理、波状层理、槽状交错层理、斜层理、块状层理、递变层理等(图4.8)。

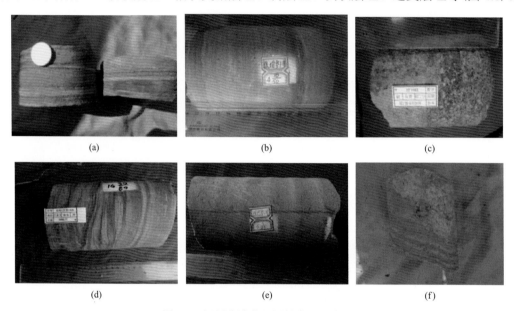

图 4.8 银额盆地苏红图拗陷层理类型

(a)延哈 4 井，银根段，平行层理；(b)延哈参 1 井，苏一段，水平层理；(c)延哈 4 井，苏一段，递变层理；(d)延哈 5 井，巴二段，交错层理；(e)延巴参 1 井，巴一段，块状层理；(f)延巴南 1 井，二叠系，冲刷面

1）水平层理

水平层理是指由细粒的泥质或粉砂质的水平纹层组成的板状水平层系。其中的纹层因成分和颜色的变化彼此交替，层面平行或近于平行。这种层理是在环境比较安静的条件下悬浮物从水体中缓慢沉降下来而形成的。水平层理主要产于细碎屑岩中，如泥质岩、粉砂岩。水平层理是在比较弱的水动力条件下，由悬浮物沉积而成。因此，水平层理出现在低能沉积环境中。

2）块状层理

块状层理是指层内物质均匀，组分和结构无差异，不具微细层理的层理构造。块状层理往往是比较安静环境中的沉积产物。如浅湖、大型的分流河道沉积，其代表了一种连续均匀稳定的沉积过程。

3）平行层理

岩性以中、细粒砂岩为主，由平行而又几乎水平的纹层状砂岩组成，纹层厚度一般在 0.5～1.0cm，纹理可由植物碎屑、岩屑或矿物的成分、粒级及颜色差异而显示，常形成于水浅流急的平坦的床砂形态水动力条件下，主要见于较强水动力的河口砂坝和水下分流河道沉积砂岩中。

4) 交错层理

交错层理主要出现在粉砂岩，泥质粉砂岩中，是多层系的小型交错层理，层理厚度小于 3cm，层系上界面为平直形，纹层面不规则，呈断续或连续状，细层向一方倾斜并向下收敛，层理面上见细小植物碎屑、炭屑和丰富的云母片，且常与平行层理、板状层理及小型交错层理共生。它是由砂纹迁移形成的，与流水作用有关形成流水交错沙纹层理，与波浪作用形成浪成砂纹交错层理，二者主要形成于水动力条件较弱的环境，如三角洲前缘的分流间湾，水下天然堤、远砂坝和前三角洲。

5) 粒序层理

粒序层理是以碎屑组分颗粒的粒度递变为特征的层理，按上下变化规律可分为正粒序和逆粒序。由于沉积物较细，粒序层理不发育，当砂泥互层时可形成薄的韵律层。层厚度一般为 5～50cm。

6) 冲刷面

冲刷面是高流态下产生的一种层面构造，因岩心体积小，在岩心上只能看到起伏平缓的冲刷面，冲刷面大都出现在水下分流河道底部，其上常见大量再沉积的泥砾。

2. 同生变形构造

同生变形构造是出现在沉积物沉积后至固结成岩前这段时间间隔内，由重力作用及沉积物液化流作用引起沉积层内的一种沉积构造。该区主要出现在细砂岩、粉砂岩及粉砂质泥岩互层的岩性中，主要有滑塌变形构造、包卷层理、砂枕砂球构造(图 4.9)。它们可以出现在各种沉积环境中。研究区主要出现在扇三角洲前缘靠深湖—半深湖一侧。

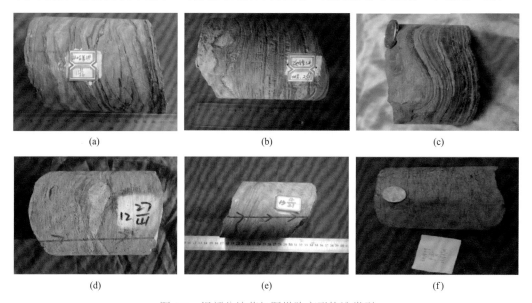

(a)　　　　　　　　　　(b)　　　　　　　　　　(c)

(d)　　　　　　　　　　(e)　　　　　　　　　　(f)

图 4.9　银额盆地苏红图坳陷变形构造类型

(a)延哈参 1 井，巴一段，包卷层理；(b)延哈参 1 井，银根组，球枕构造；(c)延哈参 1 井，银根组，负载构造；(d)延巴参 1 井，二叠系，滑塌变形；(e)延巴南 1 井，二叠系，包卷层理；(f)延哈 4 井，巴二段，包卷层理

1) 包卷层理

包卷层理是一种层内的层理揉皱现象,表现为连续的开阔"向斜"和紧密"背斜",但层是连续的,一般只限于一个层内的层理变形,而不涉及上下层,顶面常被上覆地层切割。它主要是由沉积层内液化层里的横向流动产生细层的扭曲。本区包卷层理大多发育在三角洲前缘的河口坝沉积微相,在水下分流河道沉积微相中也较多见。

2) 滑塌变形构造

该区滑塌变形构造与包卷层理不同,其沉积层内纹层出现不连续的杂乱堆积,甚至出现沉积物碎块,砂岩中常见泥撕裂屑,其成因大多数是由包卷层理继续发生滑动而形成的构造,也可以是沉积物崩塌作用造成。滑塌变形构造一般伴随着快速沉积而产生,它是水下滑坡的良好标志,多分布在具有斜坡的三角洲前缘亚相中。

3) 砂球、砂枕构造

这种构造常出现在砂、泥互层中,是指砂岩层断开并陷入泥岩中形成的椭球状或枕状块体,岩心中只能看到大小 10cm 左右的球枕构造,且内部纹层均挠曲变形,见于三角洲前缘亚相与前三角洲亚相过渡部位。

4) 负载构造

负载构造也称重荷模等,是指覆盖在泥质岩之上的砂层底面之上的瘤状突起,它是由于下伏含水塑性软泥承受不了不均匀的负载,上覆砂质物陷入下伏泥质物中产生的。

4.2.3　砂岩粒度

沉积物的粒度分布受沉积时水动力条件的控制,是原始沉积状况的直接标志,可反映沉积时的水动力条件。其中包括了解搬运介质性质,判断搬运介质的能量和能力,确定搬运方式等,从而为沉积环境分析提供重要依据。

粒度频率曲线在该区能较好地反映其沉积环境。沉积物的粒度分布受沉积时水动力条件的控制,是反映原始沉积条件的直接标志,可直接提供沉积时的水动力条件,为沉积环境分析提供重要依据。概率曲线可以较好地区分颗粒的搬运性质和水流强弱,有无回流等特点。砂岩颗粒的搬运方式可以分为滚动、跳跃和悬浮搬运三类,在曲线上可分别连成各自的线段,组成三个次总体。线段的斜率反映了该次总体的分选性,斜率大,分选性好;斜率小,分选性差。

研究区砂岩粒度概率曲线主要类型有正常三段式或四段式、上拱弧形、简单一段式、台阶多段式(图 4.10),各类粒度概率曲线特征分述如下。

1. 正常三段或四段式

这种粒度概率曲线包含很低的滚动总体(<5%)、分选中等的跳跃总体(斜率为 45°~60°)和比较发育的悬浮总体(>50%),跳跃和悬浮总体交截点的粒度 Φ 值为 3.5~4,两者之间有时存在较短的过渡段。主要为牵引流沉积,见滚动、跳跃、悬浮三种搬运类型,岩性主要为细砂岩、粉砂岩,多出现在扇三角洲前缘水下分流河道或河口坝。

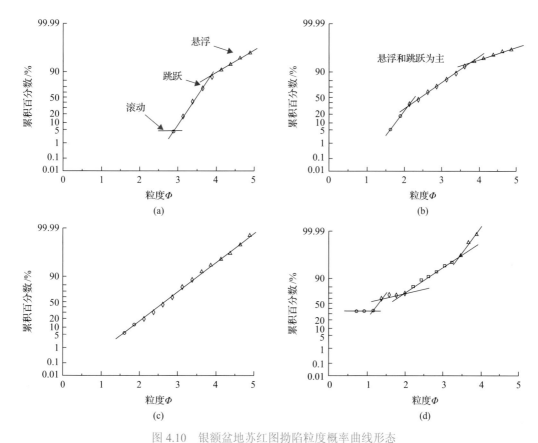

图 4.10　银额盆地苏红图拗陷粒度概率曲线形态

(a)正常三段或四段式，延哈 2 井，巴二段，1189.72m；(b)上拱弧形式延哈 2 井，巴一段，1460.8m；(c)单一悬浮式延哈 2 井，巴一段，1462.60m；(d)多种交替式，延哈参 1 井，二叠系，3658.13m

2. 上拱弧形式

这种粒度概率曲线的特点跳跃总体和悬浮总体缓慢过渡而无明显转折点，整体呈上拱弧形。悬浮总体含量高，可超过 50%，斜率为 10°～20°，分选差；跳跃总体分选相对较好，斜度为 50°～60°，主要为碎屑流沉积，颗粒为杂基支撑悬浮搬运，岩性为混杂组构的含砾砂岩或是砾岩，多出现冲积扇扇根或扇中的水道，底部冲刷作用明显。

3. 简单一段式

这种粒度概率曲线基本上由悬浮总体组成，斜率为 50°～60°，最粗粒径在 2Φ 左右。主要为浊流沉积，颗粒为单一的悬浮搬运，分选随斜度变缓而变差，岩性主要为细、粉砂岩，多出现在浊积水道间湾。

4. 台阶多段式

总体斜率较低的多段式，无确定粗细截点，由不同斜率折线组成，呈上凸拱形，粒度范围较宽。为泥石流与浊流的过渡类型，搬运形态复杂多变，分选较差，岩性以含砾砂岩为主，反映水流能量动荡，多出现在冲积扇扇端分支水道微相。

4.2.4 地球化学特征

运用地球化学的方法，通过研究沉积岩或沉积物中各常量、微量元素及各种同位素特征，来示踪古沉积环境，分析沉积特征，已成为沉积地球化学的一个重要方面。目前，元素地球化学在划分海陆相地层、分析物源区岩石成分、恢复沉积时古气候条件，利用微量元素对不含生物化石的"哑地层"进行地层对比，特别是确定沉积水介质地球化学环境、划分地球化学相上取得了较满意的效果。目前，已广泛使用某些元素、元素含量及比值如 Fe、Mn、Sr、Ba、B、Ga、Rb、Co、Ni、V 及 Sr/Ba、Fe/Mn、V/Ni、Fe^{3+}/Fe^{2+} 等判别海相与陆相、氧化与还原、水体深度、盐度及离岸距离等沉积条件。

1. 常量元素分析

充分结合分析化验数据，运用常量元素来恢复研究区古沉积环境(表 4.1)。

表 4.1 银额盆地苏红图拗陷主量元素分析表(质量分数及质量比)

样号	井名	深度/m	Na_2O/%	MgO/%	Al_2O_3/%	SiO_2/%	K_2O/%	CaO/%	TFe/%	Na_2O/K_2O	$(K_2O+Na_2O+CaO)/Al_2O_3$	CaO/MgO	SiO_2/Al_2O_3
BN1-9	延巴南1	1280.69	2.51	6.12	13.85	43.76	0.61	11.12	15.77	4.11	1.03	1.82	3.16
BN1-12		1561.23	2.84	7.45	13.94	50.98	0.14	10.46	12.07	20.29	0.96	1.40	3.66
BN1-14		1686.28	1.98	8.31	13.28	52.79	0.77	3.17	12.05	2.57	0.45	0.38	3.98
BN1-27		2520.95	0.13	2.47	12.91	63.87	3.35	3.43	3.77	0.04	0.54	1.39	4.95
BN1-35		2930.44	0.79	1.46	18.11	64.47	4.83	0.33	4.59	0.16	0.33	0.23	3.56
BN1-41		3341.60	0.92	3.88	14.23	56.75	3.79	1.58	9.49	0.24	0.44	0.41	3.99
H2-2	延哈2	928.22	5.38	1.76	16.89	58.93	2.71	1.33	6.62	1.99	0.56	0.76	3.49
H2-16		1731.71	0.12	6.07	13.31	33.25	4.42	12.72	8.14	0.03	1.30	2.10	2.50
H2-18		2097.16	3.29	3.15	13.87	70.61	1.43	0.47	3.20	2.30	0.37	0.15	5.09
H3-1	延哈3	546.21	1.47	2.51	14.60	40.16	2.53	9.87	6.42	0.58	0.95	3.93	2.75
H3-7		1155.17	4.26	6.02	14.96	42.05	3.76	7.69	6.68	1.13	1.05	1.28	2.81
H3-12		1598.18	5.00	4.44	16.20	47.08	3.14	4.52	7.97	1.59	0.78	1.02	2.91
H4-1	延哈4	578.70	23.76	3.62	9.35	27.21	2.15	6.06	3.19	11.05	3.42	1.67	2.91
H4-5		1266.09	7.40	4.67	15.77	33.98	3.22	5.18	8.38	2.30	1.00	1.11	2.15
H4-19		3500.00	1.33	1.77	17.19	63.36	4.23	0.40	6.85	0.31	0.35	0.23	3.69

注：TFe 表示全铁。

1)Na_2O/K_2O 值

K^+ 的吸附能力大于 Na^+，因此，水溶液中 K^+ 更易于被黏土吸附而保留下来，而 Na^+ 则易溶于水中而迁移。因此，钾含量的增加在一定程度上反映了沉积物中黏土矿物成分的增多，进而指示影响风化程度的温度、降水等。气候温暖湿润，风化作用加强，黏土矿物成分增多，比值减小；反之，气候干冷，比值增大。此外，钾是植物生长发育所必需的元素之一，钾含量的增加所反映的植被发育指示了气候较温暖湿润，同样可揭示该比值的气候意义(崔王等，2007；钟巍等，2007)。分析结果表明，研究区从二叠纪早期到晚期气候由相对干冷变为温暖湿润，至巴音戈壁期气候环境相对干冷，到银根期又转为相对温暖湿润。

2) $(K_2O+Na_2O+CaO)/Al_2O_3$ 值

Al 是稳定元素，在温暖湿润气候条件下，风化作用强烈使之富集；K_2O、Na_2O 和 CaO 化学性质活泼，沉积物形成时期干燥气候环境有利于三者的富集，三者加和后对气候变化反映更充分。而 $(K_2O+Na_2O+CaO)/Al_2O_3$ 比值又称退碱系数，是反映气候变化最敏感的替代指标之一。气候干旱，比值增大；反之，气候暖湿，风化加强，比值减小（文启忠等，1995；崔玉等，2007；钟巍等，2007）。分析结果表明，研究区从二叠纪早期到晚期气候由相对干冷变为温暖湿润，至巴音戈壁期气候环境相对干燥，到银根期又转为相对温暖湿润。与 Na_2O/K_2O 结果一致。

3) CaO/MgO 值

钙、镁主要以 CaO 和 MgO 的形式存在于沉积物中，一定的气候环境中均可被溶解迁移。Ca^{2+} 离子半径较大，其迁移能力也较大。因此，富集 Ca^{2+} 的环境应比富集 Mg^{2+} 的环境相对更干燥。CaO/MgO 比值增加反映气候变干，比值减小表明气候相对较湿润（崔玉等，2007）。分析结果表明，研究区整体上从二叠纪早期到晚期气候由相对干冷变为温暖湿润，至巴音戈壁期气候环境相对干燥，到银根期又转为相对温暖湿润。这与上述分析结果一致。

4) SiO_2/Al_2O_3 值

沉积物中的 SiO_2 和 Al_2O_3 含量反映了源区的风化程度和水动力条件，进而指示古气候的暖湿、干冷变化。气候湿热，原岩受风化作用强烈，导致 Al 形成了最终的风化产物。同时，强烈彻底的风化作用使硅酸盐形成最终的黏土矿物，导致 SiO_2 含量降低。因此，比值降低，风化作用强烈彻底，气候暖湿（高尚玉，1985；Julia and Luque，2006；钟巍等，2007）。分析结果表明，研究区从二叠纪早期到晚期气候由相对干冷变为温暖湿润，至巴音戈壁期气候环境相对干燥，到银根期又转为相对温暖湿润。该结果与上述分析一致。

2. 微量元素分析

通过对沉积环境中岩石微量元素的分析可以识别古地理、古环境。某些微量元素的高低，尤其是某些相关元素的比值大小可以作为判别沉积环境的标志（表4.2）。目前在沉积研究中应用最广泛的微量元素主要是 Sr、Ba、Ga、Ru、B、K，及相关比值如 Sr/Ba、B/Ga 和 V/Ni 等，可以识别沉积环境，区分淡水和海水沉积物，还可以用于测定盐度和分析古气候等。微量元素分析详见表4.3。

表 4.2　海陆环境的微量元素判别标准

判别指标	沉积环境		
	海相(盐湖)环境	过渡环境	陆相环境
Sr/Ba	>1	0.6~1	<0.6
Th/U	<7		>7

表 4.3 银额盆地苏红图拗陷微量元素分析结果表

样号	井名	深度/m	Sr/Ba	Th/U	V/(V+Ni)	Sr/Cu
BN1-9	延巴南1	1280.69	1.12	3.15	0.95	98.90
BN1-12		1561.23	3.99	3.69	0.79	444.04
BN1-14		1686.28	0.65	5.75	0.87	136.67
BN1-27		2520.95	0.09	1.97	0.62	12.70
BN1-35		2930.44	0.13	5.75	0.80	25.42
BN1-41		3341.60	0.23	1.81	0.63	14.59
H2-2	延哈2	928.22	0.26	3.92	0.77	38.64
H2-16		1731.71	0.45	2.50	0.76	518.82
H2-18		2097.16	0.22	1.76	0.76	75.35
H3-1	延哈3	546.21	1.48	1.93	0.71	96.60
H3-7		1155.17	1.28	8.38	0.72	400.06
H3-12		1598.18	0.66	3.14	0.75	79.80
H4-1	延哈4	578.70	0.77	0.85	0.77	95.85
H4-5		1266.09	0.37	10.84	0.49	331.04
H4-19		3500.00	0.08	4.94	0.74	12.37

1）Sr/Ba 值

一般情况下，Sr 含量低指示潮湿的气候背景，反之指示干旱的气候背景。Sr/Ba 值常用来指示古水介质的含盐度：一般认为 Sr/Ba＜0.6 为淡水，Sr/Ba＞1 为咸水，介于 0.6～1 为过渡相。淡水与咸化湖水（海水）相混时，淡水中的 Ba^{2+} 与咸化湖水（海水）中的 SO_4^{2-} 结合生成 $BaSO_4$ 沉淀，而 $SrSO_4$ 溶解度较大，它可以继续迁移到盐湖中央（远海），通过生物作用沉淀下来。因为 Sr/Ba 值是随着远离湖（海）岸而逐渐增大的，所以 Sr/Ba 值能定性反映介质的古盐度。

研究区二叠系 Sr/Ba 分布在 0.21～0.62，平均为 0.39；巴音戈壁组分布在 0.40～0.78，平均为 0.50；苏红图组分布在 0.51～1.17，平均为 0.78；银根组为 0.40～1.13，平均为 0.72。数据分析可知，研究区二叠系为淡水沉积，至下白垩统巴音戈壁组沉积时期也是淡水沉积为主，下白垩统苏红图组沉积时期由于河流及深部热液输入，开始表现为咸水沉积。

2）Th/U 值

目前大都以 Th/U 值等于 7 为界来判断地层沉积是海相还是陆相，小于 7 的为咸（海）水沉积，大于 7 为陆相淡水沉积。

研究区二叠系 Th/U 分布在 2.44～3.77，平均为 3.05，为海相沉积；巴音戈壁组分布在 5.53～7.85，平均为 6.79，为盐湖-陆相沉积；银根组为 3.60，为盐湖沉积。

3）V/(V+Ni) 值

V/(V+Ni) 常被用来研究沉积水体的氧化还原条件。高 V/(V+Ni) 值（0.84～0.89）反映水体分层，底层水体中出现 H_2S 的厌氧环境；中等比值(0.54～0.82)为水体分层不强的厌氧环境；低值(0.46～0.60)为水体分层弱的贫氧环境。

研究区 V/(V+Ni)分布在 0.32～0.83，平均为 0.73；巴音戈壁组为 0.73～0.88，平均为 0.80；苏红图组为 0.74～0.85，平均为 0.78；银根组为 0.72～0.76，平均为 0.73。各层 V/(V+Ni)均为中等比值，为水体分层不强的厌氧环境，巴音戈壁组沉积时的氧化性稍强。

4) Sr/Cu 值

通常，Sr/Cu 值介于 1～10 指示温湿气候，而大于 10 指示干燥气候。

研究区 Sr/Cu 分布在 6.61～19.05，平均为 9.5，表现为温暖湿润气候；巴音戈壁组为 5.90～49.08，平均为 17.55，表现为干燥气候；苏红图组为 10.03～29.19，平均为 16.37，表现为干燥气候；银根组为 5.87～13.61，平均为 8.94，表现为温暖湿润气候。

根据微量元素特征及其纵向变化，指示不同时期沉积环境的差异。综合分析认为，研究区二叠纪为湿润的半咸水海相沉积环境，巴音戈壁期主要表现为湿润厌氧的淡水湖相沉积环境；银根期为干燥贫氧的咸水湖盆环境。

本次研究判断标准采用来自大量微量元素比值对沉积环境的判别，但不同元素比值得出的结果不尽相同，尤其是 Sr/Ba 值反映研究区各层位均为淡水沉积，与其他指标判别结果有出入，这可能是由于所取样品数量较少，代表性差，导致不同元素流失情况不同，也可能是不同地区不同地质时代地层并不能用统一的标准衡量，应具体问题具体分析。

4.2.5　测井特征

微相是沉积体系中最基本的构成单元，反映了沉积条件基本一致情况下形成的沉积岩。不同微相的沉积特征在测井资料中所表现出的特征有所不同。各类测井曲线所反映的地质特征不同，自然伽马、自然电位、电阻率可以反映沉积物在垂向上的粒序变化和韵律，以及沉积结构特征和水动力能量的变化；地球化学测井、能谱测井可反映岩石组分的成熟度，进而分析母岩性质、古地理背景、源区的远近；地层倾角测井可以反映沉积构造，是判断沉积环境的重要手段。另外，测井曲线在垂向上的组合规律是判断沉积微相组合规律的有效方法。

目前，沉积相分析最常用的测井曲线是自然电位(SP)和自然伽马(GR)，有时也配合电阻率(一般用微电极曲线)。通过分析曲线的组合形态、幅度、顶底接触关系、光滑程度、齿中线等基本要素，来判断岩性分区及其垂相变化。研究区典型的测井相特征分析如下(图 4.11)。

1. 半深湖亚相泥岩微相

半深湖亚相泥岩微相岩性主要为黑色、深灰色泥页岩，白云石含量较高，且多见黄铁矿及炭屑。测井曲线中自然伽马为中高值，双侧向电阻率为低值，两条曲线呈微齿状，变化幅度较小。

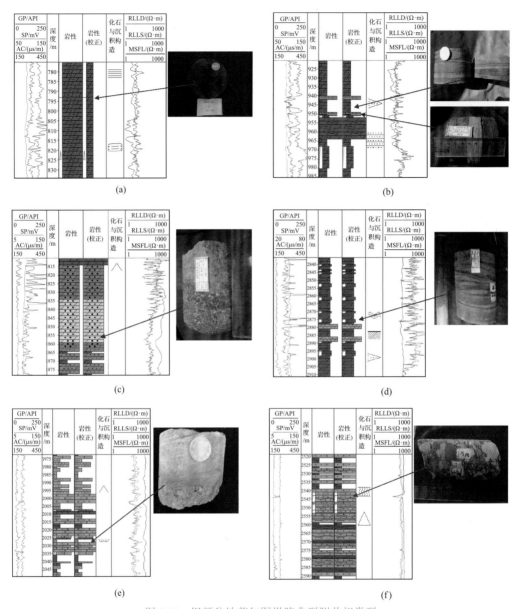

图 4.11　银额盆地苏红图拗陷典型测井相类型

(a)延哈 4 井，银根组，半深湖泥岩测井相；(b)延哈 4 井，银根组，潮坪测井相；(c)延哈 4 井，苏一段，三角洲水下分流河道测井相；(d)延哈 5 井，巴二段，三角洲前缘席状砂测井相；(e)延巴参 1 井，巴一段，冲积扇浊积水道测井相；(f)延巴参 1 井，二叠系，冲积扇河道充填测井相

2. 滨浅湖亚相潮坪微相

滨浅湖亚相潮坪微相岩性为浅灰色砂岩与深灰色泥岩薄互层，构造以平行层理为主。测井曲线呈指状，低自然伽马、高电阻位置通常对应砂岩层。

3. 三角洲前缘亚相水下分流河道微相

三角洲前缘亚相水下分流河道微相岩性主要为浅灰色粉、细砂岩或含砾砂岩为主，构造为粒序层理，在水道中多为正粒序，在水道底部可见冲刷构造。测井曲线呈钟形，曲线底部多见突变，自然伽马和电阻率曲线均为低值。

4. 三角洲前缘亚相席状砂微相

三角洲前缘亚相席状砂微相岩性主要表现为"砂包泥"，发育透镜状层理、浪成交错层理、波状层理等沉积构造。测井曲线呈锯齿状，高伽马、低电阻率，通常对应泥岩发育的层位。

5. 冲积扇扇中亚相浊积水道微相

冲积扇扇中亚相浊积水道微相岩性主要为浅灰色细砂岩或含砾粗砂岩为主，构造以块状层理为主，可见正粒序，底部多见冲蚀的示底构造。测井曲线呈箱形或漏斗形，自然伽马为中低值，电阻率曲线呈旋回变化。

6. 冲积扇扇根亚相河道充填微相

冲积扇扇根亚相河道充填微相岩性主要为杂色不等粒砾岩，多为块状，砾石颗粒大小不等，成分各异，无定向性，表现为混杂堆积。测井曲线呈平行的铁轨状，自然伽马为中低值、电阻率为中高值。

4.2.6　地震响应特征

传统上沉积环境是通过研究岩心或露头确定的，而在无岩心区或无露头区，利用地震剖面的反射特征来识别沉积相。最常用的地震相识别标志主要有地震反射基本属性(振幅、视频率、连续性)、内部反射结构和外部反射形态。地震相是沉积体外形、岩层叠置型式及岩性差异在空间上组合的综合反映，它们分别与地震外部几何形态、地震内部反射结构相对应。

多解性是地质研究中的一个普遍问题，而在地震相分析中表现得尤为明显。多解性主要体现在两方：一方面，截然不同的沉积相单元可能产生相同的地震相特征，例如冲积扇与盆缘浊积扇的地震相十分相似，外形都是滩状，内部反射为前积形或乱岗形；再如浊积砂发育的深海盆地与内陆淤积湖泊含煤沼泽外形都表现为席状，内部反射呈平行状。由于地震相只是沉积体外形、岩层叠置型式和岩性差异组合的物理响应，不同沉积相单元在以上三个方面有可能恰好相似。另一方面，完全相同的沉积相单元可能产生不同的地震相特征。其根本原因在于地震相特征不仅与沉积相背景有关，还受到地震资料采集、处理效果的影响。

地震相分析应从沉积体(骨架相)识别着手，以建立盆地的沉积模式为目的，以钻井作为控制点，与岩性地震技术相结合，由此搞清盆地的沉积体系和沉积体系域的空间展布规律。根据反射结构、地震相单元外形和平面组合、反射振幅、反射频率、同相轴连续性及层速度，将研究区剖面地震相划分为八种类型(图 4.12、图 4.13)。

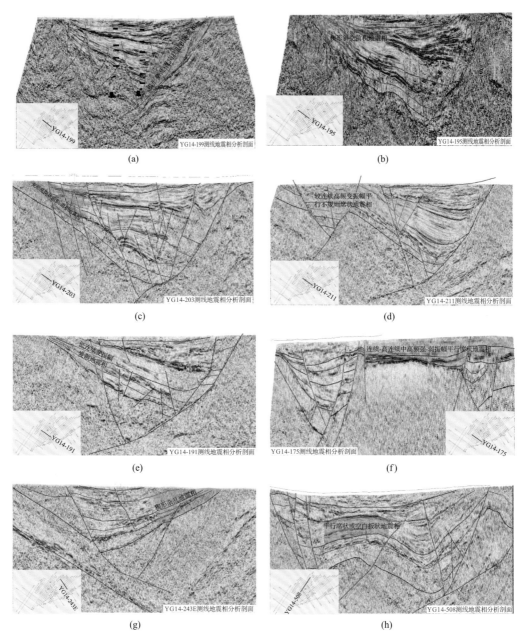

图 4.12　银额盆地苏红图拗陷典型地震相类型

(a)楔形杂乱-乱岗状相；(b)楔形斜交前积相；(c)楔形乱岗状杂乱相；(d)较连续高频变振幅平行不规则席状相；(e)低连续变振幅发散相；(f)连续—高连续中高频强—弱振幅平行席状相；(g)楔形杂乱相；(h)平行席状或空白板状相

1. 楔形杂乱-乱岗状相

楔形杂乱-乱岗状相主要分布于凹陷边界同沉积断层下降盘。相单元外形为自边缘断层根部向湖盆内部伸展的大型楔状体，内部反射相应由弱振幅杂乱相过渡为变振幅乱岗状相到连续中弱振幅亚平行-平行席状相，代表一套由高能到低能沉积的水下扇相的反射特点，并指示了湖盆碎屑物质的来源方向。

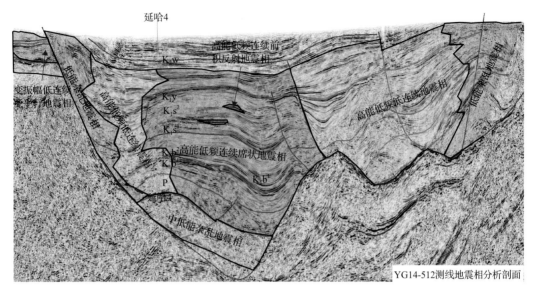

图 4.13　银额盆地苏红图拗陷 YG14-512 测线地震相剖面图

2. 楔形斜交前积相

楔形斜交前积相主要分布于凹陷缓坡带。相单元外形为自边缘向湖盆内部伸展的楔状体，内部反射由弱振幅空白板状相到断续—较连续中强振幅斜交前积相，代表一套由高能到低能的辫状河三角洲相沉积，并指示了碎屑物质的来源方向。

3. 楔形乱岗状杂乱相

楔形乱岗状杂乱相分布在凹陷斜坡的高部位。相单元外形为楔形，内部反射杂乱，弱振幅或变振幅。代表相对高能环境下快速沉积，属(洪)冲积扇、扇三角洲的反射特征。

4. 较连续高频变振幅平行不规则席状相

本区该地震相一般见于联络测线上，位于凹陷的缓坡带向中央凹陷带过渡部位。充填外形的判别标志是下凹的底面，它反映了冲刷-充填构造或断层、构造弯曲、下部物质流失引起的局部沉降作用，内部结构可见前积反射。

5. 低连续变振幅发散相

低连续变振幅发散相主要分布于凹陷缓坡带，外形为不规则弧状，振幅强弱变化大，连续性差，向构造高部位一侧减薄，反映物源供给较少的大套泥岩夹薄层砂岩的滨浅湖沉积。

6. 连续—高连续中高频强—弱振幅平行席状相

这种地震相在区内广泛分布，并以湖盆中央凹陷和哈日凹陷南部区域最为常见。相单元外形为席状，同相轴连续—高连续，中强振幅，具有中高频平行结构，代表较低能滨浅湖亚相或河流洪泛平原亚相等地震相反射特征。

7. 强振幅杂乱相

强振幅杂乱相主要分布于火成岩出露区或深层。外形为不规则弧状，内部为杂乱反射结构，代表较高能的火山岩或快速堆积的沙丘的地震相反射特征。

8. 平行席状或空白板状相

平行席状或空白板状相分布在凹陷的沉积中心。相单元外形为席状或席状披盖，其主要特点是上下界面接近平行，厚度相对稳定。内部结构为低连续中高频中弱振幅平行-亚平行结构或空白板状结构，代表水体较深、沉积稳定的较深湖亚相的地震反射特征。

4.3　沉积相类型及单井相、连井相分析

4.3.1　沉积相类型

根据岩心的观察，依据沉积学、岩石学、测井地质学、区域沉积背景及该区地质特征，首先对取心井单井逐层确定其微相类型，然后利用岩心标定测井，根据测井曲线的形态特征反映不同类型的沉积微相，建立工区内测井相标志，在此基础上，确定了工区内发育的主要沉积微相类型，包括河流、扇三角洲、湖泊、冲积扇、近岸水下扇五类沉积相，进一步可分为十三类亚相，二十余种微相（表4.4）。

表 4.4　银额盆地苏红图拗陷主要沉积相分类表

相	亚相	微相	分布层位
河流	河道	滞留沉积和边滩	乌兰苏海组
	堤岸	天然堤和决口扇	
	河漫	河漫滩、河漫湖泊及河漫沼泽	
扇三角洲	三角洲平原	河道沉积、分流河道间、天然堤、河间沼泽和洪泛平原	巴二段、苏一段
	三角洲前缘	水下分流河道、水下分流河道间、河口砂坝、席状砂	
	前三角洲	前三角洲泥	
湖泊	滨浅湖	滩坝、潮坪	银根组、苏一段、苏二段、巴二段
	深湖、半深湖	浊积砂、半深湖泥	
冲积扇	扇根	泥石流和河道充填沉积	巴一段及二叠系埋汗哈达组
	扇中	浊积水道和筛状沉积	
	扇端	漫流沉积和扇端泥岩	
近岸水下扇			银根组

1. 河流

河流相指由陆上河流或其他径流作用沉积的一套沉积物或沉积岩形成的沉积相。根据环境和沉积物特征，可将曲流河相划分为河道、堤岸、河漫、牛轭湖四个亚相。河床亚相又划分为河床滞留沉积和边滩沉积两个微相，堤岸亚相划分为天然堤和决口扇两个

微相，河漫亚相划分为河漫滩、河漫湖泊、河漫沼泽三个微相。

2. 扇三角洲

扇三角洲是银额盆地分布较广泛的一个沉积体系，大多沉积在盆地二叠系、巴一段底部及顶部、苏红图组下部，主要发育时期为巴音戈壁组沉积期。扇三角洲是三角洲中的一类，发育在地形差较大的临近高山的盆地边缘，一部分在水上，一部分在水下，平面呈扇形，剖面呈楔形，规模大小不等，单个扇三角洲的沉积厚度一般为几十米，累计厚度可达几公里，向盆地延伸几十公里。扇三角洲面积一般为几至几十公里，大者几百平方公里。

3. 湖泊

湖泊是大陆上地形相对低洼和流水汇集的地区。根据洪水面、枯水面和浪基面，把湖泊相划分为滨湖亚相、浅湖亚相、半深湖亚相和深湖亚相，平面上它们大致呈环带状分布。

滨湖亚相的沉积物主要是湖盆边缘来自湖岸的粗碎屑物质；水动力条件复杂，击岸浪和回流的冲刷、淘洗对沉积物有强烈的改造作用；由于距岸较近、水位较浅，沉积环境为较强的氧化环境。滨湖亚相宽度的变化受控于洪水期和枯水期水位差和湖岸地形，如箕状断陷湖泊，陡岸区滨湖相带只有数米；而坡度平缓的缓岸区滨湖相带宽度可达数千米。

浅湖亚相是指位于枯水期最低水位线至正常浪基面之间的地带。始终位于水下，遭受波浪和湖流扰动，水生生物繁盛。

通常滨湖和浅湖难以区分，这里将浪击面之上的统称为滨浅湖亚相。由于滨浅湖亚相沉积的水体较浅，距岸较近，沉积物以砾岩和砂岩为主，粒度相对半深湖和深湖相较粗，其分选较差，层理较为发育，偶见化石。

半深湖亚相位于浪基面以下的水体较深的部位。地处缺氧的弱还原环境，实际为浅湖与深湖的过渡地区。沉积物主要受湖流作用影响，波浪作用很难影响沉积物表面。深湖亚相位于湖盆最深的部位，波浪不能波及，水体安静，为缺氧还原环境，无底栖生物。

4. 冲积扇

冲积扇是研究区早白垩世分布较为广泛的一个沉积体系，主要发育在巴一段底部和二叠系。冲积扇是冲积平原的一部分，规模大小不等，从数百平方米至数百平方公里。主要是河流出山口处的扇形堆积体，平面上呈扇形，扇顶伸向谷口，立体上大致呈半埋藏的锥形。以山麓谷口为顶点，向开阔低地展布的河流堆积扇状地貌。冲积扇大小主要与沉积物供给量、气候因素、物质来源区与堆积区的地形条件有关。

冲积扇亚相可为扇根、扇中、扇缘。扇根位于冲积扇的根部(近端扇)，冲积扇扇根主要为泥石流沉积和河道充填沉积，岩石类型以砾岩为主，砾石之间被较细的沉积物(黏土或砂质杂基)充填。扇中(中扇)是冲积扇的格架，发育河道沉积和漫流沉积，沉积物主要为砾岩、含砾砂岩和砂岩，沉积物粒度较扇根细。漫流沉积物主要为砂岩和泥岩。扇缘(远端扇)位于冲积扇的周边，缺少明显的河流冲刷作用，沉积坡度变缓、沉积范围变大、沉积物的粒度变细，主要为砂岩、粉砂岩、泥岩，分选相对较好。

5. 近岸水下扇

近岸水下扇是指发育于湖盆陡岸带由近源的山间洪水携带大量陆源碎屑直接进入湖盆所形成的水下扇形体，亦称为水下冲积扇，强调当含有大量负载的洪水进入湖盆时，除具有密度流的特性外，仍然表现出一定的冲积性质。在我国东部地区中新生代的许多断陷湖盆内普遍发育近岸水下扇。银额盆地苏红图拗陷在哈日凹陷和拐子湖凹陷的陡坡带上常见该类型沉积体。

4.3.2　单井相分析

通过对苏红图拗陷 13 口钻井岩心的岩性、沉积结构、粒度、剖面结构、测井曲线形态及地球化学等特征分析，进行单井沉积相划分。下面以延哈参 1 井为例(图 4.14)，进行单井沉积微相分析。

二叠系主要发育冲积扇沉积，以冲积扇扇中的浊积水道为主，岩性为不等粒砂岩、砾岩，自然伽马为中低值、电阻率为中高值，纵向上呈多个钟形叠加。

巴音戈壁组发育冲积扇及扇三角洲相，其中巴一段发育的冲积扇扇中，以河道沉积和漫流沉积为主，自然电位曲线呈较平直基础上的微波状，底部呈钟形；自然伽马曲线总体呈现齿状，局部呈梳状；双侧向电阻率曲线呈锯齿状，局部呈峰状，下部呈不规则峰状高阻和明显锯齿状；巴二段主要发育扇三角洲前缘-前三角洲沉积，岩性以灰质泥岩、灰质粉砂岩为主，自然伽马值较高，自然电位曲线呈较平直基础上的针尖状；双侧向电阻率曲线呈钟形。

苏红图发育滨浅湖—半深湖亚相，苏二段沉积物是以灰质泥岩、含灰泥岩为主，中部夹厚层粉砂岩；苏一段顶部为灰色凝灰质泥岩、灰质泥岩；上部是以玄武岩、玄武质泥岩不等厚互层为主，夹少量含灰泥岩；中、下部以凝灰质泥岩、凝灰岩为主。自然电位曲线呈较平直基础上的微波状；双侧向电阻率曲线上部呈块状与不规则深隔槽状间互出现，下部双侧向电阻率曲线呈齿状或钝齿状。

银根组发育半深湖—深湖亚相和滨浅湖亚相，其中顶部和底部均为滨浅湖亚相。银根组底部沉积物以大套深灰色泥岩、钙质粉砂岩、白云质泥岩为主；中部沉积物以大套含钙质、钙质粉砂岩，白云质泥岩为主；顶部沉积物是以砂砾岩与灰质泥岩不等厚互层为主，夹少量粉砂质泥岩。银根组中部自然电位负异常，下部为正异常，呈锯齿状线性关系；双侧向电阻率曲线上部呈不规则密集锯齿状，下部相对较为平直，局部有低幅度起伏。

4.3.3　连井相分析

连井剖面沉积相研究是在单井沉积相研究的基础上进行的，同时也是进行沉积相平面展布规律研究的基础。本次以单井沉积相研究为依据，综合利用测井资料和录井资料，全面考虑剖面井位的代表性和剖面对研究区的控制作用，在单井沉积相分析的基础上，针对工区沉积背景和初步预测的物源与水系分布特征，在苏红图拗陷哈日凹陷，平行于凹陷延伸方向，分别建立了早白垩世银根组、苏红图组、巴音戈壁组三条连井沉积相剖面(图 4.15～图 4.17)。

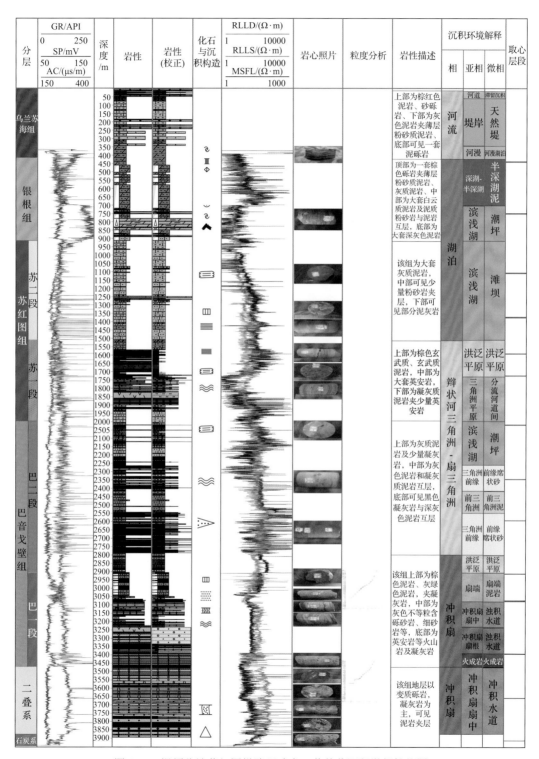

图 4.14　银额盆地苏红图拗陷延哈参 1 井单井沉积微相柱状图

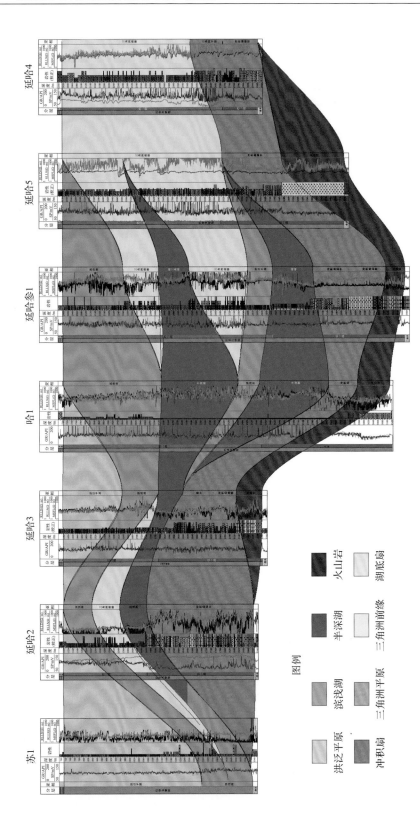

图 4.15　苏1—延哈2—延哈3—哈1—延哈参1—延哈5—延哈4巴音戈壁组连井相剖面图

图例

洪泛平原　　滨浅湖　　半深湖　　火山岩

冲积扇　　三角洲平原　　三角洲前缘　　湖底扇

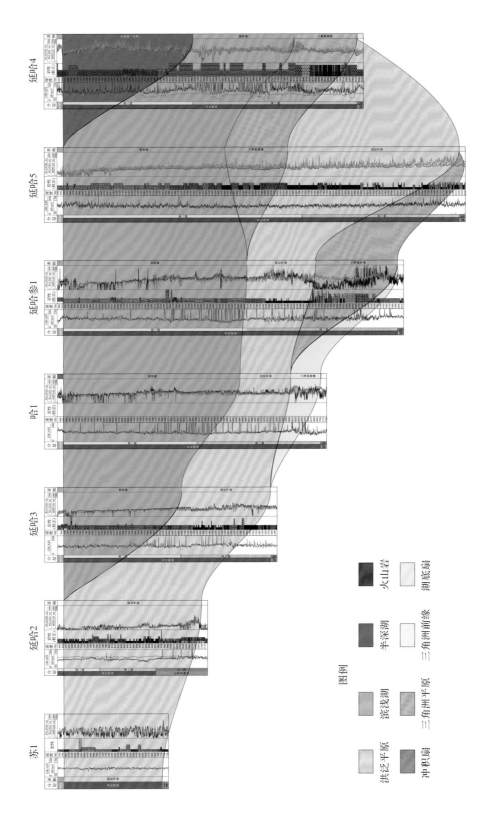

图 4.16　苏1—延哈2—延哈3—哈1—延哈参1—延哈5—延哈4苏红图组连井相剖面图

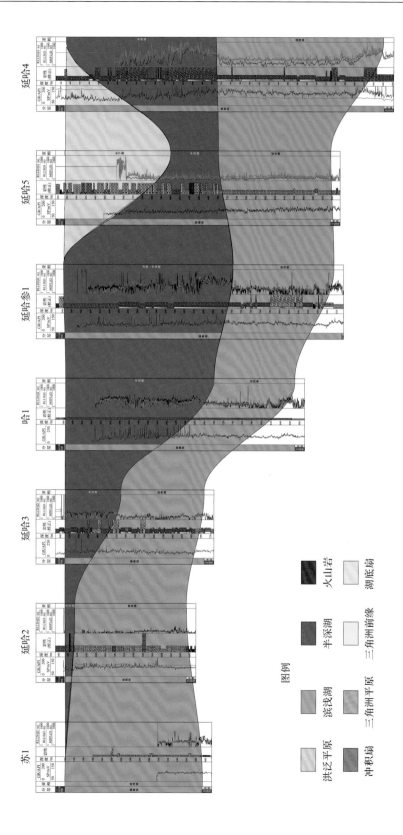

图4.17 苏1—延哈2—延哈3—哈1—延哈参1—延哈5—延哈4银根组连井相剖面图

图例

洪泛平原 滨浅湖 半深湖 火山岩

冲积扇 三角洲平原 三角洲前缘 湖底扇

从剖面相分析可知(图 4.15)，巴音戈壁组大部分为冲积扇-扇三角洲沉积，局部为湖相沉积，物源主要来自延哈 3 井和延哈 4 井，沉积中心位于延哈参 1 井，近物源地区砂岩厚度较大，远离物源区砂体厚度变小。火山岩分布局限，仅在延哈 3 和延哈参 1 井的巴音戈壁组底部分布，厚度由延哈 3 向延哈参 1 井减薄。

剖面相(图 4.16)分析表明苏红图组主要为浅湖至三角洲沉积，局部为湖相沉积，物源主要来自延哈 4 方向，沉积中心也在延哈 4 井附近，近物源地区以三角洲前缘沉积为主，砂岩厚度较大，远离物源区以滨浅湖和泛滥平原为主，砂体厚度变小。与巴音戈壁组相比，湖平面上升，水体变深，但物源减少，三角洲前缘范围并未扩大。

经图 4.17 剖面相分析认为，银根组以滨浅湖和半深湖沉积为主，外部输入物源较少，主要为碳酸盐岩和泥岩沉积，与苏红图组和巴音戈壁组相比，湖平面明显上升，水体变深，湖平面扩大。

4.4　沉积相平面展布及演化

4.4.1　地震相识别

地震相是沉积相在地震剖面上表现的总和，是由沉积环境(如海相或陆相)所形成的地震特征，是指一定面积内的地震反射单元，该单元内的地震属性参数与相邻的单元不同(董艳蕾等，2007)。它代表产生其反射的沉积物的岩性组合、层理和沉积特征。在对研究区大量的二维、三维地震资料逐一分析的基础上，利用地震波形-属性分类技术，划分了各个层段的地震相，制作出各反射单元的地震相平面分布图。

通过 K 均值波形聚类分析表明(图 4.18)，K 值大为红色，K 值小为蓝色，从图可知，红色主要在凹陷的边缘，可以反映物源输入，而蓝色主要位于盆地中心，可以反映水体较深的沉积物。

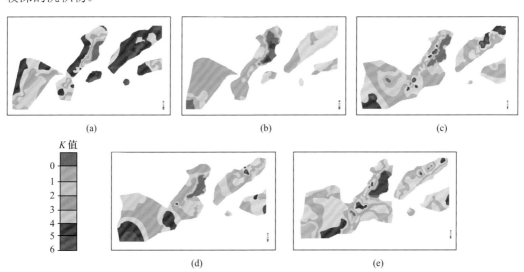

图 4.18　银额盆地苏红图拗陷波形分类平面展布图
(a)巴一段；(b)巴二段；(c)苏一段；(d)苏二段；(e)银根组

综合地震资料的反射结构、反射振幅、同相轴连续性等因素识别了研究区 14 种地震相类型(图 4.19)。这些地震相类型可以分为缓坡区、陡坡区、凹陷区及其他四个区域,根据上述沉积相分析,建立银额盆地苏红图拗陷地震相与沉积相对应关系(表 4.5),从地震相平面图中也可以看出,弱振幅平行连续地震相主要位于凹陷中心,且自巴一段向银根组面积逐渐增大,多指示深湖—半深湖相;变振幅低连续亚平行地震相分布面积最广,且多位于凹陷边缘的高部位的区域,多指示泛滥平原的区域;其次是变振幅亚平行席状地震相的分布面积也较广,多围绕着弱振幅平行连续地震相分布,多指示滨浅湖相沉积。

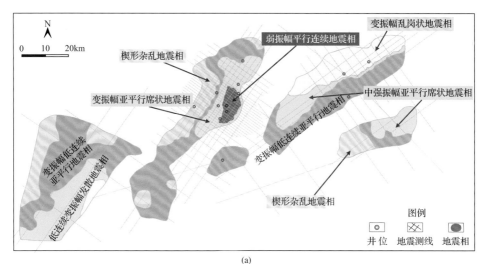

(a)

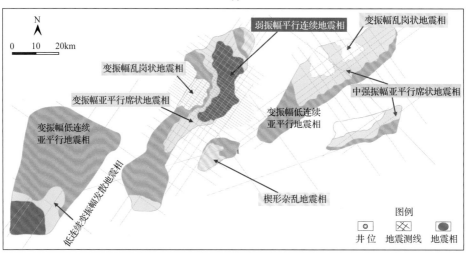

(b)

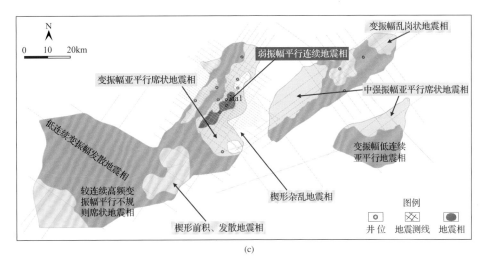

(c)

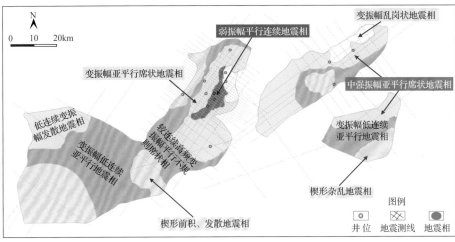

(d)

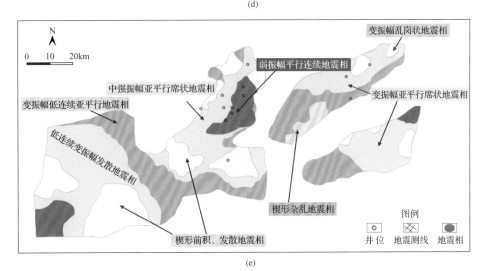

(e)

图 4.19　银额盆地苏红图拗陷地震相平面分布图

(a)巴一段；(b)巴二段；(c)苏一段；(d)苏一段；(e)银根段

表 4.5　银额盆地苏红图拗陷地震相-沉积相转换模式

区域	地震相类型	地震相特征	沉积相	岩性	泥岩颜色
缓坡区	中—强振幅亚平行地震相	中—强振幅，无固定外形，连续，亚平行，席状	滨浅湖	中薄层砂泥岩互层	灰色、浅灰色
	变振幅亚平行地震相	变振幅、亚平行、低连续			
	变振幅乱岗状地震相	变振幅呈乱岗状反射	扇三角洲	厚层砂砾岩夹泥岩	红色、浅灰色
	变振幅低连续亚平行地震相	连续性低，振幅多变，亚平行结构	间歇湖-河流	泥岩夹砂岩	杂色、红色
陡坡区	楔形杂乱地震相	内部杂乱，外形楔状，向凹陷内迅速过渡为连续、平行席状反射	水下扇扇三角洲	中厚层砂岩、砂砾岩夹泥岩	灰色、灰黑色
	帚状前积地震相	变振幅，下倾方向发散			
凹陷区	弱振幅平行连续地震相	弱振幅高连续性，亚平行结构	半深湖—深湖	泥岩、灰质泥岩、白云质泥岩	深灰色、灰黑色
其他	强振幅高连续平行地震相	振幅较强，连续性好，平行结构	沼泽相	碳质泥岩、煤层、粉砂岩	黑色
	帚状地震相	外形帚状，内部杂乱，向下倾方向发散	洪、冲积扇	砂砾岩、含砾砂岩	杂色、红色
	变振幅波状地震相	振幅多变，中高连续，同相轴波状	河流相	砂岩、砂质泥岩、泥岩	杂色、红色
	变振幅连续平行地震相	振幅多变，连续平行结构			
	弧形-粗毛虫状地震相	粗毛虫状，外形弧形，内部杂乱	喷发岩相		
	蘑菇状杂乱地震相		侵入岩相		
	反射异常体	透镜状，丘状或无固定外形，内部杂乱-乱岗状或中—强振幅平行连续	砂坝	砂岩、砂砾岩	杂色、红色、灰色

4.4.2　沉积相平面展布

1. 典型凹陷砂岩厚度图和砂岩百分含量图

砂岩厚度等值线图和砂岩含量等值线图是分析沉积相平面展布的重要依据，由于研究区勘探程度较低，仅哈日凹陷钻井程度较高，以哈日凹陷为刻度区，完成了该凹陷的砂岩厚度和砂地比等值线图(图 4.20、图 4.21)。从图中可以看出，研究区物源供给不足，巴音戈壁组沉积期物源主要来自延哈 2 井和苏 1 井方向，苏红图组沉积期物源主要来自延哈 5 井方向，银根组沉积时期仅在延哈 5 井有少量物源输入(陈治军等，2018a)。

2. 巴音戈壁组沉积相平面分布特征

下白垩统巴音戈壁组沉积时期，凹陷受区域性地幔热柱上拱并迁移的影响，凹陷内断层进一步发育，同时边界断层活动性强，控制着巴音戈壁组地层的沉积，且靠近边界断层处，地层有加厚现象，显示沉积作用受边界断层控制较为明显，呈现典型的断陷湖盆特征(图 4.22、图 4.23)。

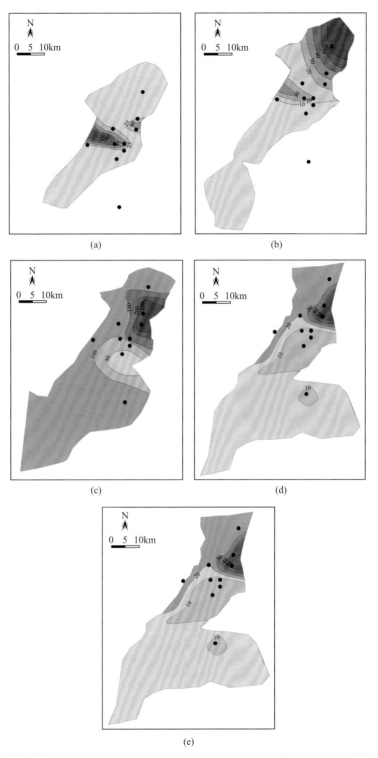

图 4.20　银额盆地苏红图拗陷哈日凹陷各层位砂岩厚度等值线图(单位：m)

(a)巴一段；(b)巴二段；(c)苏一段；(d)苏二段；(e)银根组

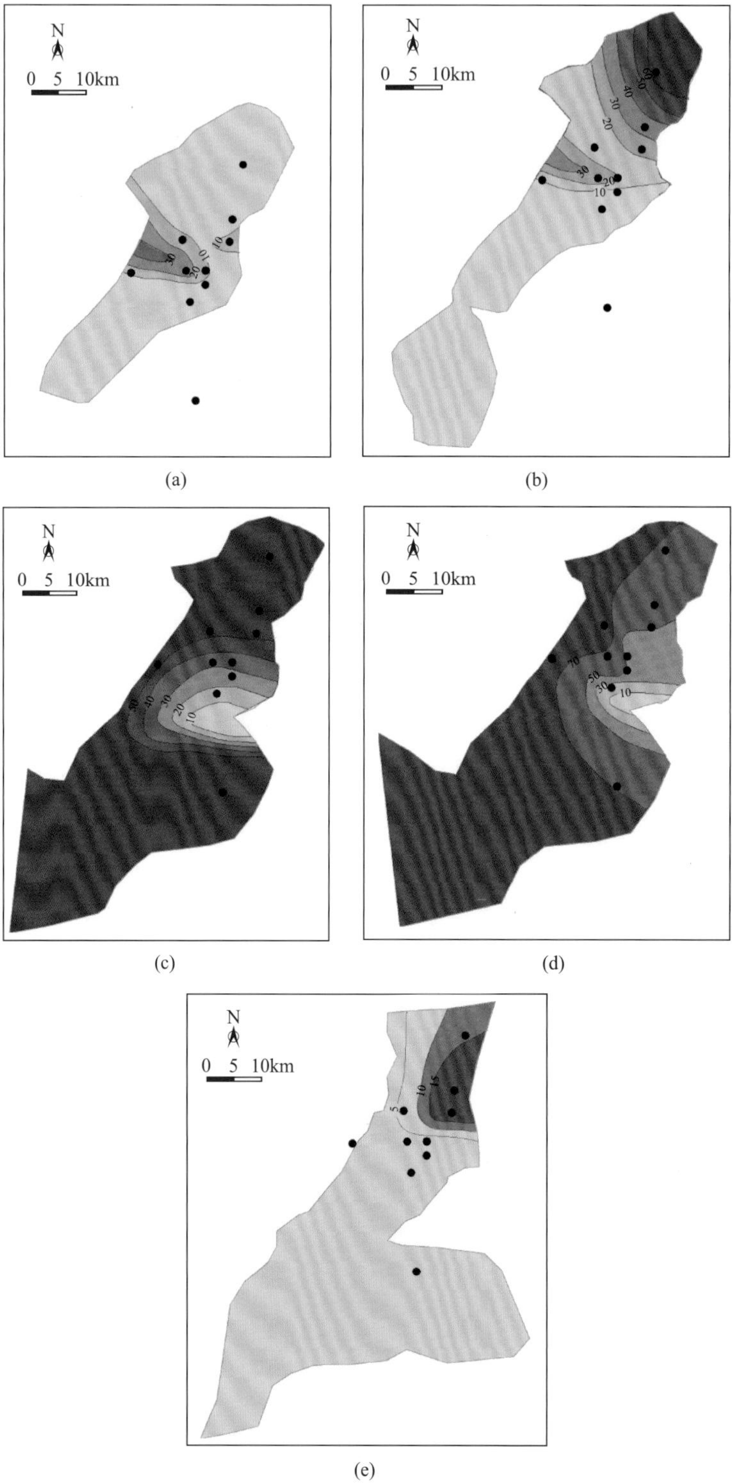

图 4.21   银额盆地苏红图拗陷哈日凹陷各层位砂地比等值线图(单位:%)

(a)巴一段;(b)巴二段;(c)苏一段;(d)苏二段;(e)银根组

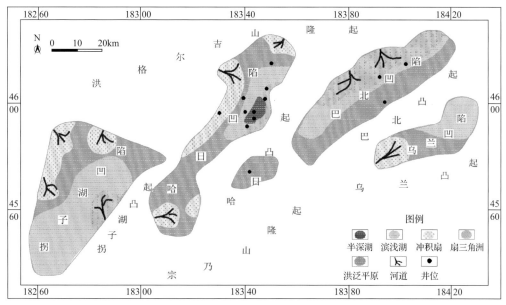

图 4.22　银额盆地苏红图拗陷下白垩统巴一段沉积相平面展布图

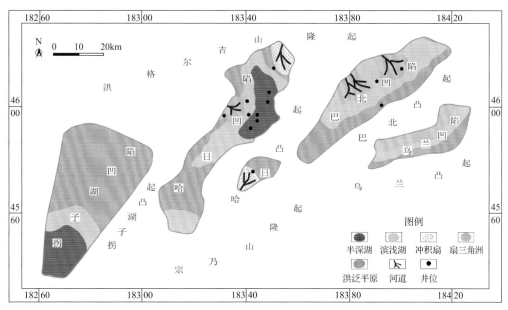

图 4.23　银额盆地苏红图拗陷下白垩统巴二段沉积相平面展布图

　　巴音戈壁组沉积时期，初始湖盆面积较小，研究区主要为湖相和冲积扇沉积，扇三角洲沉积的分布面积较小。其中巴二段底部发育冲积扇，巴一段主要是以灰色、浅灰色灰质泥岩、含灰泥岩为主，底部为火山岩；巴二段是以棕红色、灰绿色及灰色灰质泥岩、含灰泥岩为主，夹厚层含灰泥岩，底部是以细砂岩、含砾砂岩、砾状砂岩为主。

　　从巴音戈壁组沉积时期的湖相分布来看，拐子湖凹陷的湖相面积最大，分布最广，其次为巴北凹陷，哈日凹陷和乌南凹陷湖相面积较小；从沉积水体深度来看，哈日凹陷和拐子湖凹陷的湖相水体最深；从物源供给来看，巴北凹陷的陆源碎屑供给最多。

3. 苏红图组沉积相平面分布特征

　　苏红图组地层沉积时期，凹陷处于断陷稳定发育阶段，控陷断层对凹陷控制作用进一步加强，靠近边界断层的区域地层厚度明显比远离边界断层的区域大。湖盆面积进一步扩大，凹陷内以湖相和扇三角洲相沉积为主，冲积扇仅在凸起区附近分布（图 4.24、图 4.25）。苏二段是以灰色、深灰色灰质泥岩、含灰泥岩为主，中部夹厚层粉砂岩；苏一段顶部为灰色灰质泥岩、含灰泥岩；上部是以棕色泥岩和浅灰色泥质粉砂岩不等厚互层为主，夹少量含灰泥岩；中、下部为灰质泥岩。

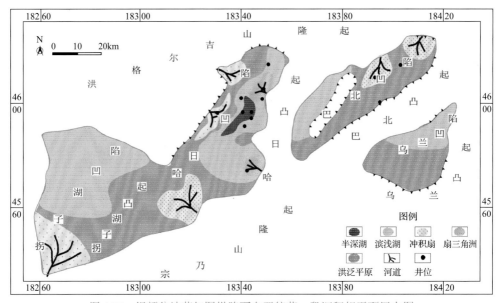

图 4.24　银额盆地苏红图拗陷下白垩统苏一段沉积相平面展布图

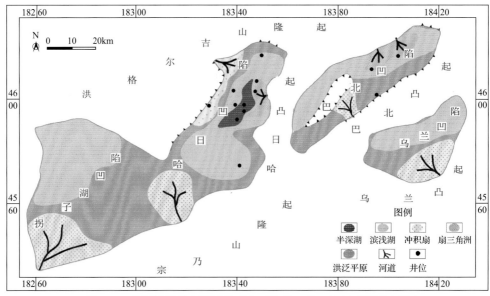

图 4.25　银额盆地苏红图拗陷下白垩统苏二段沉积相平面展布图

从苏红图组沉积时期的湖相分布来看，哈日凹陷的湖相面积最大，分布最广，其次为拐子湖凹陷和巴北凹陷，乌南凹陷湖相面积较小；从沉积水体深度来看，哈日凹陷和拐子湖凹陷的湖相水体最深；从物源供给来看，巴北凹陷和乌兰凹陷的陆源碎屑供给最多。

4. 银根组沉积相平面分布特征

银根组继承了苏红图组的沉积特征，湖平面持续扩张，整体上是以湖相沉积为主，局部发育小规模扇三角洲。各凹陷在前期低幅度隆起的基础上发生大规模沉降，因此地层厚度明显增大。（图 4.26）。

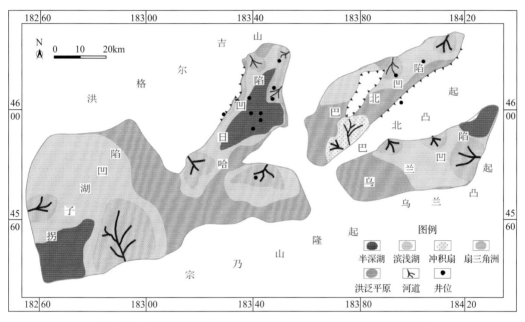

图 4.26　银额盆地苏红图拗陷下白垩统银根组沉积相平面展布图

银根组下部沉积是以大套深灰色泥岩，大套含钙质、钙质粉砂岩，白云质泥岩为主；上部以白云质泥岩为主，夹少量砂砾岩；顶部是以砂砾岩与灰质泥岩不等厚互层为主，夹少量粉砂质泥岩。

从湖相分布面积来看，拐子湖凹陷和哈日凹陷的湖相面积最大，分布最广，巴北凹陷和乌南凹陷湖相面积均较小；从沉积水体深度来看，哈日凹陷和拐子湖凹陷的湖相水体最深；从物源供给来看，四个凹陷的陆源碎屑供给均较少。

4.4.3　沉积相演化

研究区的沉积演化过程整体上受控于构造演化。晚古生代石炭纪，哈日凹陷沉积主要以海相沉积为主，地层较为稳定，构造活动弱，断层不发育。二叠纪，研究区以海陆交互相沉积为主，受到海西运动的影响，火山活动较为频繁，部分地区发育厚层火山岩（赵省民等，2010；卢进才等，2014，2018b）。二叠纪末期大规模的海退使海平面下降、沉积范围逐渐缩小，由早期的海陆交互沉积过渡到湖相沉积了大套半深湖—深湖相细粒碎屑岩。其中早期的沉积物主要为砾岩等粗碎屑沉积物，晚期主要沉积粉砂岩及泥岩等细粒碎屑沉积。二叠纪末—三叠纪至侏罗纪，受印支运动的影响，研究区发生褶皱回返、抬升，遭受剥蚀，致使研究区缺失三叠系及侏罗系(许伟等，2018)。

至早白垩世巴音戈壁组沉积期，研究区受区域性地幔热柱上拱并迁移的影响，凹陷内断层进一步发育，同时边界断层活动性强，控制着巴音戈壁组地层的沉积，且靠近边界断层处，地层有加厚现象，显示沉积作用受边界断层控制较为明显，呈现典型的断陷湖盆特征。研究区靠近控陷断层发育冲积扇沉积，沉积范围进一步扩大，水体进一步加深，广泛发育湖相沉积，巴一段早期发育冲积扇扇中沉积，微相以河道砂质沉积和漫流粉砂质、泥质沉积为主；巴一段中、晚期沉积与巴二段沉积以半深湖—深湖亚相为主、发育半深湖泥微相沉积，期间由于火山活动的进行，发育诸多火山岩岩体(赵春晨等，2017；侯云超等，2019)。

苏红图组沉积时期是断陷的稳定发育时期，苏红图组地层沉积受边界断层控制作用进一步加强，靠近边界断层的区域地层厚度明显比远离边界断层的区域大。同时凹陷边缘地区可见明显的抬升、剥蚀，受区域性张扭应力作用，断层进一步发育，造成沉积范围不断加大，水体不断加深，苏红图组沉积仍旧是半深湖—深湖亚相，发育半深湖泥微相沉积。

银根组沉积前期在低幅度隆起的基础上整体沉降，造成银根组地层沉积厚度大。银根组沉积末期，受燕山构造运动IV幕的影响，凹陷遭受挤压、褶皱、抬升、剥蚀。在晚白垩世乌兰苏海组沉积期，凹陷沉积了一套厚度较大的灰质泥岩，凹陷再次进入拗陷沉积期，湖盆水体较之前整体偏浅。进入新生代以来，凹陷再次遭受抬升、剥蚀，研究区缺乏新生代地层沉积。

4.5 早白垩世热液喷流证据

本次研究发现苏红图拗陷哈日凹陷除发育正常的湖相、冲积扇和扇三角洲的沉积外，在下白垩统还可见到一些特殊的沉积现象，如大小不等、棱角状的矿物碎屑、厚层的矿物条带及交错的网脉状矿物充填，矿物的组成复杂，主要以碳酸盐和硅酸盐为主，这明显有别于正常的水成沉积物，而与热流体活动密切相关。结合区内早白垩世发育的多套火山岩体研究，在大量的岩心观察和系统采样的基础上，利用显微分析、电子探针、扫描电镜、阴极发光和 X 衍射的岩矿测试手段及主微量元素、碳氧同位素和流体包裹体等分析测试方法，研究指示区内下白垩统可能发育由正常湖水和深部热液混合而成的特殊沉积物，即热水沉积岩，并提出了早白垩世存在热液喷流活动的一系列证据。

4.5.1 岩浆活动特征

前人研究表明，热液的形成与地壳深部的岩浆活动密不可分。深部岩浆总是寻找薄弱之处(如构造应力场低值区、剪切应力集中区、深大断裂等)进入盆地，形成火山岩，在这个过程中往往会伴随着热液流体的形成、运移和喷流。岩浆活动不仅为热液的运移提供热能，还能以岩浆热液的形式参与到热液的物质组成中。在许多热液喷流区不仅发育火山岩相，还有水下火山喷发的迹象(文华国，2008；钟大康等，2015；柳益群等，2013；焦鑫等，2017)，指示较活跃的岩浆活动。

银额盆地特殊的大地构造位置决定了其构造演化的复杂性，剧烈的岩浆活动伴随着伸展与挤压交替的构造环境构成了该区独特的构造特征。银额盆地存在多期次的岩浆侵入和火山喷发，即加里东期、海西期、印支期和燕山期的火山喷发活动，岩浆岩的种类丰富，包括超基性、基性、中性、中酸性和酸性岩类等(魏巍等，2017)。中生代火山喷发期次按时代可划分为印支期、燕山早期和晚期三个期次；其中燕山晚期的早白垩世是银额盆地岩浆活动比较强烈的时期，以多旋回的基性、中基性火山活动为主，可以分为早白垩世早期和晚期两个活动期(张爱平，2003；钟福平等，2014)。

哈日凹陷及邻区发育两套早白垩世火山岩，分别是巴音戈壁组火山岩和苏红图组火山岩。巴音戈壁组火山岩仅在凹陷内钻遇，尚未在地表发现。地震反演显示该期火山岩分布较为局限(图 4.27)，沿东部边界断裂呈扇形分布，横截面为楔状，厚度自深凹带向斜坡带逐渐减薄，厚度最大可达 300m。火山岩锆石 U-Pb 同位素年龄法确定其形成时间在 131.8~132.6Ma(王香增等，2016；陈志鹏等，2019b)，对应早白垩世早期。苏红图组火山岩在苏红图拗陷乌兰凹陷的露头区广泛分布，但未在哈日凹陷内钻遇，仅在同期地

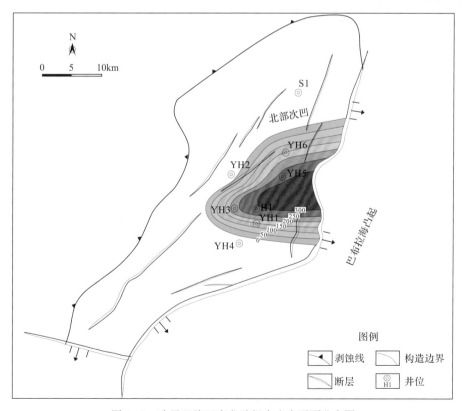

图 4.27　哈日凹陷巴音戈壁组火山岩平面分布图

层中发现薄层凝灰质岩类。露头观察表明(图 4.28)，苏红图组火山岩呈带状分布，岩层产状近于水平。露头观察显示，该期火山岩可能存在多期次喷发，单层厚度在 5m 左右。火山岩 ^{39}Ar-^{40}Ar 同位素测年确定其形成时间在 105.55～127.71Ma(钟福平等，2011；钟福平，2015)，对应早白垩世中晚期。

图 4.28　苏红图拗陷乌兰凹陷苏红图组火山岩露头剖面

巴音戈壁组和苏红图组火山岩在岩石类型及特征上具有许多相似的特征(陈志鹏等，2019b)。巴音戈壁组和苏红图组火山岩均以中-基性溢流相火山岩为主，夹少量爆发相的火山碎屑岩，其中前者主要为玄武安山岩，后者以粗玄岩和玄武粗安岩为主，均为钾玄质或高钾钙碱性玄武岩(图 4.29)。此外，两期火山岩的标本均可见块状构造和气孔杏仁构造(图 4.30)。

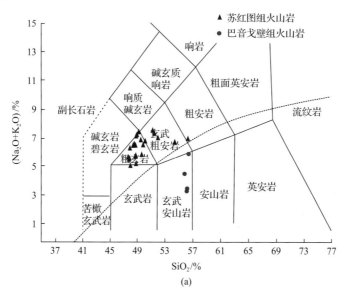

(a)

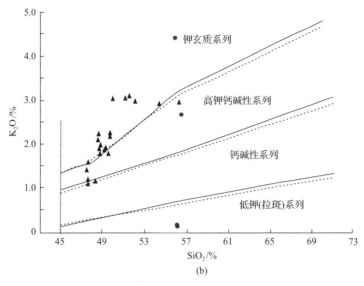

图 4.29　苏红图拗陷早白垩世火山岩 TAS(a) 和 K_2O-SiO_2(b) 图解(质量分数)

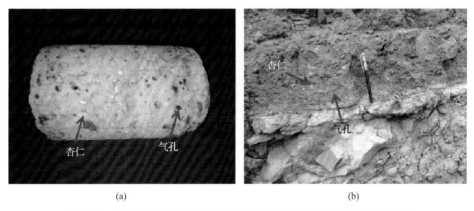

图 4.30　苏红图拗陷巴音戈壁组(a)和苏红图组(b)火山岩宏观特征

　　镜下观察表明,巴音戈壁组火山岩以斑状结构和玻晶交织结构为主,斑晶约占 $10\%\sim20\%$,多呈自形,粒径介于 $0.15\sim0.4mm$,以透长石和斜长石为主,镜下可见气孔和裂缝被多期矿物充填,早期多为微晶状和隐晶状硅质,晚期以方解石为主,亦可见白云石、玉髓、石英和伊利石等充填[图 4.31(a)、(b)];部分气孔被白云石充填[图 4.31(c)]。基质具有交织结构,占 $80\%\sim90\%$,主要由微晶针状斜长石、钠长石及部分隐晶质和暗色玻璃质组成,玻璃质已脱玻化呈雏晶状[图 4.31(d)]。苏红图组火山岩与巴音戈壁组火山具有相似结构特征,斑晶多由斜长石组成,含少量的辉石和橄榄石斑晶[图 4.32(a)、(b)],基质以玻璃质为主,见少量小柱状或板条状长石微晶呈平行或半平行排列[图 4.32(c)]。气孔分布不均,占比为 $5\%\sim45\%$,多被绿泥石、碳酸盐、云母和蛇纹石等充填成为杏仁体[图 4.32(d)]。

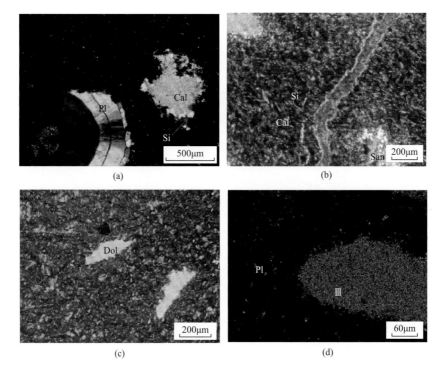

图 4.31　哈日凹陷巴音戈壁组火山岩镜下矿物特征

Cal.方解石；Dol.白云石；Pl.斜长石；San.透长石；Si.硅质；Ill.伊利石

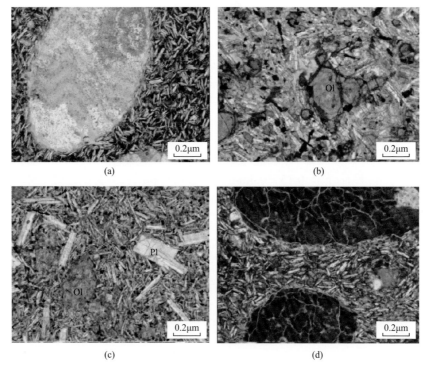

图 4.32　哈日凹陷邻区苏红图组火山岩镜下矿物特征(据钟福平, 2015)

Ol.橄榄石

从地球化学特征上看，巴音戈壁组与苏红图组火山岩既有共性，又存在差异(陈志鹏等，2019b)。火山岩原始地幔标准化微量元素蛛网图显示两者均呈右倾特征，但巴音戈壁组火山岩相对富集 Ni、Cr 等相容元素和 Rb、Ba、Th 等大离子亲石元素，而亏损 Nb、Ta、Ti、P 等高场强元素[图 4.33(a)、(b)]。球粒陨石标准化稀土元素配分模式图显示两者均具有轻重稀土分异，Ce 和 Eu 均无明显异常的特征，但巴音戈壁组火山岩的稀土元素总量更高，稀土分析程度更大[图 4.33(c)、(d)]。这暗示两期火山岩的岩浆源区或是构造环境存在较大差异。前人针对苏红图组火山岩的研究认为，其形成于板内裂谷拉张环境(郭彦如，2003)；也有人认为是岩石圈减薄后，软流圈地幔岩浆上涌，经分离结晶的形成，是恩格乌苏断裂在早白垩世重新活动的产物(钟福平等，2011，2014)。通过火山岩构造判别图版分析(图 4.34)，结合区域构造演化及火山岩时空分布分析，两者均为陆内伸展、岩石圈减薄和恩格尔乌苏断裂重新活动的产物。火山岩 Rb-Sr 丰度与地壳厚度关系图显示，巴音戈壁组火山岩的岩浆源区可能在地壳的更深处，指示研究区巴音戈壁期的构造运动及断裂活动的强度可能更强于苏红图期(陈志鹏，2018)。

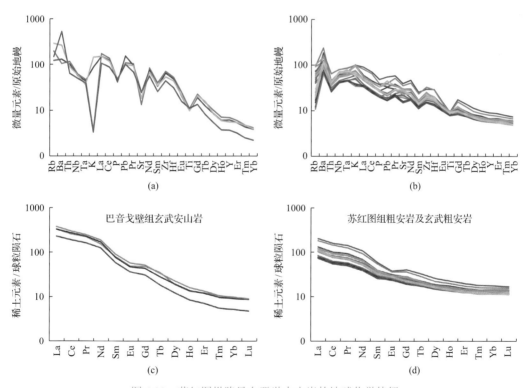

图 4.33　苏红图拗陷早白垩世火山岩的地球化学特征

(a)和(b)分别为巴音戈壁组及苏红图组火山岩的原始地幔标准化微量元素蛛网图；(c)和(b)分别为巴音戈壁组及苏红图组火山岩的球粒陨石标准化稀土元素配分模式图[原始地幔标准化值和球粒陨石标准化值据 Sun 和 Mc Donough(1989)]

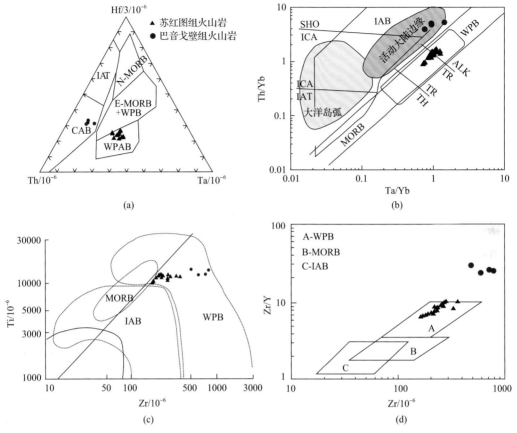

图 4.34　苏红图拗陷早白垩世巴音戈壁组及苏红图组火山岩构造判别图

(a) Th-Hf/3-Ta 图；(b) Th/Yb-Ta/Yb 图；(c) Ti-Zr 图；(d) Zr/Y-Zr 图。(a) (b) (c) 图版据 Pearce 等 (1984)；(d) 图版据 Wood (1979)
IAT 为岛弧拉斑玄武岩；CAB 为钙碱性玄武岩；N-MORB 为正常型洋脊玄武岩；E-MORE 为异常型洋脊玄武岩；WPB 为板内
玄武岩；WPAB 碱性板内玄武岩；ICA 为岛弧钙碱性玄武岩；SHO 为钾玄岩；IAB 为岛弧玄武岩；TH 为拉斑玄武岩；TR 为
过渡性玄武岩；ALK 为碱性玄武岩；MORB 为洋脊玄武岩

4.5.2　岩石矿物学证据

1. 银根组

银根组热水沉积岩以深灰色、灰色白云质泥岩和泥质白云岩为主，常被称为热水沉积白云岩。矿物组分分析显示研究区银根组热水沉积岩白云石含量较高(平均为 38.7%，最高可达到 90.4%)，是该层段最具特征的热水沉积矿物。电子探针分析显示热水沉积岩中白云石的 FeO 含量(质量分数)普遍较高，分布在 8.16%~13.02%，且 Fe/(Fe+Mg) 值为 0.60~0.71，远大于铁白云石的 Fe/(Fe+Mg) 值 0.05~0.40，属于铁白云石。根据白云石的晶体大小、形态及分布，可分为泥晶结构、粉-细晶结构和粗晶结构，其中以泥晶结构占优势。泥晶铁白云石粒径细小，在显微镜下难以辨认其晶形，在扫描电镜下可见晶体自形程度较低，以他形结构为主，边缘不规则，但晶粒大小较为均一，分布在 1~5μm [图 4.35(a)]。在阴极发光下，可见暗褐色的泥晶白云石均匀分布在岩石的基质中，与泥级的长石矿物及陆源泥质物或有机物混杂，部分样品中可见少量的方解石团块和黄铁矿条带[图 4.36(a)、(b)]，或方沸石条带[图 4.36(c)、(d)]。与泥晶白云石相比，粉-细晶白云石的自形程度更高，以半自形-自形为主，晶粒大小介于 20～100μm[图 4.35(b)]，但分布有限。粗晶白云石在热水沉积岩中主要发育在溶蚀孔隙或缝合线中，晶体粒径主要分布在 200～500μm，晶形较好，可见菱面体形态[图 4.35(c)]，可能与后期热液流体交代早期白云石有关，属于重结晶形成的次生白云石。

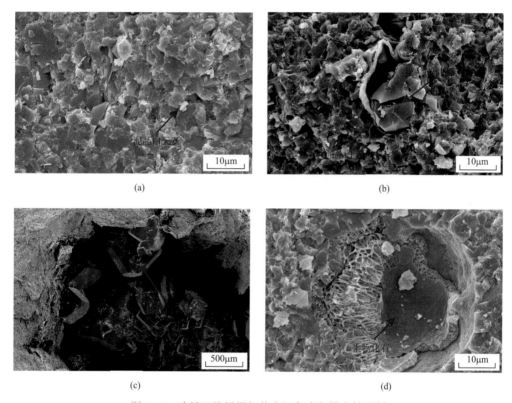

(a)　　　　　　　　　　　　　　　(b)

(c)　　　　　　　　　　　　　　　(d)

图 4.35　哈日凹陷银根组热水沉积岩扫描电镜分析

(a)延哈参 1 井，750m，泥晶白云石呈紧密镶嵌状接触；(b)延哈 3 井，468m，半自形-自形的粉-细晶白云石夹杂在泥晶白云石中间；(c)延哈 3 井，547m，溶蚀孔隙中充填有晶形完好的粗晶白云石晶体；(d)延哈参 1 井，750m，生物化石嵌于泥晶白云石晶体集合体中

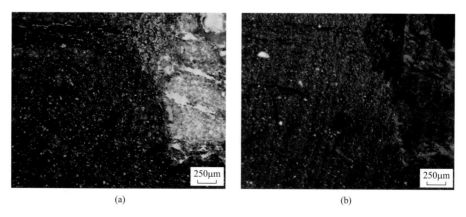

(a)　　　　　　　　　　　　　　　(b)

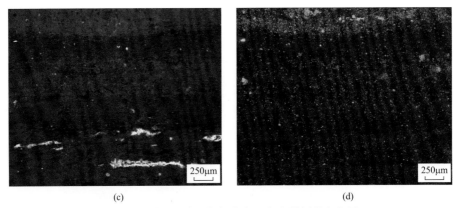

(c)   (d)

图 4.36   哈日凹陷银根组热水沉积岩阴极发光分析

(a)单偏光, (b)阴极发光, 延哈参1井, 437m; (c)单偏光, (d)阴极发光, 延哈参1井, 750m。白云石发极暗
褐红色光, 长石碎屑发黄绿色光, 方解石发中等亮橙黄色光, 钠沸石、黄铁矿不发光

在显微镜下, 可见银根组热水白云岩发育丰富的纹层构造, 纹层的形态各异, 主要呈平直状或者近平直状[图 4.37(a)], 部分纹层也可见到明显的定向收敛[图 4.37(b)], 纹层厚度在 0.1~0.25mm, 反映沉积时期稳定的水体环境和脉动式热液喷流。其中, 亮色纹层主要由泥晶的铁白云石和钠长石, 或是单一的铁白云石紧密镶嵌而成, 而暗色纹层则主要为陆源泥质物或有机物质, 亮色与暗色纹层交替叠置。已有部分热水白云岩中未见明显的纹层构造[图 4.37(c)]。此外, 银根组热水白云岩中还发育大量的热液内碎屑。热液内碎屑既可以是单矿物碎屑, 如方沸石碎屑[图 4.37(c), 图 4.38(a)、(b)],

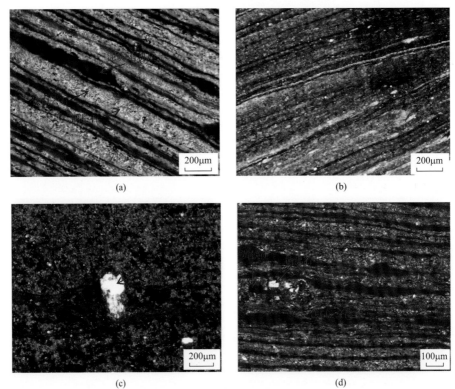

(a)   (b)

(c)   (d)

图 4.37 哈日凹陷银根组热水沉积岩显微特征

(a) 延哈 1 井, 516m, 纹层状泥晶或微晶白云石、钠长石组成的两元矿物与陆源泥质物或有机物质互层, 正交偏光显微照片; (b) 延哈 3 井, 516m, 泥晶白云岩纹层定向收敛, 单偏光显微照片; (c) 延哈 3 井, 548m, 钠沸石颗粒呈碎屑状漂浮在泥微晶铁白云石中, 单偏光显微照片; (d) 延哈参 1 井, 749m, 粉细晶铁白云石-钠沸石-黄铁矿形成的热液内碎屑分布在泥晶铁白云石纹层中, 正交偏光显微照片; (e) 延哈参 1 井, 749m, 铁白云石和透辉石构成的热液内碎屑, 单偏光显微照片; (f) 延哈参 1 井, 752m, 亮色的藻类纹层, 单偏光显微照片

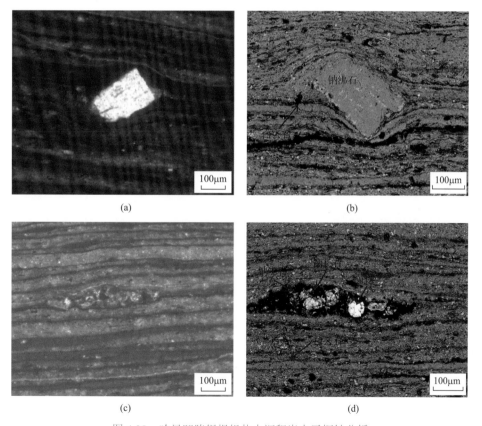

图 4.38 哈日凹陷银根组热水沉积岩电子探针分析

(a) 单偏光显微照片, (b) 背散射图像, 延哈 3 井, 546m, 自形程度较高的钠沸石内碎屑漂浮在泥晶铁白云石纹层中; (c) 单偏光显微照片, (d) 背散射图像, 延哈 4 井, 546m, 黄铁矿、钠长石和钠沸石组成的内碎屑矿物集合体呈透镜状分布在泥晶铁白云石纹层中。

也可以是多元矿物碎屑，如方沸石-铁白云-黄铁矿组合构成的内碎屑[图 4.37(d)，图 4.38(c)、(d)]，或是辉石-铁白云石组成的内碎屑[图 4.37(e)]。此外，在热水白云岩中还可以见到一些类似藻类生物的条带[图 4.37(f)]，或是被泥晶铁白云石交代的生物残骸[图 4.35(d)]。

银根组热水沉积岩可见纹层状、星散状、斑点状、网脉状和条带状构造及同生变形构造等沉积构造(图 4.39)，其中以纹层状、星散状和斑点状构造为主。纹层状构造通常是由单矿物或多种矿物形成的淡色纹层与泥质、有机质或凝灰质的暗色纹层构成互层，单层厚度多在 0.1～1mm。纹层中的矿物组合主要包括单一铁白云石纹层、单一方沸石纹层、铁白云石-方沸石组合纹层、铁白云石-钠长石组合纹层等。此外，这些热液矿物纹层旁常伴生黄铁矿纹层。上述矿物组合的纹层通常难以用正常陆源碎屑沉积来解释，更可能代表脉动性喷流热液与湖水混合，热液流体携带的矿物组分在湖底沉淀的产物。由于热液性质的差异，或是由于热液流体向四周扩散导致的矿物元素浓度的变化，热液矿物在沉积过程中表现出结晶分异和分带的特征。星散状或斑点构造多是由方沸石、钠沸石、钠长石、铁白云石、方解石或黄铁矿等多种矿物组成的热液内碎屑呈白色蝌蚪状、豆粒状密集分布在热水沉积岩中，碎屑颗粒的大小不一，直径多为 0.5～5mm，在下白垩统银根组、苏红图组和巴音戈壁组的泥质白云岩、白云质泥岩和灰质泥岩中均有分布。斑点状热液碎屑的形成应该与热液喷流停止期热液持续增温升压相关，热液流体内的矿物成分在较高的温度和压力下结晶形成内碎屑，在内压力突破断裂开启压力，内碎屑随热液喷流出分散在湖底。

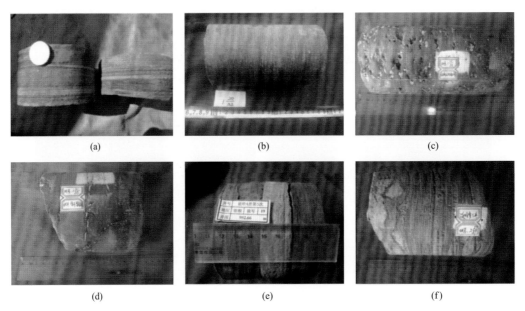

(a)   (b)   (c)

(d)   (e)   (f)

图 4.39　哈日凹陷下白垩统银根组热水沉积岩的沉积构造

(a)延哈 4 井，954m，泥质白云岩，纹层状构造；(b)延哈 3 井，467m，白云质泥岩，星散状构造；(c)延哈参 1 井，436m，白云质泥岩，斑点状构造；(d)延哈参 1 井，436m，白云质泥岩，网脉状构造；(e)延哈 4 井，953m，白云质泥岩，条带状构造；(f)延哈参 1 井，747m，白云质泥岩，同生变形构造

2. 苏红图组

苏红图组热水沉积岩以浅灰色、灰色含白云石泥岩和灰质泥岩为主，矿物组分分析显示研究区苏红图组热水沉积岩的典型热液矿物以钠长石(32%～42.0%，平均为36.4%)、方解石(0～17%，平均为 9.7%)和铁白云石(4%～8%，平均为 5.8%)为主，亦可见硬石膏、菱铁矿和黄铁矿等。

显微镜观察可见苏红图热水沉积岩发育大量的热水内碎屑。根据内碎屑的矿物成分及组合来看，可将其划分为单一矿物内碎屑和多元矿物内碎屑[图 4.40(a)～(d)]，其中主

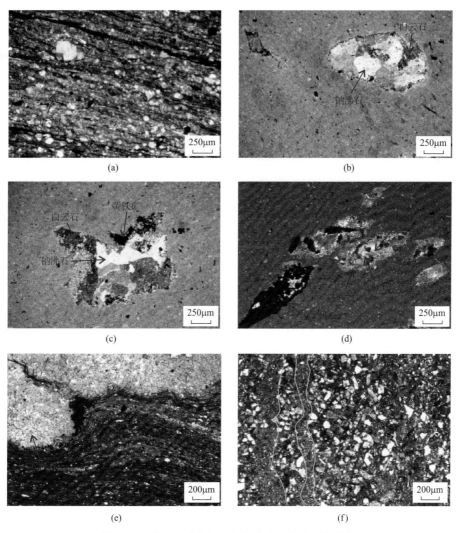

图 4.40　哈日凹陷苏红图组组热水沉积岩显微特征

(a)延哈 3 井，1155m，白云石、方解石、菱铁矿等单矿物热水内碎屑呈斑点状分布，正交偏光显微照片；(b)延哈 4 井，1567m，由钠沸石和铁白云石组成的二元矿物热水内碎屑，正交偏光显微照片；(c)延哈 4 井，1567m，由钠沸石、铁白云石和黄铁矿、组成的三元矿物热水内碎屑，正交偏光显微照片；(d)延哈 4 井，1567m，由方沸石、方解石、铁白云石和黄铁矿组成的多元矿物热水内碎屑，正交偏光显微照片；(e)延哈 3 井，1155m，方解石和黄铁矿组成的热液矿物团块，团块边缘圆滑，单偏光显微照片；(f)延哈 2 井，928m，白云石、方解石、钠沸石等热液矿物在岩石中呈条带状定向分布，正交偏光显微照片

要以多元矿物内碎屑为主，仅见少量的单一矿物内碎屑。单一矿物内碎屑主要为铁白云石内碎屑[图4.41（a）]、方解石内碎屑[图4.41（b）]及菱铁矿内碎屑[图4.41（c）]等。单元矿物内碎屑中白云石和菱铁矿的单矿物内碎屑以砂级为主，多小于100μm，而方解石内碎屑大小不一，在阴极发光下可见微晶白云石中的方解石内碎屑粒径分布在 50μm～1mm（图4.42）。多元矿物内碎屑的粒径分布范围较广，为100μm～1mm；形状不规则，可为椭圆形、扇形、纺锤形等；内碎屑矿物成分和组合关系复杂多样，主要包括铁白云石-方沸石、铁白云石-黄铁矿或方解石-黄铁矿共生组成的二元矿物内碎屑[图 4.40（b），图4.43（a）、（b）]，铁白云石-方沸石-黄铁矿组成的三元矿物内碎屑[图4.40（c）]，以及铁白云石-方解石-方沸石-黄铁矿组成的多元矿物内碎屑[图4.40（d）]。这些热水内碎屑应该是由于喷流间断期的热液流体在深部地层温度和压力升高导致的矿物结晶，或是由于热液内压力突破上覆沉积物和静水压力时造成的早期热水沉积岩碎屑（文华国，2008；郑荣才等，2018）。热水内碎屑的矿物组成差异反映出不同时期或不同喷流期次的热液流体性质的多样性。

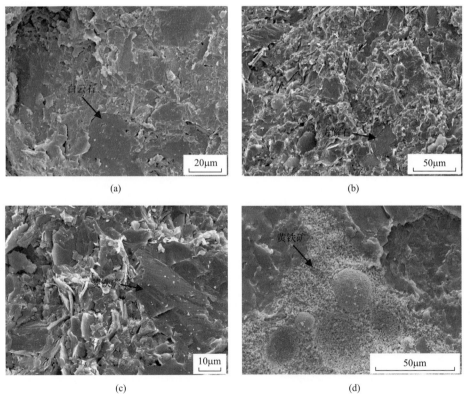

(a)   (b)

(c)   (d)

图4.41   哈日凹陷苏红图组灰质泥岩扫描电镜下特征

(a)延哈3井，1290m，单一粉-细晶铁白云石热水内碎屑颗粒；(b)延哈参1井，1369m，单一的方解石热水内碎屑颗粒；(c)延哈参1井，1722m，单一菱铁矿热水内碎屑颗粒；(d)延哈3井，1290m，方解石团块边缘发育许多小的黄铁矿微粒组成莓球状黄铁矿集合体

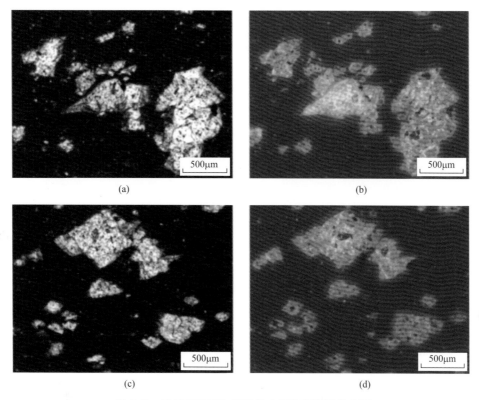

图 4.42　哈日凹陷苏红图组热水沉积岩阴极发光图

(a)单偏光显微照片，(b)阴极发光，延哈 3 井，1154m，含方解石白云质泥岩；(c)单偏光，(d)阴极发光显微照片，延哈 3 井，1290m，含方解石白云质泥岩。白云石发极暗褐红色光，钠长石碎屑发黄绿色光，方解石发中等亮橙黄色光，方沸石、黄铁矿不发光

　　除热水内碎屑外，苏红图组热水沉积岩中还能见到大量的热液矿物团块及条带。热液矿物团块的分布面积较大，团块边缘圆滑，表现为流体侵入的产物。其矿物成分主要是方解石和黄铁矿的共生集合体[图 4.40(e)，图 4.43(c)、(d)]，黄铁矿常以单晶或是莓球状集合体的形式出现在团块的边缘[图 4.41(d)]，通常在方解石-黄铁矿热液矿物团块

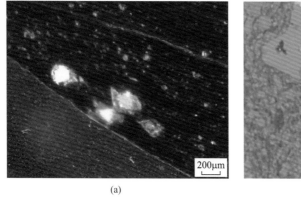

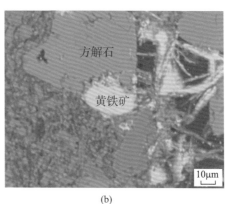

(a)　　　　　　　　　　　　　　　　(b)

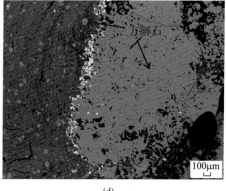

(c)　　　　　　　　　　　　　　(d)

图 4.43　哈日凹陷苏红图组热水沉积岩电子探针分析

(a)单偏光显微照片，(b)背散射图像，延哈 3 井，708m，方解石和黄铁矿组成的内碎屑；(c)单偏光显微照片，

(d)背散射图像，延哈 4 井，1291m，方解石、铁白云石和黄铁矿的团块

周边还漂浮着大量的细-粉晶的方解石和铁白云石碎屑。热液矿物条带主要表现为白云石、方解石、方沸石、钠沸石等热液矿物在岩石中呈条带状定向分布[图 4.40(f)]，条带边界弯曲平滑，类似流体流动的痕迹。根据热液矿物团块及条带的矿物组成和形态，推测这些热液矿物团块及条带应该是热液流体在上涌喷流时残留在表层围岩中沉积沉淀的产物。

　　苏红图组热水沉积岩可见斑点状、斑块状、网脉状和条带状构造等沉积构造(图 4.44)，其中以斑块状、网脉状构造为典型特征。斑块构造是以铁白云石、方解石为主，辅以方沸石、钠沸石、钠长石、黄铁矿等形成的矿物集合体呈斑块状、透镜状充填在岩石中。斑块状热液矿物的产状呈与地层走向直交或斜交，自下而上矿物面积逐渐收窄，延伸长度可到 10~50cm。斑块构造可能是热液受压力作用侵入到地层的裂缝和孔洞中形成。网脉构造主要是由方沸石、钠沸石、菱铁矿黄铁矿和微-细晶的铁白云石、方解石的集合体充填裂缝而成。裂缝的大小形状不规则，可以沿着地层产状表现为水平裂缝，或是斜交地层产状呈高角度裂缝，或是相互交织的网状裂缝，裂缝宽度分布在 0.5~2mm，镜下亦可见 0.1~0.5mm 的微小裂缝充填。根据裂缝中热液矿物的充填特征，网脉构造可能是热液流体上侵的通道，或是密集的液化矿物岩脉刺穿围岩造成的结果(颜文和李朝阳，1997；肖荣阁等，2001；钟大康等，2018)。

(a)　　　　　　　　　　　　　　(b)

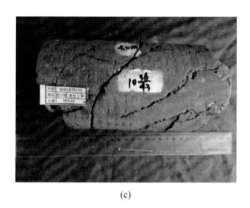

(c)

(d)

图 4.44　哈日凹陷下白垩统苏红图组热水沉积岩的沉积构造

(a)延哈 4 井，1268m，白云质泥岩，斑点状构造；(b)延哈 4 井，1565m，灰质泥岩，斑块状构造；(c)延哈 5 井，2572m，含灰白云石质泥岩，网脉状构造；(d)延哈 2 井，729m，含灰白云质泥岩，条带状构造

3. 巴音戈壁组热水沉积岩

巴音戈壁组热水沉积岩以灰色、灰白色含沸石泥岩、含白云石泥岩和含灰泥岩为主。矿物组分分析显示巴音戈壁组的热液矿物以钠长石(10.7%~23.7%，平均为 17.1%)、方解石(0.6%~37.2%，平均为 14.1%)和沸石(最高可达 18.4%，平均 4.2%)为主，局部富集白云石、重晶石、硬石膏、菱铁矿和黄铁矿等热液矿物。电子探针分析显示巴音戈壁组热水沉积岩中含有大量的钠沸石，其中 Na_2O 质量分数为 9.88%~11.43%。方沸石和钠沸石在热水沉积岩中既见到单一的晶体产出，也见到方沸石或钠沸石晶体集合体形成的纹层[图 4.45(a)、(b)]。此外，在巴音戈壁组热水沉积岩还发现了常见于岩浆岩中的晶体[图 4.46(a)、(b)]。

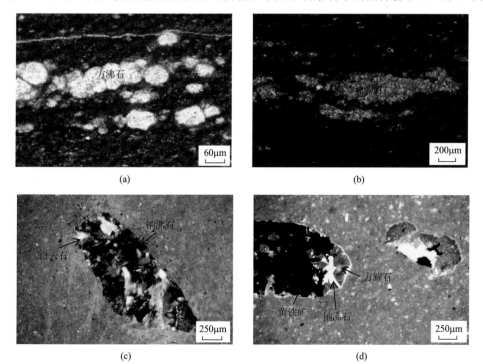

(a)　　　　　　　　　　　　　(b)

(c)　　　　　　　　　　　　　(d)

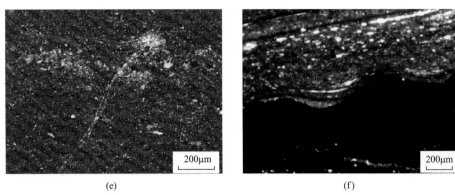

(e)　　　　　　　　　　　　　　(f)

图 4.45　哈日凹陷巴音戈壁组热水沉积岩显微特征

(a) 延哈 2 井，1062m，方沸石为浅黄色粒状胶质体呈条带状分布在白云质泥岩之中，单偏光显微照片；(b) 延哈 4 井，2172m，微晶钠沸石条带分布在白云质泥岩之中，正交偏光显微照片；(c) 延哈 3 井，1598m，钠沸石和钠长石组成的二元矿物碎屑，正交偏光显微照片；(d) 延哈 3 井，1598m，钠长石、方解石、钠沸石和黄铁矿组成的四元矿物碎屑，黄铁矿呈浸染状，单偏光显微照片；(e) 延哈参 1 井，3072m，细粉晶的方解石、方沸石、铁白云石等热液矿物组成的条带组合，类似热液喷溢形成的拖曳和喷爆，正交偏光显微照片；(f) 延哈参 1 井，3072m，定向排列的富方沸石纹层与下部陆源泥质碎屑纹层间界面明显，具有冲刷面，单偏光显微照片

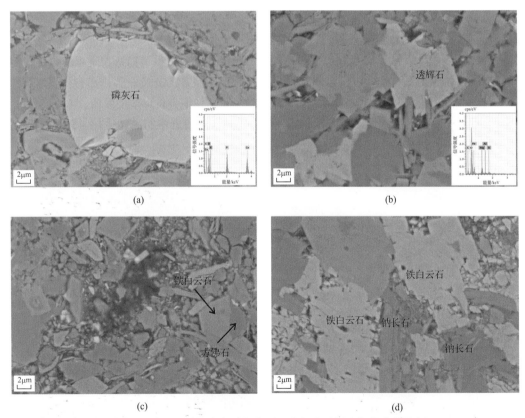

(a)　　　　　　　　　　　　　　(b)

(c)　　　　　　　　　　　　　　(d)

图 4.46　哈日凹陷巴音戈壁组灰质泥岩氩离子抛光扫描电镜特征

(a) 延哈 3 井，1769m，单一磷灰石热液碎屑；(b) 延哈 3 井，1868m，单一透辉石热液碎屑；(c) 延哈 2 井，1064m，铁白云石和钠沸石组成的热液内碎屑；(d) 延哈 2 井，1062m，铁白云石和钠长石组成的热液内碎屑

巴音戈壁组热水沉积岩的显微构造以热水内碎屑为典型特征。热水内碎屑的矿物组

成多样，主要包括铁白云石-方沸石/钠沸石组成二元矿物碎屑[图 4.45(c)，图 4.46(c)，图 4.47(a)、(b)]、铁白云石-钠长石的二元矿物碎屑[图 4.46(d)]，方沸石-方解石-黄铁矿组成的多元矿物内碎屑[图 4.45(d)]及铁白云石-钠长石-方沸石-黄铁矿等组成的多元矿物内碎屑[图 4.48(a)、(b)]，亦可见少量方沸石单一矿物内碎屑[图 4.47(c)、(d)]和方解石单一矿物内碎屑[图 4.48(c)、(d)]。除热水内碎屑外，巴音戈壁组热水沉积岩中还能见到许多特殊的沉积构造，如由细粉晶的方解石、方沸石、铁白云石等热液矿物组成的条带组合，类似热液喷溢形成的拖曳和喷爆[图 4.45(e)]，以及具有定向排列的富方沸石纹层与下部陆源泥质碎屑纹层间存在明显的冲刷面[图 4.45(f)]。这些沉积构造的形成可能与巴音戈壁组热水沉积岩沉积时期热液喷流强度较大有关，高能的热液及与冷湖水混合可能引发爆裂，也将造成湖底的水体动荡。

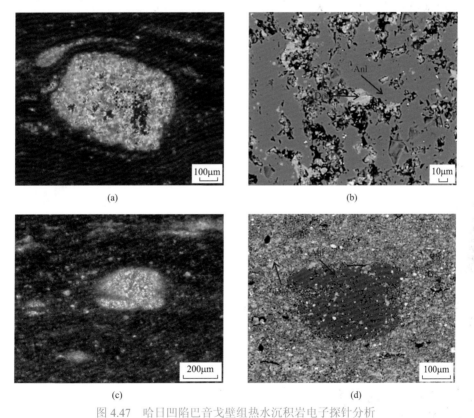

(a)　　　　　　　　　　　　　　　　(b)

(c)　　　　　　　　　　　　　　　　(d)

图 4.47　哈日凹陷巴音戈壁组热水沉积岩电子探针分析

(a)单偏光显微照片，(b)背散射图像，延哈 2 井，1029m，方沸石和铁白云石构成的内碎屑；(c)单偏光显微照片，(d)背散射图像，延哈 2 井，1062m，方沸石单一矿物热水内碎屑分布在粉-细晶铁白云石的基质中

　　巴音戈壁组热水沉积岩可见星散状、斑块状、角砾状、条带状和网脉状构造及同生变形构造等沉积构造(图 4.49)，其中以角砾状、条带状构造和同生变形构造为典型特征。角砾构造的特征与斑点构造相似，但相比而言，角砾构造中的内碎屑多以棱角状的角砾为主，碎屑呈"漂浮状"杂乱分布在棕色灰质泥岩或浅灰色白云质泥岩中，颗粒大小不一，粒径分布在 0.5~2cm，多分布在下白垩统巴音戈壁组。角砾状热液碎屑可能是热液快速喷流突破上覆沉积物的产物，或是与底层湖水混合引起的沸腾爆炸，将喷流口

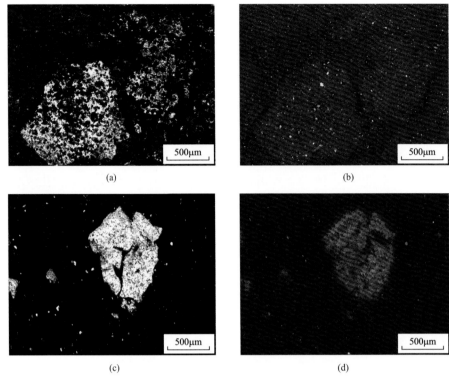

图 4.48　哈日凹陷巴音戈壁组热水沉积岩阴极发光分析

(a) 单偏光显微照片，(b) 阴极发光，延哈 5 井，2710m，铁白云石-钠长石-方沸石-黄铁矿等组成的多元矿物内碎屑；(c) 单偏光显微照片，(d) 阴极发光，延哈 5 井，2101m，方解石单一矿物内碎屑。云石发极暗褐红色光，钠长石碎屑发黄绿色光，方解石发中等亮橙黄色光，钠沸石、黄铁矿不发光

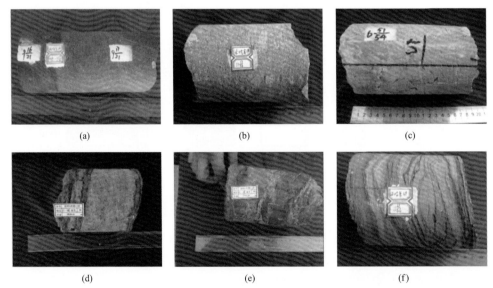

图 4.49　哈日凹陷下白垩统巴音戈壁组热水沉积岩的沉积构造

(a) 延哈参 1 井，2591m，含白云石灰质泥岩，星散状构造；(b) 延哈参 1 井，3071m，灰质泥岩，角砾状构造；(c) 延哈 2 井，1191m，含白云石灰质泥岩，斑块状构造；(d) 延哈 5 井，2829m，灰质泥岩，条带状构造；(e) 延哈 5 井，2711m，灰质泥岩，网脉状构造；(f) 延哈参 1 井，3071m，灰质泥岩，同生变形构造

处早期形成的热水沉积岩震碎形成的液化角砾。条带构造与纹层构造具有类似的热液矿物组成特征，厚度明显大于纹层，可达到 2～8cm，呈厚层状覆盖在灰色或深灰色泥岩之上，通常热液矿物条带与泥岩之间无明显的冲刷面。区别于纹层状构造的脉动式热液输入，条带状构造更可能是由于大量的热液突然涌入，导致湖水中的矿物离子瞬间提高，在凹陷湖底形成了相对封闭和稳定的热卤水池，造成丰富的热液矿物快速沉淀。同生变形构造的热液矿物组分与纹层状和条带状构造相似，表现为纹层或条带的塑性变形和不规则揉皱，部分形似底辟构造，具有起伏波动，变形幅度在 1～3cm。其形成可能与热水沉积物的快速堆积，导致较陡隆起边缘的热水沉积物发生重力滑动，导致塑性纹层或条带发生滑塌变形，被认为可以指示热水喷流口的位置(郑荣才等，2006)。

4.5.3　地球化学证据

地层的元素地球化学中储存了大量古环境和古生态的信息，可以有效区分不同的沉积物类型，因此广泛应用于沉积学研究。通过大量的研究，人们总结出一系列判断热水沉积岩的地球化学指标。在岩心观察和薄片鉴定的基础上，本节选取了 20 件厚度较大具有代表性的热水沉积岩岩心样品进行了主量、微量和稀土元素分析及碳酸盐碳氧同位素分析。由于研究区热水沉积岩的热液矿物颗粒小且分布分散，难以获得成分纯净的热水沉积岩样品，因此本节采用全岩地球化学分析的方法。样品在进行微钻取样时着重选取了热水沉积特征发育的位置，并进行了去杂质、去有机质处理，以确保研究样品的真实可靠，能较好代表研究区的热水沉积岩。具体分析结果见表 4.6。

表 4.6　哈日凹陷下白垩统岩石全岩主量(质量分数)、微量元素(μg/g)和稀土元素(μg/g)
地球化学分析数据表

	样品编号									
	银根组						苏红图组			
	H01	H02	H03	H04	H05	H06	H11	H12	H13	H14
SiO_2	45.50	36.60	40.20	43.70	44.60	34.00	43.50	58.20	54.10	65.30
TiO_2	0.70	0.50	0.60	0.70	0.80	0.70	0.70	1.30	0.80	0.90
Al_2O_3	15.30	12.10	14.60	15.40	16.60	15.80	16.10	16.60	15.60	12.90
TFe	5.30	4.00	6.40	7.10	6.70	8.40	6.50	3.80	5.70	4.40
MnO	0.10	0.10	0.10	0.10	0.10	0.10	0.10	0.10	0.10	0.10
MgO	3.30	5.90	2.50	4.50	5.70	4.70	5.50	1.90	2.80	1.10
CaO	6.40	12.00	9.90	7.50	4.80	5.20	5.90	2.70	3.60	3.70
Na_2O	1.90	1.90	1.50	4.10	4.00	7.40	4.20	5.40	4.90	4.90
K_2O	2.90	2.10	2.50	3.60	4.20	3.20	4.00	2.80	3.20	1.90
P_2O_5	0.10	0.20	0.10	0.10	0.20	0.10	0.10	0.20	0.20	0.10
LOI	18.50	24.20	21.20	12.00	12.90	14.90	13.40	6.90	8.60	4.60
合计	100.0	99.5	99.6	98.7	100.5	94.4	100.0	99.8	99.8	99.9
Li	141	88	104	259	89	160	305	223	135	58
Be	2.85	2.25	2.61	2.80	2.17	1.81	3.55	2.32	2.97	1.51
Sc	14.50	11.10	14.60	15.30	11.30	10.90	18.40	12.60	15.20	10.54
V	105	83	110	112	90	94.6	101	127	107	100
Cr	66.40	50.20	64.60	75.30	59.40	86.30	72.10	70.90	68.60	69.70
Co	17.90	14.20	20.60	16.20	19.00	14.90	18.50	10.40	15.30	14.50

续表

	样品编号									
	银根组						苏红图组			
	H01	H02	H03	H04	H05	H06	H11	H12	H13	H14
Ni	40.80	32.20	46.50	38.50	38.80	46.00	36.20	22.70	30.30	21.87
Cu	42.20	37.70	47.80	34.10	48.80	34.20	26.70	25.00	8.04	22.75
Zn	88.70	78.20	82.90	98.70	85.60	75.90	104.00	65.70	84.70	69.17
Ga	20.50	16.10	20.30	19.60	17.90	23.60	20.40	23.50	19.70	16.36
Ge	1.44	1.86	2.00	2.13	2.58	1.10	2.41	2.13	2.05	1.84
Rb	139	103	121	152	121	128	208	78.5	101	65.70
Sr	310	513	824	429	368	454	365	250	235	265
Y	26.80	24.20	34.60	26.30	25.80	18.60	14.40	27.10	29.30	28.46
Zr	136	115	118	139	129	88.9	162	264	255	234
Nb	11.00	9.16	10.5	10.2	9.34	9.37	11.40	23.00	15.80	10.65
Cs	25.10	24.50	17.90	62.00	28.60	2.67	84.20	5.66	11.90	5.19
Ba	483	453	567	366	426	1429	383	495	452	393
La	30.00	24.00	34.00	27.60	26.20	62.80	26.20	37.20	34.20	28.50
Ce	63.40	51.40	74.90	58.20	54.50	139	50.50	80.50	74.30	56.19
Pr	7.21	5.93	8.52	6.80	6.18	16.90	5.89	9.14	8.19	6.98
Nd	28.00	23.40	33.40	26.80	23.90	60.10	21.90	35.70	32.00	27.66
Sm	5.70	4.79	7.24	5.50	5.00	9.42	4.03	7.00	6.38	5.79
Eu	1.17	1.01	1.52	1.19	1.09	1.84	0.81	1.40	1.31	1.14
Gd	5.33	4.62	6.61	5.20	4.65	7.10	3.51	6.18	5.88	5.43
Tb	0.83	0.71	1.06	0.81	0.73	0.79	0.49	0.89	0.90	1.05
Dy	4.82	4.17	6.33	4.74	4.39	3.82	2.68	4.99	5.25	5.93
Ho	0.95	0.82	1.24	0.91	0.89	0.67	0.51	0.96	1.02	1.1
Er	2.77	2.40	3.49	2.60	2.62	1.85	1.52	2.84	2.99	3.05
Tm	0.42	0.35	0.51	0.38	0.4	0.27	0.23	0.43	0.45	0.48
Yb	2.67	2.28	3.25	2.45	2.59	1.69	1.59	2.8	2.95	3.07
Lu	0.41	0.35	0.48	0.37	0.4	0.25	0.26	0.43	0.46	0.49
Hf	3.74	3.09	3.25	3.78	3.58	2.59	4.63	6.96	6.92	6.14
Ta	0.91	0.72	0.91	0.8	0.8	0.71	0.98	1.89	1.34	0.66
Pb	29.30	21.80	30.30	22.40	25.90	34.30	18.10	33.20	19.00	18.59
Mn/Sr	2.50	1.51	1.03	1.80	2.22	1.88	2.76	1.55	4.62	2.69
V/Cr	1.59	1.67	1.70	1.48	1.52	1.10	1.40	1.78	1.57	1.44
V/(V+Ni)	0.72	0.72	0.70	0.74	0.70	0.67	0.74	0.85	0.78	0.82
$\sum$REE	153.70	126.50	182.60	143.50	133.50	306.70	120.10	190.60	176.30	146.90
$\sum$LREE	135.50	110.80	159.70	126.10	116.80	290.30	109.30	171.00	156.40	126.30
$\sum$HREE	18.20	15.70	22.97	17.47	16.66	16.44	10.80	19.52	19.90	20.59
$\sum$LREE/ $\sum$HREE	7.45	7.06	6.95	7.22	7.01	17.65	10.12	8.76	7.86	6.13
(La/Yb)$_N$	7.42	7.04	6.92	7.44	6.68	24.51	10.88	8.77	7.66	6.12
(La/Sm)$_N$	3.21	3.09	2.87	3.06	3.19	4.06	3.96	3.24	3.27	3
(Gb/Yb)$_N$	1.6	1.63	1.64	1.7	1.45	3.37	1.77	1.77	1.6	1.42
δEu	0.66	0.66	0.68	0.69	0.7	0.7	0.67	0.66	0.66	0.63
δCe	1.01	1	1.03	0.99	1	1	0.95	1.02	1.04	0.93

续表

	样品编号									
	苏红图组						巴意戈壁组			
	H15	H16	H17	H21	H22	H23	H24	H25	H26	H27
SiO$_2$	58.90	46.50	42.10	55.80	55.80	45.50	51.80	47.10	45.50	74.80
TiO$_2$	1.10	0.80	0.60	1.30	0.90	0.70	0.70	0.70	0.60	0.80
Al$_2$O$_3$	16.90	17.00	15.00	17.40	15.80	16.10	14.50	16.20	16.50	10.60
TFe	6.60	7.90	6.70	7.50	6.20	7.00	5.10	8.00	7.60	2.90
MnO	0.00	0.10	0.20	0.10	0.10	0.10	0.10	0.10	0.10	0.00
MgO	1.80	3.60	6.00	2.70	3.10	4.30	3.80	4.40	5.00	1.20
CaO	1.30	5.30	7.70	2.10	4.00	7.60	7.20	4.50	6.70	1.40
Na$_2$O	5.40	5.40	4.30	5.00	4.50	3.60	3.90	5.00	3.30	0.90
K$_2$O	2.70	3.90	3.80	2.80	2.90	4.00	3.10	3.10	3.60	2.20
P$_2$O$_5$	0.10	0.10	0.10	0.20	0.10	0.10	0.20	0.10	0.10	0.10
LOI	4.60	9.80	13.80	5.10	6.30	10.70	10.00	9.20	10.90	4.70
合计	99.50	100.40	100.10	100.00	99.60	99.50	100.30	98.50	99.90	99.50
Li	97.80	281	276	107	188	288	55.60	328	296	109
Be	2.22	2.99	2.53	2.58	2.57	3.04	1.81	3.31	3.07	1.51
Sc	12.4	17.86	19.8	17.4	14.9	15.1	20.8	15.1	16.5	8.44
V	133	120	104	153	98	126	86	138	110	44.20
Cr	96.20	66.90	75.60	98.80	65.00	73.60	38.70	81.70	73.90	28.10
Co	18.50	21.25	20.10	23.20	14.80	19.90	8.34	21.1	18.20	6.45
Ni	40.90	41.96	41.20	47.20	35.50	38.60	17.00	47.40	34.20	16.70
Cu	22.30	44.38	29.30	28.20	28.40	42.80	18.90	38.30	39.50	11.80
Zn	102	119	108	113	147	96	44.30	108	110	32.1
Ga	21.90	22.94	21.10	28.70	22.40	20.70	9.91	21.60	22.00	10.80
Ge	1.37	2.03	3.64	2.25	1.80	1.96	0.70	1.88	2.39	1.65
Rb	103	144	152	90.60	109	156	54.10	125	130	78.10
Sr	122	330	524	166	258	430	949	316	437	134
Y	29.00	25.63	28.40	40.60	27.40	36.90	34.90	28.20	23.90	23.10
Zr	249	154	143	318	200	150	81	157	162	199
Nb	15.40	11.58	9.22	21.10	16.10	10.90	4.57	10.80	9.89	10.00
Cs	19.10	35.45	33.20	7.90	17.70	25.00	11.40	62.50	36.30	7.72
Ba	405	472	416	515	449	687	791	634	562	339
La	36.20	32.98	28.90	50.30	35.60	30.40	30.40	28.90	22.70	26.50
Ce	75.30	65.92	64.50	115	71.20	73.40	62.30	57.80	44.60	55.30
Pr	8.42	8.05	7.19	12.1	8.37	8.43	7.46	7.25	5.51	6.05
Nd	31.40	29.45	28.50	45.70	32.10	34.90	29.50	28.50	21.7	22.7
Sm	6.10	6.17	6.14	8.54	6.17	7.59	6.82	6	4.4	4.5
Eu	1.23	1.15	1.33	1.67	1.20	1.65	1.56	1.26	0.96	0.85
Gd	5.23	5.66	5.70	7.61	5.48	7.35	6.65	5.44	4.14	4.43
Tb	0.80	0.99	0.88	1.16	0.81	1.16	1.08	0.86	0.66	0.69
Dy	4.90	5.20	5.20	7.01	4.73	6.78	6.37	5.12	4.01	4.12
Ho	1.02	0.96	1.01	1.43	0.96	1.30	1.23	1.02	0.83	0.82
Er	3.07	2.70	2.82	4.4	2.99	3.63	3.31	2.84	2.52	2.42
Tm	0.47	0.42	0.42	0.69	0.48	0.52	0.47	0.41	0.38	0.36

续表

	样品编号									
	苏红图组						巴意戈壁组			
	H15	H16	H17	H21	H22	H23	H24	H25	H26	H27
Yb	3.12	2.76	2.72	4.54	3.23	3.29	2.86	2.54	2.55	2.3
Lu	0.48	0.45	0.41	0.69	0.50	0.50	0.42	0.38	0.40	0.34
Hf	6.59	4.27	3.83	8.46	5.32	3.95	1.99	4.38	4.2	5.48
Ta	1.16	0.69	0.73	1.71	1.18	0.82	0.35	0.78	0.75	0.83
Pb	31.6	29.9	21.6	24.4	27.00	34.30	16.90	22.90	20.90	15.4
Mn/Sr	1.91	2.76	2.21	4.66	3.59	2.16	0.88	2.94	2.13	2.32
V/Cr	1.38	1.81	1.37	1.55	1.51	1.71	2.22	1.69	1.49	1.57
V/(V+Ni)	0.77	0.74	0.72	0.76	0.73	0.77	0.83	0.74	0.76	0.73
∑REE	177.80	162.90	155.60	260.80	173.90	180.80	160.40	148.20	115.40	131.40
∑LREE	158.70	143.70	136.50	233.30	154.70	156.30	138.00	129.60	99.90	115.90
∑HREE	19.09	19.13	19.16	27.52	19.17	24.53	22.38	18.61	15.49	15.49
∑LREE/∑HREE	8.31	7.51	7.12	8.47	8.07	6.37	6.17	6.97	6.45	7.48
$(La/Yb)_N$	7.67	7.88	7.01	7.32	7.3	6.1	7	7.49	5.89	7.61
$(La/Sm)_N$	3.62	3.26	2.87	3.59	3.52	2.44	2.71	2.93	3.15	3.59
$(Gb/Yb)_N$	1.35	1.64	1.68	1.35	1.36	1.8	1.86	1.72	1.3	1.55
δEu	0.67	0.6	0.69	0.64	0.64	0.68	0.72	0.68	0.69	0.59
δCe	1.01	0.95	1.05	1.09	0.96	1.07	0.97	0.94	0.93	1.02

注:LOI 为烧失量;∑REE 为总稀土含量;∑LREE/∑HREE 为轻重稀土比值(LREE 为轻 REE,HREE 为重 REE);$(La/Yb)_N$ 中的 N 代表球粒陨石标准化后的比值;$\delta Eu=(Eu)_N/SQRT(Sm \times Gd)_N$;$\delta Ce=(Ce)_N/SQRT(La \times Pr)_N$,稀土元素球粒陨石标准化数据引自参考文献 Sun 和 McDonough(1989)。

1. 主量元素

分析结果表明,研究区热水沉积岩主要成分以 SiO_2 和 Al_2O_3 为主,平均含量分别为 49.4% 和 15.34%;其次为 TFe、MgO 和 CaO,平均含量分别为 6.19%、3.69% 和 5.48%;其他 TiO_2、MnO 和 P_2O_5 的平均含量分别为 0.79%、0.10% 和 0.13%。与北美平均页岩 NASC(Gromet et al.,1984)和全球平均大陆上地壳成分(upper continental crust,UCC)(Taylor and Mclennan,1985)相比,研究区热水沉积岩表现出低硅铝、高钙镁、富铁锰的特点。

铁锰氧化物常被认为是热水沉积重要的产物(Rona et al.,1989;Stoffers and Botz,1994),而“高锰铁”的白云岩就被认为是热液成因白云岩典型特征(朱东亚等,2010)。研究区银根组白云岩的主量元素就表现出明显铁锰元素富集的特征,其中 TFe 和 MnO 平均含量分别为 6.18% 和 0.10%,高于平均上地壳的 TFe(4.93%)和 MnO(0.07%)含量(Taylor and Mclennan,1985);特别是银根组白云岩(TFe 和 MnO 平均含量达到 6.30% 和 0.11%),远高于咸化湖盆准同生白云岩的 TFe(1.04%)和 MnO(0.05%)含量(袁剑英等,2015)。

2. 微量元素

分析测得的 44 种微量元素含量分布在 0～500μg/g,平均为 58μg/g(图 4.50)。Li、Sr、Rb、Cs 和 Nb 等不相容元素相对富集,其平均值分别为上地壳中含量的 8.97 倍、1.05 倍、

1.10 倍、5.70 倍和 1.19 倍。这些不相容元素在地层中浓度往往较低，加之其离子半径、电荷和化合键所限，因而难以进入造岩矿物的晶体结构中，而往往在残余岩浆或热液中相对富集。此外，高含量的 Ba 也被认为是热水沉积的典型标志(Marchig et al.，1982；Murray，1994)，研究区 Ba 含量为 339～1429μg/g，较多样品的 Ba 含量远高于上地壳中的平均 Ba 含量 550μg/g。

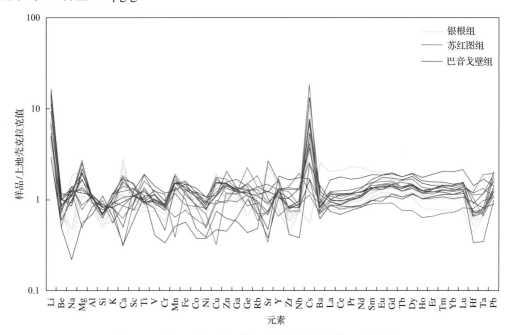

图 4.50　哈日凹陷下白垩统平均上地壳标准化元素蛛网图

3. 稀土元素

　　稀土元素作为微量元素中一组特殊元素，具有极强的稳定性，除了岩浆熔融外，难以被其他地质作用改变，是表征各种地质作用的良好地球化学参数，因此对其组成和配分模式的研究成为探讨岩石成因和地质作用反演的重要途径之一(Barrat et al.，2000；丁振举等，2000；常海亮等，2016)。前人对太平洋海隆、红海、地中海和大西洋洋中脊等热液活动区的研究表明，海底高温热流体普遍具有轻稀土富集、重稀土亏损和显著的 Eu 正异常特征(Cocherie et al.，1994；Savelli et al.，1999)。海水的稀土元素特征以 LREE 亏损、HREE 富集和显著的 Ce 负异常为特征，海底热水沉积物作为热液流体和海水混合的产物，因此海相热水沉积岩通常会兼有二者的特征，具有 HREE 大于 LREE 和 Eu 正异常(Klinkhammer et al.，1994)的特征。研究区下白垩统样品普遍具有∑REE 含量高、∑LREE/∑HREE＞1、Eu 的负异常和弱 Ce 负异常等特征(图 4.51)，完全不同于典型的海相高温热水沉积岩稀土配分模式，但与国内外发现的湖盆热液喷流岩(文华国等，2014)以及云南腾冲和东非裂谷湖泊的现代热泉水(Cocherie et al.，1994；Savelli et al.，1999；文国华等，2014)的特征一致(图 4.51)。这很可能是由于湖相热水沉积区处于陆壳上，而海相热水沉积区位于洋壳上，不同地壳性质下的岩浆具有各自的稀土元素特征，而岩浆热液也继承了其稀土元素特点。

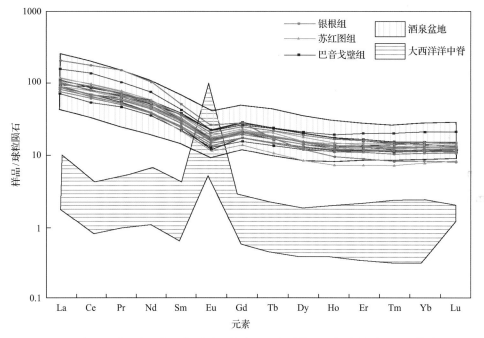

图 4.51　哈日凹陷下白垩统及典型地区热水沉积岩球粒陨石标准化稀土配分模式图

大西洋 TAG 海相热水沉积岩据 Cocherie 等(1994)、Savelli 等(1999)；酒西盆地陆相热水沉积岩据文华国等(2014)

通过分析热水沉积岩的某些主量和微量元素含量特征，许多学者总结出一些元素图版来区分正常沉积和热水沉积。Fe-Mn-(Cu+Co+Ni)×10 三角图版(Rona，1978；Crerar et al.，1982)和 Ni-Co-Zn 三角图版(Choi and Hariya，1992)就被广泛用于热水沉积物的判别，用来区分热水成因和非热成因。通过元素地球化学三角图版投点可知(图 4.52)，研究区下白垩统所有样品都位于热水沉积区，指示哈日凹陷在早白垩世沉积过程中长期存在热液输入。

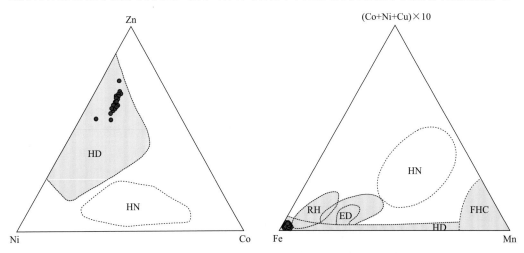

图 4.52　Ni-Co-Zn 和 Fe-Mn-(Cu+Co+Ni)×10 热水沉积三角图解

HD.热水沉积物；HN.水成沉积物；RH.红海热水沉积；ED.东太平洋热水沉积金属矿物；FHC.Franciscan 热水沉积硅质岩

4. 氧同位素

氧同位素除了可以结合碳同位素来分析沉积水体开放程度外，还可以用来反映沉积水体的相对温度。20 世纪 50 年代，Urey 等（1951）等学者通过研究海相地层中箭石、腕足类生物化石的氧同位素，提出以生物成因的磷酸盐氧同位素作为古温度计的理论。此后，关于氧同位素温度的研究始终活跃在同位素地球化学研究领域。大量研究表明，在平衡条件下湖水中的氧同位素和温度具有明显的函数关系，而湖相中化学沉积形成的碳酸盐在沉淀时与水体始终保持着氧同位素的平衡。因此，湖泊沉积物中碳酸盐氧同位素逐渐广泛应用于古地温的定量恢复。基于矿物-水之间氧同位素平衡交换反应原理，McCrea 等（1950）、Epstein 等（1953）、O'Neil 和 James（1969）、Horibe 和 Oba（1972）、Kim 和 O'Neil（1997）等通过大量的研究，分别建立了不同实验条件下碳酸盐-水之间的氧同位素温度分馏方程。

O'Neil 和 James（1969）提出了无机成因方解石的氧同位素温度分馏方程，该方程适用于相对低温环境，见式（4.1）：

$$T=16.0-5.17(\delta Ce-\delta W)+0.09(\delta Ce+\delta W)^2 \tag{4.1}$$

Epstein 等（1953）提出了软体动物贝壳的氧同位素温度分馏方程，该方程适用于生物成因的碳酸盐，见式（4.2）：

$$T=16.5-4.30(\delta Ce-\delta W)+0.14(\delta Ce+\delta W)^2 \tag{4.2}$$

O'Neil 和 James（1969）提出了无机成因方解石的氧同位素温度分馏方程，该方程适用于温度介于 0～500℃，见式（4.3）：

$$T=16.9-4.38(\delta Ce-\delta W)+0.10(\delta Ce+\delta W)^2 \tag{4.3}$$

Horibe 和 Oba（1972）提出了软体动物化石贝壳的氧同位素温度分馏方程，该方程适用于生物成因，见式（4.4）：

$$T=17-4.34(\delta Ce-\delta W)+0.16(\delta Ce+\delta W)^2 \tag{4.4}$$

Kim 和 O'Neil（1997）提出了无机成因方解石的氧同位素温度分馏方程，该方程适用温度介于 10～40℃，见式（4.5）：

$$T=16.1-4.64(\delta Ce-\delta W)+0.09(\delta Ce+\delta W)^2 \tag{4.5}$$

式（4.1）～式（4.5）中，T 为温度，℃；δCe 为测试样品的 $\delta^{18}O_{VPDB}$[①]值，‰；δW 值为沉积岩同期的古水体 $\delta^{18}O_{VPDB}$ 值，‰。

基于不同的分析样品，众多学者提出了较多的碳酸岩-水之间的氧同位素分馏方程，虽然这样公式看起来较为相似，但不同的外界条件也将造成温度计算结果出现较大的差异（Bemis et al.，1998）。因此，在利用氧同位素计算古地温时，应根据分析样品种类及古环境的情况，选择更匹配的方程。研究区构造演化特征表明，研究区下白垩统在沉积

---

① 表示氧同位素与国际标准 VPDB 进行了标定（Vienna Pee Dee Belemnite/维也纳——PeeDee 箭石标准）。

后经历了长时期的埋藏成岩作用，缺乏地层暴露标志，且未见明显的大气水作用现象，因此利用氧同位素温度计换算出的岩石形成温度一定程度上能反映古环境温度。研究区早白垩世为湖盆环境，考虑热液输入可能致使湖水温度升高，因此，本节分别采用 O'Neil 等(1969)、Kim 和 O'Neil(1997)的碳酸盐-水之间的氧同位素分馏方程进行古地温的计算。

此外，使用碳酸盐-水之间的氧同位素分馏方程计算古地温时，需要的同期的湖水 $\delta^{18}O$ 值。由于直接获取该数据难度较大，常用的方法是借鉴或类比。青海湖是我国内陆最大的封闭湖泊(曾方明，2016)，前人测试获得湖水的 pH 为 9.2，盐度为 16‰，反映为碱性咸水；其所处的青藏高原与研究区早白垩世具有类似的高地热背景和湖盆环境(任战利，1998，1999，2000)。因此本节借鉴青海湖实测的 $\delta^{18}O$ 值 3.078‰(卢凤艳和安芷生，2010)作为同期湖水氧同位素值。根据 O'Neil 等(1969)的方程计算得出早白垩世哈日凹陷湖水温度为 44.03～101.46℃，平均为 64.63℃；根据 Kim 和 O'Neil(1997)的方程计算得出早白垩世哈日凹陷热水沉积岩的形成水体平衡温度为 44.84～103.90℃，平均为 66.23℃，对比式(4.3)和式(4.5)的计算结果相差较小(表 4.7)。从纵向上来看，银根组热水沉积岩的形成水体平衡温度为 61.34℃，苏红图组为 53.99℃，巴音戈壁组为 78.10℃，表现为上下高中间低的特点。

表 4.7   哈日凹陷下白垩统热水沉积岩的碳氧同位素计算平衡温度和盐度 Z 值

样号	$\delta^{18}O_{VPDB}$	$\delta^{13}C_{VPDB}$	式(4.3)计算的平衡温度/℃	式(4.5)计算的平衡温度/℃	Z 值
H01	−10.21	2.74	80.20	82.35	127.83
H02	−5.41	6.75	54.65	56.01	138.43
H03	−4.11	8.57	48.52	49.58	142.82
H04	−3.69	8.14	46.60	47.56	142.15
H05	−8.74	3.64	71.91	73.86	130.41
H06	−7.68	6.56	66.17	67.96	136.92
H11	−3.11	10.91	44.03	44.84	148.12
H12	−3.18	7.89	44.36	45.19	141.89
H13	−3.91	5.14	47.61	48.62	135.89
H14	−5.68	4.18	55.99	57.40	133.04
H15	−10.01	2.89	79.05	81.18	128.24
H16	−5.92	3.89	57.14	58.60	132.34
H17	−4.38	6.33	49.75	50.88	138.09
H21	−4.00	4.46	48.03	49.06	134.46
H22	−5.78	7.60	56.46	57.90	140.00
H23	−11.22	2.31	86.20	88.46	126.45
H24	−11.91	4.05	90.35	92.67	129.68
H25	−10.43	1.22	81.52	83.70	124.62
H26	−13.67	2.69	101.46	103.90	126.01
H27	−10.63	1.47	82.66	84.86	125.03
平均	−7.18	5.07	64.63	66.23	134.12

本节利用相同的参数和公式分别计算酒西盆地下沟组和三塘湖盆地芦草沟组的热水沉积岩的形成水体平衡温度，与研究区热水沉积岩进行对比。结果显示，三塘湖盆地湖

相热水沉积物的形成水体平衡温度为 51.03～173.33℃，平均为 104.45℃；酒西盆地湖相热水沉积物的形成水体平衡温度在 57.00～104.64℃，平均为 78.79℃。这三个地区热水沉积岩的碳酸盐氧同位素平衡温度均明显高于正常湖盆沉积温度，为热液喷流的存在提供了有力的证据。相比之下，三塘湖盆地芦草沟组的热水沉积岩的形成水体温度最高，其次为酒泉盆地下沟组，哈日凹陷下白垩统最低。

5. 流体包裹体

流体包裹体是指在沉积盆地演化过程中成岩成矿流体被捕获并至今封存在岩石矿物的晶格缺陷或穴窝中的一部分古流体，其保存了形成时地质环境中的各种地球物理及地球化学信息，已成为研究盆地流体的重要方法（魏喜等，2006；Rajabzadeh and Rasti，2017；Zhang et al.，2017）。考虑热水沉积过程中一部分上涌的热液流体可能会被捕获并保存在矿物中，通过热液流体包裹体显微测温就可以判别出是否存在热液喷流。本节在哈日凹陷下白垩统热水沉积岩岩心观察和薄片鉴定的基础上，选取了 10 件热水沉积岩岩心样品，对其中的流体包裹体进行分析（图 4.53）。

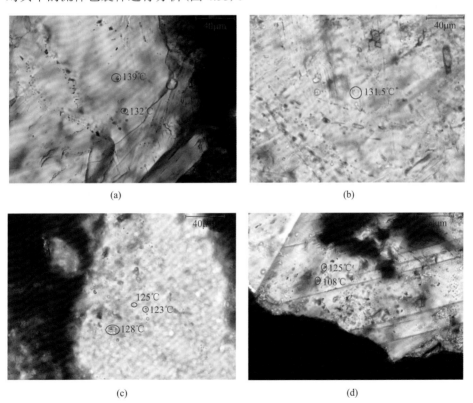

图 4.53　哈日凹陷下白垩统热水沉积岩次生流体包裹体显微特征
(a) 延哈参 1 井，1792m，苏红图组；(b) 延哈参 1 井，3072m，巴音戈壁组；(c) 延哈参 1 井，3078m，巴音戈壁组；(d) 延哈 4 井，2328m，巴音戈壁组

前人针对热液流体包裹体开展过大量研究（Simeone and Simmons，1999；付绍洪和王莘，2000；毛德宝等，2003；魏喜等，2006；Rajabzadeh and Rasti，2017；Zhang et al.，

2017)，目前总体上发现的热液流体包裹体以中低温(142～350℃)、中低盐度(质量分数为 0.42%～21%的 NaCl)、低密度(0.75～1.0g/cm³)为主。研究区下白垩统热水沉积岩的流体包裹体显微测温结果显示，流体包裹体均一温度主要分布于三个区间，分别为 110～130℃、140～150℃和 160～180℃(表 4.8，图 4.54)。第一、第二期流体包裹体主要呈带状、群状赋存于石英或石英加大边中，其次赋存于自生方解石中；第三期流体包裹体主要赋存于白云石或方解石晶体表面及裂缝的方解石或白云石胶结物中。前人研究表明，研究区巴音戈壁组储层曾发生两期油气充注，分别为苏红图组沉积晚期(103～105Ma)和银根组沉积中、晚期(97～99Ma)，对应的流体包裹体均一温度分别为 80～100℃和 110～150℃(Yang et al.，2017；祁凯等，2018)，与本节测试的前两期流体包裹体均一温度相吻合。然而，测试结果中第三期流体包裹体的均一温度(160～180℃)远高于油气充注温度。以哈日凹陷延哈 2 井为例，埋藏史和热史模拟结果显示，查干凹陷巴音戈壁组在银根组沉积末期达到最大埋深 3000m 和最高地温 160℃。此外，延哈 3 井和延哈 4 井的流体包裹体均一温度也较高，推测主要由不同期次岩浆上涌，携带深部热流体脉冲式上升导致。

表 4.8 哈日凹陷下白垩统热水沉积岩次生流体包裹体均一温度和冰点温度

样品号	深度/m	层位	测试数	产状	类型	均一温度/℃	冰点温度/℃
YHC1	1721	K_1s	5	裂缝	气液两相	105.9～140.0	−5.3～−1.9
YHC1	2912	K_1b	10	裂缝	气液两相	143.6～152.1	−13.2～−7.6
YHC1	3072	K_1b	8	裂缝	气液两相	120.0～132.0	−3.7～−2.1
YHC1	3078	K_1b	12	裂缝	气液两相	104.0～148.0	−5.3～−0.3
YH2	928	K_1s	4	裂缝	气液两相	190.5～193.0	−4.1～−3.3
YH2	1065	K_1b	13	裂缝	气液两相	121.8～129.2	−14.2～−10.7
YH3	547	K_1y	10	裂缝	气液两相	140.3～148.1	−12.3～−9.8
YH3	1922	K_1b	14	裂缝	气液两相	121.3～170.1	−16.5～−8.7
YH4	2328	K_1b	14	裂缝	气液两相	124.0～183.3	−6.7～−1.8
YH4	2582	K_1b	10	裂缝	气液两相	119.0～190.0	−5.4～−1.2

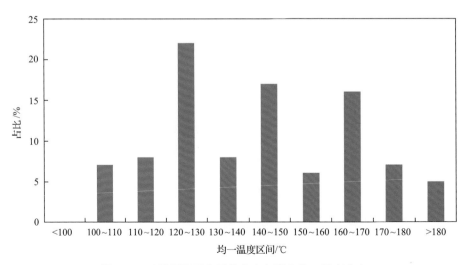

图 4.54 哈日凹陷下白垩统盐水包裹体均一温度分布

4.5.4 热水沉积模式

综合分析认为，研究区下白垩统为一种特殊的湖相热水沉积岩，它是区域伸展背景下封闭断陷湖盆中热液与湖水相互作用的产物(图 4.55)。研究区早白垩世沉积时期断裂和裂缝系统非常发育，为湖盆底部的热液流体活动提供了良好的通道。深部热液流体的主要来源包括原有地层水、岩浆热液和沿断裂下渗的湖水。湖水在重力作用下，沿着深大断裂及裂缝系统下渗到地壳深部，经岩浆加热升温在基底的火山岩、变质岩及沉积岩中流动。被加热的湖水在基底岩层中经过长时间水岩反应，萃取围岩中的 Mg^{2+}、Ca^{2+}、Al^{3+}、Si^{4+}、Fe^{3+}、Ba^{2+} 等离子，并与原有地层水和岩浆热液混合形成热卤水。热卤水随温度升高而体积膨胀，进而在孔隙流体压力的驱动下，沿着断裂或裂缝以喷溢、喷流或喷爆形式返回至湖盆内。湖水与热液的对流活动循环往复，不断为湖盆提供热能和成矿离子，在与泥质陆源碎屑充分混合沉淀后形成具有特殊沉积构造和矿物组合的热水沉积岩。

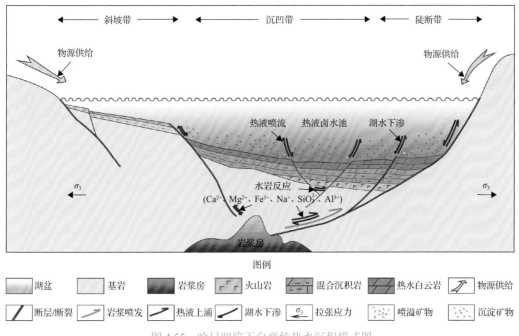

图 4.55　哈日凹陷下白垩统热水沉积模式图

通过对比下白垩统银根组、苏红图组及巴音戈壁组的沉积构造、矿物组合及地球化学特征，可以看出研究区热水沉积物类型受物源供给和热液性质双重影响。当物源供给较多时，与热液混合后的湖水温度和盐度将被稀释，湖盆沉积物类型以碎屑岩为主，热液矿物多以胶结物或杂基的形式存在；反之，当物源供给较少时，湖盆沉积物则以热液矿物组成的碳酸盐和硅质为主。就热液性质而言，在断陷演化的不同阶段，其断裂活动的强度不尽相同，热液的活动性也表现出明显的差异。通常在断陷发育初期，断裂活动强度更大，特别是基底断裂的形成，能使湖水快速下灌，并与深部岩石进行充分的水岩反应，形成高温高压的热液流体，可以析出不同的斑状热液内碎屑，再排泄至湖底形成较强的喷流或喷爆作用。而在断陷发育的中后期，深部断裂活动较弱时，湖水则通过孔隙和断裂破碎带与下部热液进行循环对流，成矿热液多以脉动式喷溢为主，多形成泥晶结构的热液矿物纹层。与酒西盆地、三塘湖盆地的湖相热水沉积岩相比，哈日凹陷早白垩世热水沉积作用的持续时期更长、流动方式更丰富、影响范围更广，丰富了前人对陆相热水沉积岩的地质认识。此外，大量研究表明热水沉积对烃源岩的发育具有促进作用（孙省利等，2003；陈践发等，2004；张文正等，2010；贾智彬等，2016）。首先，岩浆热液能给湖盆水体中水生生物及嗜热生物带来大量的营养物质和热能提高生物生产力，为优质烃源岩的形成奠定物质基础；其次，岩浆热液携带的盐分和 H_2S 能在湖底形成还原环境，为有机质的保存和转化提供有利条件。

区块勘探前景的好坏取决于该地区是否有充足的油气来源,而判断油气源好坏的重要手段之一是明确研究区烃源岩地球化学特征并对其进行综合评价(金强,2001)。分散有机质类型、丰度、成熟度是评价烃源岩生烃潜力,确认主要烃源层,研究烃源灶的主要标志和依据。

本章在对烃源岩有机地球化学指标、镜质体反射率(R_o)及流体包裹体等分析测试的基础上,收集补充了银额盆地苏红图拗陷各凹陷主要井的室内烃源岩地球化学分析资料及现场地化录井资料,结合野外地质调查、区域地质及重、磁、电、地震资料分析,开展研究区中生界(银根组、苏红图组和巴音戈壁组)、上古生界(二叠系)各组的暗色泥岩发育厚度、有效烃源岩厚度、有机质丰度、类型及成熟度分析与评价,并对其纵向、平面特征进行了分析及对比研究。

5.1 烃源岩分布及地质特征

银额盆地苏红图拗陷主要包括哈日凹陷、巴北凹陷、拐子湖凹陷及乌兰凹陷四个三级负向构造单元,区域上主要出露上古生界二叠系、下白垩统两套烃源岩(陈建平等,2001a)。

野外露头及钻井揭示研究区主要地层自上而下依次为新生界、中生界白垩系乌兰苏海组、银根组、苏红图组、巴音戈壁组和上古生界二叠系、石炭系,不同构造单元地层厚度差异较大。烃源岩主要为暗色(深灰、灰色)泥岩(泥岩、页岩、砂质泥岩、粉砂质泥岩、含膏泥岩、膏质泥岩、含灰泥岩、灰质泥岩、凝灰质泥岩),主要分布于银根组、苏二段、苏一段、巴二段、巴一段及二叠系(图5.1),此外,局部地区还存在暗色(深灰、灰色)碳酸盐岩(灰岩、白云岩),主要分布在银根组、苏二段、苏一段及巴一段。

(a)   (b)   (c)

(d)   (e)   (f)

图 5.1　银额盆地苏红图坳陷下白垩统各层段暗色泥岩照片

(a)延哈 2 井，巴二段，深灰色荧光含灰泥岩；(b)延哈 2 井，巴一段，深灰色荧光含灰泥岩；(c)延哈 3 井，银根组，深灰色含气白云质泥岩；(d)延哈 3 井，苏一段，深灰色含气白云质泥岩；(e)延哈 4 井，苏二段，灰色白云岩；(f)延哈 4 井，苏二段，灰色白云岩

本次研究中，利用录井及实测烃源岩地化资料，统计了研究区已有井的暗色泥岩厚度（表 5.1），单井的暗色泥岩厚度不足以反映全区暗色泥岩分布特征，需对暗色泥岩平面分布特征进行预测，以便于更加准确地认识烃源岩的地质特征。通过对研究区已有井暗泥厚度进行统计，同时结合沉积相平面分布特征，单井录井资料及地震反演剖面标定关键部位暗色泥岩厚度，并反复验证，进而根据地层厚度分布数据获得暗色泥岩的平面分布(图 5.2)。

表 5.1　银额盆地苏红图坳陷暗色泥岩厚度　　　　　　　　（单位：m）

井位	乌兰苏海组	银根组	苏红图组			巴音戈壁组			二叠系	石炭系
			苏二段	苏一段	合计	巴二段	巴一段	合计		
延巴地 1	0.00	0.00	0.00	0.00	22.00	0.00	0.00	334.00	18.00	0.00
延巴南 1	47.00	38.41	0.00	0.00	27.00	0.00	0.00	92.00	159.68	420.36
延哈地 1	0.00	0.00	0.00	0.00	0.00	0.00	0.00	128.00	65.00	0.00
延哈 5	24.00	362.00	282.00	8.00	290.00	92.00	25.00	117.00	240.00	0.00
延哈 4	262.00	623.50	377.00	177.00	271.00	484.00	15.00	499.00	0.00	0.00
延哈 3	134.00	426.13	377.27	99.00	476.27	256.70	144.80	401.50	114.00	0.00
延哈 2	36.00	381.41	85.00	72.00	157.00	276.70	138.90	415.60	2.00	22.00
哈 1	260.00	488.00	426.00	157.00	583.00	629.00	406.00	1035.00	0.00	0.00
苏 1	57.00	168.00	93.00	148.00	241.00	0.00	0.00	454.00	149.00	0.00
延哈参 1	170.00	569.25	578.50	119.00	697.50	670.00	259.00	929.00	0.00	0.00
延巴参 1	3.00	114.05	121.00	54.00	175.00	295.54	229.00	524.54	257.70	4.00

1. 银根组

银根组地层及烃源岩在野外剖面中未见。钻遇井揭示地层厚度在 200～650m 不等，暗色泥岩厚度在 40～600m，占地层厚度的百分比为 13%～100%。其中，哈日凹陷银根组暗色泥岩厚度较大，普遍在 200～600m，占地层厚度百分比在 70%～100%；巴北凹陷延巴参 1 井银根组暗色泥岩厚度在 100m 左右，占地层厚度百分比在 28%左右；拐子湖凹陷暗色泥岩厚度百分比在 50%左右；巴南凹陷延巴南 1 井银根组暗色泥岩厚度较小，仅为 40m，占地层厚度不到 15%。

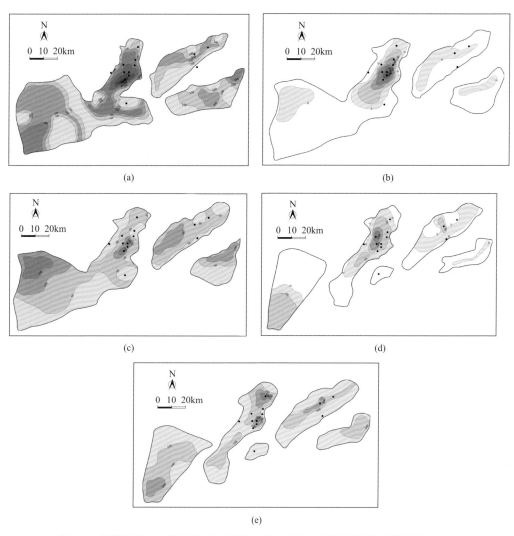

图 5.2　银额盆地苏红图拗陷下白垩统各组暗色泥岩厚度平面分布图(单位：m)

(a)银根组；(b)苏二段；(c)苏一段；(d)巴二段；(e)巴一段

　　银根组在哈日凹陷主要为一整套主要深灰色、灰色含气荧光白云质泥岩或泥质白云岩，中间夹有泥质粉砂岩或粉砂质泥岩，局部地区(延哈 5 井)顶部发育一套棕色、灰色砾质砂岩、砂岩，夹有白云质泥岩，哈日凹陷银根组暗色泥岩厚度相对大且集中。巴北凹陷银根组在顶部主要以深灰色、灰色、灰黄色含灰泥岩、粉砂质泥岩为主，下部主要为灰色、棕黄色砂质砾岩、砂岩，夹有薄层泥岩，暗色泥岩主要集中在上部。拐子湖凹陷烃源岩主要以深灰色、灰色含灰泥岩、泥质灰岩，主要分布在银根组的下段。巴南凹陷暗色泥岩不太发育，主要以薄层的灰色泥岩夹于中薄层的砂岩中。岩性揭示各凹陷银根组烃源岩的形成环境为深湖—浅湖—滨湖亚相，弱还原环境，暗色泥岩中生物较发育。

　　暗色泥岩厚度平面等值线图显示[图 5.2(a)]，银根组暗色泥岩在哈日凹陷及拐子湖凹陷南部厚度较大，凹陷中心厚度达到最大，位于延哈参 1 井、延哈 3 井、延哈 4 井、延哈 5 井附近，厚度在 300m 以上，而在巴北凹陷及乌兰凹陷，厚度中等。暗色泥岩厚度等值线整体呈北东-北北东向展布,与沉积相的展布基本一致,烃源岩主要分布在湖盆中心。

2. 苏二段

苏二段地层及烃源岩在野外剖面中未见。钻遇井揭示暗色泥岩厚度为27~578m,占地层厚度的百分比为12%~99%。其中,哈日凹陷苏二段暗色泥岩厚度较大,普遍在85~578m,占地层厚度百分比为54%~99%;巴北凹陷苏二段暗色泥岩厚度在120m左右,占地层厚度百分比为24%左右;拐子湖凹陷暗色泥岩厚度百分比在80%左右;巴南凹陷苏二段暗色泥岩厚度较小,占地层厚度的不到13%。

哈日凹陷苏二段烃源岩主要为深灰色、灰色灰质泥岩(延哈参1井、延哈3井、延哈5井发育)、泥灰岩(延哈参1井)、白云质泥岩(延哈5井)、泥岩白云质或粉砂质白云岩(延哈4井)(图5.1)。哈日凹陷苏二段暗色泥岩十分发育,为研究区的主要生烃层位之一。巴北凹陷苏二段以深灰、灰、灰黄、褐黄色泥岩、粉砂质泥岩为主,夹棕黄色砂质砾岩,暗色泥岩厚度不大。拐子湖凹陷烃源岩主要以深灰、灰色含灰泥岩为主。巴南凹陷暗色泥岩不太发育,主要为薄层的粉砂质泥岩,位于层段上部。

暗色泥岩厚度平面等值线图显示[图5.2(b)],苏二段暗色泥岩在哈日凹陷及拐子湖凹陷厚度为0~500m,凹陷中心厚度最大,哈日凹陷中心仍分布哈参1井一带,拐子湖凹陷中心向北迁移。巴北凹陷及乌兰凹陷沉积中心,厚度一般大于100m。暗色泥岩厚度等值线在哈日凹陷、巴北凹陷、乌兰凹陷中,呈北东-北北东向展布,在拐子湖凹陷,呈北西向展布,整体与沉积相的展布基本一致。

3. 苏一段

苏一段地层及烃源岩在野外剖面中未见。钻遇井揭示暗色泥岩厚度为8~170m,占地层厚度的百分比为1%~40%,平均暗色泥岩厚度104m,占地层厚度百分比为29%,相对苏二段来说,厚度减小。哈日凹陷苏一段暗色泥岩厚度为8~170m,占地层厚度百分比在1%~40%;巴北凹陷苏一段暗色泥岩厚度在50m左右,占地层厚度百分比在24%左右;拐子湖凹陷苏一段暗色泥岩厚度在100m左右,占地层厚度百分比约为20%;巴南凹陷苏一段暗色泥岩厚度较小,占地层厚度不到10%。

哈日凹陷苏一段烃源岩发育较弱,主要为深灰色、灰色灰质泥岩、凝灰质泥岩(延哈参1井、延哈2井、延哈3井发育)、粉砂质白云岩(延哈4井)(图5.1)。巴北凹陷苏一段以灰色泥岩、砂质泥岩为主,单层厚度一般在5~8m,最厚达15m,累计厚度54m。拐子湖凹陷烃源岩主要以深灰、灰色含灰泥岩为主。巴南凹陷暗色泥岩不太发育,主要为薄层的粉砂质泥岩,位于层段上部。

暗色泥岩厚度平面等值线图显示[图5.2(c)],苏一段暗色泥岩在哈日凹陷及拐子湖凹陷厚度在0~200m,厚度变化较大。巴北凹陷及乌兰凹陷沉积中心,厚度一般大于50m。暗色泥岩厚度等值线整体呈北东-北北东向展布,整体与沉积相的展布基本一致。

4. 巴二段

巴二段地层仅在野外局部(苏红图地区)出露,烃源岩在野外剖面中未见。钻遇井揭示暗色泥岩厚度在 90~600m，占地层厚度的百分比为 10%~81%。其中，哈日凹陷巴二段暗色泥岩厚度较大，平均厚度大于 300m，占地层百分比大于 50%；巴北凹陷巴二段暗色泥岩也较为发育，厚度在 300m 左右，占地层厚度百分比在 70% 左右，单层厚度一般在 1~13.8m，最厚达 16.5m；拐子湖凹陷暗色泥岩厚度在 200m 左右，占地层百分比约 60%；巴南凹陷巴二段暗色泥岩厚度在 100m 左右，占地层厚度约为 20%。整体来看，巴二段暗色泥岩较为发育，存在一定生烃潜力。

哈日凹陷巴二段烃源岩主要为深灰色、灰色含气灰质泥岩（延哈参 1 井、延哈 2 井、延哈 3 井、延哈 5 井发育），凝灰质泥灰岩（延哈参 1 井、延哈 2 井），粉砂质白云岩（延哈 4 井）（图 5.1）。巴北凹陷巴二段以灰黑色、灰色泥岩为主，夹少量粉砂质泥岩。拐子湖凹陷烃源岩主要以深灰、灰色泥岩、粉砂质泥岩为主。巴南凹陷暗色泥岩主要为粉砂质泥岩，位于层段上部。

暗色泥岩厚度平面等值线图显示［图 5.2（d）］，巴二段暗色泥岩在哈日凹陷及拐子湖凹陷厚度在 100~300m，凹陷中心厚度最大，最大可达 600m。巴北凹陷及乌兰凹陷沉积中心，厚度一般大于 100m，沉积中心厚度在 200m 以上，是巴北凹陷中生界烃源岩较为发育的层位。暗色泥岩厚度等值线在呈北东-北北东向展布，整体与沉积相的展布基本一致。

5. 巴一段

巴一段地层及烃源岩在野外剖面中未见。钻遇井揭示暗色泥岩厚度在 15~400m，平均厚度在 170m 左右，占地层厚度的百分比为 4%~90%。其中，哈日凹陷巴一段暗色泥岩厚度相对较大，平均厚度约为 150m，占地层百分比在 30%，在延哈 4 井、延哈 5 井，烃源岩不太发育；巴北凹陷巴一段暗色泥岩也较为发育，厚度在 200m 左右，占地层厚度百分比在 60% 左右，一般单层厚度在 1~4m，最厚达 5.6m；拐子湖凹陷暗色泥岩厚度在 170m 左右，占地层百分比约 90%；巴南凹陷巴一段暗色泥岩不发育。整体来看，除巴南凹陷外，其他凹陷巴一段暗色泥岩较为发育，存在一定生烃潜力。

哈日凹陷巴一段火山岩较为发育（延哈参 1 井、延哈 3 井、延哈 5 井），多见灰色玄武岩、玄武质泥岩、凝灰岩、大套英安岩等，烃源岩发育厚度较巴二段弱，主要为深灰色、灰色灰质泥岩（延哈参 1 井、延哈 2 井、延哈 3 井发育），凝灰质泥岩（延哈 2 井），砂质泥岩（延哈参 1 井、延哈 5 井）（图 5.1），烃源岩主要位于巴一段上部。巴北凹陷巴一段以深灰色、灰色砂质泥岩和泥岩互层为主，全段均有分布。拐子湖凹陷烃源岩主要以深灰、灰色含灰泥岩为主。巴南凹陷巴一段暗色泥岩不太发育。

暗色泥岩厚度平面等值线图显示［图 5.2（e）］，巴一段暗色泥岩在哈日凹陷及拐子湖凹陷厚度一般在 0~300m，凹陷中心厚度较大，最大可达 400m，拐子湖凹陷南部厚度较大。巴北凹陷及乌兰凹陷沉积中心，厚度一般大于 100m，沉积中心厚度在 200m 以上。暗色泥岩厚度等值线在呈北东-北北东向展布，整体与沉积相的展布基本一致。

6. 二叠系

野外多见古生界露头剖面，可见暗色泥岩、泥灰岩、碳质板岩、片岩，露头岩石大多破碎，裂缝发育（图 5.3），分布层段变质变形作用强烈，热演化程度高。钻遇井揭示（个别井未穿)暗色泥岩厚度在 0～250m，占地层厚度的百分比为 0～50%(未穿)，其中，哈日凹陷二叠系暗色泥岩厚度变化较大，部分地区不存在二叠系烃源岩，而在局部地区(延哈 3 井、延哈 5 井)可见厚达 100m 的暗色泥岩，反映了空间分布的不均匀性；巴北凹陷二叠系暗色泥岩相对较为发育，厚度在 250m 左右，占地层厚度百分比在 34%左右；拐子湖凹陷暗色泥岩厚度不发育；巴南凹陷二叠系暗色泥岩相对发育，厚度在 150m 左右，占地层百分比约为 21%。整体来看，二叠系烃源岩在巴北凹陷、巴南凹陷较为发育，而在哈日凹陷泥岩分布存在很大的非均匀性。

图 5.3　银额盆地苏红图拗陷及周边野外露头石炭系—二叠系暗色泥岩照片

(a)蒙根乌拉地区的哈尔苏海组(P₃h)变质板、片岩；(b)杭乌拉地区的埋汗哈达组(P₁₋₂m)泥灰岩；(c)雅干阿其德剖面的阿其德组(P₂a)泥岩；(d)雅干阿其德剖面的阿其德组(P₁)粉砂质泥岩；(e)霍东地区的哈尔苏海组(P₃h)碳质片岩；(f)霍东地区的哈尔苏海组(P₂)碳质板岩

　　二叠系烃源岩岩性较为单一，主要为深灰色、灰色的泥岩与粉砂质泥岩、砂质泥岩。以延巴参 1 井为例，上部为深灰色、灰色的泥岩与粉砂质泥岩互层，单层厚度一般为 2～7m，最厚为 17m；下部以深灰色、灰色凝灰质泥岩为主，一般单层厚度为 1～4m，最厚的达 9.7m，反映了一种为浅海陆棚相，还原环境。

　　综上所述，就烃源岩分布特征来看，哈日凹陷中生界烃源岩较为发育，普遍厚度较大，受沉积环境及构造影响、火山活动的影响，烃源岩岩性变化较大，各层段之间厚度差异也较大。整体来看，因凹陷中心未发生大规模变化，因而烃源岩厚度中心也变化不大，中生界各层段均为较好的烃源岩发育层段，其中，银根组、苏二段、巴二段、巴一段厚度相对较大。巴北凹陷烃源岩发育层段主要为银根组、苏二段、巴二段、巴一段及二叠系。拐子湖凹陷烃源岩发育特征与哈日凹陷基本类似，以中生界为主。巴南凹陷中生界烃源岩发育条件较差，而上古生界二叠系烃源岩发育条件较好，乌兰凹陷缺少探井资料，但就其所属的构造位置及盆地的构造样式，推测其烃源岩发育条件与巴北凹陷类似。

5.2　烃源岩有机质丰度

沉积岩中含有足够数量的有机质是油气形成的先决条件和生成烃类的物质基础，它依赖于盆地的沉积环境、物源输入和保存条件。沉积岩生烃潜力取决于其中所含有机质的数量和质量。有机质丰度是烃源岩生烃潜力评价的重要依据，主要评价指标为有机碳含量(TOC)、氯仿沥青"A"、生烃潜量(S_1+S_2)等(柳广弟和张厚福，2009)。

热解分析结果对未成熟的烃源岩来说一般能反映其真正原始产烃潜力，但对高成熟烃源岩只能测到其残余生烃潜力。随着变质程度的加深和成熟度的提高，生烃潜量(S_1+S_2)和氯仿沥青"A"指标值会明显变小。

延哈参 1 井白垩系烃源岩虽然成熟度较低，但已进入成熟阶段，故选择有机碳作为主要指标，结合热解生烃潜量(S_1+S_2)及氯仿沥青"A"，对该井各层组岩石的有机质丰度进行评价。

5.2.1　有机质丰度指标及评价标准

泥岩型烃源岩有机质丰度评价可分为两种：一种是湖相泥岩，采用的标准为黄第藩(1984)所划分的泥质岩生油级别(表 5.2)；另一种是海相泥质烃源岩，采用秦建中等(2005)提出的划分标准进行判别(表 5.3)。

表 5.2　中国湖相泥岩有机质丰度评价标准表(据黄第藩，1984)

烃源岩级别	岩相	岩性	TOC/%	氯仿沥青"A"/%	总烃/ppm	(S_1+S_2)/(mg/g)
好	深湖—半深湖	深灰、灰黑色泥岩	>1.0	>0.1	>500	>6.0
中等	半深湖—浅湖	以灰色泥岩为主	1.0~0.6	0.1~0.05	500~200	6.0~2.0
较差	浅湖—滨湖	以灰绿色泥岩为主	0.6~0.4	0.05~0.01	200~100	2.0~0.5
非烃源岩	河流相	以红色泥岩为主	<0.4	<0.01	<100	<0.5

表 5.3　海相泥质烃源岩有机质丰度评价标准(据秦建中等，2005)

演化阶段	有机质类型	评价参数	烃源岩级别				
			很好	好	中等	差	非烃源岩
未成熟—成熟	I-II$_1$	有机碳/%	>2	1~2	0.5~1	0.3~0.5	<0.3
		(S_1+S_2)/(mg/g)	>10	5~10	2~5	0.5~2	<0.5
		氯仿沥青"A"/%	>0.25	0.15~0.25	0.05~0.15	0.03~0.05	<0.03
		总烃/ppm	>1000	500~1000	150~500	50~150	<50
	II$_2$-III	有机碳/%	>4	2.5~4	1.0~2.5	0.5~1.0	<0.5
		(S_1+S_2)/(mg/g)	>10	5~10	2~5	0.5~2	<0.5
		氯仿沥青"A"/%	>0.25	0.15~0.25	0.05~0.15	0.03~0.05	<0.03
		总烃/10^{-6}	>1000	500~1000	150~500	50~150	<50
高成熟—过成熟	I-II$_1$	有机碳/%	>1.2	0.8~1.2	0.4~0.8	0.2~0.4	<0.2
	II$_2$-III		>3	1.5~3	0.6-1.5	0.35~0.6	<0.35

5.2.2　有机碳含量

在收集银额盆地已有探井全井段地化录井资料的基础之上，结合井下样品实际分析的数据资料，利用烃源岩有机碳含量进行评价，并对所有井的有机碳资料按层位进行汇总统计，进而分层位评价烃源岩类型。

研究区生油岩录井资料较为丰富，为了利用录井资料评价有机质丰度，对录井资料的可靠性进行了评价。利用录井 TOC 与实测 TOC 进行对比，从延哈参 1 井、延哈 2 井、延哈 3 井、延巴参 1 井的 TOC 与深度的关系图中(图 5.4)，可以发现两者线性关系好，吻

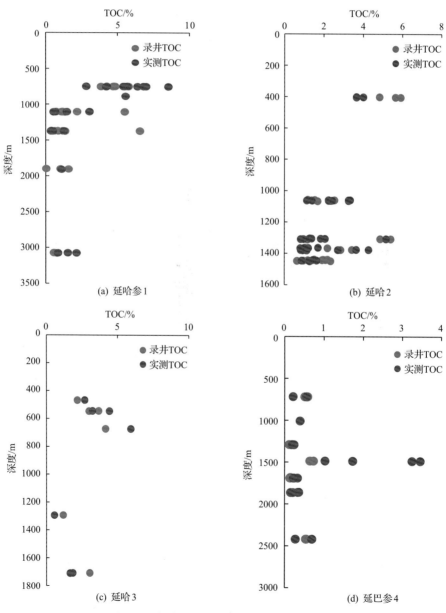

图 5.4　各井录井 TOC 与实测 TOC 对比图

合性较好。此外，尝试了目前国内外利用测井曲线评价烃源岩有机质丰度常用的 $\Delta\lg R$ 法对银额盆地苏红图拗陷烃源岩进行预测，发现 $\Delta\lg R$ 法在研究区无法有效区分烃源岩与非烃源岩。分析原因可能是：研究区泥岩多为灰质、白云质泥岩，这些钙、镁含量高的矿物导致泥岩电阻率普遍较大，掩盖了因为泥岩有机质丰度含量高而产生的高电阻效应。此外，自然伽马能谱测井 U 含量与实测 TOC 关系也表明两者具有一定的正相关性。因此，采用录井 TOC、实测 TOC 及测井方法相结合对烃源岩有机质丰度进行评价。

1. 银根组有机质丰度

哈日凹陷银根组暗色泥岩很发育，在全区基本均有分布，统计了研究区银根组各井 TOC 含量的平均值及收集到的地化实测分析资料获得的 TOC（表 5.4）并绘制了相关图件。由银额盆地苏红图拗陷各井银根组地层有机碳含量频率分布图可知（图 5.5），银根组 TOC 大于 1.0% 的数据点占总数据的 75% 以上，TOC 小于 0.4% 占总数据不到 10%（图 5.6），这反映了银根组烃源岩有机质丰度高，为好的烃源岩。

表 5.4　银额盆地苏红图拗陷银根组暗色泥岩有机质丰度统计表

| 地区 | 井号 | TOC | | | 氯仿沥青 "A" | | S_1+S_2 | | |
		TOC/%	实测 TOC/%	样品数	实测氯仿沥青 "A" /%	样品数	录井 (S_1+S_2) /(mg/g)	实测 (S_1+S_2) /(mg/g)	样品数
哈日凹陷	延哈参 1 井	4.48	4.97	14	0.56	2	28.77	33.39	11
	延哈 2 井	3.68	3.77	3			7.97		
	延哈 3 井	2.54	4.08	4			14.95		
	延哈 4 井	1.62					25.35		
	延哈 5 井	1.43					15.93		
巴北凹陷	延巴参 1 井	0.47					0.9		
巴南凹陷	延巴南 1 井	0.08					0.14		

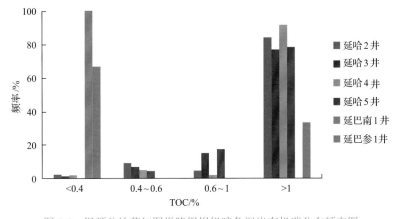

图 5.5　银额盆地苏红图拗陷银根组暗色泥岩有机碳分布频率图

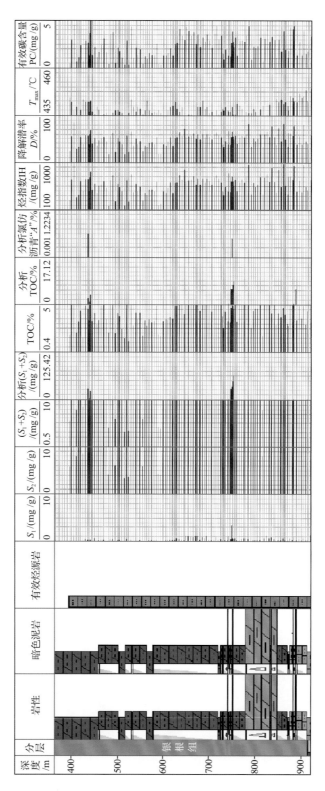

图 5.6　银额盆地延哈参1井银根组烃源岩地化参数纵向分布图

　　巴北凹陷银根组暗色泥岩不是很发育,地化录井获得的 TOC 平均值为 0.47%,延巴参 1 井大于 1.0%的数据点占总数据的 37%左右,TOC 小于 0.4%占总数据的 65%左右,总体来说,其银根组有机质丰度不高,烃源岩好—差均有。

　　银根组有机碳(TOC)等值线图(图 5.7)显示哈日凹陷及拐子湖凹陷大部分地区有机碳含量大于 0.4%,区域整体有机质丰度较高,在凹陷中心(拐子湖凹陷最南部及哈日凹陷延哈参 1 井、延哈 2 井、延哈 4 井一带),有机质丰度高于 0.8%,烃源岩类型达到中等—好,TOC 等值线图整体呈北北东向展布。巴北凹陷与乌兰凹陷 TOC 等值线图呈北东向展布,湖盆范围内 TOC 达到了 0.4%以上,烃源岩类型为较差—中等。

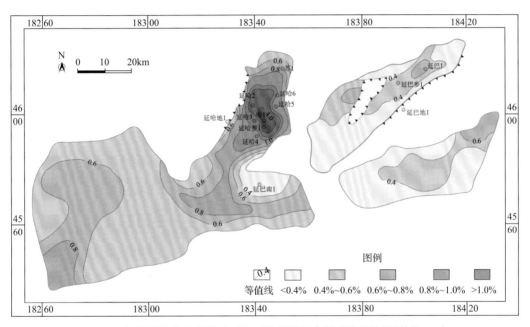

图 5.7　银额盆地苏红图拗陷下白垩统银根组有机碳等值线图(单位:%)

2. 苏二段有机质丰度

　　哈日凹陷苏二段暗色泥岩也较为发育,主要位于苏二段上部,地化录井与实测 TOC 基本一致,各井 TOC 平均值分布在 0.82%~2.1%(表 5.5),苏二段 TOC 大于 1.0%的数据点占总数据的 50%以上,从烃源岩地化参数纵向分布图中可以看到(图 5.8),苏二段上部烃源岩有机质丰度更高,有机碳含量 TOC 随着深度的增加逐渐减少,苏二段整体为好的生油岩。

　　巴北凹陷苏二段暗色泥岩主要分布在下部层位,苏二段平均 TOC 为 0.29%,延巴参 1 井大于 1.0%的数据点占总数据的不到 5%,TOC 小于 0.4%占总数据的 30%左右。总体来说,巴北凹陷苏二段有机质丰度不高,烃源岩发育较差,从烃源岩地化参数纵向分布图(图 5.9)可看出下部层位 TOC 含量大于 0.4%的厚度约 30m,可能成为生油岩段。

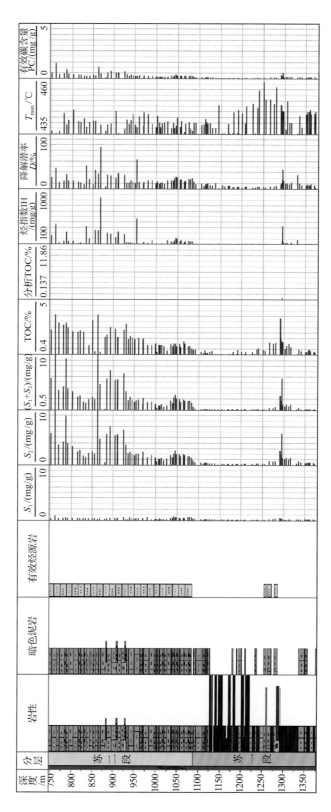

图 5.8 银额盆地延哈 3 井苏红图组烃源岩地化参数纵向分布图

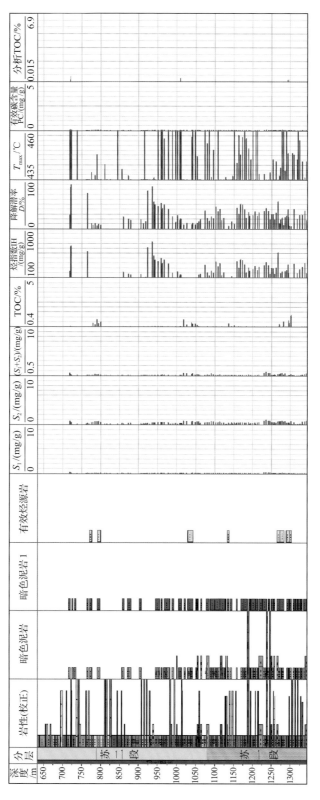

图 5.9　银额盆地延巴参 1 井苏红图组烃源岩地化参数纵向分布图

表 5.5　银额盆地苏红图拗陷苏二段暗色泥岩有机质丰度统计表

地区	井号	TOC			氯仿沥青"A"		$(S_1+S_2)/(\text{mg/g})$		
		录井 TOC/%	实测 TOC/%	样品数	实测氯仿沥青"A"/%	样品数	录井 (S_1+S_2)/(mg/g)	实测 (S_1+S_2)/(mg/g)	样品数
哈日凹陷	延哈参 1 井	1.42	1.01	8	0.03	2	5.86	6.53	8
	延哈 2 井	1.08					2.48		
	延哈 3 井	2.1					7.16		
	延哈 4 井	0.82					6.69		
	延哈 5 井	1.54					11.28		
巴北凹陷	延巴参 1 井	0.29	0.38	3	0.0032		0.45		
巴南凹陷	延巴南 1 井	0.02					0.11		

　　苏二段有机碳(TOC)等值线图在哈日凹陷及拐子湖凹陷等值线图整体呈北北东向展布(图 5.10)。哈日凹陷大部分地区有机碳含量大于 0.4%，整体有机质丰度较高，在凹陷中心(延哈参 1 井、延哈 2 井、延哈 4 井一带)，有机质丰度高于 0.8%，烃源岩类型达到中等—好;拐子湖凹陷在西北部 TOC 大于 0.4%。巴北凹陷与乌兰凹陷 TOC 等值线图呈北东向展布，湖盆范围内 TOC 达到了 0.4%以上，烃源岩类型较差。

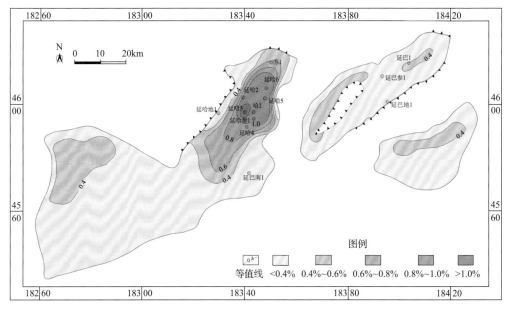

图 5.10　银额盆地苏红图拗陷下白垩统苏红图组苏二段有机碳等值线图(单位: %)

3. 苏一段有机质丰度

　　哈日凹陷苏一段暗色泥岩发育较弱，仅在局部段发育厚度较薄的暗色泥岩。地化录井与实测 TOC 基本一致(表 5.6)，各井 TOC 平均值分布在 0.43%~1.44%，苏一段 TOC 大于 1.0%的数据点占总数据的 15%左右(图 5.11)，有机碳含量特征表明哈日凹陷苏一段烃源岩较差。

表 5.6　银额盆地苏红图拗陷苏一段暗色泥岩有机质丰度统计表

地区	井号	TOC			氯仿沥青"A"		S_1+S_2		
		录井 TOC/%	实测 TOC/%	样品数	实测氯仿沥青"A"/%	样品数	录井(S_1+S_2)/(mg/g)	实测(S_1+S_2)/(mg/g)	样品数
哈日凹陷	延哈参 1 井	0.7	1.33	5	0.08	1	1.84	18.65	4
	延哈 2 井	1.44					4.5		
	延哈 3 井	0.92	0.56	1			0.84		
	延哈 4 井	0.88					2.77		
	延哈 5 井	0.43					2.52		
巴北凹陷	延巴参 1 井	0.25	0.17	3	0.006	2	0.48	0.59	3
巴南凹陷	延巴南 1 井	0.02					0.11		

　　巴北凹陷苏一段暗色泥岩发育较少，分布局限，苏一段平均 TOC 为 0.25%。从 TOC 分布频率图中可以看出，延巴参 1 井 TOC 大于 1.0%的数据点占总数据的不到 5%，TOC 小于 0.4%占总数据的 65%左右，巴北凹陷苏一段烃源岩发育较差。

　　苏一段有机碳(TOC)等值线图(图 5.12)在哈日凹陷及拐子湖凹陷等值线图整体呈北北东向展布。有机碳含量大于 0.4%的范围相比苏二段缩小，在凹陷中心(延哈参 1 井、延哈 2 井、延哈 4 井一带)，有机质丰度高于 0.8%，烃源岩类型达到中等—好；拐子湖凹陷在西北部 TOC 大于 0.4%。巴北凹陷与乌兰凹陷 TOC 等值线图呈北东向展布，湖盆范围内 TOC 达到了 0.4%以上，烃源岩类型较差。

　　从苏红图组(苏一段和苏二段)暗色泥岩的有机碳分布来看(图 5.11)，哈日凹陷苏红图组发育中等—较好的烃源岩，而巴北凹陷和巴南凹陷苏红图组烃源岩则明显较差。

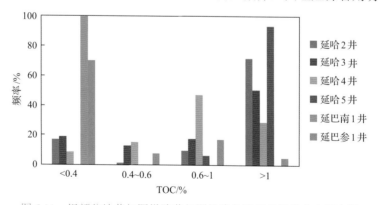

图 5.11　银额盆地苏红图拗陷苏红图组暗色泥岩有机碳分布频率图

4. 巴二段有机质丰度

　　哈日凹陷巴二段暗色泥岩较为发育，主要位于巴二段上部，地化录井与实测 TOC 基本一致(表 5.7)，各井 TOC 平均值分布在 0.20%~1.15%，可以看出，各井 TOC 含量差别较大，这也是断陷湖盆发育的特征之一。烃源岩地化参数纵向分布也表明(图 5.13、图 5.14)，巴二段烃源岩在延哈 2 井、延哈 3 井发育，为主要生油层段之一。

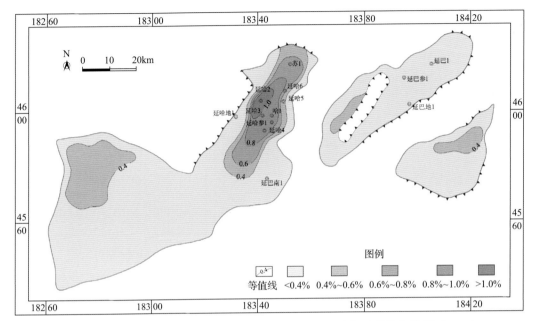

图 5.12　银额盆地苏红图拗陷下白垩统苏红图组苏一段有机碳等值线图（单位：%）

表 5.7　银额盆地苏红图拗陷巴二段暗色泥岩有机质丰度统计表

地区	井号	TOC			氯仿沥青"A"		(S_1+S_2)		
		录井 TOC/%	实测 TOC/%	样品数	实测氯仿沥青"A"/%	样品数	录井 (S_1+S_2)/(mg/g)	实测 (S_1+S_2)/(mg/g)	样品数
哈日凹陷	延哈参 1 井	0.2	0.17	6			0.43	0.15	2
	延哈 2 井	1.14	1.84	13	0.06	10	2.69	7.67	10
	延哈 3 井	1.15	1.14	4			4.68		
	延哈 4 井	0.3					0.83		
	延哈 5 井	1					4.71		
巴北凹陷	延巴参 1 井	0.38	1.31	8	0.13	3	0.98	1.77	3
巴南凹陷	延巴南 1 井	0.03					0.17		

　　巴北凹陷巴二段暗色泥岩相比其他层位，也较为发育，巴二段平均 TOC 为 0.38%，延巴参 1 井大于 1.0% 的数据点占总数据的 10% 左右，烃源岩地化参数纵向分布显示较差一好烃源岩厚度约 100m 左右，为可能的生油岩段。

　　巴二段有机碳(TOC)等值线图(图 5.15)在哈日凹陷及拐子湖凹陷等值线图整体呈北北东向展布，哈日凹陷大部分地区有机碳含量大于 0.4%，整体有机质丰度较高，在凹陷中心(延哈 2 井、延哈 4 井一带)，有机质丰度高于 0.8%，烃源岩类型达到中等—好，此时，受断陷湖盆初始拉张作用，火山岩发育，有机质丰度高值区分布较窄且变化较快；拐子湖凹陷在南部湖盆中心，TOC 达到了 0.6% 以上，烃源岩类型达到了较差—中等。巴北凹陷与乌兰凹陷 TOC 等值线图呈北东向展布，湖盆范围内 TOC 达到了 0.4% 以上，烃源岩类型较差。

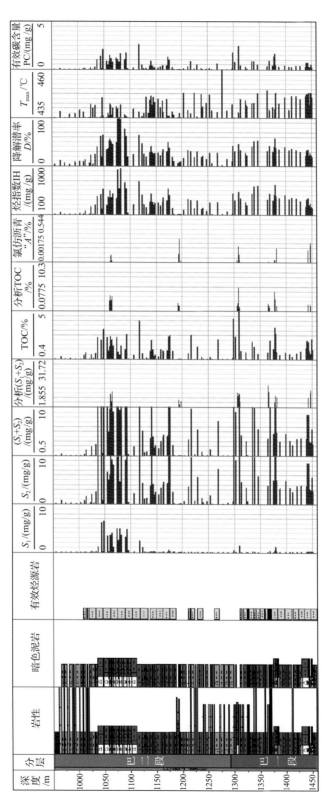

图 5.13　银额盆地延哈 2 井巴音戈壁组烃源岩地化参数纵向分布图

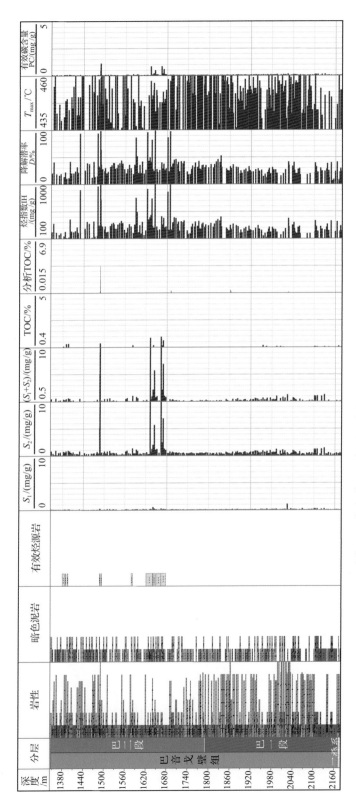

图 5.14 银额盆地巴参1井巴音戈壁组烃源岩地化参数纵向分布图

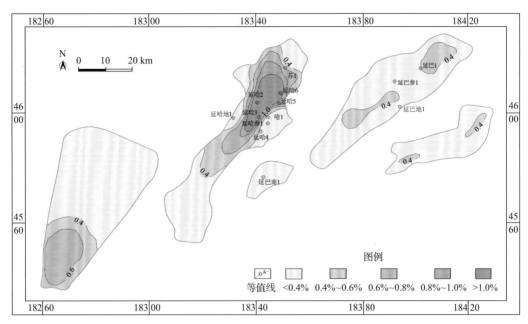

图 5.15　银额盆地苏红图拗陷下白垩统巴音戈壁组巴二段有机碳等值线图(单位：%)

5. 巴一段有机质丰度

哈日凹陷巴一段暗色较为发育，厚度在 100~400m 不等，地化录井与实测 TOC 基本一致(表 5.8)，各井 TOC 平均值分布在 0.06%~1.71%，可除延哈 4 井 TOC 较低，其他井有机质丰度均较好，TOC 大于 1.0% 的数据点占总数据的 30% 左右。烃源岩地化参数纵向分布也表明巴一段存在多套 TOC 含量高的烃源岩，为主要生油层段之一。

表 5.8　银额盆地苏红图拗陷巴一段暗色泥岩有机质丰度统计表

地区	井号	TOC			氯仿沥青"A"		S_1+S_2		
		录井 TOC/%	实测 TOC/%	样品数	实测氯仿沥青"A"/%	样品数	录井 (S_1+S_2)/(mg/g)	实测 (S_1+S_2)/(mg/g)	样品数
哈日凹陷	延哈参 1 井	0.75	0.55	12			0.4	0.32	10
	延哈 2 井	1.71	1.72	22	0.075	15	7.11	9.31	17
	延哈 3 井	1.16					1.54		
	延哈 4 井	0.06					0.30		
	延哈 5 井	1.17					4.32		
巴北凹陷	延巴参 1 井	0.20	0.19	7	0.0051	4	0.6	0.69	4
巴南凹陷	延巴南 1 井	0.03					0.17		

巴北凹陷巴一段暗色泥岩较发育，巴一段平均 TOC 为 0.20%，有机质丰度较差，基本不存在 TOC 大于 0.4% 的烃源岩层段，烃源岩发育差。从巴音戈壁组(巴一段和巴二段)暗色泥岩的有机碳分布来看(图 5.16)，哈日凹陷、巴北凹陷和巴南凹陷巴音戈壁组烃源岩均不甚发育，较好的烃源岩仅在哈日凹陷局部地区分布。

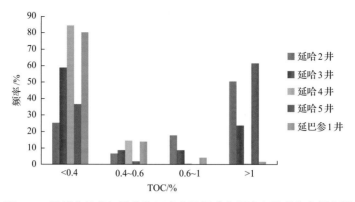

图 5.16　银额盆地苏红图拗陷巴音戈壁组暗色泥岩有机碳分布频率图

　　巴一段有机碳(TOC)等值线图(图 5.17)在哈日凹陷及拐子湖凹陷等值线图整体呈北北东向展布，与主要构造线延伸方向基本一致。哈日凹陷在东北部有机碳含量大于 0.4%，分布面积中等，凹陷中心整体有机质丰度较高，可达 0.8%以上，烃源岩类型达到中等—好。此时，受断陷湖盆初始拉张作用，火山岩发育，有机质丰度高值区分布面积较窄且变化较快；拐子湖凹陷在南部湖盆中心，TOC 达到了 0.6%以上，烃源岩类型达到了较差-中等。巴北凹陷与乌兰凹陷 TOC 等值线图呈北东向展布，湖盆范围内 TOC 达到了 0.4%以上，烃源岩类型较差。

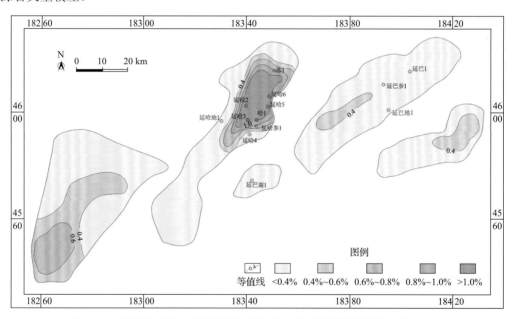

图 5.17　银额盆地苏红图拗陷下白垩统巴一段有机碳等值线图(单位：%)

6. 上古生界石炭系—二叠系有机质丰度

　　哈日凹陷上古生界二叠系在研究区分布不均，仅在延哈 2 井、延哈 3 井见到二叠系暗色泥岩。地层中二叠系暗色泥岩发育较差，厚度较薄，平均 TOC 小于 0.4%，大于 0.4%的数据点占总数据点不到 20%(图 5.18)，说明二叠系烃源岩在哈日凹陷发育较差。

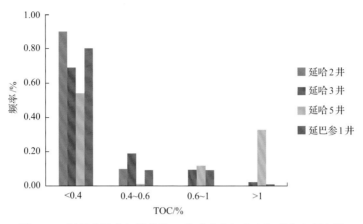

图 5.18　银额盆地苏红图拗陷二叠系暗色泥岩有机碳分布频率图

巴北凹陷二叠系暗色泥岩发育厚度约 200m,暗色泥岩中,平均 TOC 为 0.37%(表 5.9、表 5.10),TOC 大于 0.4%的层段约 60m,说明在二叠系一定层段上,存在一些较差-较好类型的烃源岩,而大部分层段,烃源岩有机质丰度仍较低。

表 5.9　银额盆地苏红图拗陷二叠系暗色泥岩有机质丰度统计表

地区	井号	TOC			氯仿沥青"A"		S_1+S_2		
		录井 TOC/%	实测 TOC/%	样品数	实测氯仿沥青"A"/%	样品数	录井 (S_1+S_2)/(mg/g)	实测 (S_1+S_2)/(mg/g)	样品数
哈日凹陷	延哈参1井	0	0	0			0		
	延哈2井	0.06					0.06		
	延哈3井	0.38					0.36		
	延哈4井	0					0		
	延哈5井								
巴北凹陷	延巴参1井	0.37	0.41	9	0.0043	4	0.95	0.56	4
巴南凹陷	延巴南1井	0.1					0.13		

表 5.10　银额盆地苏红图拗陷石炭系暗色泥岩有机质丰度统计表

地区	井号	TOC			氯仿沥青"A"		S_1+S_2		
		录井 TOC/%	实测 TOC/%	样品数	实测氯仿沥青"A"/%	样品数	录井 (S_1+S_2)/(mg/g)	实测 (S_1+S_2)/(mg/g)	样品数
哈日凹陷	延哈参1井								
	延哈2井	0.28					0.28		
	延哈3井								
	延哈4井								
	延哈5井								
巴北凹陷	延巴参1井	0.22					0.48		
巴南凹陷	延巴南1井	0.1					0.13		

研究表明：①研究区揭示石炭系的钻井较少，其有机质丰度也较低，此外，石炭系由于高的热演化程度，可能超过了生油气窗的最高温度；②延巴南1井揭示巴南凹陷有机质丰度较低，基本不存在暗色烃源岩。

5.2.3　生烃潜量

生烃潜量(S_1+S_2)系岩石热解分析得到的溶解烃含量 S_1 与裂解烃含量 S_2 之和，是一项快速评价烃源岩有机质丰度的指标。本次统计了哈日凹陷各井生烃潜量(S_1+S_2)录井及实测分析资料，并绘制了银额盆地苏红图拗陷生烃潜量分布频率图(图 5.19)，由图可得出如下结论。

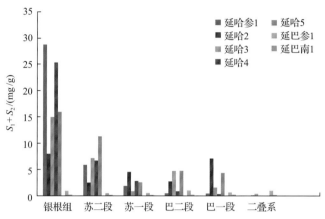

图 5.19　银额盆地苏红图拗陷生烃潜量分布频率图

哈日凹陷银根组生烃潜量(S_1+S_2)大于 6.0mg/g，表明有机质丰度好，均为好类型烃源岩，苏二段生烃潜量仅次于银根组，除延哈 2 井外小于 5.0mg/g，其他井均大于 5mg/g，暗示苏二段有机质丰度较好，烃源岩为中等—好类型烃源岩。苏一段生烃潜量均小于 5mg/g，但总体均大于 0.5mg/g，表明苏一段烃源岩类型为差—中等；巴音戈壁组巴二段生烃潜量在延哈参 1 井、延哈 4 井较低，而在其他井较高，这与 TOC 反映的特征基本一致，因此，在暗色泥岩发育段，烃源岩类型可以达到中等。巴一段特征与巴二段基本类似，生烃潜量在 0.5~8mg/g，烃源岩由差—好均有分布；二叠系烃源岩生烃潜量整体偏低，有机质丰度较低。

巴北凹陷暗色泥岩的生烃潜量总体较低，银根组生烃潜量分布在 0.04~2.1mg/g；苏二段暗色泥岩的生烃潜量分布在 0.25~0.91mg/g；苏一段暗色泥岩的生烃潜量分布范围在 0.02~1.2mg/g；巴二段暗色泥岩的生烃潜量分布在 0.13~31.29mg/g；巴一段暗色泥岩的生烃潜量分布在 0.04~1.5mg/g；二叠系暗色泥岩的生烃潜量分布在 0.0129~2.5661mg/g。上述数据表明，除巴二段及二叠系部分层段有机质丰度较高，存在中等—好类型的烃源岩，其他层位烃源岩均发育较差。

5.2.4　氯仿沥青"A"

烃源岩可溶有机质含量是衡量分散有机质丰度的重要指标，通常采用氯仿沥青"A"含量表征岩石中的可溶有机质含量，其数值大小不仅与有机碳含量相关，而且与有机质的热演化程度密切相关。

由延哈参 1 井及延巴参 1 井氯仿沥青"A"纵向分布图表明(图 5.20)，哈日凹陷延哈参 1 井银根组氯仿沥青"A"含量较高，均大于 0.4%，根据评价标准，为好类型的烃源岩；苏红图组氯仿沥青"A"含量主要分布在 0.01%～0.05%和 0.05%～0.1%，为中等—差类型的烃源岩；巴音戈壁组实测样品的氯仿沥青"A"含量均小于 0.01%，表明烃源岩类型较差，生烃能力有限。

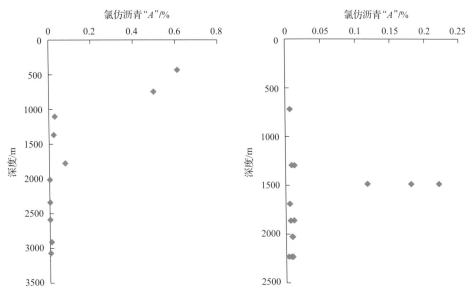

图 5.20　延哈参 1 井、延巴参 1 井氯仿沥青"A"纵向分布图

5.2.5　有机质丰度纵向分布特征及凹陷对比

有机碳含量、生烃潜量及氯仿沥青"A"对银额盆地苏红图拗陷各凹陷及层组暗色泥岩研究的结果如下。

从各井 TOC 及生烃潜量纵向分布图中(图 5.21、图 5.22)，可以看到从上至下，有机质丰度总体呈现递减的趋势，但在巴音戈壁组及苏红图组内部，仍存在一定厚度的有机质丰度高值段，如延哈参 1 井 3000m 左右的烃源岩有机质丰度高、类型好(图 5.23)，延哈 3 井 1700m 左右的烃源岩有机质丰度也较高(图 5.24)。这些层组内部的好烃源岩往往为油气生成提供了较好的来源，这与实际开发过程中油气显示的层段及特征也较为一致，延哈参 1 井 3000m 左右出现高含气层、延哈 3 井 1900m 左右出现含油层。

银根组总体有机质丰度高，发育一整套类型好的烃源岩。苏红图组有机质丰度较高，苏二段中上部有机碳含量 TOC 处于好生油岩范围，苏二段下部及苏一段有机碳含量相对较低。巴音戈壁组整体有机质丰度较低，仅在部分层段存在质量较好的烃源岩。古生界烃源岩有机碳含量整体较低，处于差烃源岩级别。

巴北凹陷总体来说，各层组暗色泥岩厚度较薄，有机质丰度低。从 TOC 及生烃潜量纵向分布图中可以看出，在 1600m 左右(巴二段)和 2500m 左右(二叠系)分别存在两套厚度相对较大的中等—好类型的烃源岩(图 5.25)，可能为潜在的生油岩层。

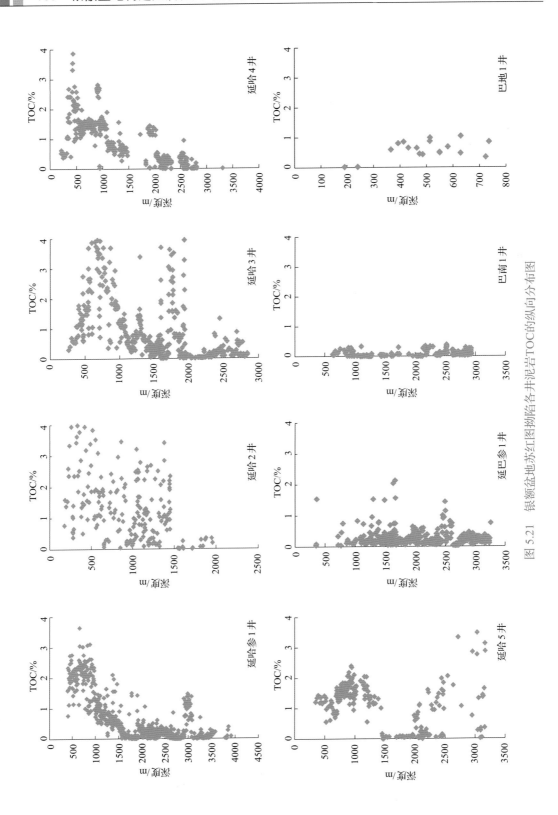

图 5.21 银额盆地苏红图坳陷各井泥岩TOC的纵向分布图

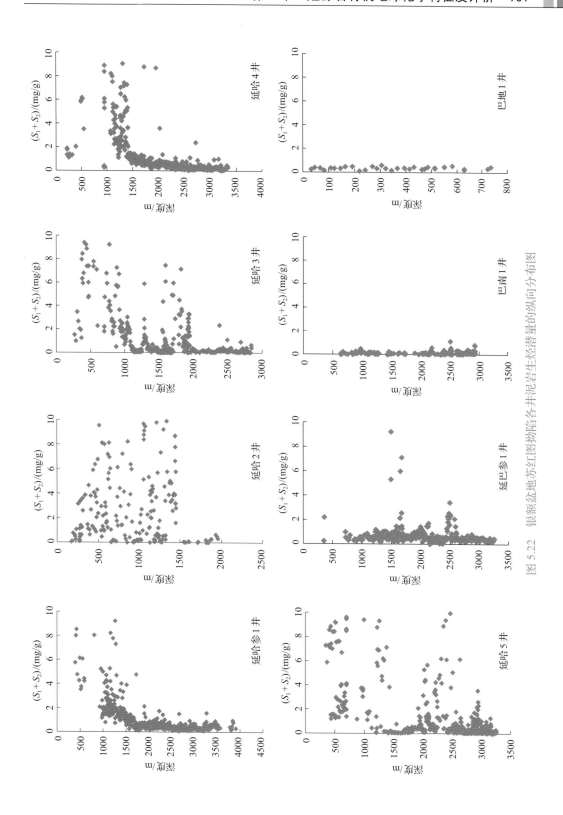

图 5.22　银额盆地苏红图凹陷各井泥岩生烃潜量的纵向分布图

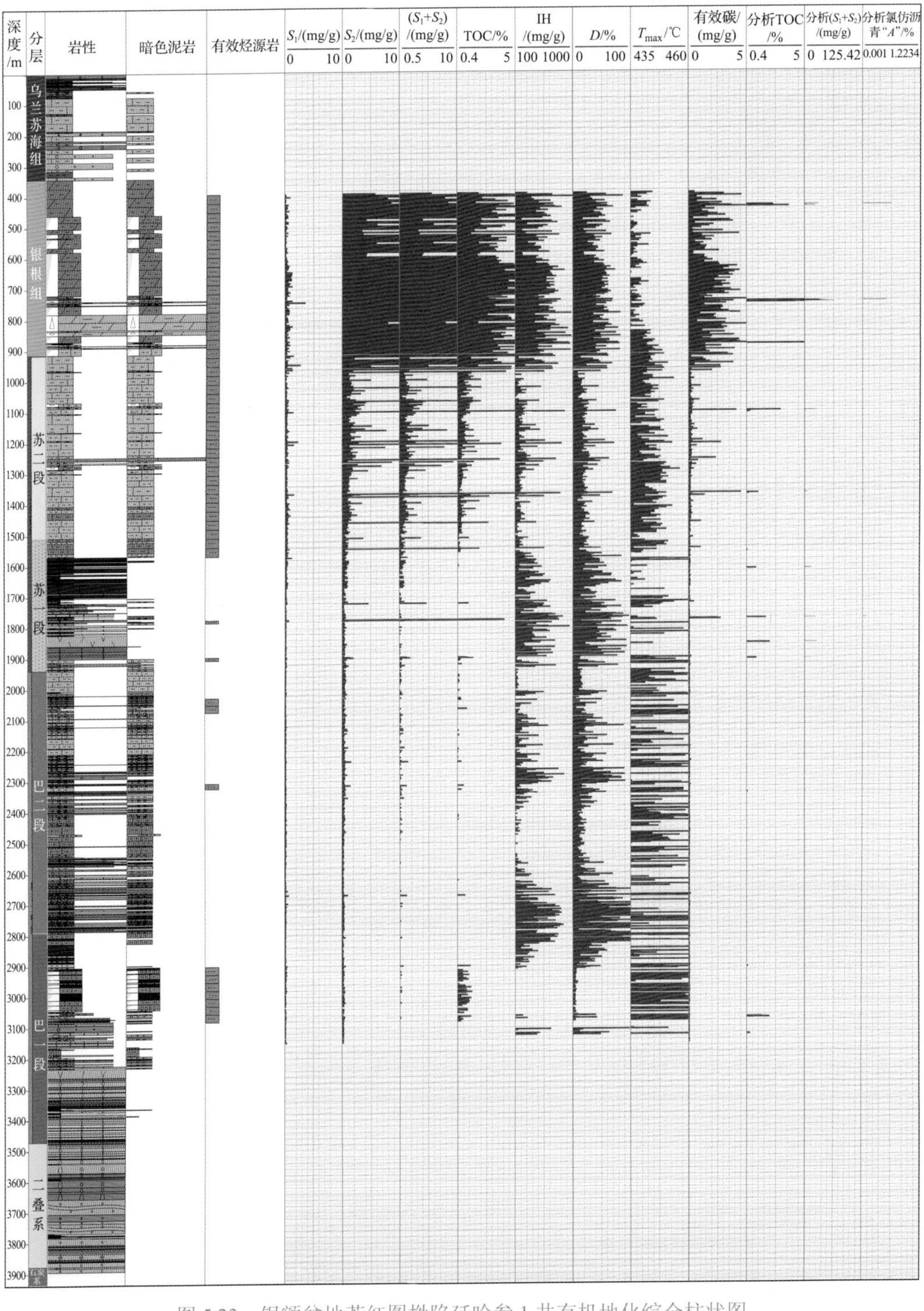

图 5.23　银额盆地苏红图拗陷延哈参 1 井有机地化综合柱状图

D 为降解潜率，即有效碳/总有机碳；IH 为烃指数

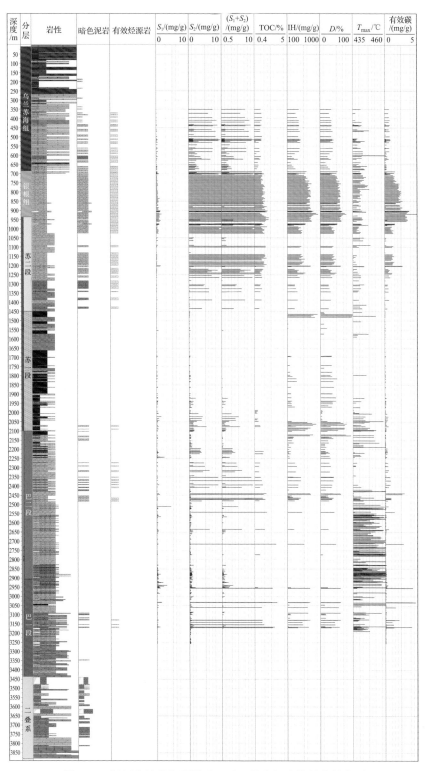

图 5.24　银额盆地苏红图拗陷延哈 5 井有机地化综合柱状图

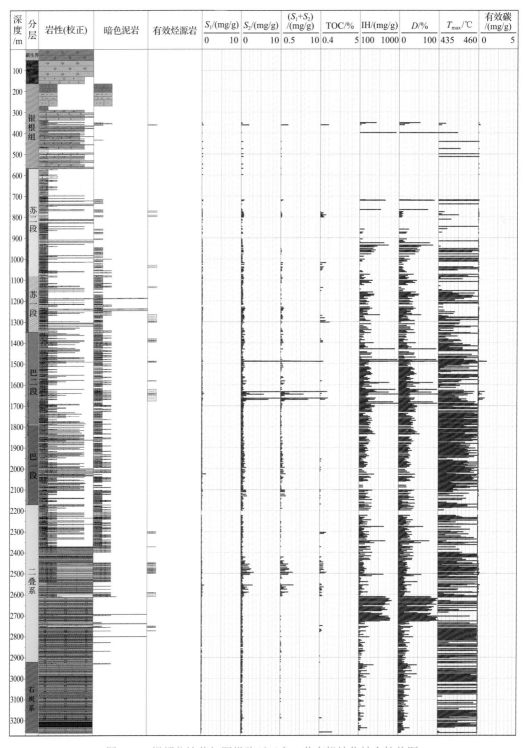

图 5.25　银额盆地苏红图拗陷延巴参 1 井有机地化综合柱状图

　　总的来说，中生界哈日凹陷烃源岩地化条件整体优于巴北凹陷，古生界差别不大；相比哈日凹陷，巴南凹陷中生界烃源岩有机丰度发育差，潜力有限，古生界两者烃源岩发育程度相差不大。

5.3　烃源岩有机质类型

　　有机质(干酪根)类型是衡量有机质产烃能力的参数，同时也决定了产物是以油为主还是以气为主，有机质类型即可以由不溶有机质的组成特征来反映，也可以由其产物——可溶有机质及其烃类的特征来反映(秦建中等，2004)。评价烃源岩有机质类型常见的方法有：依据有机质干酪根的显微组分鉴别有机质类型；依据干酪根的元素组成判别有机质类型；依据干酪根热解特征划分有机质类型；依据干酪根的稳定碳同位素 $\delta^{13}C$ 判别干酪根类型。

5.3.1　有机质类型评价标准

　　本次有机质类型采用许怀先等(2001)提出的烃源岩有机质类型划分标准(表 5.11)，其中研究区通过岩石热解分析、干酪根元素分析、干酪根镜检分析、干酪根碳同位素等方法确定了不同层位烃源岩的有机质类型。

表 5.11　烃源岩有机质类型划分标准(许怀先等，2001)

			有机质类型		
			I	II$_1$	II$_2$	III
氯仿沥青"A"族组成		饱/芳	>3.0	1.6~3.0	1.0~1.6	<1.0
岩石热解参数		IH/(mg/g)	>500	500~350	100~350	<100
		D/%	>70	30~70	10~30	<10
		S_2/S_3	>20	5~20	2.5~5	<2.5
饱和烃色谱特征		峰形特征	前高单峰形	前高双峰形	后高双峰形	后高单峰形
		主峰碳	C_{17}、C_{19}	前 C_{17}、C_{19} 后 C_{21}、C_{23}	前 C_{17}、C_{19} 后 C_{27}、C_{29}	C_{25}、C_{27}、C_{29}
干酪根	元素分析	H/C 原子比	>1.5	1.5~1.2	1.2~0.8	<0.8
		O/C 原子比	<0.1	0.1~0.2	0.2~0.3	>0.3
	镜检	壳质组/%	70~90	50~70	10~50	<10
		镜质组/%	<10	10~20	20~70	70~90
		指数	>80	80~40	40~0	<0
	碳同位素	$\delta^{13}C/‰$	<−28	−28~−25	−28~−25	>−25
	红外光谱	2920cm^{-1}+2920cm^{-1} 1700cm^{-1}+1600cm^{-1}	>75%	75%~60%	60%~50%	<50%
生物标志化合物		$C_{27}\alpha\alpha\alpha R$ 甾烷/%	>55	35~55	20~35	<20
		$C_{28}\alpha\alpha\alpha R$ 甾烷/%	<15	15~35	35~45	>45
		$C_{29}\alpha\alpha\alpha R$ 甾烷/%	<25	25~35	35~45	45~55
		$C_{27}\alpha\alpha\alpha R/C_{29}\alpha\alpha\alpha R$ 甾烷	>2.0	1.2~2.0	0.8~1.2	<0.8

5.3.2 热解分析法

20世纪70年代,法国石油研究院的 Tissot 和 Espitalié 等人发明了岩石热解色谱分析技术,并提出用氢指数与热解峰温(T_{max})图版来划分烃源岩有机质类型。该图版的优点在于考虑了成熟度指标热解峰温对有机质类型影响的同时,避免了由于有机二氧化碳 S_3 的外界影响因素较大而导致氧指数不准确的问题。氢指数随热解峰温的升高而降低,由于曲线呈放射状,所以应用该图版能够比较清楚地划分低成熟和中等成熟区内烃源岩的有机质类型。

利用银额盆地苏红图拗陷内各井的地化资料,分别绘制了延哈参1井、延哈2井、延哈3井、延哈4井、延哈5井、延巴参1井和延巴南1井的 T_{max}-IH 关系图(图 5.26),并结合图版,对研究区的不同层位有机质类型进行了判别。

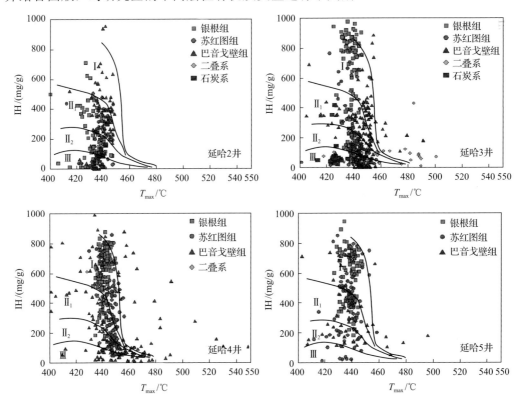

图 5.26 银额盆地哈日凹陷延哈 2 井、延哈 3 井、延哈 4 井、延哈 5 井烃源岩 IH 与 T_{max} 关系图

1. 哈日凹陷

银根组烃源岩偏腐泥型,以Ⅰ-Ⅱ₁型干酪根为主,在延哈2井区Ⅱ₁-Ⅱ₂较发育。

苏红图组有机质类型以Ⅱ₁-Ⅱ₂为主,即腐殖—腐泥型或腐泥—腐殖型,存在少量Ⅲ型干酪根,如延哈3井、延哈5井区。

巴音戈壁组有机质类型为混合型,Ⅰ-Ⅲ均有,不同井有机质类型变化较大,主体以腐泥—腐殖型(Ⅱ₂)、腐殖型(Ⅲ)为主。

二叠系有机质类型以Ⅱ₂、Ⅲ为主。

2. 巴北凹陷

银根组暗色泥岩干酪根母质类型为腐殖—腐泥型（II_1 型），含少量 I 型；苏红图组为腐泥—腐殖型（II_2 型）为主，存在少量 I 型和III型；巴音戈壁组 I 型到III型均有分布，以腐殖—腐泥（II_1 型）、腐泥—腐殖型（II_2 型）为主；二叠系暗色泥岩干酪根母质类型以腐泥—腐殖型（II_2 型）为主，次之为腐殖型（III型）（图 5.27）。

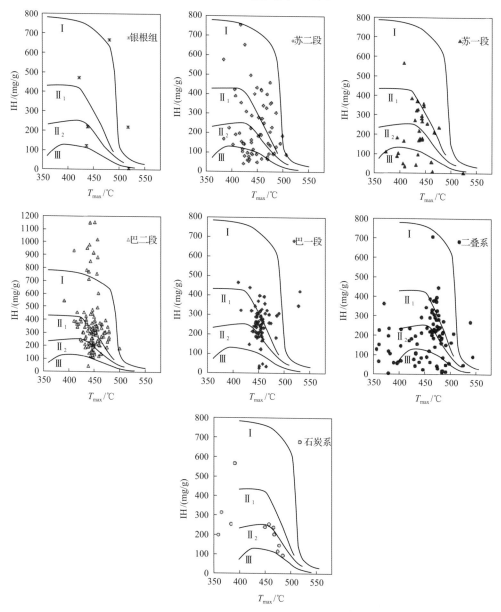

图 5.27 银额盆地巴北凹陷延巴参 1 井烃源岩 IH 与 T_{max} 关系图

资料来源: 张惠, 等. 2016. 银额盆地巴北凹陷延巴参 1 井单井综合评价. 西安: 陕西延长石油(集团)有限责任公司油气勘探公司

录井资料揭示银根组烃源岩偏腐泥型，以 I 型干酪根为主。苏红图组有机质类型以

II_1-II_2为主，存在少量III型干酪根及 I 型干酪根。巴音戈壁组有机质类型，以II_1-II_2为主，不同井存在 I 型干酪根及少量III型干酪根。二叠系数据较分散，I-III均有分布，以II_2为主(图 5.28)。

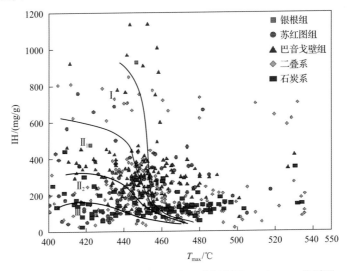

图 5.28   银额盆地巴北凹陷延巴参 1 井烃源岩 IH 与 T_{max} 关系图

资料来源：张惠, 等. 2016. 银额盆地巴北凹陷延巴参 1 井单井综合评价. 西安: 陕西延长石油(集团)有限责任公司油气勘探公司

3. 巴南凹陷

银根组烃源岩偏腐泥型，以 I 型干酪根为主。苏红图组有机质类型偏腐泥型，以 I -II_1为主。巴音戈壁组有机质类型以II_1-II_2为主。二叠系数据较分散，I 型到III均有分布，以II_2、III为主(图 5.29)。

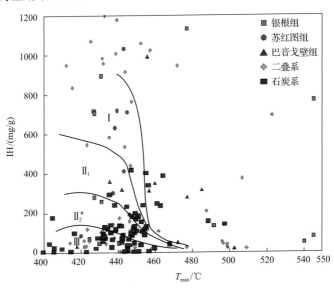

图 5.29   银额盆地巴南凹陷延巴南 1 井烃源岩 IH 与 T_{max} 关系图

资料来源：张惠, 等. 2016. 银额盆地巴北凹陷延巴参 1 井单井综合评价. 西安: 陕西延长石油(集团)有限责任公司油气勘探公司

5.3.3　元素分析法

元素分析法是常见的划分有机质类型的方法，H/C(原子比)值较高，O/C(原子比)值较低，则有机质类型好，否则类型就较差。本节通过利用延哈参 1 井、延哈 2 井、延巴参 1 井 H/C 与 O/C 之间的关系对相关层位烃源岩的类型进行判别(图 5.30)，研究结果如下。

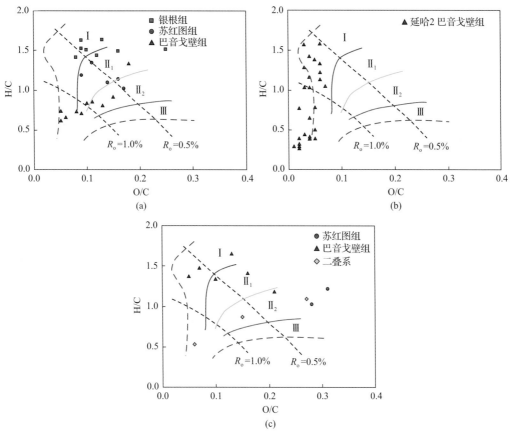

图 5.30　银额盆地哈日凹陷延哈参 1 井、延哈 2 井、延巴参 1 井烃源岩 H/C 与 O/C 关系图

(a)延哈参 1 井；(b)延哈 2 井；(c)延巴参 1 井

1. 哈日凹陷

延哈参 1 井银根组 H/C(原子比)均为 1.25～1.75，O/C(原子比)为 0.026～0.12，有机质类型偏腐泥型，整体以 I 型和 II$_1$ 型为主。

延哈参 1 井苏红图组 H/C 主要为 1.0～1.25，O/C 主要为 0.04～0.13，为 II$_1$、II$_2$ 型干酪根。初步判断苏红图组有机质类型为腐泥—腐殖混合型。由于腐泥和腐殖型有机质混合比例不同，表现出干酪根类型不同。

延哈参 1 井巴音戈壁组 H/C 含量较苏红图组更低，整体有机质类型以 II$_2$ 型为主。延哈 2 井巴音戈壁组干酪根类型整体以 I 型(腐泥型)为主。

2. 巴北凹陷

元素分析法表明，延巴参 1 井苏红图组有机质类型以 II$_2$ 型为主，巴音戈壁组有机质类型以 I、II$_1$、II$_2$ 型为主，二叠系烃源岩有机质类型以 II$_2$ 型为主。

5.3.4 同位素分析法

不同来源、不同环境中发育的生物具有不同的稳定碳同位素组成，总体上讲，相同条件下，水生较陆生生物富集轻碳同位素，类脂化合物较其他组分富集轻碳同位素。因此，较轻的干酪根同位素组成一般反映较高的水生生物贡献和较多的类脂化合物含量，以及对应较好的有机质类型，而干酪根作为生物有机质的演化产物，应该继承原始有机质特征。因此，干酪根的稳定碳同位素组成应该可以反映其有机质来源及有机质类型。黄籍中(1988)确定了干酪根 $\delta^{13}C_{PDB}$ 对划分有机质类型的评价标准(表 5.12)。

表 5.12 根据 $\delta^{13}C_{PDB}$ 划分干酪根类型标准(黄籍中，1988)

	有机质类型			
	I	II$_1$	II$_2$	III
干酪根类型指数	>80	80～40	40～0	<0
$\delta^{13}C_{PDB}$/‰	<−28	−28～−26.5	−26.5～−25	>−25

1. 哈日凹陷

延哈参 1 井银根组 $\delta^{13}C_{PDB}$ 在−29.91‰～−26.7‰，有机质类型偏腐泥型，主要以 I—II$_1$ 为主。

苏红图组 $\delta^{13}C_{PDB}$ 为−28.48‰～−20.4‰，有机质类型偏腐殖腐泥型、腐殖型，主要以 II-III 为主。

巴音戈壁组 $\delta^{13}C_{PDB}$ 为−28.5‰～−21.2‰，有机质类型偏腐殖腐泥型、腐殖型，主要以 II-III 为主(表 5.13、图 5.31)。

表 5.13 延哈参 1 井干酪根 $\delta^{13}C_{PDB}$ 分析测试结果

编号	层位	深度/m	岩性	$\delta^{13}C_{PDB}$/‰	备注
HC 1-01	K$_1$y	436.06～436.47	深灰色白云质泥岩	−29.91	实测
HC-SJ-1	K$_1$y	438.94～439.13	深灰色白云质泥岩	−26.7	收集
HC-SJ-1	K$_1$y	440.75～440.85	深灰色白云质泥岩	−28.3	收集
HC-SJ-1	K$_1$y	747.15～747.27	深灰色白云质泥岩	−29.4	收集
HC 1-06	K$_1$y	747.95～748.67	深灰色白云质泥岩	−29.89	实测
HC-SJ-1	K$_1$y	748.79～748.89	灰色荧光泥质白云岩	−27.6	收集
HC-SJ-1	K$_1$y	748.89～749	深灰色白云质泥岩	−28.9	收集
HC-SJ-1	K$_1$y	749.77～749.92	深灰色白云质泥岩	−28.3	收集
HC-SJ-1	K$_1$y	750.5～750.64	灰色荧光泥质白云岩	−28.8	收集
HC-SJ-1	K$_1$y	751.37～751.55	深灰色白云质泥岩	−28.6	收集
HC-SJ-1	K$_1$y	751.89～752.05	灰色荧光泥质白云岩	−29.9	收集
HC-SJ-1	K$_1$s^2	1104.2～1104.4	灰色荧光灰质泥岩	−28.5	收集
HC 1-17	K$_1$s^2	1104.70～1104.8	灰色荧光灰质泥岩	−28.48	实测

续表

编号	层位	深度/m	岩性	$\delta^{13}C_{PDB}$/‰	备注
HC-SJ-1	K_1s^2	1106.52～1106.69	灰色灰质泥岩	−22.9	收集
HC-SJ-1	K_1s^2	1109.15～1109.3	灰色灰质泥岩	−22.4	收集
HC 1-23	K_1s^1	1370.64～1370.91	灰色含灰泥岩	−25.61	实测
HC-SJ-1	K_1s^1	1372.04～1372.18	灰色含灰泥岩	−27.2	收集
HC-SJ-1	K_1s^1	1373.9～1374.06	灰色含灰泥岩	−20.4	收集
HC-SJ-1	K_1s^1	1374.5～1374.69	灰色含灰泥岩	−21.6	收集
HC 1-38	K_1s^1	1779.00～1781.00	灰黑色白云质页岩	−27.48	实测
HC 1-41	K_1b^2	2016.08～2016.16	深灰色含灰泥岩	−22.75	实测
HC 1-46	K_1b^2	2342.86～2342.96	灰色凝灰质泥岩	−22.55	实测
HC-SJ-1	K_1b^2	2344.96～2345.16	灰色凝灰质泥岩	−21.2	收集
HC-SJ-1	K_1b^2	2591.7～2591.83	深灰色凝灰质泥岩	−22.8	收集
HC 1-52	K_1b^2	2592.07～2592.20	深灰色凝灰质泥岩	−23.24	实测
HC-SJ-1	K_1b^1	2910.84～2910.91	灰色含气含灰泥岩	−24.6	收集
HC-SJ-1	K_1b^1	2912.26～2912.36	灰色含气含灰泥岩	−25.8	收集
HC 1-56	K_1b^1	2912.69～2912.79	深灰色含气含灰泥岩	−26.77	实测
HC-SJ-1	K_1b^1	2912.79～2912.95	深灰色含气含灰泥岩	−24.8	收集
HC-SJ-1	K_1b^1	2913.34～2913.43	深灰色含气含灰泥岩	−28.5	收集
HC-SJ-1	K_1b^1	3072.93～3073.03	灰色含气泥岩	−23.8	收集
HC 1-63	K_1b^1	3074.46～3074.58	灰色含气砂质泥岩	−27.48	实测
HC-SJ-1	K_1b^1	3074.73～3074.89	深灰色含灰泥岩	−27.1	收集
HC-SJ-1	K_1b^1	3076.25～3076.33	灰色砂质泥岩	−26.2	收集
HC-SJ-1	K_1b^1	3076.85～3076.97	深灰色含灰泥岩	−25.0	收集

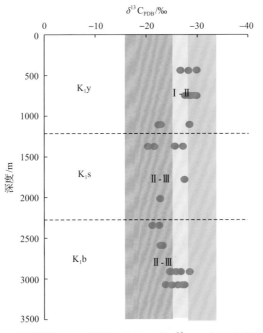

图 5.31　银额盆地哈日凹陷延哈参 1 井 $\delta^{13}C_{PDB}$ 划分有机质类型

2. 巴北凹陷

延巴参 1 井银根组 $\delta^{13}C_{PDB}$ 碳同位素为–29.5‰，干酪根碳同位素值较轻，小于–28‰，其母质类型好，属于腐泥型。中生界银根组泥岩烃源岩表现出 $\delta^{13}C_{PDB}$（饱和烃）$<\delta^{13}C_{PDB}$（非烃）$<\delta^{13}C_{PDB}$（芳烃）$<\delta^{13}C_{PDB}$（沥青质）的分布特征，而且各组分的碳同位素组成整体偏轻，反映出有机质中有藻类等低等水生生物的特点。

苏红图组碳同位素值分布在–31.0‰～–26.6‰，母质类型较好，属于腐殖—腐泥型至腐泥型，即 II_1-I 干酪根类型，其中，I 型干酪根主要存在于苏红图组上部，即苏二段。

巴音戈壁组 $\delta^{13}C_{PDB}$ 碳同位素分布在–30.0‰～–25.9‰，母质类型以腐殖—腐泥型、腐泥—腐殖型为主，即 II_1-II_2 为主，不同井存在 I 型干酪根及少量III型干酪根。从氯仿沥青 "A" 碳同位素组成来看，中生界巴音戈壁组泥岩烃源岩表现出 $\delta^{13}C_{PDB}$（饱和烃）$<\delta^{13}C_{PDB}$（非烃）$<\delta^{13}C_{PDB}$（芳烃）$<\delta^{13}C_{PDB}$（沥青质）分布特征的 "逆转" 现象，是以陆源植物输入为主和沼泽相沉积环境下形成的沉积有机质（表 5.14）。

二叠系 $\delta^{13}C_{PDB}$ 碳同位素值分布在–30.4‰～–29.5‰，碳同位素值较轻，属于腐泥型，即 I-II_1 干酪根类型。

表 5.14 延巴参 1 井泥岩干酪根碳同位素表

序号	样号	深度/m	层位	岩性	岩样 $\delta^{13}C_{PDB}$（氯仿沥青 "A"）/‰	组分 $\delta^{13}C_{PDB}$/‰			
						饱和烃	芳烃	非烃	沥青质
1	B1	720.27	银根组	灰色泥岩	–29.5	–29.6	–28.9	–29.5	–28.7
2	B4	1293.4	苏一段	灰色泥岩	–26.6	–27.5	–26.6	–27.3	–24.8
3	B46	1295.47	苏一段	杂色泥岩	–31.0	–31.1	–30.4	–30.7	–30.6
4	B5	1487.71	巴二段	灰黑色泥岩	–25.9	–26.0	–24.5	–26.3	–24.9
5	B6	1488.05	巴二段	灰黑色泥岩	–26.8	–27.9	–25.8	–26.9	–25.7
6	B7	1488.2	巴二段	灰黑色泥岩	–27.1	–27.3	–27.4	–27.9	–25.9
7	B11	1691.63	巴二段	灰色泥岩	–28.0	–29.5	–25.8	–27.6	–26.5
8	B12	1861.14	巴一段	深灰色泥岩	–30.0	–31.0	–29.3	–30.3	–28.0
9	B16	1863.5	巴一段	灰色泥岩	–26.3	–28.2	–26.3	–26.7	–25.8
10	B19	2026.6	巴一段	灰色泥岩	–28.9	–29.9	–29.4	–29.2	–29.2
11	B20	2028.07	巴一段	灰色泥岩	–29.5	–29.6	–28.9	–29.1	–29.3
12	B22	2233.81	二叠系	深灰色泥岩	–29.6	–30.0	–29.0	–29.2	–29.3
13	B24	2234.49	二叠系	深灰色泥岩	–29.5	–29.8	–29.8	–29.1	–29.3
14	B48	2234.55	二叠系	深灰色泥岩	–30.3	–30.8	–28.1	–29.5	–28.6
15	B47	2233.86	二叠系	深灰色泥岩	–30.4	–30.9	–28.5	–29.3	–28.9

5.3.5 干酪根镜检法

针对干酪根显微组分的划分，由 Teichmüller 和 Marlies（1986）为代表的三组分划分方案，演变成如今普遍使用四组分方案，即腐泥组、壳质组、镜质组、惰质组（朱俊章等，2007）。根据干酪根显微组分对生油的贡献大小，对其以不同加权系数表示，即腐泥组生油潜力最大，加权系数取+100；惰质组生油潜力最小，取–100；壳质组有一定的生油潜力，取+50；镜质组比腐泥组和壳质组差得多，取–75。将统计所得的各组分百分含量，按以上加权系数可算出类型指数(TI)值，进而可以判断有机质类型。

1. 哈日凹陷

银根组烃源岩干酪根腐泥组含量为 74.92%～76.38%，壳质组含量为 4.82%～5.50%，镜质组含量为 17.15%～20.26%，惰质组含量为 0～1.32%，干酪根类型指数为 63.23～68.32，有机质类型偏腐泥型，以Ⅱ₁型为主；苏红图组整体以腐泥组为主，其次为镜质组，存在部分壳质组和少量惰质组，干酪根类型指数为大部分为 40～80，少量为 30～40，其干酪根类型以混合型为主，其中主要为Ⅱ₁型，存在少量Ⅱ₂型；巴音戈壁组烃源岩干酪根以壳质组和镜质组为主，其次为惰质组，腐泥组含量很少，干酪根类型指数绝大部分为 0～40，有机质类型以Ⅱ₂型为主，存在少量Ⅲ型干酪根；古生界为一个镜检样品，分析结果为Ⅱ₂型(表 5.15)。

表 5.15　延哈参 1 井泥岩干酪根碳镜检结果

样品编号	深度/m	层位	腐泥组/%	壳质组/%	镜质组/%	惰质组/%	类型指数	类型
HC 1-01	436.06～436.47	银根组	76.38	5.5	17.15	0.97	68.32	Ⅱ₁
HC 1-06	747.95～748.67	银根组	74.92	4.82	20.26	0	63.23	Ⅱ₁
HC 1-17	1104.70～1104.8	苏二段	75.99	12.83	10.86	0.33	76.45	Ⅱ₁
HC 1-23	1370.64～1370.91	苏一段	26.07	46.86	25.74	1.32	30.84	Ⅱ₂
HC 1-31	1617.00～1619.00	苏一段	54.58	12.75	32.68	0	42.55	Ⅱ₁
HC 1-38	1779.00～1781.00	苏一段	60.33	15.08	23.28	1.31	55.79	Ⅱ₁
HC 1-39	1859.00～1860.00	苏一段	67.51	4.73	27.44	0.32	48.97	Ⅱ₁
HC 1-40	1910	苏一段	38.66	28.12	32.27	0.96	30	Ⅱ₂
HC 1-41	2016.08～2016.16	巴二段	2.88	50.48	45.37	1.28	–5.02	Ⅲ
HC 1-46	2342.86～2342.96	巴二段	0	63.84	35.22	0.94	4.56	Ⅱ₂
HC 1-52	2592.07～2592.20	巴二段	3.47	78.55	17.35	0.63	29.37	Ⅱ₂
HC 1-56	2912.69～2912.79	巴一段	0	85.99	14.01	0	32.48	Ⅱ₂
HC 1-63	3074.46～3074.58	巴一段	0	38.74	60.6	0.66	–26.74	Ⅲ
HC 1-72	3229.00～3230.00	巴一段	28.66	22.48	47.56	1.3	12.62	Ⅱ₂
HC 1-78	3591.00～3593.00	古生界	52.63	12.17	34.54	0.66	38.87	Ⅱ₂

2. 巴北凹陷

延巴参 1 井苏红图组苏二段暗色泥岩有机显微组分主要由腐泥组、镜质组、壳质组和惰性组组成(表 5.16，图 5.32)。其中腐泥组组分中，腐泥无定型体含量较高，为 14%，腐泥碎屑体含量次之，为 2%，腐泥组组分占 16%；镜质组中包括结构镜质体 4%，无结构镜质体占 4%，镜质组占 8%；在壳质组中，腐殖无定形体最高，含量为 54%，其次为壳质碎屑体 5%，菌孢体最少，仅占 1%；惰质组仅见到丝质体，含量 5%。其类型指数为 35，有机质类型较好，为Ⅱ₂型。苏一段有机质类型指数为 46～48.5，其母质类型为Ⅱ₁型，即腐殖—腐泥型。整体来看，苏红图组有机质类型以Ⅱ₁-Ⅱ₂为主，同时存在少量Ⅰ型干酪根。

表 5.16　延巴参 1 井各层位显微组分划分母质类型参数

井深/m	层位	岩性	腐泥组含量/%			镜质组含量/%			壳质组含量/%				惰质组含量/%	类型	
			腐泥无定型体	腐泥碎屑体	小计	结构镜质体	无结构镜质体	小计	腐殖无定形体	菌孢体	壳质碎屑体	小计	丝质体	类型指数	类型
720.27	苏红图组	灰色泥岩	14	2	16	4	4	8	54	1	5	60	5	35	II$_2$
1293.4	苏一段	灰色泥岩	27	1	28	2	2	4	52		3	55	4	48.5	II$_1$
1295.47	苏一段	杂色泥岩	22	2	24	2	2	4	53		5	58	4	46	II$_1$
1487.71	巴二段	灰黑色泥岩	67	2	69			0	23		1	24	3	78	II$_1$
1488.05	巴二段	灰黑色泥岩	89	1	90	1	1	2	6		1	7		92	I
1488.2	巴二段	灰黑色泥岩	81	7	88			0	9		1	10	1	92	I
1691.63	巴二段	灰色泥岩	24	3	27	1	1	2	55		6	61	3	53	II$_1$
1861.14	巴一段	深灰色泥岩	14	2	15	2	2	4	51	1	4	56	10	30	II$_2$
1863.5	巴一段	灰色泥岩	64	3	67			0	27		1	28	2	79	II$_1$
2026.6	巴一段	灰色泥岩	54	5	59	2	2	4	31		1	32	1	71	II$_1$
2028.07	巴一段	灰色泥岩	43	3	46	2	2	4	39		3	42	3	61	II$_1$
2233.81	二叠系	深灰色泥岩	33	4	37			0	49		6	55	3	61.5	II$_1$
2233.86	二叠系	深灰色泥岩	15	2	17			0	68	1	5	74	2	52	II$_1$
2234.49	二叠系	深灰色泥岩	39	3	42	1	1	2	45		4	49	2	63	II$_1$
2234.55	二叠系	深灰色泥岩	16	3	19	1	1	2	67		7	74	2	52.5	II$_1$

资料来源：张惠，等. 2016. 银额盆地巴北凹陷延巴参 1 井单井综合评价. 西安：陕西延长石油(集团)有限责任公司油气勘探公司。

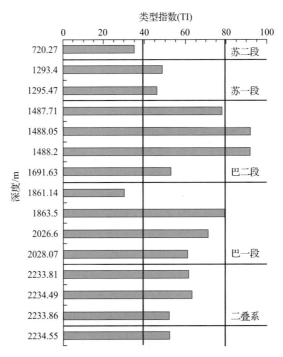

图 5.32　延巴参 1 井各层位显微组分类型指数纵向分布图

巴二段暗色泥岩有机显微组分中，腐泥无定型体含量最高为 24%～89%，腐泥碎屑体含量次之为 1%～7%，腐泥组组分占 27%～90%；镜质组中包括结构镜质体为 1%，无结构镜质体占 1%，镜质组占 2%；壳质组中腐殖无定形体最高，含量为 6%～55%，其次为壳质碎屑体为 1%～6%，不含菌孢体；惰质组仅见到丝质体，含量 1%～3%。巴二段类型指数为 53～92，其母质类型为Ⅰ-Ⅱ₁型，即腐殖-腐泥型或腐泥型。巴一段类型指数为 30～79，其母质类型为Ⅱ₂-Ⅱ₁型。整体来看，巴音戈壁组有机质类型以Ⅱ₁-Ⅱ₂为主，存在Ⅰ型干酪根。

二叠系暗色泥岩腐泥组组分中，腐泥无定型体含量较高，为 15%～39%，腐泥碎屑体含量次之为 2%～4%，腐泥组组分占 17%～42%；镜质组中包括结构镜质体为 1%，无结构镜质体占 1%，镜质组占 2%；壳质组中腐殖无定形体最高，含量为 45%～68%，其次为壳质碎屑体 4%～7%，菌孢体仅在 1 个样品中见到，占 1%；惰质组仅见到丝质体，含量 2%～3%。二叠系类型指数为 52～63，其母质类型为Ⅱ₁，即腐殖—腐泥型。

5.3.6　有机质类型判别结果

综合研究区烃源岩热解分析法、元素分析、干酪根镜检及碳同位素分析方法对烃源岩有机质类型判别的结果(表 5.17)得出以下认识及结论。

表 5.17　银额盆地苏红图拗陷烃源岩有机质类型综合统计表

地层	哈日凹陷					巴北凹陷	巴南凹陷
	延哈参 1 井	延哈 2 井	延哈 3 井	延哈 4 井	延哈 5 井	延巴参 1 井	延巴南 1 井
银根组	Ⅰ、Ⅱ₁	Ⅱ₁、Ⅱ₂	Ⅰ、Ⅱ₁	Ⅰ、Ⅱ₁	Ⅰ、Ⅱ₁	Ⅰ、Ⅱ₁	Ⅰ、Ⅱ₁
苏红图组	Ⅱ₁、Ⅱ₂、Ⅲ	Ⅱ₁、Ⅱ₂、Ⅲ	Ⅱ₂、Ⅲ	Ⅰ、Ⅱ₁、Ⅱ₂	Ⅰ、Ⅱ、Ⅲ	Ⅱ₁、Ⅱ₂、Ⅲ	Ⅰ、Ⅱ₁
巴音戈壁组	Ⅱ₁、Ⅱ₂、Ⅲ	Ⅰ、Ⅱ、Ⅲ	Ⅰ、Ⅱ、Ⅲ	Ⅰ、Ⅱ、Ⅲ	Ⅰ、Ⅱ	Ⅰ、Ⅱ₁、Ⅱ₂	Ⅱ₁、Ⅱ₂
二叠系		Ⅱ₂、Ⅲ	Ⅱ₁、Ⅱ₂、Ⅲ	Ⅰ		Ⅱ₁、Ⅱ₂、Ⅲ	Ⅱ₂、Ⅲ

银根组在研究区各个凹陷有机质类型基本一致，主要以腐泥型、腐殖—腐泥型为主、即以Ⅰ-Ⅱ₁型干酪根为主，反映了有机质来源主要为藻类和经细菌改造的有机质，富含脂类化合物。

苏红图组烃源岩有机质类型在哈日凹陷主要以腐殖—腐泥型或腐泥—腐殖型为主，即以Ⅱ₁、Ⅱ₂为主，同时存在少量Ⅲ型干酪根。巴北凹陷苏红图组有机质类型包括Ⅱ₁、Ⅱ₂、Ⅲ型，总体来说偏腐殖型。

巴音戈壁组有机质类型为混合型，Ⅰ、Ⅱ、Ⅲ均有，不同井有机质类型变化较大，在整个研究区主体以腐殖—腐泥型或腐泥—腐殖型为主，即以Ⅱ₁、Ⅱ₂型为主。

二叠系烃源岩有机质类型偏腐殖型，以Ⅱ₂、Ⅲ为主。在巴北凹陷，腐殖—腐泥型(Ⅱ₁)的干酪根也分布较多。

整体而言，研究区中生界烃源岩有机质类型自下而上具有一定的规律，有机质类型由腐殖型逐渐向腐泥型转变，这与研究区构造发育阶段及沉积环境的变化具有很好的对应关系，反映了盆地逐渐由断陷型向拗陷型转变，湖盆面积逐步扩大，湖泊水生藻类生物广泛发育。

5.4 烃源岩有机质成熟度

有机质成熟度是表示沉积有机质向油气转化的热演化程度。生烃母质干酪根在演化过程中，会发生元素组成的变化、官能团结构的变化、自由基含量的变化、颜色及荧光性的变化、热失重的变化、碳同位素的变化、镜质体反射率的变化及反映热解产物演化的可溶有机质的含量及组成、烃类的含量及组成，热演化阶段不同，有机质的物理化学性质和组成也不相同，这些指标均可成为成熟度指标。可以根据有机质的一些物理性质和化学组成的变化特点来判断有机质热演化程度，划分有机质演化阶段，对烃源岩进行成熟度评价。

本次研究主要根据实测及收集镜质体反射率(R_o)、热解峰温(T_{max})、饱和烃气相色谱分析及其他油气地球化学分析(生物标志化合物异构参数)方面数据，综合研究了银额盆地苏红图拗陷不同凹陷及层位有机质成熟度演化程度。

5.4.1 有机质成熟度评价标准

镜质体反射率(R_o)因其具有相对广泛、稳定的可比性，使其成为目前应用最为广泛、最为权威的成熟度指标，表 5.18 列出了许怀先等(2001)关于 R_o 与有机质演化阶段(成熟度)的关系。

表 5.18　烃源岩有机质成烃演化阶段划分(许怀先等，2001)

演化阶段	R_o/%	孢粉颜色指数 SCI	T_{max}/℃	CPI	OEP	孢粉颜色	$C_{29}\alpha\alpha\alpha$ 甾烷 20S/20(S+R)	油气性质及产状
未成熟	<0.5~0.6	<2.5	<435	>1.2	>1.2	浅黄色	<0.25	生物甲烷、未熟油、凝析油
低成熟	0.5~0.8	2.5~3.0	435~445	1.2~1.0	1.2~1.0	黄色	0.25~0.40	低熟重质油、凝析油
成熟	0.8~1.3	>3.0~4.5	445~480	1.0	1.0	深黄色	>0.40	成熟中质油
高成熟	1.3~2.0	>4.5~6.0	480~510			浅棕色—棕黑色		高熟轻质油、凝析油、湿气
过成熟	>2.0	>6.0	>510			黑色		干气

注：CPI 为碳优势指数；OEP 为奇偶碳优势比。

5.4.2 镜质体反射率(R_o)

为了研究银额盆地苏红图拗陷干酪根演化特征，收集了研究区内已有井下样品及野外露头的 R_o 测试数据资料(表 5.19)，并在此基础上，补充测试了 15 块岩心样品的镜质体反射率。样品在整个研究区内各井均有分布，根据数据分析结果，绘制了不同井镜质体反射率与深度的关系图(图 5.33)，从图中可以看出各个井镜质体反射率与深度的指数线性指数关系较好，反映了随着埋深的增加，镜质体反射率逐渐连续增大，反射率的大小主要受埋藏深度控制。

1. 哈日凹陷

由哈日凹陷延哈参 1 井、延哈 2 井、延哈 3 井、延哈 4 井、延哈 5 井、延哈地 1 井镜质体反射率（R_o）与深度的关系图可以看出，不同井因埋藏深度及地层厚度的差异，各组层位镜质体反射率之间存在一定的差异，但差异比较微弱，哈日凹陷从上到下各层组烃源岩热演化仍反映一定的整体特征，具有如下规律。

（1）银根组上部烃源岩基本未成熟，随着埋藏深度及时间的增加，到银根组底部，烃源岩基本达到了低成熟生油阶段，底部 R_o 为 0.55%～0.7%。

（2）苏红图组烃源岩全部成熟，R_o 为 0.55%～1.2%，不同井略有差异，总体处于低熟—成熟生烃阶段。

（3）巴音戈壁组烃源岩 R_o 为 0.8%～1.8%，至巴音戈壁组底部，镜质体反射率基本都在 1.0% 以上，1.8% 高值区主要分布在延哈 5 井附近，整体来说，巴音戈壁组烃源岩处于成熟生油—热裂解生湿气阶段。

（4）二叠系烃源岩热演化程度差异较大，钻井样品镜质体反射率分析结果显示，R_o 普遍大于 1.25%，在部分地区局部可达 2.0%。此外，根据前人通过野外露头剖面实测的 R_o 数据（表 5.19），可以看出野外剖面 R_o 数据也存在着较大的变化，研究区周边埋汗哈达、杭乌拉地区，二叠系（埋汗哈达组及阿其德组）烃源岩演化程度较低，分布在 0.8%～1.2%，平均值为 1.0% 左右，而在霍东哈尔、蒙根乌拉等地，二叠系烃源岩（哈尔苏海组）镜质体反射率普遍高达 3.0% 以上，反映了异常的高热演化程度。

表 5.19　银额盆地苏红图拗陷野外露头实测 R_o 数据表（据西安地调中心）

剖面/井位	层位		R_o/%	剖面/井位	层位		R_o/%
264 号界标		阿木山组	$\dfrac{0.7\sim0.9}{0.8(14)}$	霍东哈尔		哈尔苏海组	$\dfrac{3.7\sim3.9}{3.8(3)}$
261 界标		阿木山组	$\dfrac{2.0\sim2.2}{2.1(4)}$	雅干 478		哈尔苏海组	$\dfrac{1.0\sim3.3}{2.0(6)}$
查古尔-尚丹	石炭系	阿木山组	$\dfrac{2.1\sim2.6}{2.2(9)}$	呼和音乌苏		哈尔苏海组	$\dfrac{2.2\sim2.3}{2.3(2)}$
芒罕超克		阿木山组	$\dfrac{2.5\sim3.8}{3.3(23)}$	灰石山东北		哈尔苏海组	$\dfrac{3.7\sim3.9}{3.8(4)}$
祥探 9 井		干泉组	$\dfrac{0.6\sim1.8}{0.8(7)}$	蒙根乌拉	二叠系	哈尔苏海组	$\dfrac{3.4\sim3.8}{3.5(8)}$
天 2 井		干泉组	4.6	11MH-ZK01		埋汗哈达组	$\dfrac{1.2\sim1.9}{1.7(10)}$
埋汗哈达		埋汗哈达组	$\dfrac{0.8\sim1.2}{1.0(16)}$	11AQ-Zk01		阿其德组	$\dfrac{1.2\sim2.3}{2.0(11)}$
杭乌拉	二叠系	埋汗哈达组	$\dfrac{0.7\sim0.9}{0.8(6)}$	11478-Zk01		哈尔苏海组	$\dfrac{4.1\sim5.2}{4.9(11)}$
埋汗哈达		阿其德组	$\dfrac{1.0\sim2.1}{1.7(6)}$	11478-Zk02		哈尔苏海组	$\dfrac{5.2\sim5.3}{5.2(7)}$

注：数据含义为 $\dfrac{范围值}{平均值（样品数）}$。

资料来源：中国地质调查局西安地质调查中心. 2014. 银额盆地石炭系—二叠系地质调查报告（银额盆地野外地质踏勘和剖面测量报告）. 西安.

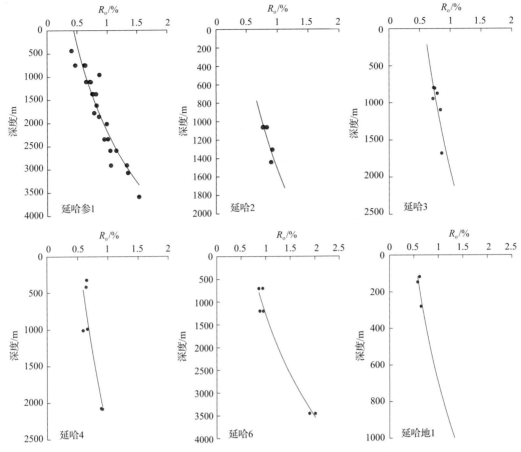

图 5.33 银额盆地苏红图拗陷哈日凹陷 R_o-深度关系图

结合井下样品及野外露头剖面对研究区晚古生代烃源岩热演化程度的研究结果，研究区中生代断陷盆地内大部分地区仍属受埋深作用控制的正常热演化程度，局部受构造动力作用和火成岩侵入作用的影响，出现高热演化。研究区石炭系——二叠系受区域动力作用广泛较为强烈，不同地区热演化程度差异较大。

2. 巴北凹陷

巴北凹陷仅获得了延巴参 1 井镜质体反射率与深度的关系资料，从图 5.34（延巴参 1井）中可以看出 2000m 以上，中生界地层镜质体反射率与深度的关系较好，二叠系存在异常值，镜质体反射率增加的幅度很快。

银根组烃源岩成熟度较低，基本处于未成熟生烃阶段，银根组底部 R_o 基本高于 0.5%，已经进入生烃门限。

苏红图组 R_o 值在 0.5%～0.9%，烃源岩已经成熟，处于低熟——中成熟生烃阶段。

巴音戈壁组 R_o 在 0.9%～1.3%，样品数据点较多，表明巴音戈壁组烃源岩已经全部成熟，处于成熟——热裂解生湿气阶段。

二叠系烃源岩 R_o 大于 1.5%，演化程度相对较高，基本处于热裂解生湿气阶段，镜质体反射率随深度的变化速率明显加快，其与上部中生界之间可能存在一定的间断。

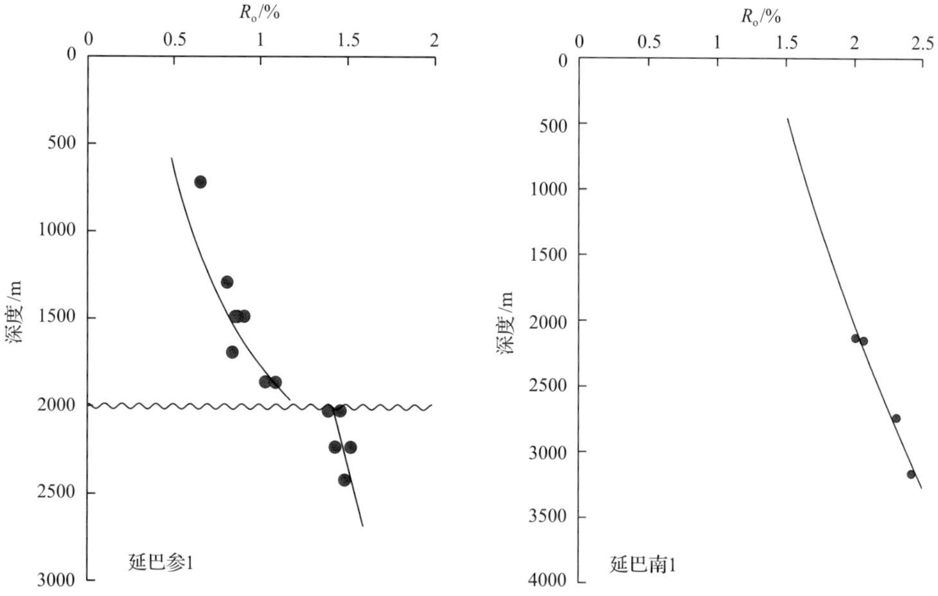

图 5.34　银额盆地苏红图拗陷巴北凹陷 R_o-深度关系图

3. 巴南凹陷

延巴南 1 井晚古生界地层埋藏深度相对较浅，样品数据分析主要分布在石炭系—二叠系，测试结果表明，巴南凹陷古生代热演化程度高（表 5.20）。

二叠系 R_o 在 1.75%～2.15%，处于热裂解生湿气—生干气阶段之间；石炭系 R_o 大于 2.15%，处于热裂解生干气阶段。

表 5.20　银额盆地苏红图拗陷 R_o 实测数据表

序号	原编号	井深/m	岩性	层位	R_o/%	测点数	标准离差	备注
1	HC1-1	2912.58	深灰色含灰泥岩	巴音戈壁组	1.33	31	0.02	
2	HC1-4	3075.01	深灰色含灰泥岩	巴音戈壁组	1.35	23	0.03	
3	H2-5	1063.38	深灰色含灰泥岩	苏红图组	0.73	29	0.02	
4	H2-12	1442.81	深灰色含灰泥岩	巴音戈壁组	1.01	20	0.02	
5	H3-3	672.91	深灰色泥岩	银根组	0.69	41	0.02	
6	H3-10	1295.79	灰色含灰泥岩	苏红图组	0.86	36	0.02	
7	H3-12	1598.18	灰色灰质泥岩	巴音戈壁组	0.99	31	0.03	
8	H3-15	1706.13	灰色泥岩	巴音戈壁组	1.12	3	0.02	点少
9	H3-20	1918.54	灰黑色泥岩	巴音戈壁组	1.03	21	0.03	
10	H4-2	792.44	深灰色泥质白云岩	银根组	0.94	46	0.02	
11	H4-3	951.47	灰黑色泥岩	银根组	0.79	42	0.03	
12	H4-9	1567.38	深灰色泥质白云岩	苏红图组	1.05	21	0.03	

续表

序号	原编号	井深/m	岩性	层位	R_o/%	测点数	标准离差	备注
13	BD1-3	540	灰色粉砂质泥岩	巴音戈壁组	1.46	13	0.03	
14	BD1-4	809	灰黑色泥岩	二叠系	1.60	33	0.03	
15	BN1-17	1894.64	灰色粉砂质泥岩	二叠系	1.57	2	0.03	点少
16	BN1-24	2411.99	灰色粉砂质泥岩	二叠系	2.60	3	0.03	点少
17	BN1-35	2930.44	深灰色粉砂质泥岩	二叠系	1.63	8	0.03	点少
18	BN1-38	3185.45	灰色含灰泥岩	二叠系	2.42	2	0.03	点少
19	BC1-13	2866.15	暗色板岩	二叠系	1.58	15	0.03	
20	HWL-4		黑色灰岩	二叠系	1.58	3	0.03	点少

5.4.3　热解峰温（T_{max}）

由于有机质在埋藏过程中随着热应力的升高逐步生烃时，活化能较低、容易生烃的部分往往更多地被优先裂解，随着成熟度的升高，残余有机质成烃的活化能越来越高，相应的生烃所需的温度也逐渐升高，即 T_{max} 逐渐升高，这是 T_{max} 作为成熟度指标的基础。热解峰温是指岩石在热解过程中 S_2 峰(热解温度在 300～500℃时出现的峰)，如图 5.35 出现的所对应的温度，是烃源岩的最高热解峰温(T_{max})，也是判断有机质成熟度的一个重要指标，一般有机质成熟度越高，T_{max} 值越大，不同的有机质类型界限有所不同。

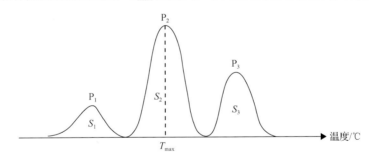

图 5.35　热解图谱示意图(据柳广弟和张厚福，2009)

P_1 为热解温度小于 300℃出现的峰，S_1 为岩石中残留烃含量；P_2 为热解温度为 300～500℃时出现的峰，S_2 为岩石中干酪根在热解过程中新生成的烃；P_3 为干酪根中含氧基团热解形成的峰，S_3 为含氧基团热解过程中生成的 CO_2 含量

本次研究主要采用各井地化录井获得的 T_{max} 数据，并结合少数实测样品的 T_{max} 值绘制成 T_{max} 与深度的关系图(图 5.36)，由于数据点较多，录井数据也存在一定的误差，但是仍然反映了一定的整体趋势，随着深度的逐渐增加，T_{max} 值也在逐渐增大。

1. 哈日凹陷

通过对哈日凹陷五口井(延哈参 1 井、延哈 2 井、延哈 3 井、延哈 4 井、延哈 5 井)T_{max} 与深度的关系图分析，不难发现各层组烃源岩整体具有如下规律。

(1)银根组热解峰温整体小于 440℃，处于未成熟—低成熟阶段，银根组顶部为未成熟阶段，银根组中部为低成熟阶段，银根组底部处于成熟生油阶段。

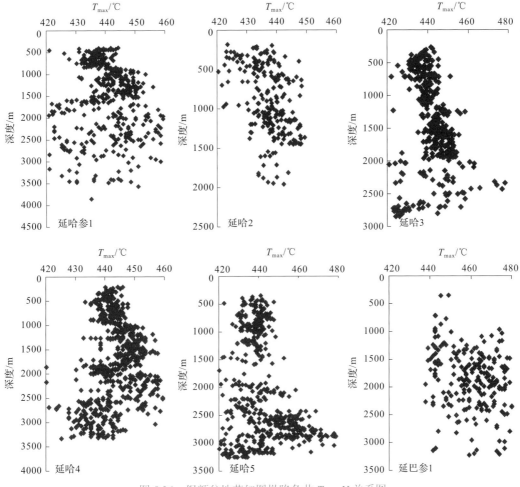

图 5.36　银额盆地苏红图拗陷各井 T_{max}-H 关系图

(2) 苏红图组热解峰温在 435~450℃，处于成熟生烃阶段。

(3) 巴音戈壁组热解峰温数据点普遍偏右，相比上部地层 T_{max} 值变大，反映热演化程度变高，处于成熟—高成熟—生湿气阶段。

(4) 古生界烃源岩热解峰温结果显示其处于成熟—生湿气阶段。

2. 巴北凹陷

巴北凹陷延巴参 1 井 T_{max} 随深度的变化规律与哈日凹陷各井基本一致，随着深度的增加，T_{max} 值逐渐增大，银根组 T_{max} 小于 440℃，处于未成熟—低成熟生烃阶段；苏红图组热解峰温在 435~450℃，处于成熟生烃阶段；巴音戈壁组热解峰温整体大于 435℃，部分大于 455℃处于成熟—高成熟—生湿气阶段；古生界烃源岩热解峰温结果显示其处于成熟—生湿气阶段。

5.4.4　饱和烃色谱分析

正烷烃是烃源岩饱和烃馏分中分布最广泛、含量最高的化合物系列，其分布特征可以反映源岩的生源构成和烃源岩的成熟度。根据延哈参1井饱和烃色质谱分析报告。应用 OEP 值、CPI 值、姥鲛烷/植烷(Pr/Ph)等参数，为镜质体反射率(R_o)判断成熟度提供佐证。

1. 哈日凹陷

延哈参1井银根组上部烃源岩 CPI 为 3.825，OEP 为 2.372，未熟阶段，底部有机质 CPI 为 1.592，OEP 为 1.455，达到低成熟阶段；苏红图组 CPI 指数为 1.640，OEP 为 1.373，处于成熟生油阶段；巴音戈壁组 CPI 指数为 1.102～1.137，OEP 为 1.520～2.560，处于成熟生油阶段(表 5.21)。总体而言，延哈参1井随着埋深的增加，有机质热演化程度增加。银根组底部开始达到成熟生油阶段，苏红图组和巴音戈壁组均已达到成熟生烃阶段。

表 5.21　延哈参1井饱和烃气相色谱参数统计表

样号	层位	深度/m	主峰碳	$C_{(21+22)}/C_{(28+29)}$	Pr/nC_{17}	CPI	$Pr+Ph/nC_{17}+nC_{18}$	$\sum nC_{21-}/\sum nC_{22+}$	Pr/Ph	Ph/nC_{18}	OEP	$\sum nC_{22-}/\sum nC_{23+}$
HC1-01	银根组	436.3	C_{23}	1.430	0.550	3.825	3.305	0.510	0.140	11.610	2.372	0.710
HC1-06	银根组	748.5	C_{23}	2.590	0.780	1.592	2.781	0.450	0.200	5.830	1.455	0.670
HC1-23	苏红图组	1370.7	C_{25}	1.180	1.420	1.640	1.891	0.280	0.430	2.200	1.373	0.440
HC1-56	巴音戈壁组	2912.7	C_{19}	5.450	0.100	1.102	0.105	1.700	0.800	0.110	0.992	2.560
HC1-63	巴音戈壁组	3074.5	C_{21}	7.410	0.500	1.137	0.867	0.950	0.280	1.090	1.036	1.520

2. 巴北凹陷

银根组和苏一段碳数范围 C_{13}～C_{28}，由角质和软木脂降解形成，是陆生高等植物的典型成分。主峰碳以 C_{24} 为主，呈较明显的双峰态，反映这一时期保存环境为碳酸盐及蒸发盐环境，与偶碳脂肪酸在还原环境下更多经还原途径形成偶碳正构烷烃有关。这一生物标志化合物揭示的特征与苏红图组发育膏质、灰质泥岩相吻合，OEP 值在 0.32～1.06，CPI 在 1.08～3.26，热演化程度为低—高，成熟度为未成熟—成熟(表 5.22)。

巴音戈壁组碳数范围 C_{11}～C_{35}，主峰碳以 C_{22} 为主，具偶碳优势，Pr/Ph 分布在 0.24～1.25，OEP 值为 0.71～1.03，CPI 为 1.15～3.05，热演化成熟度为已经成熟(表 5.22)。

表 5.22　巴北凹陷延巴参1井各层泥岩饱和烃色谱资料表

样号	层位	井深/m	岩性	碳数范围	主峰碳	Pr/Ph	Pr/nC_{14}	OEP	CPI	Pr/nC_{18}	$\sum nC_{21-}/\sum nC_{22+}$	$(C_{21}+C_{22})/(C_{28}+C_{29})$
B1	银根组	720.27	灰色泥岩	C_{13}～C_{26}	C_{24}	0.33	0.89	1.06	2.12	1.74	1.01	
B4	苏一段	1293.40	灰色泥岩	C_{13}～C_{26}	C_{24}	0.46	0.73	0.32	3.26	1.20	1.09	
B46	苏一段	1295.47	杂色泥岩	C_{13}～C_{28}	C_{20}	0.59	0.37	0.96	1.08	0.37	1.02	259.78
B5	巴二段	1487.71	灰黑色泥岩	C_{11}～C_{35}	C_{22}	1.25	1.27	0.77	1.47	0.86	0.69	1.61
B6	巴二段	1488.05	灰黑色泥岩	C_{11}～C_{35}	C_{22}	0.87	1.06	1.03	1.51	1.06	0.92	2.67
B7	巴二段	1488.20	灰黑色泥岩	C_{11}～C_{35}	C_{22}	1.06	0.81	1.02	1.51	0.71	1.20	4.42
B11	巴二段	1691.63	灰色泥岩	C_{13}～C_{26}	C_{18}	0.24	0.62	0.71	3.05	1.49	1.26	

续表

样号	层位	井深/m	岩性	碳数范围	主峰碳	Pr/Ph	Pr/nC_{14}	OEP	CPI	Pr/nC_{18}	$\sum nC_{21-}$/$\sum nC_{22+}$	$(C_{21}+C_{22})$/$(C_{28}+C_{29})$
B12	巴一段	1861.14	深灰色泥岩	$C_{13}\sim C_{32}$	C_{22}	0.94	0.32	0.99	1.15	0.24	0.74	2.62
B20	巴一段	2028.07	灰色泥岩	$C_{13}\sim C_{26}$	C_{18}	0.39	0.74	0.87	2.43	1.21	1.19	
B22	二叠系	2233.81	深灰色泥岩	$C_{13}\sim C_{26}$	C_{24}	0.27	0.65	1.00	10.19	1.25	1.05	
B24	二叠系	2234.49	深灰色泥岩	$C_{12}\sim C_{32}$	C_{23}	1.20	0.32	1.00	1.12	0.17	0.59	2.24
B47	二叠系	2233.86	深灰色泥岩	$C_{14}\sim C_{25}$	C_{18}			0.70	0.08		5.60	
B48	二叠系	2234.55	深灰色泥岩	$C_{13}\sim C_{28}$	C_{20}	0.59	0.37	0.97	1.13	0.37	1.01	7.37

资料来源：张惠，等. 2016. 银额盆地巴北凹陷延巴参 1 井单井综合评价. 西安：陕西延长石油(集团)有限责任公司油气勘探公司。

二叠系碳数范围 $C_{12}\sim C_{32}$，主峰碳为 C_{18}、C_{20}、C_{23}、C_{24} 不等，整体来说具偶碳优势，说明沉积环境为海相，Pr/Ph 平均值为 0.69，OEP 值在 $0.70\sim1.00$，CPI 在 $0.08\sim10.19$，热演化成熟度已经成熟。

5.4.5　生物标志化合物

能够反映有机质成熟度的生物标记化合物参数较多，常用的主要有 Ts/Tm、C_{29} 甾烷 20S/(20S+20R)、C_{29} 甾烷 ββ/(ββ+αα)、ααα 甾烷 C_{29}S/(S+R)、C_{31} 霍烷 22S/(22R+22S) 等。其中 C_{29} 甾烷 20S/(20S+20R) 的平衡点为 $0.52\sim0.55$(Seifert and Moldowan，1986)，相当于 R_o 为 0.8% 左右。C_{29} 甾烷 ββ/(ββ+αα) 的平衡点为 $0.67\sim0.71$(Seifert and Moldowan，1986)，相当于 R_o 为 0.9% 左右；其进入早期生油阶段(R_o 为 0.6%)的比值大约为 0.25。生物标志化合物资料主要收集巴北凹陷(表 5.23)，结合相关成熟度判别标准(图 5.37)，可得到如下结论。

表 5.23　延巴参 1 井泥岩 R_o 与甾、萜烷参数(陈治军等，2017，2018c)

深度/m	层位	岩性	R_o/%	Ts/Tm	C_{31} 甾烷 22S/(22S+22R)	C_{29} 甾烷 ββ/(ββ+αα)	C_{29} 甾烷 20S/(20S+20R)
720.27	银根组	灰色泥岩	1.315	0.65	0.57	0.35	0.37
1293.4	苏一段	灰色泥岩	1.614	1.04	0.57	0.37	0.39
1295.47	苏一段	杂色泥岩	1.318	0.95	0.59	0.39	0.36
1487.71	巴二段	灰黑色泥岩	0.685	0.57	0.62	0.44	0.51
1488.05	巴二段	灰黑色泥岩	0.591	0.86	0.61	0.47	0.51
1488.2	巴二段	灰黑色泥岩	0.562	0.53	0.60	0.40	0.54
1691.63	巴二段	灰色泥岩	0.841	0.88	0.61	0.36	0.41
1861.14	巴一段	深灰色泥岩	1.032	1.41	0.59	0.41	0.25
2028.07	巴一段	灰色泥岩	1.385	0.65	0.60	0.42	0.49
2233.81	二叠系	深灰色泥岩	1.428	1.07	0.58	0.37	0.39
2233.86	二叠系	深灰色泥岩	1.372	0.93	0.39	0.39	0.37
2234.49	二叠系	深灰色泥岩	1.516	0.83	0.61	0.40	0.25
2234.55	二叠系	深灰色泥岩	1.259	0.84	0.52	0.40	0.36

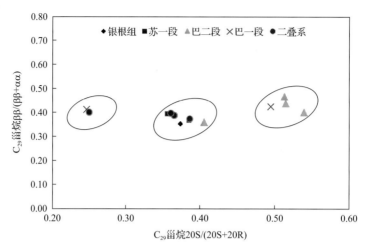

图 5.37　延巴参 1 井泥岩 C_{29} 甾烷 20S/(20S+20R) 与 C_{29} 甾烷 ββ/(ββ+αα) 相关图 (陈治军等，2017，2018c)

延巴参 1 井银根组泥岩样品中，其 Ts/Tm 值为 0.65，C_{29} 甾烷 20S/(20S+20R) 为 0.37、C_{29} 甾烷 ββ/(ββ+αα) 为 0.35，基本处于未成熟阶段。

苏一段：Ts/Tm 值为 0.95～1.04，C_{29} 甾烷 20S/(20S+20R) 为 0.36～0.39、C_{29} 甾烷 ββ/(ββ+αα) 为 0.37～0.39，该烃源岩的处于低成熟-成熟阶段。

巴二段泥岩样品，其 Ts/Tm 值在 0.53～0.88，C_{29} 甾烷 20S/(20S+20R) 为 0.41～0.54、C_{29} 甾烷 ββ/(ββ+αα) 为 0.36～0.47，处于成熟生烃阶段。

巴一段泥岩样品，其 Ts/Tm 值为 0.65～1.41，C_{29} 甾烷 20S/(20S+20R) 为 0.25～0.49，C_{29} 甾烷 ββ/(ββ+αα) 为 0.41～0.42，处于成熟生烃阶段。

二叠系泥岩样品，其 Ts/Tm 值为 0.83～1.07，C_{29} 甾烷 20S/(20S+20R) 为 0.25～0.39、C_{29} 甾烷 ββ/(ββ+αα) 为 0.37～0.40，其数据可靠性差，不能得出可信结论。

5.4.6　有机质成熟度评价及对比

1. 有机质成熟度

综合研究区烃源岩镜质体反射率、热解峰温、饱和烃气相色谱分析及生物标志化合物对烃源岩有机质成熟度分析的结果 (表 5.24)，可以得到以下认识及结论。

1) 哈日凹陷

银根组底部 R_o 分布在 0.55%～0.7%，烃源岩基本达到了低成熟生油阶段，热解峰温整体小于 440℃。上部烃源岩 CPI 为 3.825，OEP 为 2.372，处于未熟阶段，底部有机质 CPI 为 2.45，OEP 为 1.455，达到低成熟阶段；整体而言，银根组处于未成熟—低成熟生油阶段。

苏红图组镜质体反射率资料显示，该组有机质全部达到成熟生油阶段，R_o 为 0.55%～1.2%，热解峰温为 435～450℃，苏红图组 CPI 为 1.640，OEP 为 1.373，处于成熟生油阶段，总体处于低熟—成熟生烃阶段。

巴音戈壁组组烃源岩 R_o 为 0.8%～1.8%，至巴音戈壁组底部，R_o 基本都在 1.0% 以上，热解峰温为 440~480℃，大部分大于 445℃，巴音戈壁组 CPI 为 0.950~1.700，OEP 为 1.520~2.560，处于成熟生油阶段。整体而言，巴音戈壁组烃源岩有机质成熟度处于成熟生油—热裂解生湿气阶段。

表 5.24　银额盆地苏红图拗陷烃源岩有机质成熟度综合评价表

| 地层 | 哈日凹陷 | | | | | | | 巴北凹陷 | | | 巴南凹陷 | 小结 |
| | 延哈参 1 井 | | | 延哈 2 井 | 延哈 3 井 | 延哈 4 井 | 延哈 5 井 | 巴参 1 井 | | | 巴南 1 井 | |
	R_o/%	T_{max}/℃	其他	R_o/%	R_o/%	R_o/%	R_o/%	R_o/%	T_{max}	其他	R_o/%	成熟阶段
银根组	<0.63	<440	CPI：3.825~2.45 OEP：2.37~1.46	<0.61	<0.71	<0.69	<0.90	<0.49	425~440			未成熟—低成熟
苏红图组	0.63~0.91	435~450	CPI：1.640 OEP：1.373	0.61~0.73	0.71~0.86	0.69~0.90	0.90~1.29	0.49~0.81	435~445			低熟—中成熟
巴音戈壁组	0.91~1.59	450~480	CPI：0.95~1.7 OEP：1.52~2.56	0.73~0.97	0.86~1.13	0.90~1.14	1.29~1.95	0.81~1.39	440~460	CPI：1.15~3.05 OEP：0.71~1.0		中成熟—高成熟
二叠系	>1.59	460~480			>1.13	1.14~1.35		1.39~2.28	450~480	CPI：0.08 OEP：0.7~1.0	1.91~2.18	高成熟—热裂解气

二叠系烃源岩热演化程度差异较大，钻井样品 R_o 分析分析结果显示，R_o 普遍大于 1.25%，在部分地区局部可达 2.0%，整体上热解峰温为 460~480℃，处于热裂解生湿气—生干气演化阶段。

2) 巴北凹陷

银根组烃源岩成熟度较低，基本处于未成熟生烃阶段，银根组底部 R_o 在 0.5% 左右，银根组 T_{max} 小于 440℃，处于未熟—低成熟演化阶段。

苏红图组 R_o 值为 0.5%~0.9%，热解峰温为 435~450℃，OEP 为 0.32~1.06，CPI 为 1.08~3.26，热演化程度为低—高，成熟度为未成熟—成熟。整体而言，苏红图组烃源岩处于低熟—中成熟生烃阶段。

巴音戈壁组 R_o 为 0.9%~1.3%，样品数据点较多，表明巴音戈壁组烃源岩已经全部成熟，热解峰温整体大于 435℃，部分大于 455℃，OEP 为 0.71~1.03，CPI 为 1.15~3.05，整体处于成熟—高成熟—生湿气阶段。

二叠系烃源岩 R_o 大于 1.5%，热解峰温为 450~480℃，OEP 为 0.70~1.00，CPI 为 0.08~10.19，演化程度相对较高，基本处于热裂解生湿气阶段。

2. 有机质成熟度对比

前已述及，银额盆地苏红图拗陷中生代烃源岩有机质热演化程度明显受最大古地温及埋藏深度控制，晚古生代烃源岩热演化程度较为复杂，在未受构造动力作用和热接触作用影响的地区，成熟度与深度呈正相关关系，而在动力作用区，热演化程度表现为异常的高值，通过对不同井 R_o 与深度的关系图进行对比(图 5.38)，可以看出，不同井镜质体反射率之间存在一定的差异，但差异比较微弱，延哈 5 井热演化程度整体偏高，受埋深及基底热流控制；中生界烃源岩热演化明显受埋深控制，延哈参 1 井、延哈 5 井相对延哈 3 井、延哈 4 井埋藏深，其对应层组烃源岩有机质演化程度变高。二叠系热演化程度差异较大，局部(延巴南 1 井)出现异常高值，反射率大于 2.0%，其他井二叠系热演化基本与深度仍呈线性相关关系，演化程度正常。

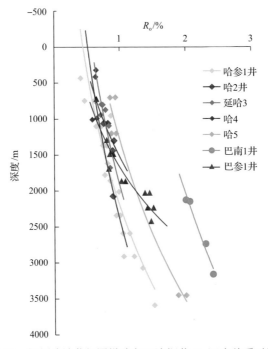

图 5.38　银额盆地苏红图拗陷各凹陷探井 R_o-深度关系对比图

5.4.7　有机质成熟度平面分布特征

根据收集到的不同井位不同层位的镜质体反射率资料，并根据镜质体反射率与深度的关系，推算出不同界面镜质体反射率的大小(表 5.25)，结合研究区地层构造埋深等值线图，绘制了银根组底部、苏红图组底部、巴音戈壁组底部 R_o 平面等值线图(图 5.39)，从 R_o 平面图中可以得出如下结论。

哈日凹陷银根组热演化程度不高，R_o 主要分布在 0.9% 以下，处于未成熟—低成熟阶段。等值线呈北东向条带状分布，绝大多数地区 R_o 小于 0.7%，仅在延哈 5 井附近，演化程度相对变高。巴北凹陷及乌兰凹陷地层埋藏深度较浅，银根组底部 R_o 基本小于 0.6%，沉积中心烃源岩已进入生烃门限。

表 5.25　银额盆地苏红图拗陷各井镜质体反射率统计表　　　　（单位：%）

构造单元	井名	银根组	苏二段	苏一段	巴二段	巴一段	二叠系	石炭系
哈日凹陷	延哈参 1	0.63	0.78	0.91	1.24	1.59	1.84	
	延哈 2	0.61	0.66	0.73	0.88	0.97	1.10	1.47
	延哈 3	0.71	0.79	0.86	0.97	1.13	1.25	1.32
	延哈 4	0.69	0.78	0.90	1.05	1.14	1.35	1.37
	延哈 5	0.90	1.05	1.29	1.65	1.95	2.24	
巴北凹陷	延巴参 1	0.49	0.68	0.81	1.09	1.39	2.28	2.85
巴南凹陷	延巴南 1	1.71		1.78		1.91	2.18	2.57

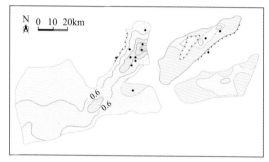 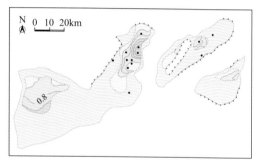

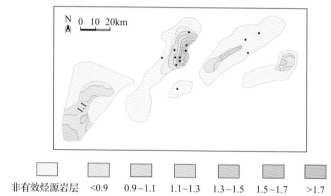

| 非有效烃源岩层 | <0.9 | 0.9~1.1 | 1.1~1.3 | 1.3~1.5 | 1.5~1.7 | >1.7 |

图 5.39　银额盆地苏红图拗陷银根组、苏红图组、巴音戈壁组底部有机质成熟度等值线图（单位：%）

　　苏红图组烃源岩普遍已经处于成熟阶段，底部 R_o 分布在 0.7%～1.3%，R_o 等值线呈北东向分布，演化高的地区分布于凹陷沉积的最深处，位于延哈参 1 井、延哈 5 井一带。

　　巴音戈壁组底部 R_o 普遍大于 0.9%，整体处于中成熟—高成熟演化阶段，凹陷中心进入热裂解生湿气阶段。R_o 平面等值线图显示，在拐子湖凹陷、哈日凹陷、巴北凹陷及乌兰凹陷主要沉积中心，热演化程度大于 1.1%，在哈日凹陷一带，甚至高达 1.5%。

5.5　有效烃源岩分布及地质特征

　　根据烃源岩地球化学特征（有机质丰度、类型、成熟度）及评价标准，确定有效烃源岩的厚度及分布(有效烃源岩厚度分布图)。首先,统计剖面中暗色烃源岩厚度,确定其占地层厚度百分比。其次,根据沉积相确定剖面在原型盆地中的位置,推测盆地其他位置烃源岩厚度应占地层厚度的百分比,结合地震解释及钻井地层厚度,确定烃源岩的厚度及面积。在此基础上,结合评价标准及分析参数确定有效烃源岩的厚度及面积(表5.26)。本次研究中,有效烃源岩的有机质丰度下限取0.4%,有机质成熟度下限取0.5%。

表5.26　银额盆地苏红图拗陷有效烃源岩厚度

井名	有效烃源岩厚度/m									
	乌兰苏海组	银根组	苏红图组	苏二段	苏一段	巴音戈壁组	巴二段	巴一段	二叠系	石炭系
延巴地1										
延巴南1	0	0	0			0			0	37.71
延哈地1									0	
延哈5	0	362.02	285.15	277	8.15	66.21	55.63	10.58	46.00	
延哈4	70.55	623.5	108.33	96.128	12.2	11.4	0	11.4	0	0
延哈3	0	348.01	401.14	377.27	23.87	200.3	128.16	72.14	26.04	0
延哈2		291.13	101	51.6	49.4	334.54	199.54	135	0	2.98
哈1										
苏1									36	
延哈参1	0	520.58	680	578.5	85.8	246.39	65.15	181.24	0	0
延巴参1	0	4.61	65.93	28.22	37.71	72.98	72.98		64.27	0

1. 银根组

有效烃源岩厚度平面等值线图显示,银根组(K_1y)有效烃源岩较发育,基本继承了之前厚度特征,最大厚度可达600m。在哈日凹陷及拐子湖凹陷南部厚度较大,凹陷中心厚度达到最大,位于延哈参1井、延哈3井、延哈4井、延哈5井附近,厚度在300m以上,而在巴北凹陷及乌兰凹陷,有效烃源岩厚度等值线整体呈北东-北北东向展布,厚度较小(图5.40)。

2. 苏二段

苏二段(K_1s^2)有效烃源岩厚度分布在65~400m,凹陷中心厚度最大,哈日凹陷在哈4井—哈参1井—哈2井一带较厚,其他地区厚度为50~100m(图5.41)。

3. 苏一段

哈日凹陷与拐子湖凹陷苏一段(K_1s^1)有效烃源岩厚度分布在12~122m,厚度不大,巴北凹陷及乌兰凹陷沉积中心,厚度一般大于20m。有效烃源岩厚度等值线整体呈北东-北北东向展布,整体与沉积相的展布基本一致(图5.42)。

4. 巴二段

巴二段(K_1b^2)有效烃源岩主要分布在哈日凹陷及拐子湖凹陷，厚度分布在 0～200m，平均厚度在 80m 左右；巴北凹陷沉积中心巴二段有效烃源岩厚度也可达 50m 以上(图 5.43)。

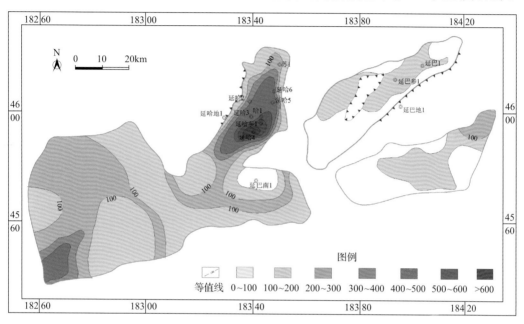

图 5.40　银额盆地苏红图拗陷下白垩统银根组有效烃源岩厚度平面分布图(单位：m)

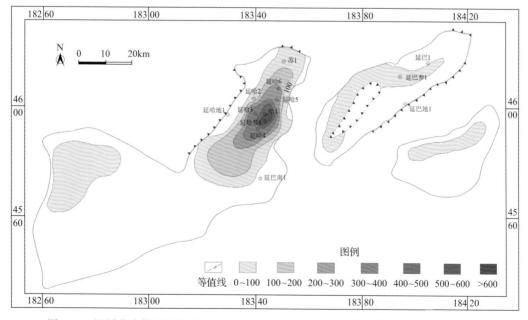

图 5.41　银额盆地苏红图拗陷下白垩统苏二段组有效烃源岩厚度平面分布图(单位：m)

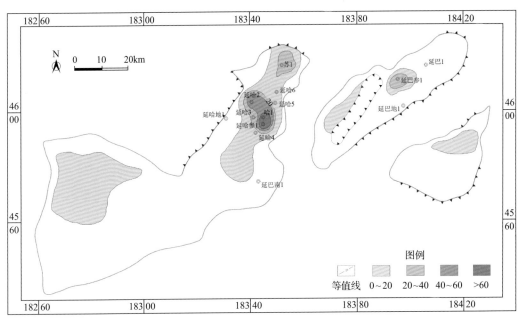

图 5.42 银额盆地苏红图拗陷下白垩统苏一段有效烃源岩厚度平面分布图（单位：m）

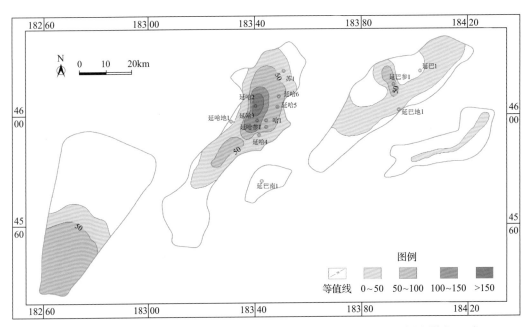

图 5.43 银额盆地苏红图拗陷下白垩统巴二段有效烃源岩厚度平面分布图（单位：m）

5. 巴一段

有效烃源岩厚度平面等值线图显示，巴一段有效烃源岩在哈日凹陷及拐子湖凹陷厚度一般为 0~180m，凹陷中心厚度较大，最大可达 180m，拐子湖凹陷南部厚度较大。巴北凹陷及乌兰凹陷沉积中心，厚度一般小于 50m，有效烃源岩厚度等值线在呈北东—北北东向展布，整体与沉积相的展布基本一致(图 5.44)。

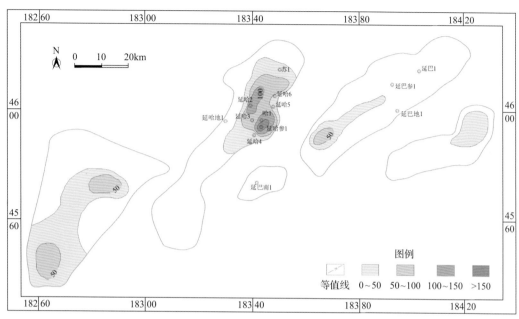

图 5.44　银额盆地苏红图拗陷下白垩统巴一段有效烃源岩厚度平面分布图(单位：m)

5.6　烃源岩综合评价

1. 哈日凹陷

哈日凹陷主要发育银根组、苏红图组、巴音戈壁组和二叠系四套烃源岩(表 5.27) (陈治军等，2017)。银根组暗色泥岩厚度较大，普遍在 200～600m，占地层厚度百分比为 70%～100%，主要为一整套深灰色、灰色含气荧光白云质泥岩或泥质白云岩。银根组 TOC 大于 1.0%的数据点占总数据的 75%以上，反映了银根组烃源岩有机质丰度高，为好的烃源岩。有机质类型偏腐泥型，以为 I-II_1 型。热演化程度较低，处于未成熟—低成熟生油阶段。

苏二段暗色泥岩厚度较大，普遍在 85～578m，占地层厚度百分比为 54%～99%，烃源岩主要为深灰色、灰色灰质泥岩、泥灰岩等。各井 TOC 平均值分布在 0.82%～2.1%，苏二段 TOC 大于 1.0%的数据点占总数据的 50%以上，整体处于好的生油岩范围。

苏一段暗色泥岩厚度 8～170m，占地层厚度百分比为 1%～40%，烃源岩发育较弱，主要以深灰色、灰色灰质泥岩、凝灰质泥岩为主。各井 TOC 平均值分布在 0.43%～1.44%，苏二段 TOC 大于 1.0%的数据点占总数据的 15%左右，表明哈日凹陷苏一段烃源岩较差。苏红图组有机质类型在哈日凹陷主要以腐殖—腐泥型或腐泥—腐殖型为主，即以 II_1-II_2 为主，同时存在少量III型干酪根。苏红图组 R_o 为 0.55%～1.2%，总体处于低熟—成熟生烃阶段。

巴二段暗色泥岩厚度较大，平均厚度大于 300m，占地层百分比大于 50%，烃源岩主要以深灰色、灰色含气灰质泥岩、凝灰质泥灰岩为主。各井 TOC 平均值分布在 0.20%～1.15%，为主要生油层段之一。

巴一段暗色泥岩厚度相对较大，平均厚度约为 150m，占地层百分比为 30%，烃源岩主要为深灰色、灰色灰质泥岩。各井 TOC 平均值分布在 0.06%～1.71%，可除延哈 4 井 TOC 较低，其他井有机质丰度均较好。有机质类型为混合型，从 I 型至 III 型均有分布，不同井有机质类型变化较大，在整个研究区主体以腐殖—腐泥型或腐泥—腐殖型为主。巴音戈壁组组烃源岩 R_o 为 0.8%～1.8%，至巴音戈壁组底部，R_o 基本都在 1.0% 以上，有机质成熟度处于成熟生油—热裂解生湿气阶段。

二叠系暗色泥岩厚度变化较大，部分地区不存在二叠系烃源岩，而在局部地区(延哈 3 井、延哈 5 井)可见 100m 厚的暗色泥岩。平均 TOC 小于 0.4%，烃源岩发育较差。有机质类型偏腐殖型，以 II_2、III 型为主。二叠系烃源岩热演化程度差异较大，钻井样品 R_o 分析分析结果显示，R_o 普遍大于 1.25%，在部分地区局部可达 2.0%，处于热裂解生湿气—生干气演化阶段。

2. 巴北凹陷

银根组暗色泥岩厚度在 100m 左右，占地层厚度百分比在 28% 左右，以深灰、灰、灰黄含灰泥岩、粉砂质泥岩为主(表 5.27)。地化录井获得的 TOC 平均值为 0.47%。总体来说，银根组有机质丰度不高，烃源岩好—差均有。有机质类型偏腐泥型，以 I-II_1 型为主。热演化程度较低，处于未成熟—成熟生油阶段。

表 5.27 银额盆地苏红图拗陷烃源岩有机地化统计表

烃源岩层段		哈日凹陷					巴北凹陷				
		有机质丰度 TOC/%	有机质成熟度 R_o/%	有机质类型	有效厚度/m	综合评价	有机质丰度 TOC/%	有机质成熟度 R_o/%	有机质类型	有效厚度/m	综合评价
银根组		2.75	0.58	I、II_1	429.05	好	0.47		I、II_1	4.61	差—中等
苏红图组	苏二段	1.39	0.75	II_1、II_2、III	276.1	好	0.381	0.655	II_1、II_2、III	28.22	差
	苏一段	0.87	0.82	II_1、II_2、III	35.88	中等-差	0.25	0.809	II_1、II_2、III	37.71	非
巴音戈壁组	巴二段	0.76	1.03	I、II_1、II_2、III	89.7	中等	0.38	0.868	I、II_1、II_2、III	72.98	差—中等
	巴一段	0.97	1.19	I、II_1、II_2、III	82.07	中等-好	0.2	1.24	I、II_1、II_2、III	0	非
二叠系		0.40	1.53	II_2、III	5.21	差	0.57	1.47	II_2、III	64.27	差—中等

苏二段暗色泥岩厚度在 120m 左右，占地层厚度百分比为 24% 左右，以深灰色、灰色、灰黄色、褐黄色泥岩、粉砂质泥岩为主，夹棕黄色砂质砾岩，暗色泥岩厚度不大。

苏二段平均 TOC 为 0.29%，大于 1.0%的数据点占总数据不到 5%，苏二段有机质丰度不高，烃源岩发育较差，在下部层位 TOC 含量大于 0.4%的厚约 30m，可能成为生油岩段。

苏一段暗色泥岩厚度在 50m 左右，占地层厚度百分比在 24%左右，以灰色泥岩、砂质泥岩为主。苏一段平均 TOC 为 0.25%，TOC 小于 0.4%占总数据的 65%左右，巴北凹陷苏一段烃源岩发育较差。巴北凹陷苏红图组有机质类型 II_1、II_2、III 型均有，总体来说偏腐殖型。苏红图组 R_o 值为 0.5%～0.9%，演化程度低—高，处于低熟—中成熟生烃阶段。

巴二段暗色泥岩也较为发育，厚度在 300m 左右，占地层厚度百分比在 70%左右，以灰黑色、灰色泥岩为主。巴二段平均 TOC 为 0.38%，延巴参 1 井大于 1.0%的数据点占总数据的 10%左右，烃源岩地球化学参数纵向分布显示较差—好烃源岩厚度约 100m 左右，可能为可能的生油岩段。

巴一段暗色泥岩也较为发育，厚度在 200m 左右，占地层厚度百分比在 60%左右，以深灰色、灰色砂质泥岩和泥岩互层为主，全段均有分布。TOC 平均值为 0.20%，有机质丰度较差，基本不存在 TOC 大于 0.4%的烃源岩层段，烃源岩发育差。有机质类型为混合型，从 I 型到 III 型均有分布，不同井有机质类型变化较大，在整个研究区主体以腐殖—腐泥型或腐泥—腐殖型为主。巴音戈壁组 R_o 为 0.9%～1.3%，整体处于成熟—高成熟—生湿气阶段。

二叠系暗色泥岩相对较为发育，厚度在 250m 左右，占地层厚度百分比在 34%左右，主要为深灰色、灰色的泥岩与粉砂质泥岩、砂质泥岩。TOC 平均值为 0.37%，TOC 大于 0.4%的层段约 60m，说明在二叠系一定层段上，存在一些较差—较好类型的烃源岩。干酪根类型以 II-III 型为主。二叠系烃源岩 R_o 大于 1.5%，热演化程度相对较高，基本处于热裂解生湿气阶段。

第 6 章

构造热演化史与生排烃史

烃源岩热演化史及生烃史恢复一直是盆地分析及石油地质研究领域的热点及难点之一(赵重远等,1990,2002;任战利和张小会,1995;任战利等,1998,1999,2001,2014a)。沉积盆地构造-沉积演化控制着盆地沉积-沉降的快慢、抬升剥蚀量的大小、烃源岩的形成、分布,盆地热历史则与烃源岩的成熟演化、油气的生成与排烃历史密切相关(邱楠生等,2004;邱楠生,2005;任战利,1996;任战利等,2014b)。基于盆地构造演化与热历史研究的烃源岩热演化史及生烃史恢复可以确定烃源岩演化的阶段、油气生成的时间、生成的速率及累积量,进而估算盆地油气资源量(任战利和张小会,1995;任战利等,2008)。

本章利用磷灰石裂变径迹方法揭示了研究区中生代以来的抬升冷却历史,厘定了后期构造抬升的关键时间。基于镜质体反射率(R_o)最大古地温分析及现今地层测温,结合热史模拟,恢复了研究区中生界以来的热历史;以研究区构造演化、剥蚀厚度作为重要约束条件,建立典型井位(延哈参 1 井、延巴参 1 井)的地层埋藏史模型,结合热史模型、不同层位烃源岩地化参数,对苏红图坳陷西部中生界烃源岩层位的热演化史及生烃史进行模拟,分析研究区不同凹陷构造-沉积过程、古地温演化、油气热演化的阶段及油气生成时间,综合讨论研究区热历史与烃源岩热演化过程、热演化与油气分布的关系,为区域油气勘探提供依据。

6.1 磷灰石裂变径迹揭示研究区中生代以来的抬升冷却史

1. 尚丹凹陷磷灰石裂变径迹年龄对中生代以来抬升冷却的约束

磷灰石裂变径迹方法是进行盆地热演化及抬升冷却历史恢复的重要手段(Gleadow and Fitzgerald,1987;任战利,1995;Ren,1995;Ren et al.,1995,2000,2005,2015)。本次研究在苏红图坳陷周边的尚丹凹陷三条剖面露头采集了砂岩样品五块,分别位于尚丹凹陷的尚丹、山恨、查古尔剖面,样品均属于石炭系—二叠系阿木山组(图 6.1)。为保证做样时能分离出足够数量的磷灰石颗粒,每个样品的质量都在 2kg 以上。尚丹凹陷位于银额盆地及其邻区东南缘,北与宗乃山—楚鲁隆起相邻,南接雅布赖—乌拉山断裂,西南为苏亥图凹陷,东北为查干凹陷。

磷灰石裂变径迹分析首先将样品经粉碎研磨至 60~150 目(0.1~0.25mm)后,经传统方法粗选,再利用电磁选、重液选等手段,进行磷灰石单矿物提纯。将磷灰石颗粒置于玻璃片上,用环氧树脂滴固,然后进行研磨和抛光,使矿物内表面露出。在 25℃下用 7% HNO$_3$ 蚀刻 30s 揭示自发径迹,将低铀白云母外探测器与矿物一并放入反应堆辐照,之后在 25℃下 40% HF 蚀刻 20s 揭示诱发径迹,中子注量利用 CN5 铀玻璃标定(袁万明等,2004)。矿物的裂变径迹是用高精度光学显微镜,在高倍镜下测量,裂变径迹的正确识别至关重要。选择平行 c 轴的柱面测出自发径迹和诱发径迹密度,水平封径迹长度,依据 Green 建议的程序测定(Gleadow and Fitzgerald,1987)。根据 IUGS 推荐的常数法和

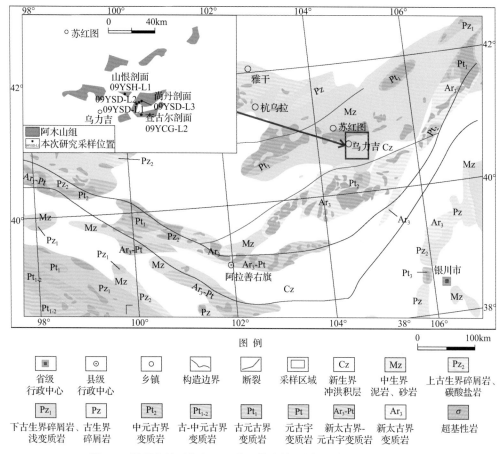

图 6.1　银额盆地石炭纪—二叠纪构造单元划分及剖面位置示意图

标准裂变径迹年龄方程计算年龄值(Hurford and Gleadow，1977；Hurford and Green，1982)，文中获得磷灰石的 Zeta 常数为 389.4±19.2。样品的分析处理由中国科学院高能物理研究所完成，分析结果如表 6.1 所示。

表 6.1　银额盆地尚丹凹陷磷灰石裂变径迹样品测试结果

样号	层位	剖面位置及 GPS 坐标	n	ρ_s/(10^5/cm^2) (N_s)	ρ_i/(10^5/cm^2) (N_i)	P/%	中心年龄 /Ma (±1σ)	L/μm (N)
09YSD-L1			28	10.353 (1722)	11.021 (1833)	46.6	149±9	13.2±2.1 (112)
09YSD-L2		尚丹，N 40°46′30.0″，E104°50′15.4″	28	7.056 (1082)	6.873 (1054)	97.4	159±11	13.3±1.7 (99)
09YSD-L3	石炭系—二叠系阿木山组		28	9.874 (2210)	11.379 (2547)	0	129±10	12.7±1.7 (102)
09YSH-L1		山恨，N 40°49′29.7″，E104°44′50.9″	29	4.896 (476)	5.441 (529)	92.6	143±12	12.9±2.3 (91)
09YCG-L2		查古尔，N 40°43′14.1″，E104°48′00.2″	28	6.341 (857)	6.659 (900)	45.1	151±11	12.5±2.0 (106)

注：n 为颗粒数，ρ_s 为自发径迹密度，N_s 为自发径迹条数，ρ_i 为诱发径迹密度，N_i 为诱发径迹条数，P 为检验概率，年龄为径迹年龄±标准差，L 为平均径迹长度±标准差，N 为封闭径迹条数。

$P(x_2)$值(检验概率)是判别单颗粒年龄变化程度的有效途径,如果样品 $P > 5\%$ 时,可采用中心年龄来代表样品经历高温退火之后的真实抬升冷却年龄;如果 $P < 5\%$ 或者 $P = 0\%$ 时,其中心年龄属于比真实冷却年龄偏大的混合年龄,只能近似代表样品抬升冷却的最大年龄或物源碎屑的残存年龄记录(Galbraith,1981;袁万明等,2004),对这种情况,可结合单颗粒年龄雷达图、年龄分布图及年龄高斯拟合曲线等,对混合年龄进行分组解析,从而给出与不同年龄组分对应的最佳高斯拟合年龄,提供经历过不同构造热事件样品抬升冷却的准确年龄记录。本次研究五个样品 P 值除 09YSD-L3 样品以外,其余 4 个样品的 P 均大于 5%,说明绝大部分颗粒年龄均属单一来源,大部分样品中心年龄均可代表最近一次抬升冷却年龄(表 6.1)。

本次所有样品的中心年龄主要集中在 129Ma±10Ma～159Ma±11Ma,远小于样品所在地质体年龄,说明都经历了完全退火作用。

图 6.2 是磷灰石裂变径迹长度与长度标准差关系的判别图(Gleadow et al.,1986),从图中可以看出,本次试验的五个样品全都落在混合带中,其中 4 个样品还落在了混合带与未受干扰带的交汇部分。

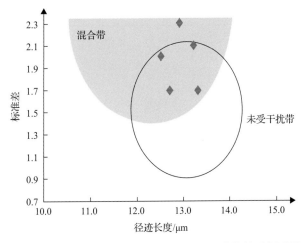

图 6.2　银额盆地磷灰石裂变径迹长度与标准差关系判别图

从裂变径迹长度数据来看,本次研究五个样品的径迹长度在 12.5μm±2.0μm～13.3μm±1.7μm,均小于初始裂变径迹平均长度 16.5μm。结合各样品径迹长度分布特征(图 6.3),可以看出,样品 09YCG-L2、09YSD-L1 和 09YSD-L3 径迹长度分布不对称、负偏峰型,出现短径迹尾,说明其具有类似的热历史,即在磷灰石裂变径迹开始时退火速率很快,之后,随着温度的降低,退火变得缓慢,属于简单的埋藏后较为漫长持续抬升过程;样品 09YSD-L2 径迹长度分布为不标准的单峰态,7μm 左右还存在一个不明显的峰值,说明其早期经历了退火,但退火程度不高,还不足以形成双峰型,其径迹长度和单颗粒年龄分布情况可推测该样品存在二次埋藏的过程;样品 09YSH-L1 径迹长度分布为双峰式,其径迹长度和单颗粒年龄分布情况可推测其存在更为复杂的二次甚至多次埋藏过程(康铁笙和王世成,1991)。说明这些样品可能经历了较为复杂的埋藏过程,但是最终保留了最后一次抬升冷却信息(韩伟等,2015a)。

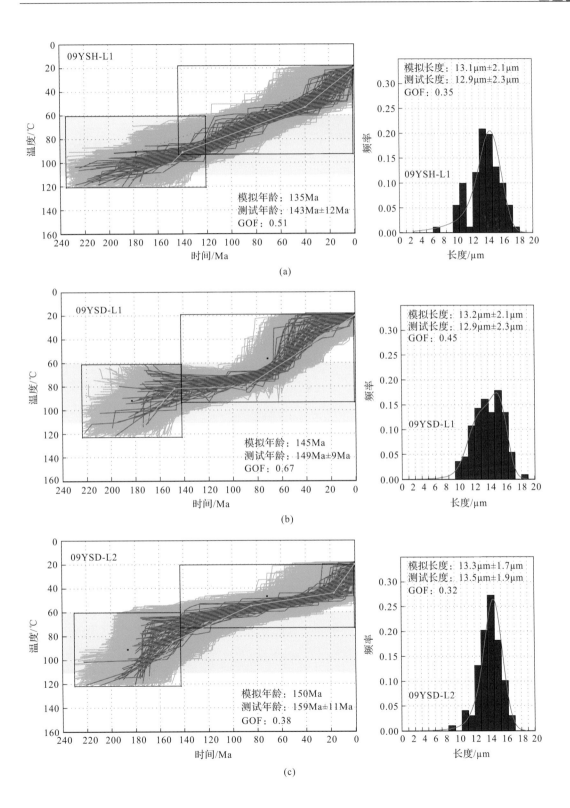

(a)

(b)

(c)

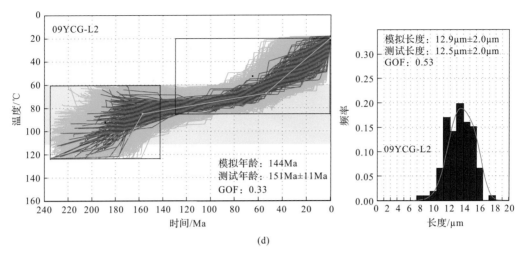

图 6.3 银额盆地尚丹凹陷磷灰石裂变径迹热史模拟图与径迹长度分布频率图结果

GOF 为径迹年龄模拟值与实测值的吻合程度

(a)09YSH-L1；(b)09YSD-1；(c)09YSD-L2；(d)09YCD-L2；

本次样品测试年龄远小于地质体年龄，因此认为本次样品磷灰石裂变径迹经历了热重置，只记录了最近一次构造抬升。结合样品裂变径迹分布的单峰型特征和记录的年龄，认为这五个样品在晚侏罗世之前温度达到退火温度(120℃左右)及以上，之后逐渐抬出部分退火带底界，并开始记录年龄。将本次五个样品磷灰石裂变径迹的中心年龄进行统计，本组样品记录了 129～159Ma 期间阿木山组抬离了封闭温度，说明在这一时期或更早研究区发生了抬升，对应晚侏罗世—早白垩世，主要对应晚侏罗世的抬升事件。

磷灰石裂变径迹方法在获得沉积盆地沉降/抬升有关的表观年龄的同时，还可以通过模拟技术获得一段温度随时间变化的低温热历史(Brandon，1996)。由于 09YSD-L3 的 $P(x_2)$ 值为 0，其年龄为混合年龄，不具备模拟意义。本节研究运用 Hefty 软件，对其余四个样品进行热史模拟，拟合次数选取 100000，模拟温度从高于裂变径迹退火带底部温度到现今地表温度 20℃，模拟时间从测试结果附近开始。模拟框纵向的选定，左下是根据磷灰石裂变径迹退火带的温度来限定，右上是根据退火带温度上限到现今地表温度来限定，模拟框横向均选择较宽，为了便于软件寻求最佳模拟方案(图 6.3)。

热史模拟过程中，"K-S 检验"表示径迹长度模拟值与实验值的吻合程度；"年龄 GOF"代表径迹年龄模拟值与实测值的吻合程度，若"年龄 GOF"和"K-S 检验"都大于 5%时，表示模拟结果"可以接受"，当值超过 50%时，模拟结果则是"高质量的"。模拟结果显示四个样品的"年龄 GOF"和"K-S 检验"全部大于 5%，部分超过 50%，模拟效果较好(图 6.3)。

由热史模拟可以看出，四个样品的模拟结果较为一致，均在中—晚侏罗世之前达到最大埋深即最大古地温，之后在 180～160Ma 经历了短暂的快速抬升，进入磷灰石退火带温度范围(120℃左右)。此后，模拟结果大致分为两类：一类是 09YSH-L1，非常快速的大幅度抬升之后，持续冷却至今，在 60Ma 前后冷却抬升出退火温度上限(60℃)；第二类是其余三个样品，经历了之前幅度较大的抬升之后，较长时间内温度保持极为缓慢的降低，在 60～80Ma 经历再次幅度较大的抬升冷却，并退出退火温度上限即生油门限温度，并持续至今，期间并无强烈的构造抬升。

　　总之，本节样品的热史模拟整体提供了两个线索：一是均在 180～140Ma 经历了较快的抬升冷却，二是在 60～80Ma 发生了较快抬升。

　　通过对尚丹凹陷阿木山组样品的磷灰石裂变径迹分析，结合对研究区构造演化背景研究，发现晚侏罗世的抬升事件与研究区构造演化有很好的对应关系。研究区在晚侏罗世末期发生构造运动，该期构造运动是该区中新生代表现最为强烈的一次，野外观测时发现存在侏罗系与白垩系之间广泛的不整合接触(图 6.4)。晚侏罗世开始抬升，遭受剥蚀。本次样品主要记录的 129～159Ma 这一时间段与燕山Ⅲ幕构造运动相符，说明研究区受本期构造运动影响显著。

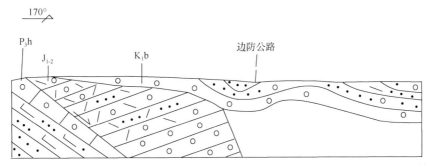

图 6.4　银额盆地侏罗系与上、下地层之间接触关系

　　对银额盆地尚丹凹陷三条剖面上五个样品的磷灰石裂变径迹开展研究，其年龄在 129～159Ma(晚侏罗世—早白垩世初)，为冷却年龄，主要记录了研究区受燕山Ⅲ幕构造运动影响的抬升、剥蚀的构造事件。

　　2. 巴北凹陷磷灰石裂变径迹年龄对新生代以来抬升冷却的约束

　　在苏红图拗陷巴北凹陷延巴参 1 井采集砂岩样品六块，样品层位为下白垩统，裂变径迹分析结果如表 6.2、图 6.5 所示。

表 6.2　内蒙古银额盆地苏红图拗陷巴北凹陷延巴参 1 井磷灰石裂变径迹样品测试结果

样号	层位	GPS 坐标	采样深度/m	n	$\rho_s/(10^5/cm^2)$ (N_s)	$\rho_i/(10^5/cm^2)$ (N_i)	$P/\%$	中心年龄/Ma($\pm1\sigma$)	$L/\mu m$ (N)
L1			1486.7	35	3.071 (732)	17.141 (4086)	72.7	49±3	12.3±1.5 (101)
L2			1488.2	35	2.826 (574)	16.771 (3406)	2.7	47±4	11.7±1.9 (45)
L3	下白垩统	N 42°16′01.2″, E100°05′09.9″	1690	35	1.57 (584)	13.06 (4859)	0.2	36±3	11.7±1.9 (72)
L4			1861.9	35	2.088 (655)	17.18 (5389)	93.8	35±2	10.8±1.9 (80)
L5			1863.2	35	1.51 (488)	14.292 (4618)	7.3	31±2	10.9±1.8 (102)
L6			2025.4	35	1.797 (793)	19.233 (8489)	65.8	28±2	11±1.7 (103)

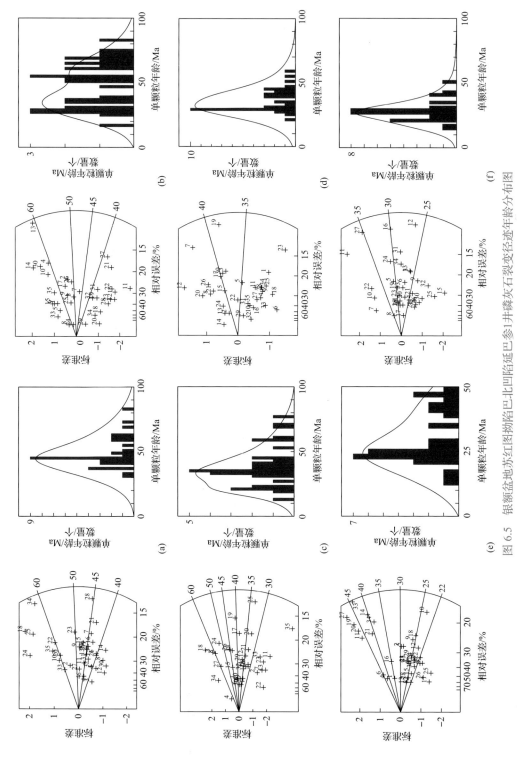

图 6.5 银额盆地苏红图拗陷巴北凹陷延巴参 1 井磷灰石裂变径迹年龄分布图

(a) L1；(b) L2；(c) L3；(d) L4；(e) L5；(f) L6。每个样品左侧图为单颗粒年龄分布雷达图，右侧图为单颗粒年龄分布直方图

　　本节研究六个样品 P 值除样品 L2、L3 以外，其余四个样品的 P 值均大于 5%，说明大部分样品中心年龄均可代表最近一次抬升冷却年龄(表 6.2、图 6.5)，但是从单颗粒年龄分布直方图中可以看出这些样品年龄分布不是非常集中，可能代表样品经历过一定程度的干扰。

　　从表 6.2 可以看出六件样品的中心年龄主要集中在 28Ma±2Ma～49Ma±3Ma，均小于样品所在地质体年龄，说明都经历了完全退火作用。且有自下而上年龄逐渐变大的趋势，显示本次构造运动影响是整体性的抬升，上部层位先进入退火带。且根据 L1、L6 两个样品的深度值与记录抬升时间可大致算出这一期构造活动的抬升速率为 25.7m/Ma。

　　图 6.6 是磷灰石裂变径迹长度与长度标准差关系的判别图(Gleadow et al.，1986)，从图中可以看出，本节试验的六个样品中五个样品落在了混合带，只有一个样品落在混合带与未受干扰带的交汇部分中，说明本节试验的样品年龄大多经受过一定程度的干扰，这与图 6.5 中单颗粒磷灰石年龄分布情况相一致。

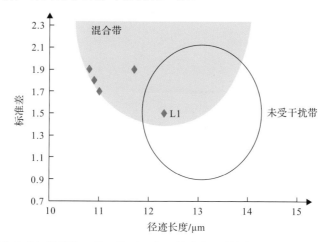

图 6.6　银额盆地苏红图拗陷巴北凹陷延巴参 1 井磷灰石裂变径迹长度与标准差关系判别图

　　从裂变径迹长度来看，本次研究六个样品的径迹长度在 10.8μm±2.3μm～12.3μm±1.5μm，均小于初始裂变径迹平均长度 16.5μm，且随样品深度变深，径迹长度也有降低的趋势，这是由于随埋深变深温度增高，磷灰石裂变径迹退火程度增大所致。结合各样品径迹长度分布特征(图 6.7)，可以看出，六个样品径迹长度分布主要为不标准的单峰态、稍显负偏峰型、出现短径迹尾，个别出现不很明显的双峰态(L5)，说明其具有类似的热历史。即在磷灰石裂变径迹开始时退火速率很快，之后，随着温度的降低，退火变得缓慢，属于简单的埋藏后较为漫长持续抬升过程(康铁笙和王世成，1991；周成礼等，1994)。

　　以上这些证据说明这些样品经历的埋藏过程较为简单，并保留了最后一次抬升冷却信息。结合样品裂变径迹分布的单峰型特征和记录的年龄，认为这六个样品所在的苏红图地区在早白垩世稳定沉降，沉积厚度较大，且达到退火温度(120℃左右)及以上。直到 49Ma 左右，逐渐抬出部分退火带底界，并开始记录年龄。将本次六个样品磷灰石裂变径迹的中心年龄记录了49~28Ma期间究区下白垩统被抬出了封闭温度，且自上而下经历年龄由老到新，说明盆地发生抬升，遭受剥蚀。本次抬升冷却受印度板块向欧亚板块的硬碰撞影响，说明49~28Ma影响范围已达内蒙古苏红图拗陷一带。

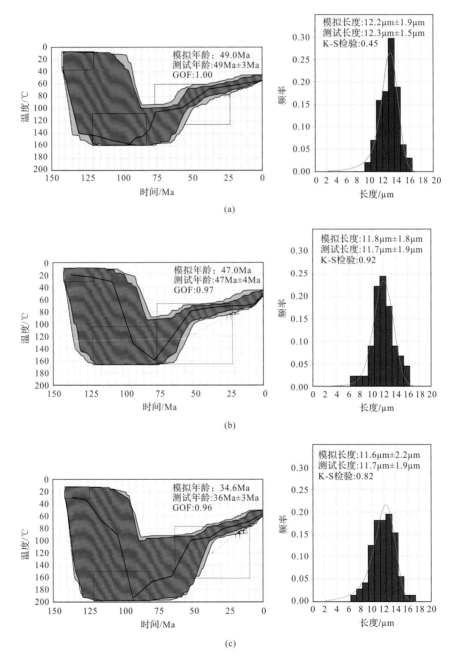

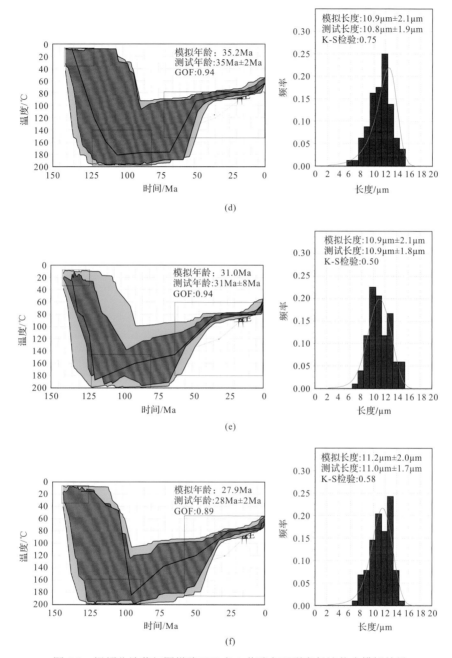

图 6.7　银额盆地苏红图拗陷延巴参 1 井磷灰石裂变径迹热史模拟结果

(a) L1；(b) L2；(c) L3；(d) L4；(e) L5；(f) L6

热史模拟结果显示六个样品的"年龄 GOF"和"K-S 检验"全部大于 5%，部分超过 50%，模拟效果较好(图 6.7)。

由热史模拟可以看出，六个样品的模拟结果较为一致，均在古近纪之前达到最大埋深即最大古地温，之后在 49～28Ma 以来经历了缓慢抬升，后期有加快的趋势。

通过对银额盆地苏红图拗陷周边及哈日凹陷钻井样品的磷灰石裂变径迹分析，可以明确地确定两期抬升可冷却事件：一期为 129±10~159±11Ma（主要为晚侏罗世），另一期为 49~28Ma。第一期晚侏罗世反映早白垩世断陷盆地发育之前的抬升冷却事件，后期 49~28Ma 反映新生代以来的抬升冷却事件，新生代 49~28Ma 以来断陷盆地内及周边地区均发生抬升冷却。裂变径迹数据反映的抬升冷却时期及过程对盆地热演化史恢复有重要约束作用。

6.2 研究区埋藏史恢复

沉积盆地的沉降过程及沉积物的堆积过程均会受到盆地构造演化的影响与制约。埋藏史模拟是进行沉积盆地的沉降、沉积物充填过程分析的有效手段之一。本次研究在上述构造演化过程及剥蚀厚度恢复的约束下，利用 BasinMod 软件建研究区延哈参 1 井、延巴参 1 井埋藏史模型。

自晚古生代以来，研究区构造演化主要可以分为三个阶段（表 6.3）。

（1）晚古生代：海陆（陆内裂谷）演化阶段，存在多期次的火山喷发和深成侵入岩体的广泛发育，在巴丹吉林裂谷盆地形成了巨厚的火山岩+碎屑岩+碳酸盐岩建造。

（2）中生代：陆内盆山构造演化阶段，侏罗系和白垩系是区内内陆盆地大规模伸展扩展的两个重要时期。

（3）新生代：盆地分割与局部断陷阶段，喜马拉雅期褶皱带再度挤压隆升并逆冲，拗陷区内相对下陷形成内陆盆地。

研究区自下而上主要发育晚古生代石炭系—二叠系、中生代以白垩系沉积为主，包括下白垩统巴音戈壁组、苏红图组、银根组及上白垩统乌兰苏海组，其中下白垩统巴音戈壁组及苏红图组分别可分为上下两段：巴一段、巴二段、苏一段、苏二段，沉积厚度较大。研究区主要经历过两次重大抬升剥蚀，晚古生代二叠系末期，受到印支运动的影响，研究区发生褶皱回返、抬升遭受剥蚀，导致研究区缺失三叠系和侏罗系。新生代以来，凹陷进入再次遭受抬升、剥蚀，缺乏新生代地层沉积。此外，下白垩统银根组与上白垩统乌兰苏海组之间也存在不整合面。

1. 利用 R_o 法恢复剥蚀厚度

剥蚀厚度的恢复是建立埋藏史模型的重要前提。本节研究主要根据研究区延哈参 1 井、延巴参 1 井两口井的 R_o 测值，利用镜质体反射率法进行剥蚀厚度的恢复。

随着埋藏温度的升高，有机质热演化程度逐渐增大，镜质体反射率数值变大，但当地层抬升冷却时，R_o 值不会随着温度的降低而减小，即镜质体反射率的热演化过程具有不可逆性。通过一定的换算关系可以恢复 R_o 记录的地质历史时期地层达到的最高古地温。根据这一特性，Dow（1977）提出利用不整合面上下构造层镜质体反射率差值来估算地层剥蚀厚度。

表 6.3 银额盆地地层时间年代表及主要构造事件

发生年龄/亿年	地层年代		代号	构造活动	构造变动大事件	盆地形成与构造演化	简要说明
	代	纪					
	新生代	第四系	Q	~喜马拉雅运动Ⅱ期	区域挤压逆冲	盆地分割与局部断陷阶段	更新世以来的差异升降运动奠定了现代盆山地貌的基础，山体割裂的中生代中小盆地
		新近纪	N₂—Q₁ N₂ N₁				
0.15		古近纪	E				喜马拉雅期褶皱带再度挤压隆升并逆冲，拗陷区相对下陷形成内陆盆地
	中生代	白垩纪	K	~喜马拉雅运动Ⅰ期		陆内盆山构造演化阶段	进入中生代后，控制和支配盆地形成与演化的地壳性质和构造体制发生了根本性的变化。从三叠纪开始，研究区全面进入陆内盆山构造演化阶段。侏罗纪和白垩纪是区内内陆盆地大规模伸展扩展的两个时期
0.233		侏罗纪	J₃ J₂ J₁		局部断陷		
0.65				~燕山运动Ⅲ期			
1.37		三叠纪	T		区域拗陷		
	晚古生代	二叠纪	P	~燕山运动Ⅱ期		海陆(陆内裂谷)演化阶段	多期次火山喷发和深成侵入岩体的广泛发育是这个发展阶段的重要构造特征。在巴丹吉林裂谷裂陷盆地形成巨厚的火山岩+碎屑岩＋碳酸盐岩建造。由北向南的超覆及广泛发育的浅海陆棚相、浅海碳酸盐岩台地与台地斜坡相沉积，代表了典型裂谷盆地的沉积特征
2.05		石炭纪	C	~燕山运动Ⅰ期	区域隆升		
		泥盆纪	D₃ D₁₋₂	~印支运动	裂谷裂陷盆地发育		
2.50	早古生代	志留纪	S	~晚华力西期运动	天山-蒙古洋闭合	洋陆(板块构造)演化阶段	南华纪洋壳开启，形成第一个盖层沉积。奥陶纪形成具有多岛弧盆系的大洋盆地(天山-蒙古洋-古亚洲洋的南支和秦祁昆大洋)。天山-蒙古洋中晚志留世—早泥盆世前陆盆地沉积的出现标志着碰撞造山的开始，中泥盆世碰撞型花岗岩的出现，则标志着碰撞造山作用的终结。阿拉善陆块、华北陆块、中南祁连陆块及南蒙古陆块连接在一起，形成大面积的新生陆壳
2.95		奥陶纪	O				
3.54		寒武纪	Є				
3.72	元古代	震旦纪		~早华力西期运动	天山蒙古洋形成与发育		
4.10		南华纪					
4.38			Pt₂₋₃				
4.90				~加里东运动		陆壳裂陷阶段	形成线状裂陷槽或裂谷盆地，晋宁运动后形成统一大陆，构成了研究区的沉积变质基底
5.43							
6.80			Pt₂	~晋宁运动	裂陷槽(或裂陷盆地)发育	结晶基底形成阶段	变形变质、固结硬化，形成原始古陆
10.00							
18.00			Ar₂	~吕梁运动 ~阜平运动			
25.00							

注："～"表示约。

随着镜质体反射率差值法的应用实践，国内有些学者已认识到了该方法的不足并提出了一些改进方法。胡圣标(1999)指出 Dow 提出的直接利用不整合面上下 R_0 数据估算的地层抬升规模与剥蚀量的方法缺乏一定的理论基础，利用该方法得出的结果并非不整合面地层剥蚀厚度，而是相当于正断层错动导致的地层缺失。陈增智等(1999)考虑再埋藏对不整合面上下镜质体反射率的影响程度不同，认为在埋藏的早期不整合面上部的镜质体反射率变化程度较快，而不整合面下部老地层的镜质体反射率则变化程度较小。当再埋藏作用进行到一定程度时，不整合面上下的镜质体反射率之间的差距会越来越小，甚至无法区分，则无法利用差值法来估算剥蚀厚度。因此，陈增智等(1999)提出了基于 R_0-TTI 法的镜质体反射率法进行地层剥蚀厚度恢复。佟彦明等(2005, 2006)在陈增智等(1999)的理论基础上, 对最高古地温法作了进一步发展, 提出了一种利用 R_o 数据恢复剥蚀厚度的新方法即 $\ln R_o\text{-}H$ 线性关系回归法, 依据间断面之下地层中保留下来的剥蚀前的成熟度剖面趋势线, 将其上延至古地表附近的 R_o 最小值即 0.20%处, 则该点在成熟度剖面中所代表的深度值为剥蚀前古地表相对于现今地表的深度, 其与间断面所在深度的差值即为地层剥蚀厚度, 这种新方法不仅具有最高古地温法的合理思想, 而且计算过程简单易行。

延哈参 1 井镜质体反射率(对数)与深度的关系表明, 两者之间存在一定的线性关系, 取地表 $\ln R_o$ 为–1.6 时, 其对应的晚白垩世以来的剥蚀厚度为 1520m 左右; 延巴参 1 井镜质体反射率(对数)与深度的关系表明, 深度 2000m 以上, 两者线性关系较好, 反推得到延巴参 1 井晚白垩世以后剥蚀厚度在 1400m 左右, 需要注意的是, 延巴参 1 井 2000m 左右确实存在晚古生代与中生代的不整合面, 但下部异常 R_o 可能并非由深埋藏后经剥蚀所造成的, 而是与晚古生代二叠系的差异动热演化有关(图 6.8)。

2. 利用声波时差法恢复剥蚀厚度

剥蚀后沉降未对早期(不整合面以下)地层压实规律造成破坏, 即未发生过补偿沉积过程, 是声波时差法恢复地层剥蚀厚度的前提条件(付晓飞等, 2004; 周路等, 2007), 其通常根据不整合面上下 R_o 与深度分布的分段性来判断。根据银额盆地构造演化过程及镜质体反射率法恢复的剥蚀厚度来看, 晚白垩世以后, 研究区基本处于抬升过程, 新生代沉积厚度为 0~50m, 厚度远小于不整合面的剥蚀厚度, 因此, 声波时差法在研究区适用。将声波时差与深度的线性关系反推至 620~650μs/m 处, 得到近似古地表, 并进一步根据与不整合面之间的差值确定剥蚀厚度。延哈参 1 井利用声波时差法恢复晚白垩世以来的剥蚀厚度为 1350m; 延巴参 1 井为 1370m, 两者与用镜质体反射率恢复的结果相接近, 结果较为可信。因此, 总的来看, 延哈参 1 早白垩世末至现今剥蚀量为 1370~1420m, 延巴参 1 井为 1385m 左右(图 6.8)。

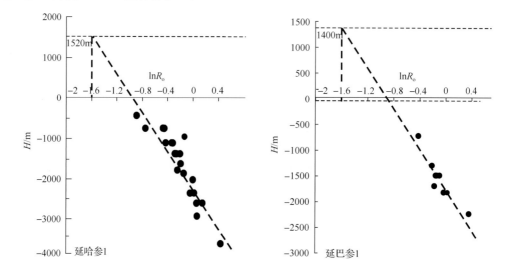

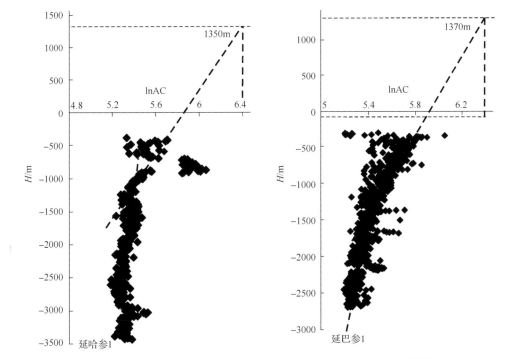

图 6.8　利用镜质体反射率推算延哈参 1 井(左)、延巴参 1 井(右)剥蚀厚度

3. 研究区埋藏史恢复

利用 BasinMod 软件建立了延哈参 1 井、延巴参 1 井埋藏史模型,模拟参数如下。

(1)模拟地层年龄以《国际地层表》为标准并借鉴研究区具体地层的沉积年龄。

(2)地层划分方案采用本次地层划分结果(表 6.4、表 6.5)。

(3)剥蚀厚度采用恢复结果,延哈参 1 早白垩世之后剥蚀厚度为 1420m。延巴参 1 井早白垩世之后剥蚀厚度分别取 1385m。

从模拟的埋藏史图中可以看出(图 6.9),延哈参 1 井、延巴参 1 井从中生界经历了多次沉积及剥蚀改造阶段,哈日凹陷与巴北凹陷烃源岩在 90~80Ma 埋藏深度达到最大,两口单井对应的最大埋深分别为 4900m、3500m。

表 6.4　银额盆地哈日凹陷延哈参 1 井模拟参数表

地层	地质年龄/Ma	深度/m	现今深度/m	岩性
乌兰苏海组	95	0	344.88	砂岩
银根组	100	344.88	569.26	白云岩
苏二段	107	914.14	594.89	砂泥岩
苏一段	110	1509.02	429.23	砂泥岩
巴二段	128	1938.25	851.02	砂泥岩
巴一段	135	2789.27	681.83	灰质泥岩

表 6.5　银额盆地巴北凹陷延巴参 1 井模拟参数表

地层	地质年龄/Ma	深度/m	现今深度/m	岩性
新生界	65	0	52.45	砂岩
乌兰苏海组	95	52.45	114.33	砂泥岩
银根组	100	166.78	400.92	砂泥岩
苏二段	107	567.70	511.93	砂泥岩
苏一段	110	1079.63	268.09	砂泥岩
巴二段	128	1347.72	442.27	砂泥岩
巴一段	135	1789.99	380.60	砂泥岩

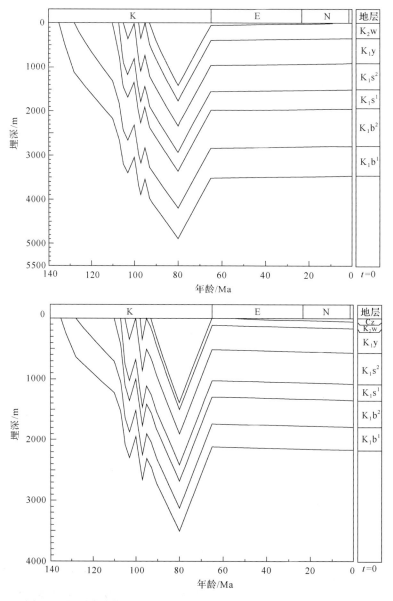

图 6.9　银额盆地苏红图拗陷延哈参 1 井、延巴参 1 井埋藏史演化图

早白垩世以来延哈参 1 井、延巴参 1 井具有相似的沉积-沉降过程(图 6.9、图 6.10)，整体上与初始断陷发育到随后长期的热沉降的构造背景一致，依据埋藏史模型及沉积速率的变化过程，将研究区中生代构造演化过程分为四个沉降阶段及四次剥蚀改造阶段。断陷盆地形成初期(135～110Ma)为第一期沉降阶段(图 6.10 中的 A)，沉积速率相对不大，延哈参 1 井、延巴参 1 井沉积速率分别在 90m/Ma、50m/Ma 左右。接着发生第二期盆地快速沉降(110～103Ma)(图 6.10 中的 B)，此时，断层活动幅度加强，沉积速率明显加大，延哈参 1 井、延巴参 1 井最大沉积速率分别在 450m/Ma、300m/Ma 左右。第一次剥蚀阶段发生在苏红图组沉积末(图 6.10 中的 a，103～100Ma)，剥蚀厚度约为 350m。第三期盆地快速沉降发生在银根组沉积时期(图 6.10 中的 C，100～97Ma)，沉积速率也相对较大，银根组沉积末(97～95Ma)发生了第二次抬升剥蚀，造成上下白垩统之间的区域不整合，剥蚀厚度约为 450m。晚白垩世开始，盆地开始了拗陷演化阶段，95～80Ma 为第四期沉降阶段(图 6.10 中的 D)，沉积速率不大，约为 100m/Ma，晚白垩世之后，盆地整体抬升，发生大规模抬升剥蚀，80～65Ma，剥蚀速率较大，剥蚀厚度在 1400m 左右(图 6.10 中的 c)，65～0Ma，盆地发生微弱抬升(图 6.10 中的 d)。整体来看，研究区中生界沉积速率较大，各井沉积速率演化趋势基本类似，但沉积量变化较大，且不同时期存在差异，呈现一定的阶段性，主要是与盆地整体拉张断陷作用过程中，控凹断层阶段性活动有关。

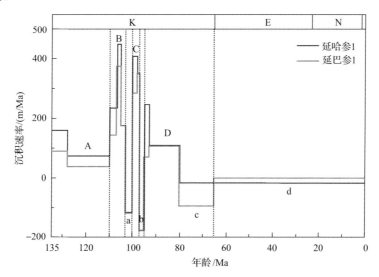

图 6.10　银额盆地苏红图拗陷哈日凹陷延哈参 1 井、延巴参 1 井沉积速率演化图
大写字母 A～D 代表沉积阶段；小写字母 a～d 代表剥蚀阶段

6.3　研究区现今地温场特征

温度与油气生成有着密切的关系，是控制油气生成、运移和聚集的重要因素之一，现今地温也是古地温场演化的最后一幕，是重建古地温演化史的基础(任战利和王小会，

1995；任战利等，2007，2008；邱楠生等，2005)。刻画现今地温场的物理量主要包括地层温度、地温梯度和大地热流分布特征等，常见的地温数据可分为钻孔系统连续测温、地层试油温度(DST)、孔底温度(BHT)、地层随压测试温度(MDT)等。上述各类温度数据中，系统连续测温数据、DST 及 MDT 数据比较可靠，它们构成了盆地地温场研究的主要数据。

本节采用延哈参 1 井试气过程中实测的地温数据，获得了延哈参 1 井现今地温梯度约为 34.2℃/km(表 6.6，图 6.11)，地层平均热导率取 2.15W/(m·K)(左银辉等，2013)，计算大地热流为 73.1mW/m^2，研究区现今地表及古地表温度约为 9℃。现今地温场研究结果与银额盆地其他拗陷及相邻盆地较为一致，银额盆地查干凹陷平均现今地温梯度为 33.6℃/km(左银辉等，2013)，二连盆地约为 35.0℃/km(任战利等，2000)。

表 6.6   银额盆地哈日凹陷延哈参 1 井温压数据表

深度/m	温度/℃	压力/MPa	深度/m	温度/℃	压力/MPa
0	12.6	21.37	2600	102.59	26.441
500	27.23	22.076	2650	104.71	26.859
1000	51.8	23.227	2700	106.09	27.324
1500	68.58	24.25	2800	108.64	28.249
2000	84.2	25.257	2900	111.59	29.183
2500	99.11	26.249			

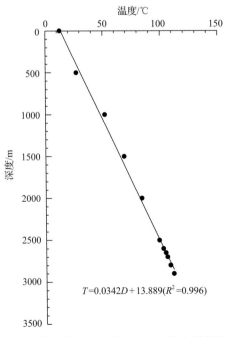

$$T = 0.0342D + 13.889(R^2 = 0.996)$$

图 6.11   银额盆地哈日凹陷延哈参 1 井实测井温资料

6.4　镜质体反射率剖面类型及古地温恢复

镜质体反射率是温度、时间的函数，有效记录了沉积地层经历的最高古地温，镜质体反射率值高低反映了烃源岩的成熟程度及构造带的改造状况。研究区不同地区石炭系—二叠系、白垩系热演化差异较大。

1. 烃源岩镜质体反射率变化特征

根据区内 24 条剖面(浅钻/井)130 件烃源岩样品的镜质体反射率分析结果可知，石炭系 8 条剖面中，3 条剖面的烃源岩 R_o 处于 0.7%～2.0%，2 条剖面烃源岩镜质体反射率 R_o 处于 2.0%～3.0%，3 条剖面(井)R_o 大于 3.0%(图 6.12)。

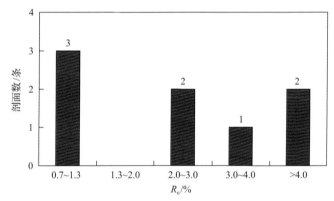

图 6.12　银额盆地石炭系烃源岩 R_o 分布图

资料来源：中国地质调查局西安地质调查中心. 2014. 银额盆地石炭系—二叠系地质调查报告
(银额盆地野外地质踏勘和剖面测量报告). 西安

银额盆地石炭系烃源岩镜质体反射率 R_o 处于 0.6%～4.6%，变化较大。264 界标和乌兰敖包剖面及祥探 9 井烃源岩 R_o 处于 0.6%～0.9%，261 界标、查古尔—尚丹、川吉哈达和大狐狸山等剖面 R_o 较高，大于 2.0%，尤其是芒罕超克、大狐狸山剖面及天 2 井烃源岩 R_o 最高，平均值分别达到 3.3%、4.6% 和 4.6%。

二叠系 14 条剖面(浅钻)中，5 条剖面(浅钻)烃源岩 R_o 处于 0.7%～2.0%，5 条剖面(浅钻)烃源岩 R_o 处于 2.0%～3.0%，3 条剖面 R_o 大于 3.0%，其中 11478-ZK02 浅钻烃源岩样品 R_o 最高，最大可达 5.3%(图 6.13)。区内二叠系烃源岩镜质体反射率 R_o 处于 0.8%～5.3%，其中，雅干埋汗哈达剖面埋汗哈达组烃源岩镜质体反射率 R_o 为 0.8%～1.2%，平均为 1.0%；杭乌拉剖面埋汗哈达组烃源岩镜质体反射率 R_o 为 0.7%～0.9%，平均为 0.8%；雅干埋汗哈达剖面阿其德组、11MH-ZK01 和 11AQ-ZK01 浅钻烃源岩 R_o 总体处于 1.0%～2.0%；雅干 478 剖面的 6 件样品中 3 件(S5、S11、S14)R_o 为 1.0%～1.5%，另 3 件(S18、S21、S24)R_o 为 2.6%～3.3%。其他剖面(古硐井菊石滩组、芦草井菊石滩组、尼除滚哲勒德哈尔苏海组、霍东哈尔哈尔苏海组、呼和音乌苏哈尔苏海组、灰石山东北哈尔苏海组和天 2 井二叠系)的烃源岩 R_o 均大于 2.0%，11478-ZK01 和 11478-ZK02 浅钻烃源岩样

品 R_o 最高，处于 4.1%～5.3%。二叠系烃源岩热演化程度差异较大，钻井样品 R_o 结果显示，R_o 普遍大于 1.25%，在部分地区局部可达 2.0%。野外露头剖面实测的 R_o 数据存在着较大的变化，研究区周边埋汗哈达、杭乌拉地区，二叠系(埋汗哈达组及阿其德组)烃源岩演化程度较低，分布在 0.8%～1.2%，平均值在 1.0%左右，而在霍东哈尔、蒙根乌拉等地，二叠系烃源岩(哈尔苏海组)镜质体反射率普遍高达 3.0%以上，反映了异常的高热演化程度。

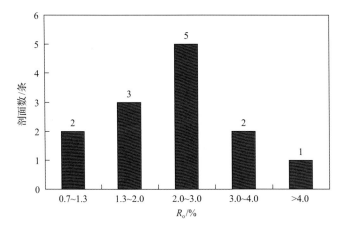

图 6.13　银额盆地二叠系烃源岩 R_o 分布图

资料来源：中国地质调查局西安地质调查中心. 2014. 银额盆地石炭系—二叠系地质调查报告
(银额盆地野外地质踏勘和剖面测量报告). 西安

按照构造变形和剥蚀强弱及烃源岩成熟程度，可将银额盆地构造变形改造与烃源岩演化程度划分为以下四种类型。

1) 强变形区高—过成熟烃源岩

研究采集野外露头地区样品主要来自石炭系—二叠系烃源岩，强变形区地层产状变化大，变形强烈。受构造动力作用影响，这类烃源岩大多热演化程度较高，可达过成熟状态。以大狐狸山剖面阿木山组烃源岩、灰石山东北哈尔苏海组烃源岩、11478 及 ZK01 哈尔苏海组烃源岩等为代表。

2) 弱变形区成熟—高成熟烃源岩

野外剖面变形较弱地区，地层产状较平缓，受构造动力作用影响有限，这类地区发育烃源岩大多热演化程度中等—较高，大多数为成熟—高成熟状态。以乌兰敖包剖面阿木山组烃源岩、杭乌拉剖面埋汗哈达组烃源岩等为代表。

3) 强剥蚀区成熟—高成熟烃源岩

银额盆地在后期形成了隆凹相间的构造格局，经历过海西末期构造变形，部分地区被抬升至地表，遭受强烈剥蚀，之后沉降接受中生界沉积。以祥探 9 井阿木山组烃源岩为例，该井石炭系—二叠系剥蚀厚度达到了 2305.0m，中生代该井所处构造位置背景稳定，但沉积厚度不大，这类地区烃源岩热演化程度推测在海西期构造抬升之前达到中等—较高，为成熟—高成熟状态。

4) 强剥蚀区后期强烈沉降后期达到过成熟烃源岩

银额盆地经历了海西期构造运动，区内部分地区构造变形强烈，剥蚀厚度大，随后接受巨厚的中生界沉积，如苏红图拗陷的哈参 1 井二叠系剥蚀厚度大，但其现今中生界底界埋深大于 2000m，说明其受中生代巨厚地层埋深影响较大，二叠系烃源岩热演化程度增加，达到过成熟状态。

综上所述，海西末期是古生代银额盆地自形成以来改造最强的一期构造改造运动，奠定了研究区的构造格局，构造应力主要是由北向南的挤压作用，石炭系—二叠系构造变形作用不同地区强弱有别，西部北山地区强于东部地区，恩格尔乌苏断裂带及其以北地区强于断裂以南地区。该期构造运动主要对石炭系—二叠系烃源岩的演化程度有重要影响，燕山期形成断陷盆地，叠加在古生代盆地之上，对断陷内石炭系—二叠系烃源岩的演化程度有重要影响，如苏红图拗陷接受了巨厚的中生界沉积，二叠系烃源岩达到了最大热演化程度，进入过成熟阶段。因此，燕山期构造运动对研究区的烃源岩热演化程度的影响在不同构造位置有一定区别。喜马拉雅期，研究区所受影响不大，对油气系统的影响亦有限。

综上所述，银额盆地发育石炭系—二叠系、白垩系多套烃源岩，其中中生界白垩系以低成熟—成熟烃源岩为主，古生界石炭系—二叠系以高成熟或过成熟烃源岩为主。

2. 镜质体反射率与深度变化剖面类型

镜质体反射率与深度剖面类型反映热演化史的差异，因此镜质体反射率与深度剖面类型分析在热演化史恢复中有重要作用。

将沉积盆地镜质体反射率剖面可划分为四种类型(Allen and Allen, 2005)：①似线型，表明地温梯度随时间呈连续而近于恒定的变化；②两段型，表明被热事件分开的两段具不同的地温梯度；③突变型，强烈的热扰动后转为正常，R_o 值突然中断或跳动，表明可能对应着较大地层间断的不整合；④过渡型，位于两段型与突变型之间。其中，两段型是恢复不同时期古地温及古地温场的理想剖面。

银额盆地发育石炭系—二叠系、白垩系在不同凹陷镜质体反射率与深度剖面类型不同，主要包括两种类型：一种为似线型(图 6.14)，大部分断陷为该类型，表明石炭系—二叠系烃源岩最高热演化程度是在后期达到的；另一种为两段型(图 6.15)，表明古地温不连续，下段地层最高热演化程度是在上覆地层沉积前达到的。

3. 应用镜质体反射率恢复古地温场

沉积盆地古地温场恢复的方法包括两种(任战利，1999；邱楠生，2005；任战利等，2007，2008)。一是热史恢复的盆地动力学方面，现已经建立了几种主要盆地的正演模型：①与伸展作用有关的弧后和大陆裂谷盆地；②与非造山期花岗岩侵入或变质作用有关的克拉通盆地；③与造山带前陆区岩石圈缩短和挠曲有关的前陆盆地；④与走滑或滑脱作用有关的拉分盆地。二是对古温标法中常用的多种古温标：磷灰石、锆石裂变径迹、(U-Th)/He、镜质体反射率等方法。古温标被认为是最为精确的研究方法，而在古温标法

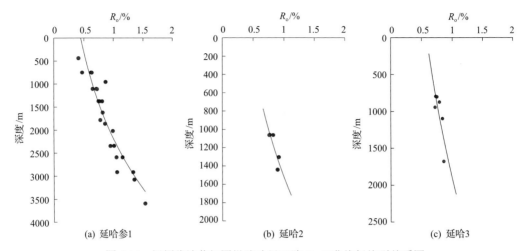

图 6.14　银额盆地苏红图拗陷哈日凹陷 R_o-H 曲线似线型关系图

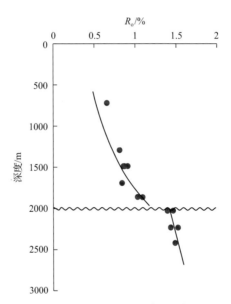

图 6.15　银额盆地苏红图拗陷巴北凹陷 R_o-H（深度）曲线两段型关系图（延巴参 1 井）

中，最常用的主要是镜质体反射率法，镜质体反射率有效记录了沉积地层经历的最高古地温，且不因后期构造抬升剥蚀而降低，作为有机质成熟度指标被广泛应用于盆地综合分析和油气地质的研究中。

前已述及，银额盆地苏红图拗陷延哈参 1 井及巴参 1 井晚古生代—中生代地层 R_o-H 曲线为似线型，同时代地层不整合面上下镜质体反射率随深度增加而增加，反射率与深度关系近似线性连续变化，不整合面上下无明显间断。埋藏史恢复表明，银额盆地苏红图拗陷中生代沉积较厚，大约在 90～80Ma 达到最大埋深，R_o-H 曲线斜率反映了研究区地层在早白垩世达到最大埋深时的古地温场状况，因此可应用研究区典型井的 R_o-H 曲线的斜率恢复白垩纪的古地温梯度。

根据推算过来的镜质体反射率值，采用 Barker-Pawlewicz 法（Brker and Pawlewiz，

1986)，即最大埋藏温度(T_{max})与平均镜质体反射率之间的关系式 $\ln R_o = 0.0096 T_{max} - 1.4$，得到研究区两口井最大古温度与深度的关系，进而，近似地求得井延哈参 1 井最大古地温梯度约为 4.06℃/100m，延巴参 1 井最大古地温梯度约为 4.67℃/100m(图 6.16)，均高于现今地温梯度。

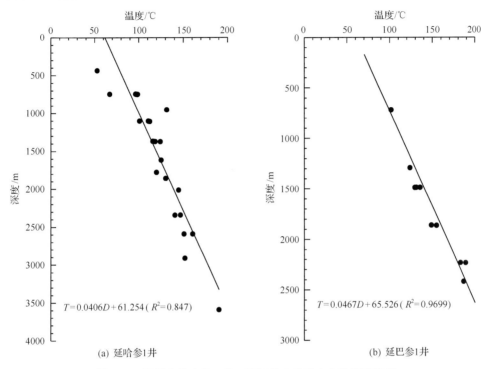

图 6.16　银额盆地哈参 1 井、延巴参 1 井最大古地温场特征

阿拉善地区在晚侏罗世—早白垩世发生强烈的裂陷作用，伴随有火山喷发，形成一系列彼此分隔的地堑、半地堑盆地，盆地呈北东方向展布。银额盆地中生代晚期地温梯度高，这与阿尔金断裂以东华北板块整体地温梯度高的特征一致，表明阿拉善地区中生代晚期存在一期区域性构造热事件(任战利，1998，1999，2000a，2001)(图 6.17)。阿尔金断裂以东的河西走廊地区、阿拉善地区、华北地区及东北区盆地地热梯度普遍较高，表明地壳深部热活动性最强。阿尔金断裂以东地热梯度普遍高于现今地热梯度，是中生代晚期构造热事件的反映。中生代晚期在阿尔金断裂以东的中国北方广大地区存在一期构造热事件，这次构造热事件具区域性，反映了地壳减薄及深部活动性增强(任战利，1998，1999，2000，2001)。

早白垩世以来，研究区地温梯度普遍较高，这与中国中东部北方大多数盆地中生代末以来相对较高的热背景基本一致(任战利等，2000a)，二连盆地白垩纪最大古地温梯度为 4.80～5.12℃/km(任战利等，2000)，银额盆地查干凹陷中生代晚期古地温热梯度在 42～56℃/km(左银辉等，2015)，酒西、花海盆地在 38～42℃/km(任战利和刘池阳，2000)，海拉尔盆地在 34～42℃/km(崔军平和任战利，2013)，鄂尔多斯盆地早白垩世末达到最大古地温，约为 40～50℃/km(任战利等，2007)，渤海湾盆地新生代断陷盆地形成初期，

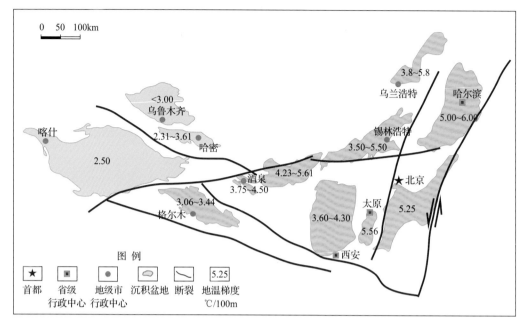

图 6.17 华北板块中生代晚期地温梯度对比图(据任战利，1998，1999)

最大古地温在 48～56℃/km(Xu et al.，2016)。事实上，地温场的异常变化能够在一定程度上揭示岩石圈深部活动过程，中国中东部北方大多数盆地，包括银额盆地，中生代以来，受库拉-太平洋板块向华北板块俯冲作用的影响，深部地幔活动性增强，伸展背景下软流圈上涌导致岩石圈减薄，形成了高的热状态背景。

6.5 构造热演化史及生烃史恢复

中国沉积盆地现今大多是由不同时代盆地叠合而成，由于处于不同的地球动力学系统中，所以不同时期盆地类型和热演化史是动态变化的。叠合盆地大多经历了多期次盆地的叠加和多期次构造的改造。早期盆地地温场的信息被抹去或改变在中国含油气盆地中普遍存在，特别是古生代含油气盆地更为明显和普遍。地温场信息的抹去或改造与盆地形态、范围等的改造往往没有可比性。盆地形态改造不一定意味着地温场的改造。按改造作用方式的不同，地温场信息可划分为四种类型：深埋改造型、热事件改造型、应力改造型和热流体改造型(任战利，1991，1995，1996，1998，2000，2014)。

由于不同类型盆地叠加及改造作用，叠合类型多样，叠合盆地热演化过程复杂，恢复叠合盆地的热演化史难度更大。叠合盆地内往往存在地层不整合面。地层不整合面常成为划分叠合盆地不同构造演化阶段和不同盆地热演化史阶段的分界面。任战利根据沉积盆地不同演化阶段地温场信息的记录、保持及后期叠加改造情况的不同，以盆地内不整合面上、下两段 R_o 直线是否能拟合为一条直线为例，从盆地叠加与改造对古地温场信息影响的角度出发，详细讨论了叠合盆地热演化史恢复的思路，提出了分演化阶段真实恢复叠合盆地热演化史的方法及思路(任战利，1991，1995，1996，1998，2014；任战利等，2007)。

根据叠合盆地热演化史的方法及思路对银额盆地进行构造热演化史恢复。银额盆地为古生代和中生代的叠合盆地，在石炭系—二叠系沉积之后经历了海西末期、印支期、燕山期和喜马拉雅期等多期次构造改造，后期的改造影响着烃源岩的热演化程度和油气保存条件。根据苏红图拗陷不同时期盆地类型、古地温实际资料及区域地温场演化特征（任战利，1999，2014a），结合前人对银额盆地其他凹陷古地温场研究结果（左银辉等，2014，2015），建立了研究区地温场演化模型，并且基于 BasinMod 模拟软件，调整地温场参数，使实测结果与模拟结果一致，最终得到研究区地温场演化模型（图 6.18）及热史演化过程（图 6.19、图 6.20）。

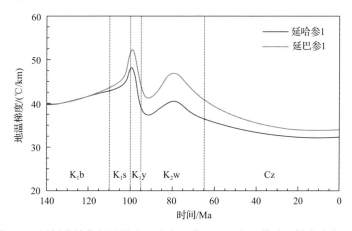

图 6.18　银额盆地苏红图拗陷延哈参 1 井、延巴参 1 井地温梯度演化历史

结果表明，自早白垩世开始，受断陷盆地拉张作用的影响，研究区地温梯度开始增大，巴音戈壁组沉积期（135～110Ma），地温梯度约为 40～42℃/km；苏红图沉积时期（110～103Ma），地温梯度增加速率加快，沉积末期达到 46～50℃/km；到银根组沉积期（100～95Ma），地温梯度达到最大，约为 48～53℃/km；随后，受早白垩世末构造抬升影响，地温梯度急剧下降，从乌兰苏海组沉积开始，地温梯度先增大到 40～46℃/km（92～80Ma），后逐渐降低，到现今地温梯度为 34℃/km（80～0Ma）。古地温场演化恢复的结果与前人通过裂变径迹法获得研究区的古地温场特征基本一致（左银辉等，2015），表明结果较为可信。热史演化过程表明（图 6.19），在晚白垩世末（85～80Ma），古地温达到最大值，巴音戈壁组底部温度在 170～190℃，古地温大小主要受地温梯度及埋藏深度影响。银额盆地中生代晚期地温梯度高与阿尔金断裂以东华北板块整体处于拉张背景，地温梯度高，存在一期区域性构造热事件一致（任战利，1999；任战利和赵重远，2011）（图 6.17）。

在埋藏史、热史恢复的基础上，结合烃源岩地化指标（氢指数 HI、TOC、干酪根类型），应用 BasinMod 盆地模拟软件，建立延哈参 1 井、延巴参 1 井烃源岩热演化史及生烃史模型，模拟的 R_o 与实测 R_o 吻合度较高，表明结果可信，此外，对研究区不同层位烃源岩生烃史、油气生成速率及累计产量演化历史进行了分析。

从延哈参 1 井热演化史图可以看出 [图 6.19(a)]，巴音戈壁组一段底部烃源岩在116Ma 左右进入生烃门限，R_o 达到 0.5%；110Ma，R_o 达到 0.7%，烃源岩进入中成熟生烃阶段，为生油高峰；在104Ma 左右，烃源岩 R_o 达到 1.0%，进入高成熟阶段；在 93Ma

左右，烃源岩进入热裂解生湿气阶段。巴二段底部烃源岩在 107Ma 左右进入生烃门限；在 100Ma 时 R_o 达到 0.7%，进入中成熟生烃阶段；在 90Ma 左右，烃源岩 R_o 达到 1.0%，进入高成熟阶段；在 82～0Ma 时，烃源岩处于热裂解生湿气阶段。巴二段上部烃源岩在 90Ma 左右，R_o 达到 0.7%，此后一直处于中成熟生烃阶段。苏红图组二段下部烃源岩在 90Ma 左右开始进入生烃门限，R_o 达到 0.5%；在 80Ma 左右，R_o 达到 0.7%，烃源岩进入中成熟生烃阶段并一直延续至现今。苏二段上部及银根组烃源岩热演化程度较低，长期处于未成熟—早成熟生烃阶段。

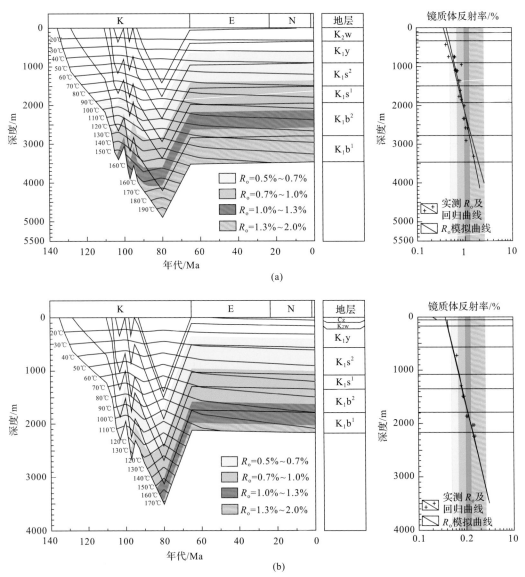

图 6.19　银额盆地苏红图拗陷延哈参 1 井和延巴参 1 井热演化史图

(a) 延哈参 1 井；(b) 延巴参 1 井

油气生成速率及累计产量演化历史分析表明(图 6.20)：巴音戈壁组一段烃源岩产烃速

率最大时期为 107～105Ma，最大产烃速率为 120mg/(gTOC·Ma)，最大产烃时期为 106～105Ma、88～85Ma，最大产烃速率为 23～25mg/(gTOC·Ma)，累计产烃速率分别为：300mg/gTOC、200mg/gTOC。巴二段烃源岩产烃速率最大时期分别为 97～95Ma、82～79Ma，累计产烃量分别为 140mg/gTOC、50mg/gTOC。苏红图组二段烃源岩热演化程度较低，主要以产烃为主，产烃速率最大时期为 80Ma 左右，累计产烃率约为 70mg/gTOC。银根组处于未成熟—早成熟生烃阶段，油气贡献微弱。

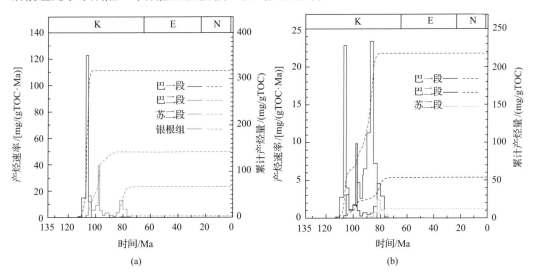

图 6.20　银额盆地苏红图拗陷西部延哈参 1 井产烃速率及累计产烃量演化历史

(a)延哈参 1 井产油速率与累计产油量；(b)延哈参 1 井产气速率与累计产气量。

折线代表生烃速率，点线代表生烃累计产量，不同层位烃源岩生烃速率及累计产量均以底部烃源岩为主

延巴参 1 井热演化史图[图 6.19(b)]揭示巴北凹陷烃源岩层位热演化程度相对较高，巴二段底部烃源岩在 105Ma 时 R_o 达到 0.5%，开始进入生烃门限，90Ma 进入中成熟阶段，82Ma 左右，R_o 达到 1.0%，开始进入高成熟阶段，此后一直持续到现今。巴二段上部烃源岩 100Ma 左右进入生烃门限，83Ma 达到中成熟生烃阶段。

早白垩世以来研究区较高的地温场对油气生成、成藏、富集起着非常重要的控制作用，热演化史恢复表明，研究区烃源岩均在乌兰苏海组沉积末期(晚白垩世)达到最大热演化阶段，苏红图组下部及之下地层较早地进入生烃门限，烃源岩持续生烃直到现今。高地温场与较快的沉积-沉降速率一起控制了烃源岩层位经历的古地温，导致研究区烃源岩生烃门限普遍较浅(<2000m)，有助于油气的生成。晚白垩世以来，研究区整体抬升、剥蚀改造，烃源岩成熟度基本不再增加。

6.6　研究区烃源岩排烃特征

油气生成之后并不是全部排出，而是在满足源岩的吸附量后在排驱压力的作用下才能排出。本次研究主要运用生烃潜力法研究烃源岩排烃特征，首先要收集 300℃前的低温解吸的自由烃含量，即烃源岩中原油的可溶烃含量(S_1)，550℃左右干酪根高温热解生

烃含量及其有关组分 (S_2)。但当存在早期生烃的母质时，S_1 和 S_2 的意义将发生变化，这正是不能直接用计算成熟油生烃量方法来计算未—低熟油生烃量的原因。该地区主力烃源岩有机质镜质体反射率 (R_o) 测定结果显示，下白垩统烃源岩镜质体反射率 R_o 基本大于 0.5%，均达到成熟生烃门限。

对于没有与外界发生物质交换的烃源岩来说，可转换成烃的有机质总量是一定的，包括三个部分：①尚未转换成烃的残余有机质；②残留于烃源岩中未排出的烃类；③可能排出的烃类。生烃潜量 (S_1+S_2) 始终为前两部分之和，它代表着烃源岩的总剩余生烃潜力，在烃源岩演化中使其减小的唯一原因就是烃源岩中有烃类排出。在实际有机质演化剖面上，随深度增大，生烃潜力指数 $[(S_1+S_2)/TOC]$ 一般呈先增大后减小的变化趋势 (图 6.21)。增大的原因是有机质在成岩作用阶段主要经历脱氧的过程，生成 CO_2，使烃源岩的总有机碳含量相对减少，而由大变小的转折点是排烃门限，生烃潜力指数的减小值即代表了排出烃量，即排出烃量就是烃源岩油气排出以前的原始生烃潜力指数与现今生烃潜力指数之差。根据 S_1、S_2 及残余有机碳含量 (TOC)，可建立烃源岩生烃潜力指数随埋藏深度的变化模式图，根据模式图可判别排烃门限、排烃率，排烃率由最大原始生烃潜力指数减去某深度的生烃潜力指数得出：

$$\mathrm{HCI_o} - \mathrm{HCI_p} \begin{cases} >0, & Z<Z_o(未进入排烃门限) \\ =0, & Z=Z_o(处于排烃门限) \\ >0, & Z>Z_o(进入排烃门限) \end{cases}$$

式中，$\mathrm{HCI_o}$ 为最大原始生烃潜力指数，mg/g；$\mathrm{HCI_p}$ 为现今任意演化阶段下烃源岩的生烃潜力指数，mg/g，Z 为埋深，m；Z_o 为最大原始生烃潜力所对应的埋深，m。

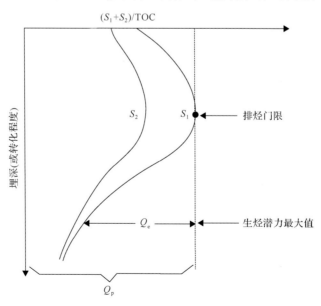

图 6.21　生烃潜力法研究排烃特征概念模型

Q_e 为各阶段源岩排出烃量；Q_p 为源岩生烃潜量

通过收集统计该区各主力烃源岩有机质热解（S_1、S_2、TOC）实验数据，利用生烃潜力法对研究区烃源岩排烃特征进行研究，绘制了研究区延哈参 1 井及延巴参 1 井生烃与排烃参数随深度变化图（图 6.22～图 6.24），可进一步分析主力烃源岩层的排烃门限，其中，哈日凹陷中生界排烃门限约为 1900m 左右，巴北凹陷中生界排烃门限约为 1400m。

延哈参1井

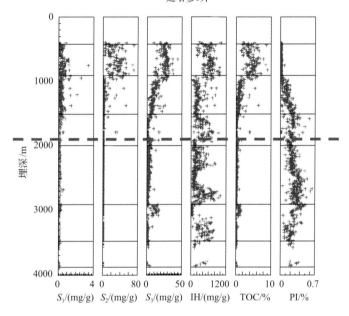

延巴参1井

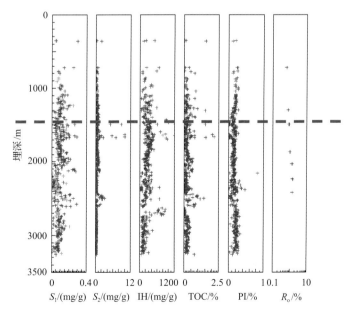

图 6.22　银额盆地苏红图拗陷延哈参 1 井、延巴参 1 井生烃与排烃参数深度变化图

PI 为产烃指数

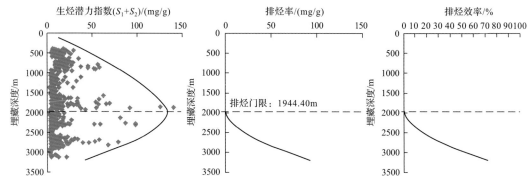

图 6.23　银额盆地哈日凹陷白垩系烃源岩排烃模式图

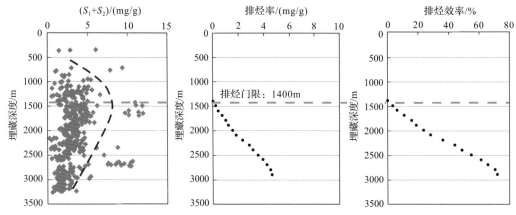

图 6.24　银额盆地巴北凹陷白垩系烃源岩排烃模式图

　　由以上排烃模式图可见，排烃门限之下随着烃源岩埋藏深度的增大及成熟度演化的进行，排烃率、排烃效率快速增加。

1. 哈日凹陷排烃特征研究

　　哈日凹陷排烃门限深度为 1944.4m，由此得到银根组及苏红图组没有进入排烃门限，几乎没有烃类排出，巴音戈壁组进入排烃门限。

　　1) 银根组

　　银根组暗色泥岩厚度较大，普遍为 200~600m，占地层厚度百分比为 70%~100%，主要为一整套主要深灰色、灰色含气荧光白云质泥岩或泥质白云岩；银根组 TOC 大于 1.0% 的数据点占总数据的 75% 以上，反映了银根组烃源岩有机质丰度高，为好的烃源岩；有机质类型偏腐泥型，以为 I-II$_1$ 型；热演化程度较低，处于未成熟—成熟生油阶段。由排烃模式图可见排烃门限深度为 1944.40m，银根组烃源岩尚未进入排烃门限，几乎没有烃类排出。烃源岩处于未成熟—低成熟阶段，且没有进入排烃门限，因此，该组生油岩对研究区油气聚集成藏几乎没有贡献。

　　2) 苏红图组

　　苏二段暗色泥岩厚度较大，普遍在 85~578m，苏一段暗色泥岩厚度 8~170m，有机质丰度高，苏红图组有机质类型在哈日凹陷主要以腐殖—腐泥或腐泥—腐殖型为主，即以 II_1-II_2 为主，同时存在少量III型干酪根；苏红图组 R_o 在 0.55%~1.2%，总体处于低熟—成熟生烃阶段，生烃潜力大。但是苏红图组底部刚达到生烃门限，因此，该组生油岩对研究区油气聚集成藏的贡献也很小。

3）巴音戈壁组

巴二段暗色泥岩厚度较大，平均厚度大于 300m，巴一段暗色泥岩厚度相对较大，平均厚度约为 150m。有机质类型为混合型，Ⅰ—Ⅲ均有，不同井有机质类型变化较大，在整个研究区主体以腐殖—腐泥或腐泥—腐殖型为主；巴音戈壁组组烃源岩 R_o 在 0.8%~1.8%，至巴音戈壁组底部，镜质体反射率（R_o）基本都在 1.0%以上，有机质成熟度处于成熟生油—热裂解生湿气阶段。该套烃源岩对研究区油气聚集成藏贡献很大。

4）二叠系

二叠系暗色泥岩厚度变化较大，部分地区不存在二叠系烃源岩，而在局部井区（延哈 3 井、延哈 5 井）可见 100m 厚的暗色泥岩；平均 TOC 小于 0.4%，烃源岩发育较差；有机质类型偏腐殖型，以 II_2、Ⅲ为主；二叠系烃源岩热演化程度差异较大，钻井样品 R_o 分析结果显示，R_o 普遍大于 1.25%，在部分地区局部可达 2.0%，处于热裂解生湿气—生干气演化阶段，且均处于排烃门限之下，但是烃源岩厚度小，有机质丰度低，对该井区油气藏的形成贡献较小。对于哈日凹陷其他井区的古生界地层而言，若暗色泥岩厚度发育，有机质丰度高，不排除存在可以为油气藏聚集成藏做出较大贡献的古生界烃源岩的可能性。

2. 巴北凹陷排烃特征研究

巴北凹陷排烃门限深度为 1400m，银根组和苏红图组对该区的生排烃意义不大，巴音戈壁组基本进入排烃门限。

1）银根组

银根组暗色泥岩厚度在 100m 左右，占地层厚度百分比在 28%左右，以深灰、灰、灰黄含灰泥岩、粉砂质泥岩、砂质砾岩为主。地化录井获得的 TOC 平均值为 0.47%，总体来说，其银根组有机质丰度不高，烃源岩好—差均有。有机质类型偏腐泥型，以为Ⅰ—II_1 型；热演化程度较低，处于未成熟—成熟生油阶段。由排烃模式图可见排烃门限深度为 1944.40m，银根组烃源岩尚未进入排烃门限，几乎没有烃类排出。烃源岩处于未成熟—低成熟阶段，且没有进入排烃门限，因此，该组生油岩对研究区油气聚集成藏几乎没有贡献。

2）苏红图组

苏红图组烃源岩发育较差。巴北凹陷苏红图组有机质类型 II_1、II_2、Ⅲ型均有，总体来说偏腐殖型；苏红图组 R_o 值在 0.5%~0.9%，演化程度低—高，处于低熟—中成熟生烃阶段。苏红图组底部刚达到生烃门限，因此，该组生油岩对研究区油气聚集成藏的贡献也很小。

3) 巴音戈壁组

巴音戈壁组暗色泥岩厚度较大，最后达到 300m，但有机丰度相对较低。巴一段暗色泥岩的 TOC 普遍小于 0.4%，未达到有效陆相烃源岩的标准。巴二段暗色泥岩的平均 TOC 为 0.38%，部分层段的泥岩 TOC 可达到 1.0%，具有一定的生烃物质基础。巴音戈壁组暗色泥岩的热演化程度较高，平均 R_o 为 1.09%～1.39%，处于成熟生烃阶段。因此该套烃源岩对巴北凹陷的油气聚集具有重要贡献，但整体上生烃、排烃潜力有限。

4) 二叠系

二叠系也发育较厚的暗色泥岩，最大厚度可达 250m，但总体上 TOC 相对较低，平均为 0.37%，大部分未达到 0.4% 的有效烃源岩指标。因此，尽管二叠系暗色泥岩的热演化程度较高，R_o 普遍在 1.5% 以上，具有一定生烃及排烃能力，但对巴北凹陷的油气聚集贡献微弱。

7.1 储层发育情况

银额盆地钻井已揭示出储层岩性类型多种多样，其中以火山岩和碎屑岩储层出现的最为频繁(房倩等，2014；刘爱永等，2014；魏巍等，2015；刘护创等，2019)。为了有效地识别这些地层中的潜在储层，优选出有利储层，笔者对研究区已见油气显示的储层类型进行了综合分析，8 口钻井(延哈参 1 井、延巴参 1 井、延哈 2 井、延哈 3 井、延哈 4 井、延哈 5 井、延巴南 1 井、拐参 1 井)的油气显示情况如表 7.1 所示。苏红图拗陷自石炭系至白垩系银根组均发现了油气显示，最浅埋深为 460m，最深为 3614m，气测异常显示最大达 99.99%，油气显示以荧光为主，其次为油迹，油斑较少，无油浸、油浸及饱含油等。总体表现为油气显示丰富，含油气层位较多，厚度较大。对比不同岩性及层位的油气显示情况发现，较有利的油气显示主要分布在白垩系银根组白云质泥岩、泥质白云岩，苏红图组细粉砂岩，巴音戈壁组砂岩、灰质泥岩、含灰泥岩及火山岩等。

表 7.1 银额盆地苏红图拗陷主要录井油气显示统计表

井名	井段/m	层位	气测异常	全烃值分布/%	荧光	油迹	油斑
延哈参 1	460～913	K₁y	453m/20 层	0.65～13.50	121.08m/6 层		
	965～1742	K₁s	39.12m/11 层	0.42～1.02	39.2m/11 层		
	2469～3077	K₁b	210m/26 层	0.22～10.26			
延巴参 1	1640～2069	K₁b	15.4m/9 层	0.091～1.077	7.4m/5 层		
	2541～3132	P	15.67m/7 层	0.779～7.896			
延哈 2	1035～1449	K₁b	103.84m/27 层	0.089～1.212	103.84m/27 层		
延哈 3	373～747	K₁y	114.41m/22 层	0.46～6.79	10.53m/2 层		
	883～1667	K₁s	7.00m/3 层	0.14～1.35	23.94m/11 层		
	1692～1959	K₁b	41.00m/7 层	0.29～3.29	75.16m/24 层	19.58m/11 层	
延哈 4	432～980	K₁y	258m/22 层	0.29～3.01	113m/5 层	2m/1 层	
	1260～1400	K₁s			21m/6 层	23m/12 层	
	2326～2820	K₁b	7.0m/3 层	0.42～1.01			
延哈 5	859～960.46	K₁y	10.00m/2 层	0.5～1.02			
	1972～3374	K₁b	189.72m/61 层	0.26～8.22			
	3438～3636	P	63m/2 层	0.147～1.819			
延巴南 1	1558～1560	P	1.8m/1 层	0.78			
	2612～2875	C	23.0 m/10 层	0.32～1.91			
拐参 1	2210～2456	K₁s	34.46m/21 层	0.023～1.81	8.16m/7 层	19.2m/8 层	5.1m/5 层
	3344～3614	K₁b	34.59m/15 层	0.26～99.99	3.62m/4 层	4.21m/2 层	21.76m/6 层

共统计研究区 4 口钻井(延哈参 1 井、延哈 2 井、延哈 3 井、拐参 1 井)8 个层段的试油试气情况(表 7.2),试油层段主要以巴音戈壁组为主,银根组次之,岩性主要为灰质泥岩、白云质泥岩、细砂岩,试油结果表明巴音戈壁组是目前该区获得油气突破的主要层系,其主要含油气储层为灰质泥岩、含灰泥岩、白云质泥岩及细砂岩、含砾细砂岩为主;银根组及苏红图组为潜在目的层。

表 7.2   银额盆地苏红图拗陷主要试油试气统计表

井名	层号	层段	深度/m	岩性	测井解释	结论	日产水/m³	日产油/m³	日产气/m³
延哈参 1	1	巴音戈壁组	2946.0～2951.0	含灰泥岩、灰质泥岩	含气层	气水同层	2.5		9.15 万(无阻流量)
	2	银根组	874～876、883～885、892～894	泥质白云岩	含油层	油干层		0.28	
	3	银根组	612～614、616～618、621～623、628～630	白云质泥岩	含油层、差油层	水层	5.4		
延哈 2	1	巴音戈壁组	1379～1382、1389～1392	含灰泥岩	干层	干层	0.4		
	2	巴音戈壁组	1302～1305	细砂岩	水层	干层	0.6		
	3	巴音戈壁组	1066～1070、1074～1081	灰质泥岩、白云质泥岩	含油层	油层	6.4	1.1	
延哈 3	1	巴音戈壁组	1892～1893.5、1896～1897.5、1901～1902、1906～1907、1911.5～1912.5	细砂岩	油气同层	油层	8.7	1.2	9.15 万(无阻流量)
拐参 1	1	巴音戈壁组	3420～3460	含砾细砂岩	油气层	油气层		56.17	7290

根据录井含油气显示及试油试气情况,认为研究区重点的有利储层主要包括以下四种(图 7.1):①白云质泥岩储层(银根组);②砂岩储层(苏红图组、巴音戈壁组、晚古生界);③含灰泥岩储层(巴音戈壁组);④火山岩储层(巴音戈壁组)。

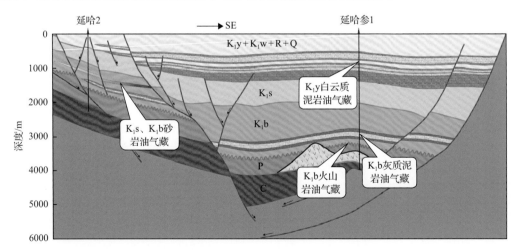

图 7.1   银额盆地苏红图拗陷主要油气藏分布剖面图

7.2　储层岩石学特征

岩性是储集空间发育的物质载体，也是影响储集层发育的重要因素之一，不同的岩石类型具有不同的孔隙面貌，因此，在油气储层研究与油藏评价过程中，储集层的岩石学特征研究是必不可少的基础(谭秀成等，2007；钟大康等，2012)。通过对现有资料的分析和系统的岩心观察、岩石薄片鉴定、扫描电镜、X 衍射分析等方法，分析了研究区各主要类型储层的岩石学特征。

1. 白云岩储层

研究区白云岩主要发育于银根组，分布面积较广，在哈日凹陷和拐子湖凹陷均发育，沉积厚度大，最大可达 252m(图 7.2)。白云岩储层中录井显示丰富，在哈日凹陷及拐子湖凹陷的多口井中均有发现。

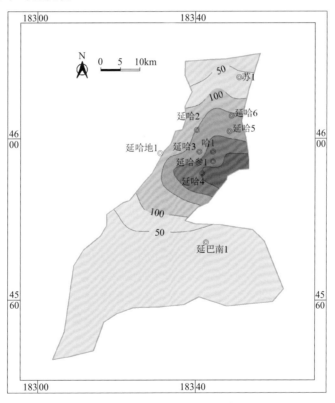

图 7.2　银额盆地哈日凹陷银根组白云岩厚度分布图(单位：m)

银根组白云岩以含白云石泥岩、白云质泥岩、含泥白云岩为主，白云石表现为微晶结构和中-细晶斑块结构(图 7.3)。

(1)泥晶结构。泥晶白云石(含铁或铁质)大小均匀，晶形较差，多呈球粒他形，与板片状泥级钠长石、少量的黏土矿物混杂沉积，构成泥质白云岩的基质部分。该基质部分含较多的黄铁矿。

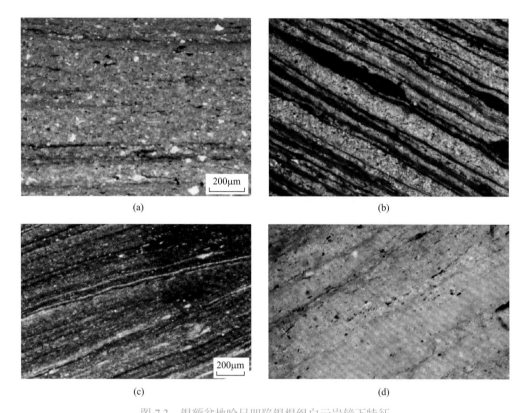

图 7.3　银额盆地哈日凹陷银根组白云岩镜下特征

(a) 延哈参 1 井，银根组，749.28m，含白云石岩；(b) 延哈 3 井，银根组，546.21m，白云质泥岩；(c) 延哈 3 井，银根组，468.03m，白云质泥岩；(d) 延哈 4 井，银根组，792.44m，含泥泥晶白云岩

（2）微晶结构。矿物为微晶白云石（含铁或铁质），含少量微晶的长石、钠沸石（其中微晶的长石、钠沸石在偏光镜下不易识别，但扫描电镜能谱分析测试数据显示含有该矿物），呈纹层状产出。

（3）中—细晶斑块状结构。该结构中的矿物组合类型较多，主要为钠沸石-黄铁矿组合，其次为钠沸石-铁白云石组合（铁白云石交代钠沸石）、钠沸石-水镁铁石-黄铁矿组合、铁白云石-水镁铁石组合、钠沸石-重晶石-黄铁矿组合较为少见。其中，钠沸石多呈晶形较好的中-细晶，正交光下多为一级灰白，可见一级浅黄、负低突起、一组解理完全、片状；铁白云石多为中—细晶，高级白干涉色、两组解理发育、正高突起。

构造特征以纹层状和热水碎屑状为主，第 1 类特征为纹层状，由微晶白云石（含铁或铁质）和少量微晶的长石（钠长石、钾长石）、钠沸石构成纹层和条带状，纹层厚度数厘米至数十厘米，显示出沉积韵律特征，局部发生同生变形，并与泥岩、白云质泥岩、有机质互层；第 2 类的特征为"斑块"，纵剖面上呈定向性分布，但横剖面上多为 1~3mm 大小的"斑块"均匀分布在泥质白云石基质中。

银根组白云岩中以铁白云石、斜长石和黏土为主，见方沸石、黄铁矿等典型热水矿物。X 衍射分析数据表明（图 7.4、图 7.5），银根组白云岩矿物组分变化较大，其中以白云石、斜长石、黏土矿物含量最高，白云石含量为 20.60%~90.40%，平均为 43.30%；

斜长石含量为 2.00%～29.70%，平均为 12.5%；黏土含量为 2.40%～48.80%，平均为 23.83%，含少量石英(1.40%～16.70%)及方解石(0%～5%)，局部还含有较丰富的方沸石(2.20%～37.60%)。黏土矿物以伊利石(46.00%～71.00%)和伊蒙混层(27.00%～51.00%)为主。

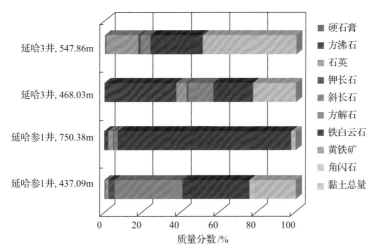

图 7.4　银额盆地哈日凹陷银根组白云岩成岩矿物组成

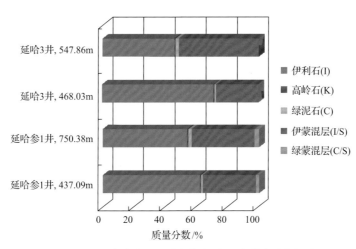

图 7.5　银额盆地哈日凹陷银根组白云岩黏土矿物组成

2. 砂砾岩储层

苏红图组砂岩以细粒、粉粒岩屑砂岩为主，含长石岩屑砂岩和长石砂岩；碎屑组分砂岩碎屑颗粒成分主要为石英、长石和岩屑(图 7.6、图 7.7)。石英含量最高为 35%，最低为 20%，平均为 27.5%；长石含量最高为 15%，最低为 7%，平均为 11%，岩屑含量最高为 26%，最低为 12%，平均为 19%。

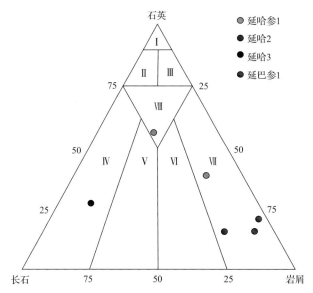

图 7.6　银额盆地苏红图拗陷下白垩统苏红图组砂岩岩性三角图(单位：%)

Ⅰ.石英砂岩；Ⅱ.长石石英砂岩；Ⅲ.岩屑石英砂岩；Ⅳ.长石砂岩；Ⅴ.岩屑长石砂岩；

Ⅵ.长石岩屑砂岩；Ⅶ.岩屑砂岩；Ⅷ.长石岩屑砂岩

图 7.7　苏红图组砂岩镜下特征

(a)延哈参 1 井，苏二段，1589.47m，白云质细砂岩；(b)延哈 3 井，苏一段，1290.75m，白云质细砂岩

巴音戈壁组砂岩以细粒、粗粒岩屑砂岩、长石质岩屑砂岩和岩屑质长石砂岩和长石砂岩为主[图 7.8，图 7.9(a)～(c)]。

古生界砂岩主要为粗粒岩屑砂岩或砾岩为主[图 7.9(d)、图 7.10]。

自下而上岩屑含量逐渐降低，长石和石英含量增加，但整体反映岩屑含量较高，成分成熟度较低的特征。砂岩填隙物主要为黏土矿物和碳酸盐矿物，苏红图组平均含量为30.46%，巴音戈壁组平均含量为 13.2%，古生界平均含量为 7.41%，地层由老至新，填隙物含量不断增大。黏土矿物以伊利石、高岭石、绿泥石、伊蒙混层和绿蒙混层为主。地层由老至新高岭石减少，绿泥石含量增加。碳酸盐矿物主要为白云石、方解石和菱铁矿。

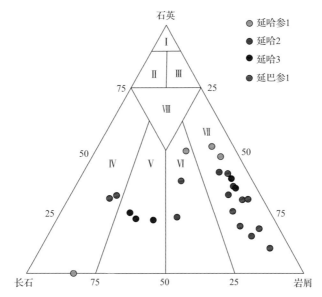

图 7.8　银额盆地苏红图拗陷早白垩统巴音戈壁组砂岩岩性三角图

I.石英砂岩；II.长石石英砂岩；III.岩屑石英砂岩；IV.长石砂岩；V.岩屑长石砂岩；

VI.长石岩屑砂岩；VII.岩屑砂岩；VIII.长石岩屑砂岩

图 7.9　银额盆地苏红图拗陷砂岩镜下特征

(a)延哈 4 井，巴一段，2582.48m，长石砂岩；(b)延哈 3 井，巴一段，1875.5m，油迹细砂岩；(c)延哈参 1 井，

巴一段，3076.44m，不等粒岩屑长石砂岩；(d)延巴参 1 井，二叠系，2552.5m，含气砂砾岩

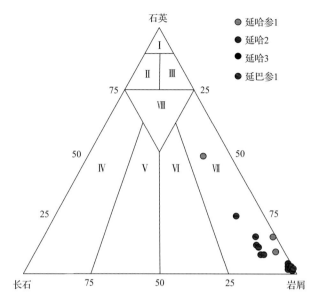

图 7.10　银额盆地苏红图拗陷古生界砂岩岩性三角图(单位：%)

Ⅰ.石英砂岩；Ⅱ.长石石英砂岩；Ⅲ.岩屑石英砂岩；Ⅳ.长石砂岩；Ⅴ.岩屑长石砂岩；
Ⅵ.长石岩屑砂岩；Ⅶ.岩屑砂岩；Ⅷ.长石岩屑砂岩

3. 灰质泥岩储层

巴音戈壁组泥岩储层主要以含灰泥岩、灰质泥岩、粉砂质泥岩为主，沉积厚度较大，最大达 808m，且多见油气显示，延哈参 1 井更获得了近 10 万 m^3/d 的测试产量。

巴音戈壁组灰质泥岩主要由细小的粉砂颗粒、微晶状碳酸盐和泥质组成，砂质颗粒多为 0.01～0.02mm，成分为石英和长石，溶蚀多被硅质、铁质和方解石充填(图 7.11)。

(a)　　　　　　　　　　　　　　　　　(b)

图 7.11　银额盆地苏红图拗陷灰质泥岩镜下特征

(a) 延哈参 1 井，巴音戈壁组，2910.10m，灰质泥岩；(b) 延哈 3 井，巴音戈壁组，1598.18m，灰质泥岩，硅质矿物充填溶孔

全岩矿物组分以黏土矿物、长石、石英为主，含少量黄铁矿、方沸石、方解石等，

脆性矿物含量较高，石英+长石含量平均为 39.64%。黏土矿物以伊利石为主（图 7.12、图 7.13）。

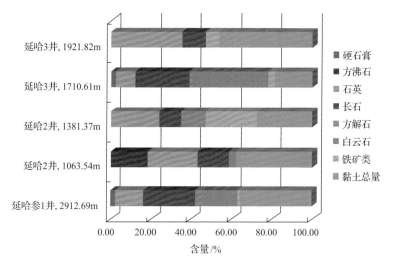

图 7.12 银额盆地苏红图坳陷巴音戈壁组灰质泥岩成岩矿物组成

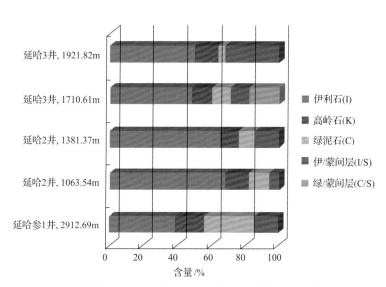

图 7.13 银额盆地苏红图坳陷巴音戈壁组灰质泥岩黏土矿物组成

4. 火山岩储层

巴音戈壁组火山岩储层主要分布在哈日凹陷的深凹带，沿断层展布，厚度由陡坡带向深凹带逐渐减薄（图 7.14）。火山岩 TAS 图解表明岩性主要为玄武粗安岩、玄武安山岩、英安岩（图 7.15），为中酸性喷出岩，气孔杏仁构造发育，岩心可观察到较多未被充填的气孔，且多见油气显示。

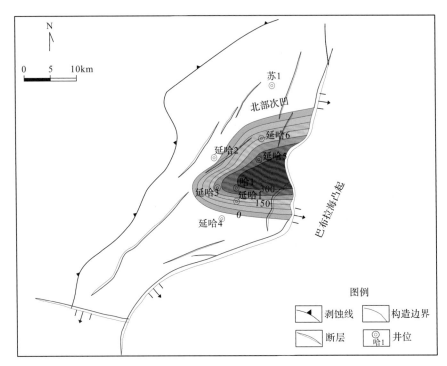

图 7.14 银额盆地哈日凹陷巴音戈壁组火山岩厚度分布图（单位：m）

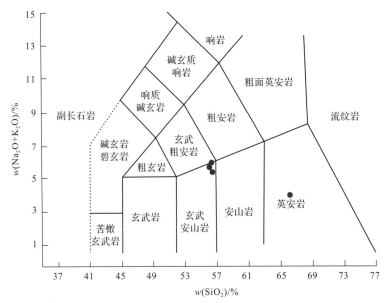

图 7.15 银额盆地苏红图拗陷巴音戈壁组火山岩 TAS 图解

7.3 储层孔隙结构及物性特征

1. 白云岩储层

银根组白云岩储层的孔隙类型以溶蚀微孔、层间裂缝及晶间孔隙为主，原生孔隙较少，孔隙及裂缝空间较小(图 7.16)。

图 7.16　银根组白云岩储层扫描电镜下孔隙类型

(a)延哈参 1 井，银根组，437.09m，白云质泥岩，溶蚀孔隙；(b)延哈参 1 井，银根组，750.38，白云质泥岩，
晶间微缝；(c)延哈 3 井，银根组，468.03m，白云质泥岩，溶蚀微孔及晶间微缝；(d)延哈 3 井，
银根组，547.86m，白云质泥岩，层理间微缝

银根组白云岩储层孔隙度主要分布在 0.98%～21.15%(表 7.3)，平均为 6.73%，渗透率主要分布在 0.01～6.98mD，属于特低孔特低渗储层。

表 7.3　银根组白云岩储层物性分析数据表

井名	深度/m	岩性	孔隙度/%	水平渗透率/mD
延哈参 1	437.09	泥质白云岩	14.46	0.02
延哈参 1	748.87	泥质白云岩	13.80	0.04
延哈参 1	750.38	泥质白云岩	2.33	0.01
延哈参 1	750.59	泥质白云岩	14.70	0.02
延哈参 1	752.15	泥质白云岩	12.50	0.02
延哈 3	468.03	白云质泥岩	13.20	0.23
延哈 3	708.04	白云质泥岩	7.60	6.98
延哈 5	699.65	白云质泥岩	21.15	3.63
延哈 5	700.62	白云质泥岩	4.56	0.01
延哈 5	701.59	白云质泥岩	4.25	0.01

续表

井名	深度/m	岩性	孔隙度/%	水平渗透率/mD
延哈 5	702.63	白云质泥岩	3.24	0.01
延哈 5	703.59	白云质泥岩	2.68	0.01
延哈 5	976.66	白云质泥岩	1.35	0.01
延哈 5	977.70	白云质泥岩	1.11	0.01
延哈 5	978.59	白云质泥岩	1.14	0.01
延哈 5	979.50	白云质泥岩	1.01	0.01
延哈 5	980.58	白云质泥岩	1.13	0.01
延哈 5	981.46	白云质泥岩	0.98	0.01

　　孔隙度随深度增加有降低的趋势；渗透率与深度无明显相关关系，孔隙度与渗透率之间关系亦不明显(图 7.17、图 7.18)。

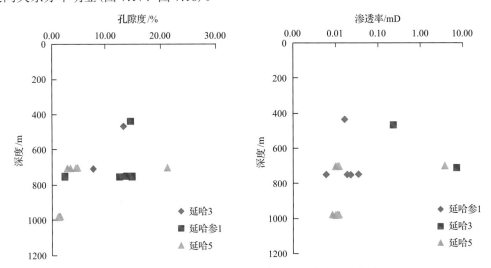

图 7.17　银根组白云岩储层孔隙度、渗透率与深度交会图

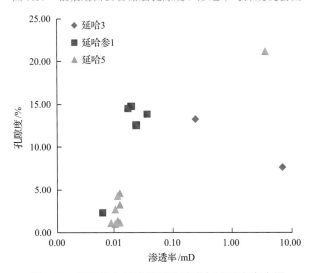

图 7.18　银根组白云岩储层孔隙度与渗透率交会图

2. 砂砾岩储层

据岩心描述、铸体薄片和扫描电镜等观察分析,银额盆地苏红图拗陷砂岩储层孔隙不发育,孔隙类型主要为原生粒间孔隙、溶蚀孔隙和裂缝。苏红图组砂岩颗粒分选较好,磨圆为次圆-次棱角;巴音戈壁组和古生界砂岩颗粒分选差-中等,磨圆为棱角-次棱角,反映其结构成熟度低。

白垩系砂岩颗粒之间为点-线接触、孔隙式胶结,但填隙物含量高,大量黏土矿物(伊利石、高岭石)充填在孔隙内,导致孔隙不发育。古生界地层填隙物含量低,颗粒之间以线接触或凹凸接触为主,碳酸盐胶结致密(图 7.19)。

整体上,沉积作用反映出砂岩储层的结构成熟度和成分成熟度均较低,原生孔隙发育程度不高。相对而言,巴音戈壁组的砂岩孔隙较苏红图组更发育。

图 7.19　银根组白云岩储层孔隙类型(铸体薄片及扫描电镜)

(a)延哈参 1 井,苏一段,1722.25m,细粒岩屑长石砂岩;(b)延巴 2 井,巴一段,1309m,细粒岩屑长石砂岩;
(c)延巴参 1 井,二叠系,2553.83m,细粒岩屑长石砂岩;(d)延哈参 1 井,巴一段,2075.46m,细粒岩屑石英砂岩

统计和对比研究区各层段砂砾岩储层孔渗参数表明(图 7.20),石炭系砾岩物性最好(平均孔隙度为 8.16%,平均渗透率 0.48mD),其次为巴音戈壁组(平均孔隙度为 4.55%,平均渗透率 0.48mD),苏红图组砂岩次之,二叠系砂岩及砾岩储层物性最差。整体上银额盆地苏红图拗陷砂砾岩储层物性均较差,均属特低孔特低渗储层。

孔隙度随深度增加有降低的趋势;渗透率与深度无明显相关关系,孔隙度与渗透率之间关系亦不明显(图 7.21、图 7.22)。

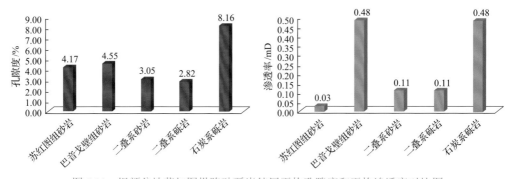

图 7.20   银额盆地苏红图拗陷砂砾岩储层平均孔隙度和平均渗透率对比图

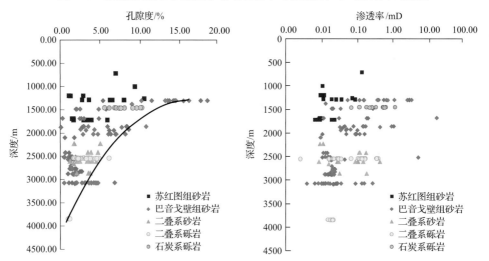

图 7.21   银额盆地苏红图拗陷砂砾岩储层孔隙度、渗透率与深度交会图

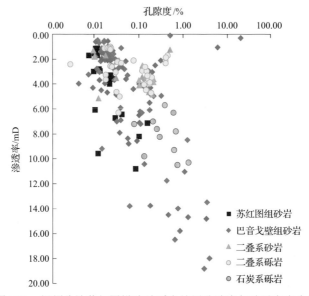

图 7.22   银额盆地苏红图拗陷砂砾岩储层孔隙度与渗透率交会图

3. 灰质泥岩储层

巴音戈壁组灰质泥岩储层中的孔隙类型以层间裂缝、溶蚀微孔为主，孔隙裂缝较小（图 7.23）。

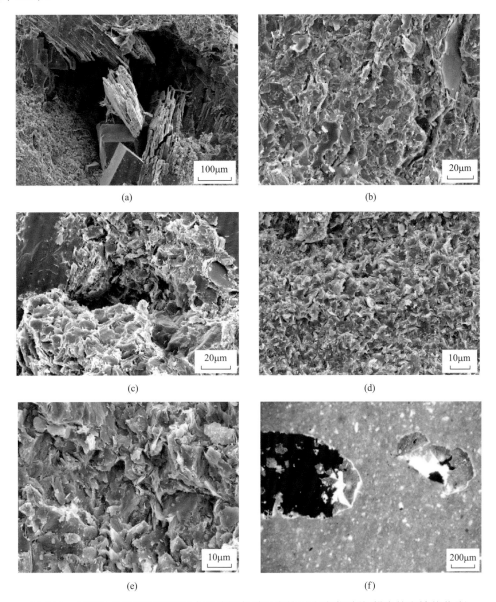

图 7.23　银额盆地苏红图拗陷巴音戈壁组灰质泥岩储层孔隙类型(扫描电镜和铸体薄片)

(a)延哈参 1 井，2912.58m，含灰泥岩，片状黏土矿物层间微缝；(b)延哈 2 井，1063.54m，含灰泥岩，溶蚀微孔隙；(c)延哈 2 井，1381.37m，灰质泥岩，溶蚀微孔隙；(d)延哈 3 井，1710.61m，含灰泥岩，溶蚀微孔隙；(e)延哈 3 井，1921.82m，泥岩，顺层裂缝；(f)延哈 3 井，1598.18m，灰质泥岩，铁质、方解石充填溶孔

巴音戈壁组储层孔隙度分布在 0.3%～13.59%，平均为 7.63%(延哈 2 井孔隙度可能因受微裂缝影响数据偏大)，渗透率主要分布在 0.01～1.65mD，平均为 0.74mD，属于特

低孔特低渗储层。孔隙度随深度增加，孔隙度有降低的趋势；渗透率与深度无明显相关关系，孔隙度与渗透率之间关系亦不明显(图 7.24、图 7.25)。

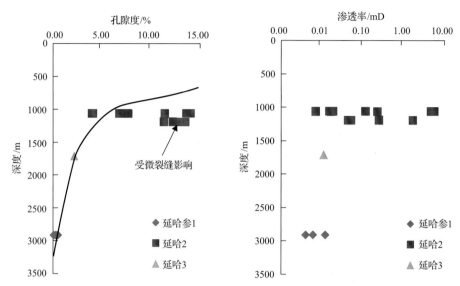

图 7.24　银额盆地苏红图拗陷巴音戈壁组灰质泥岩储层孔隙度、渗透率与深度交会图

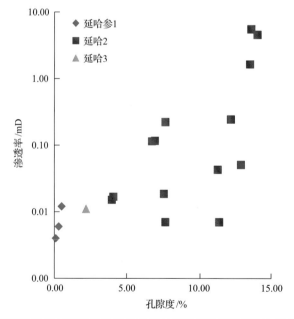

图 7.25　银额盆地苏红图拗陷巴音戈壁组灰质泥岩储层孔隙度与渗透率交会图

4. 火山岩储层

巴音戈壁组火山储层孔隙度分布在 0.88%～10.18%(图 7.26)，平均为 4.76%，渗透率主要分布在 0.01～2.36mD，平均为 0.19mD，属于特低孔特低渗储层。孔隙度和渗透率与深度无明显相关关系，孔隙度与渗透率之间关系亦不明显(图 7.27、图 7.28)。

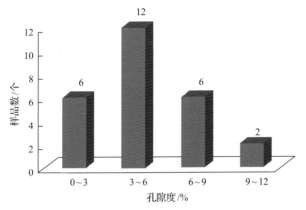

图 7.26　巴音戈壁组火山储层储层孔隙度频率分布图

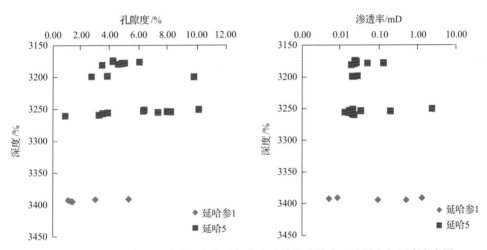

图 7.27　银额盆地苏红图拗陷巴音戈壁组火山岩储层孔隙度、渗透率与深度交会图

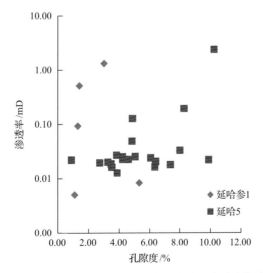

图 7.28　银额盆地苏红图拗陷巴音戈壁组火山岩储层孔隙度与渗透率交会图

7.4 储层电性特征及测井解释

1. 储层测井识别

以薄片鉴定及岩心岩性观察为依据，通过制作测井曲线交会图版，开展适合该地区的岩性测井识别，建立岩石识别图版(图 7.29)。

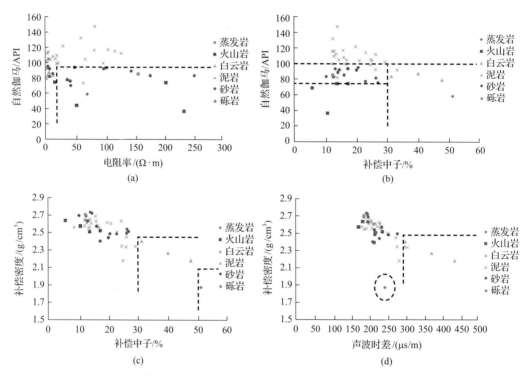

图 7.29　银额盆地苏红图拗陷岩性测井识别图版

(a)自然伽马与电阻率交会图版；(b)自然伽马与补偿中子交会图版；(c)密度与补偿中子交会图版；
(d)补偿密度与声波时差交会图版

根据以上图版得出各类岩性的测井特征值。泥岩：自然伽马大于 95API，补偿中子小于 40%。砂砾岩：自然伽马为 75～95API，补偿中子为 10%～30%。膏盐：补偿密度小于 1.9g/cm³，补偿中子大于 50%。白云岩：补偿密度小于 2.5g/cm³，补偿中子为 30%～45%，声波时差大于 300μs/m；火山岩：自然伽马小于 75API，补偿中子小于 20%。利用上述解释图版重新计算的测井解释岩性与岩心对比具有较高的吻合度，利用该结果可以统一地区录井岩性上人为识别的差异。

2. 孔隙度测井解释

以统计归纳的方法建立岩心分析孔隙度与声波测井响应关系(图 7.30～图 7.32)，进而可以根据图版对没有取心的井及井段直接确定孔隙度。

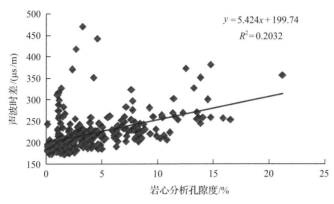

图 7.30　银额盆地苏红图拗陷岩心分析孔隙度与声波时差关系

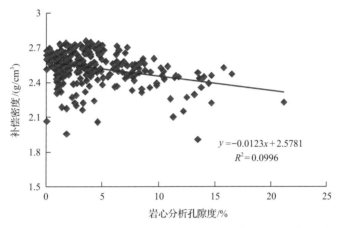

图 7.31　银额盆地苏红图拗陷岩心分析孔隙度与补偿密度关系

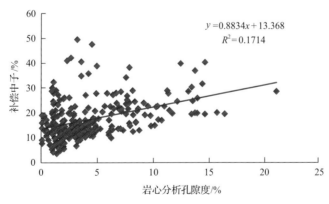

图 7.32　银额盆地苏红图拗陷岩心分析孔隙度与补偿中子关系

　　以上关系分析可以看出，孔隙度与声波时差、补偿中子、补偿密度具有较好相关关系，但相关度略低，为了提高孔隙度解释的准确性，需要针对不同储层分别建立关系图版。

1）白云岩储层孔隙度关系图版

白云岩储层孔隙度与补偿中子和补偿密度的相关性较好，与声波时差的相关性较差，因此优选孔隙度与补偿中子的关系式作为白云岩储层的孔隙度计算公式（图7.33～图7.35）。

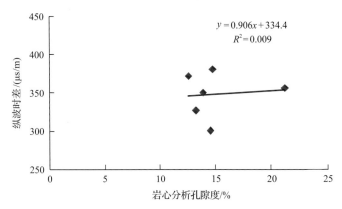

图 7.33　银额盆地苏红图拗陷白云岩储层岩心分析孔隙度与声波时差关系图版

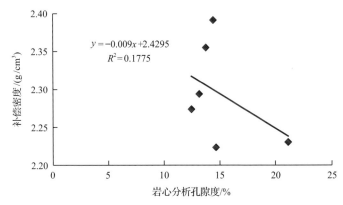

图 7.34　银额盆地苏红图拗陷白云岩储层岩心分析孔隙度与补偿密度关系图版

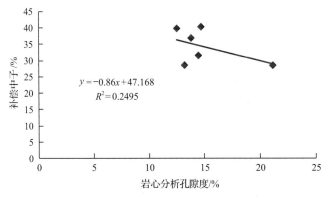

图 7.35　银额盆地苏红图拗陷白云岩储层岩心分析孔隙度与补偿中子关系图版

2) 砂砾岩储层孔隙度关系图版

砂砾岩储层孔隙度与声波时差相关性较好，与密度、中子相关性较差，因此优选孔隙度与声波时差的关系式作为砂砾岩储层的孔隙度计算公式(图 7.36～图 7.38)。

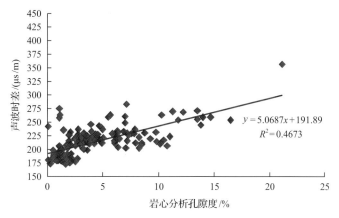

图 7.36　银额盆地苏红图坳陷砂砾岩储层岩心分析孔隙度与声波时差关系图版

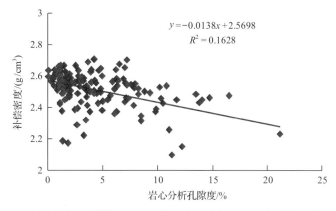

图 7.37　银额盆地苏红图坳陷砂砾岩储层岩心分析孔隙度与补偿密度关系图版

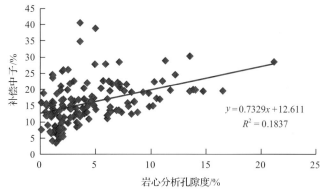

图 7.38　银额盆地苏红图坳陷砂砾岩储层岩心分析孔隙度与补偿中子关系图版

3) 灰质泥岩储层孔隙度关系图版

灰质泥岩孔隙度与声波时差及中子相关性较好，与密度相关性较差，因此优选孔隙度与声波时差的关系式作为灰质泥岩储层的孔隙度计算公式（图 7.39～图 7.41）。

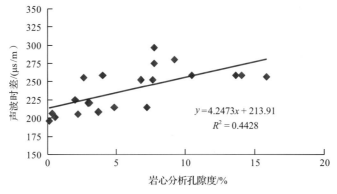

图 7.39   银额盆地苏红图拗陷灰质泥岩储层岩心分析孔隙度与声波时差关系图版

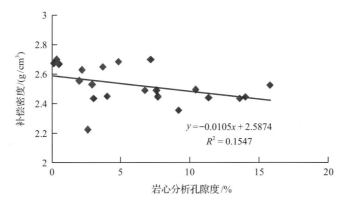

图 7.40   银额盆地苏红图拗陷灰质泥岩储层岩心分析孔隙度与补偿密度关系图版

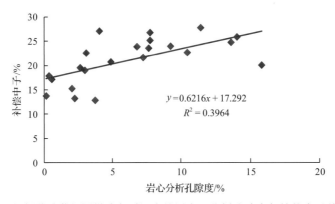

图 7.41   银额盆地苏红图拗陷灰质泥岩储层岩心分析孔隙度与补偿中子关系图版

4) 火山岩储层孔隙度关系图版

火山岩储层孔隙度与密度的相关性较声波时差、补偿中子更好，因此优选孔隙度与密度的关系式作为火山岩储层的孔隙度计算公式(图 7.42～图 7.44)。

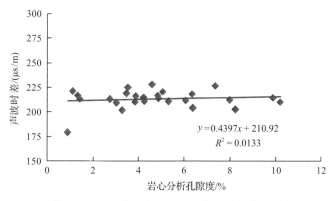

图 7.42　银额盆地苏红图拗陷火山岩储层岩心分析孔隙度与声波时差关系图版

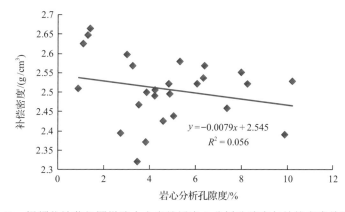

图 7.43　银额盆地苏红图拗陷火山岩储层岩心分析孔隙度与补偿密度关系图版

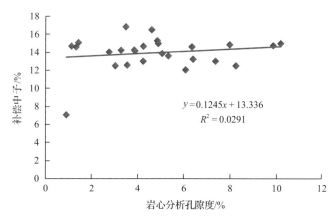

图 7.44　银额盆地苏红图拗陷火山岩储层岩心分析孔隙度与补偿中子关系图版

　　利用上述孔隙度测井解释图版,结合不同岩性储层电性特征,解释了研究区已钻井孔隙度(图 7.45)。从图中可以看出,测井解释孔隙度与岩心分析孔隙度相关性很好,相对误差较小。

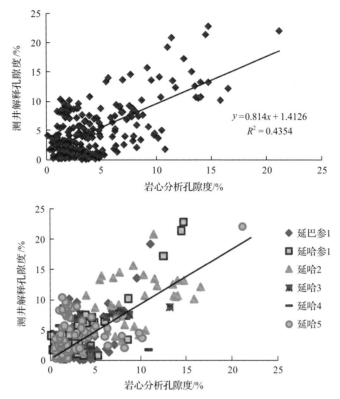

图 7.45   银额盆地苏红图拗陷岩心分析孔隙度与测井解释孔隙度交会图

7.5   成岩作用及成岩阶段

1. 成岩作用

研究区内所钻遇砂岩储集层，除个别层段外，均表现为物性较差、孔隙数量极少、结构级别低的特点。薄片鉴定、扫描电镜及阴极发光等分析化验结果表明，研究区砂岩储层以压实、压溶、胶结、交代等成岩作用为主，对孔隙发育具有建设意义的溶蚀作用并不发育。

2. 孔隙演化

总体上压实作用是控制该地区砂泥岩储层孔隙演化的主要因素，2000m 以上的浅层储层受压实作用和溶蚀作用双重控制，普遍发育次生孔隙带，可成为有效储层(图 7.46)。火山岩储层的孔隙演化受压实作用影响较小，受胶结作用影响较大。随成岩环境的变化，硅质及碳酸盐类逐渐沉淀充填在火山岩气孔中。

3. 成岩作用阶段

成岩阶段划分通常可以依据岩石学、古温度和有机质成熟度特征(张琴等，2013)，分析化验已获得的划分标志主要包括镜质体反射率、孢粉颜色、黏土矿物、包裹体测温等。

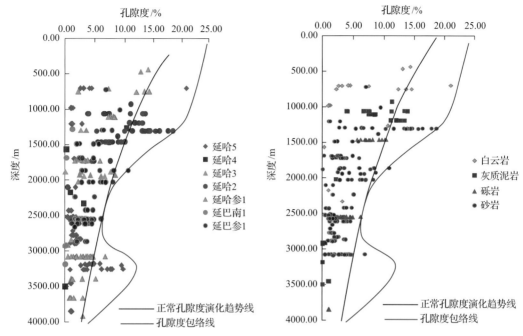

图 7.46　银额盆地苏红图拗陷储层孔隙度随深度变化图

1) 镜质体反射率(R_o)

分析结果表明，镜质体反射率与深度之间具有良好的线性关系，苏二段平均为 0.73%，苏一段平均为 0.83%，巴二段平均为 1.04%，巴一段平均为 2.05%，古生界平均为 1.47%（图 7.47）。

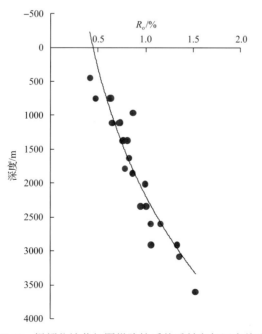

图 7.47　银额盆地苏红图拗陷镜质体反射率与深度关系

2）孢粉颜色

苏红图组、巴二段孢粉颜色主要以橘黄—浅棕色为主，巴一段、古生界孢粉颜色以棕黑色为主。

3）黏土矿物

X 衍射黏土分析表明苏红图组以伊利石、绿蒙混层为主（图 7.48），伊蒙混层中蒙皂石的整体含量平均为 45%；巴音戈壁组以伊利石、高岭石、伊/蒙混层、绿蒙混层为主，伊/蒙混层中蒙皂石的整体含量平均为 22.41%；古生界以伊利石、绿泥石为主，伊蒙混层中蒙皂石的整体含量平均为 13.46%。

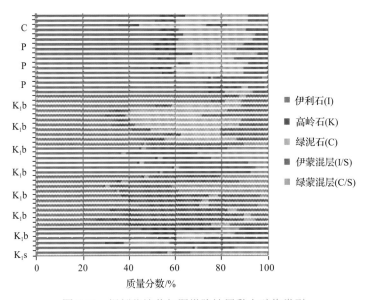

图 7.48　银额盆地苏红图拗陷地层黏土矿物类型

4）包裹体均一温度

通过分析测试苏红图组包裹体均一温度为 105～140℃，平均为 122.5℃；巴二段包裹体均一温度为 118.9～133.3℃，平均为 125.4℃；巴一段为 104～175.1℃，平均为 136.8℃；二叠系为 102.7～135.7℃，平均为 119.75℃（表 7.4）。

表 7.4　包裹体均一温度数据表

序号	井名	层位	深度/m	均一温度/℃	平均温度/℃
1	延哈参 1	苏一段	1721.89	105～140	122.5
2	延哈参 1	巴一段	2912	145.2～152.1	148.65
3	延哈参 1	巴一段	3072.17	120～132	126
4	延哈参 1	巴一段	3073.29	129.8～147	138.4
5	延哈参 1	巴　段	3076.03	110.9～175.1	143

续表

序号	井名	层位	深度/m	均一温度/℃	平均温度/℃
6	延哈参 1	巴一段	3076.44	108～154.9	131.45
7	延哈参 1	巴一段	3078.19	104～138	121
8	延哈参 1	巴一段	3078.68	118.4～148	133.2
9	延哈 2	巴二段	1065	121.0～128.5	124.75
10	延哈 2	巴二段	1190	118.9～133.3	126.1
11	延哈 2	巴一段	1307	121.2～128.6	124.9
12	延哈 2	二叠系	1460	102.7～116.9	109.8
13	延哈 2	二叠系	2092	123.7～135.7	129.7
14	延哈 3	巴一段	1878	158.7～165.3	162
15	延哈 3	巴一段	1922	122.4～170.1	146.25
16	延哈 3	巴一段	1944	125.1～134.7	129.9

综合镜质体反射率、孢粉颜色、黏土矿物、包裹体均一温度等识别标志的对比表明，苏红图组、巴二段主要处于晚成岩阶段 A 期，巴一段、古生界主要处于晚成岩阶段 B 期（表 7.5）。

表 7.5　碎屑岩成岩阶段划分标准

成岩阶段		古温度/℃	R_o/%	热变指数	孢粉颜色	I/S 中的 S/%	自生碳酸盐矿物	自生石英	自生黏土矿物			孔隙
同生阶段		常温					泥晶					原生孔
早成岩阶段	A 期	常温至 65℃	<0.35	<2.0	淡黄	>70	微晶	未见	蒙皂石	绿泥石		原生粒间孔
	B 期	65～85	0.35～0.5	2.0～2.5	黄	70～50	亮晶	I 级加大	蒙皂石	高岭石		原生孔
晚成岩阶段	A 期	85～140	0.5～1.3	2.5～3.7	橘黄-棕色	50～15	含铁碳酸盐	自生石英	伊蒙混层	高岭石	绿泥石	溶蚀孔
	B 期	140～170	1.3～2.0	3.7～4.0	棕黑	≤15	含铁碳酸盐	III 级加大	伊蒙混层	伊利石		裂缝
	C 期	170～200	2.0～4.0		黑		含铁碳酸盐	IV 级加大	伊利石	绿泥石		缝合线

7.6　储层综合评价

上述研究表明，研究区发育的四类储层均属于特低孔特低渗储层，相比而言，砂砾岩储层及灰质泥岩储层物性最好，白云岩储层和火山岩储层次之（表 7.6）。

表 7.6 银额盆地苏红图拗陷储层物性对比表

储层类型		孔隙度 分布范围 /%	平均孔隙 /%	渗透率分布 分布范围 /mD	平均渗透率 /mD
白云岩储层		0.98～21.15	6.73	0.01～6.98	0.025
砂砾岩储层	苏红图组	1.31～9.57	4.17	0.01～0.10	0.03
	巴音戈壁组	0.30～18.0	4.55	0.01～6.08	0.48
	二叠系	1.21～6.28	2.93	0.01～0.50	0.11
	石炭系	5.70～10.5	8.16	0.08～1.32	0.48
灰质泥岩储层		0.3～13.59	7.63	0.01～1.65	0.74
火山岩储层		0.88～10.18	4.76	0.01～2.36	0.19

从储层厚度分布来看(表 7.7),白云岩储层:拐子湖凹陷＞哈日凹陷＞巴北凹陷＞哈日南凹陷。下白垩统砂砾岩储层:巴北凹陷＞拐子湖凹陷＞哈日凹陷＞哈日南凹陷。灰质泥岩储层:哈日凹陷＞拐子湖凹陷＞巴北凹陷＞哈日南凹陷。火山岩储层分布较为局限,仅在哈日凹陷和哈日南凹陷有分布。

表 7.7 银额盆地苏红图拗陷储层厚度对比表

构造位置及井名		白云岩 储层厚度/m	砂砾岩储层		灰质泥岩 储层厚度/m	火山岩 储层厚度/m
			下白垩统 厚度/m	石炭系—二叠系 厚度/m		
哈日 凹陷	延哈参 1	208	430	13	1252	84
	哈 1	219	680	0	802	133
	苏 1	69	595	379	375	0
	延哈 2	148	215	556	325	0
	延哈 3	132	531	138	505	266
	延哈 4	252	195	456	714	0
	延哈 5	182	837	289	693	269
	平均厚度/m	173	498	261	666	107
哈日南 凹陷	延巴南 1	16	162	190	110	250
巴北 凹陷	延巴参 1	56	1165	636	129	0
拐子湖 凹陷	拐参 1	182	704	108	580	0
平均厚度/m		106.75	632.25	298.75	371.25	89.25

第8章 油气藏解剖、油气成藏条件与油气富集规律

8.1 油气藏解剖

8.1.1 油气藏特征

银额盆地苏红图拗陷目前主要在拐子湖凹陷和哈日凹陷取得了一系列油气发现(王小多等,2015;白晓寅等,2017;刘护创等,2019),多口井获得了油气突破。该区油气分布具有以下几个特点(图8.1)。

(1)研究区含油气层位较多,下白垩统银根组、苏红图组及巴音戈壁组均有油气发现,二叠系及石炭系也偶见油气显示,但目前仅下白垩统巴音戈壁组获得油气突破,其中以巴一段为主,包括拐参1井、延哈参1井及延哈3井,巴二段次之,仅有延哈2井。

(2)研究区油气纵向分布范围较广,在浅层和深层均有分布,最浅为延哈3井银根组(373m),最深为拐参1井巴音戈壁组(3611m)。

(3)研究区含油气储层类型较多,包括白云岩、灰质泥岩、白云质砂岩、粉细砂岩、砾岩及火山岩等。目前获得油气突破的储层包括灰质泥岩、粉砂岩和含砾细砂岩,其中延哈参1井和延哈2井的储层为灰质泥岩,拐参1井和延哈3井的储层为砂岩。

(4)研究区油气类型较多,延哈2井和延哈3井试油为油层,拐参1井为含气油层,延哈参1井为气层。

研究区油气藏类型多样,包括非常规页岩油气藏(延哈参1井和延哈2井)、岩性油气藏(延哈3井)和构造油气藏(拐参1井)三种主要油气藏类型,预测还可能存在古潜山油气藏、火山岩油气藏及复合油气藏等。岩性油气藏和非常规页岩油气藏分布范围较广,在深凹带和斜坡带均有发育,断块油气藏仅在深凹带发现。油气藏具有"下气上油"的特点,在凹陷深部以天然气和含气油层为主,在凹陷较浅部位以原油为主。已发现的油气藏类型如下。

1)非常规页岩油气藏(延哈参1井和延哈2井)

延哈2井位于银额盆地哈日凹陷斜坡带,对巴音戈壁组(1066~1081m)灰质泥岩进行压裂试油,获得了日产油1.1m³,已达到工业油气流的标准,证实为油层。油源为下白垩统巴音戈壁组烃源岩,储层为半深湖相灰质泥岩,储集空间包括孔隙和裂缝,基质孔隙较差,平均孔隙度为8.38%。巴一段构造分析显示延哈2井所处位置无明显的构造圈闭特征。综合分析认为灰质泥岩油气藏属于自生自储的连续型非常规页岩油气藏(图8.2)。

延哈参1井位于银额盆地哈日凹陷深凹带,对巴音戈壁组(2946~2951m)灰质泥岩进行压裂试油,获得了日产天然气9.15万m³/d(折合无阻流量),同时有少量凝析油产出,根据油气产量分类,属于高产油气层。油源对比分析为下白垩统巴音戈壁组烃源岩,储

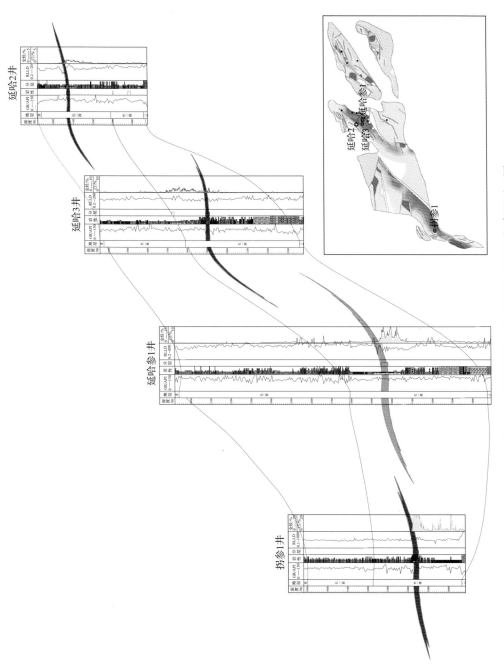

图 8.1 银额盆地苏红图凹陷下白垩统巴音戈壁组油气产层对比图

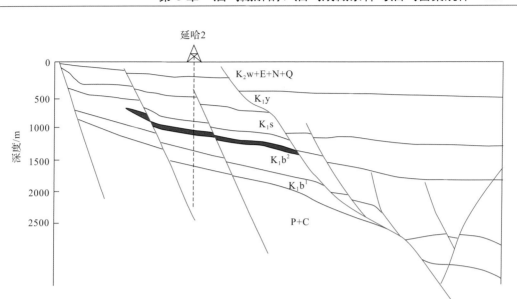

图 8.2 银额盆地苏红图拗陷延哈 2 井油藏剖面图

层为半深湖—深湖相灰质泥岩，储集空间包括孔隙和裂缝，基质孔隙较差，平均孔隙度为 3.65%。巴一段构造分析显示延哈参 1 井所处位置无明显的构造圈闭特征。综合分析认为灰质泥岩裂缝油气藏属于自生自储的连续型非常规页岩油气藏(图 8.3)。

2) 致密砂岩岩性油气藏(延哈 3 井)

延哈 3 井位于银额盆地哈日凹陷斜坡带，对巴音戈壁组(1892～1912.5m)细砂岩进行压裂试油，获得了日产油 1.2m³，已达到工业油气流的标准，证实为油层。油气主要来源于下白垩统巴音戈壁组烃源岩，储层为扇三角洲前缘相粉细砂岩，基质孔隙较差，平均孔隙度为 4.78%。巴一段构造分析显示延哈 3 井所处位置无明显的构造圈闭特征。油气通过断裂及各级裂缝和砂岩储层为运移通道输导，在砂岩上倾尖灭处聚集。综合分析认为致密砂岩油藏属于下生上储型岩性油气藏(图 8.3)。

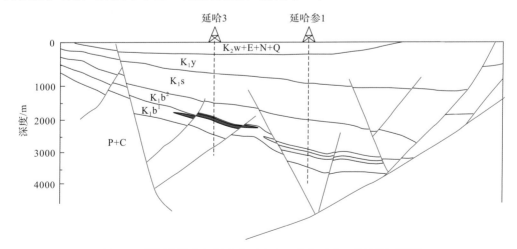

图 8.3 银额盆地苏红图拗陷延哈参 1 井和延哈 3 井油藏剖面图

3) 砂岩构造油气藏(拐参 1 井)

拐参 1 井位于银额盆地拐子湖凹陷深凹带，对巴音戈壁组(3420～3460m)含砾细砂岩进行压裂试油，获得日产油 56.17m³ 和天然气 7290m³，根据油气产量分类，属于高产油气层。油源分析其来源于下白垩统巴音戈壁组烃源岩，储层为扇三角洲水下分流河道含砾砂岩，储层物性较好，平均孔隙度为 15%。巴一段构造分析显示拐参 1 井处于断块圈闭内。油气通过断裂及各级裂缝和砂岩储层为运移通道输导，在砂岩断块圈闭内聚集。综合分析认为砂岩断块油气藏属于下生上储型构造油气藏(图 8.4)。

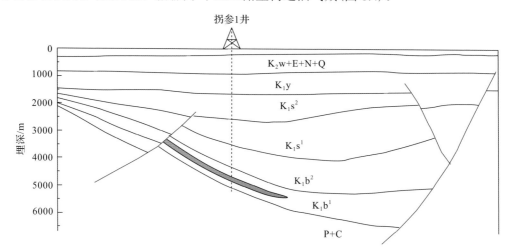

图 8.4　银额盆地苏红图拗陷拐参 1 井油藏剖面图

资料来源：庞尚明. 2016. 中原油田银额探区油气勘探进展. 濮阳: 中国石化中原油田分公司

8.1.2　油源分析对比

油源对比是指确定石油与生油岩的亲缘关系。油区常有多层含油层，为确定各层中的石油是否同源，即是否来自同一生油岩。油源对比是依靠地质和地球化学证据，来确定石油和烃源岩间成因联系。油源对比实际上包括了油(气)与源岩之间及不同储层中油气之间的对比两个方面。通过对比研究可以判断油气运移的方向和距离及油气的次生变化，从而进一步圈定可靠的油源区，确定勘探目标，有效地指导油气的勘探和开发工作。

适用于石油与石油对比的指标较多。常用的有石油的族组成指标，如饱和烃、芳香烃和非烃的含量等；也可用石油的正烷烃分布曲线进行对比；还可用石油的碳同位素作为对比指标。近年来，又广泛应用生物标记化合物作为对比指标，它包括色素和异构烷烃、甾族、多环萜类等异戊间二烯型的萜类衍生物(赵孟军和黄第藩，1995；陈建平等，2015)。如果各层石油的上述指标相近，则可确认这些石油是同源的，即来自同一生油岩；反之，如果各层石油的上述指标相差较大，则可认为这些石油是来自不同的生油岩。

银额盆地苏红图拗陷存在多套烃源岩和多个油气层位，特别是对目前已取得油气突破的油气来源归属存在较多争议，部分认为来源于晚古生界二叠系，部分认为来源于下白垩统(陈建平等，2001b；韩伟等，2015b；陈治军等，2018c，卢进才等，2018c)。因此需要借助油源对比分析技术进行分析。

1. 油气性质

哈日凹陷延哈参 1 井巴音戈壁组的天然气组分分析表明，其成分以 C_1 为主，含量为 75%～85%，其次为 C_2～C_5，含少量氮气，干燥系数为 0.81～0.86，属于湿气(图 8.5)。同位素分析表明(表 8.1，图 8.6)，$\delta^{13}C_1$ 平均为–38.8‰，$\delta^{13}C_2$ 平均为–27.0‰，$\delta^{13}C_3$ 平均为–27.6‰，大多数样品 $\delta^{13}C_1 < \delta^{13}C_2 < \delta^{13}C_3$，甲苯/苯为 0.93，天然气倾向油型气。根据甲烷碳同位素与成熟度之间的关系，计算天然气 R_o 为 1.55%～1.65%，$C_{29}\alpha\beta\beta/(\alpha\alpha\alpha+\alpha\beta\beta)$ 为 0.96，C_{29}20S/20(S+R) 为 0.61，Tm/Ts 为 1.04，表明天然气成熟度高，凝析油正庚烷指数与异庚烷指数交汇图中位于过成熟区，整体反映成熟度较高。

2. 碳同位素对比

研究区烃源岩碳同位素分析表明，延哈参 1 井银根组烃源岩 $\delta^{13}C$ 平均为–28.5‰、苏红图组烃源岩 $\delta^{13}C$ 平均为–23.8‰、巴音戈壁组烃源岩 $\delta^{13}C$ 平均为–25.9‰；延巴参 1 井二叠系烃源岩 $\delta^{13}C$ 平均为–21.1‰。延哈参 1 井巴音戈壁组天然气 $\delta^{13}C$ 平均为–27.0‰、凝析油 $\delta^{13}C$ 平均为–25.8‰。碳同位素对比结果表明，延哈参 1 井巴音戈壁组油/气同碳位素与巴音戈壁组烃源岩特征相近(图 8.7)。

表 8.1　哈日凹陷延哈参 1 井巴音戈壁组天然气组分碳同位素分析表

样品编号	层位	$\delta^{13}C(CH_4)$ /‰	$\delta^{13}C(C_2H_6)$ /‰	$\delta^{13}C(C_3H_8)$ /‰	$\delta^{13}C(CO_2)$ /‰
15HC1-1	K_1b	–38.75	–27.12	–35.92	–9.57
15HC1-2	K_1b	–38.76	–27.07	–25.80	–10.09
15HC1-3	K_1b	–38.73	–27.01	–25.09	–10.33
15HC1-4	K_1b	–38.73	–27.08	–25.60	–10.45
15HC1-5	K_1b	–38.76	–26.90	–25.53	–10.16

资料来源：刘护创, 孟旺才, 陈治军, 等. 2016. 银额盆地(延长探区)基本石油地质特征研究与勘探方向分析. 西安: 陕西延长石油(集团)有限责任公司研究院。

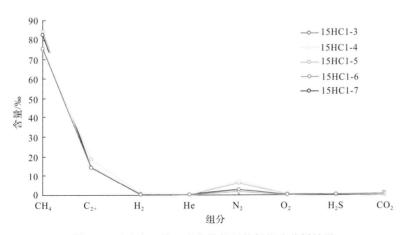

图 8.5　延哈参 1 井巴音戈壁组天然气组分分析结果

资料来源：刘护创, 孟旺才, 陈治军, 等. 2016. 银额盆地(延长探区)基本石油地质特征研究与勘探方向分析. 西安: 陕西延长石油(集团)有限责任公司研究院

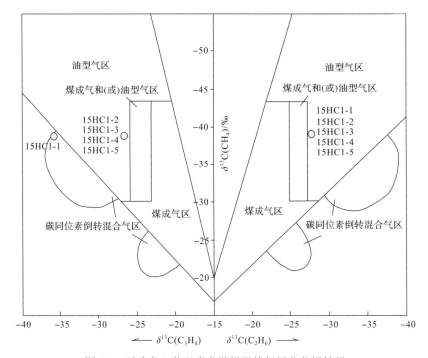

图 8.6　延哈参 1 井巴音戈壁组天然气组分分析结果

资料来源：刘护创，孟旺才，陈治军，等. 2016. 银额盆地(延长探区)基本石油地质特征研究与勘探方向分析.
西安: 陕西延长石油(集团)有限责任公司研究院

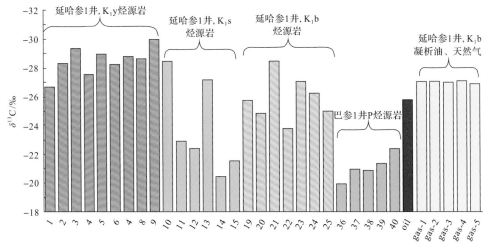

图 8.7　银额盆地苏红图拗陷烃源岩与天然气碳同位素柱状图

资料来源：刘护创，孟旺才，陈治军，等. 2016. 银额盆地(延长探区)基本石油地质特征研究与勘探方向分析.
西安: 陕西延长石油(集团)有限责任公司研究院

3. 藿烷、伽马蜡烷分布与组成特征

生物标志化合物是地质体中已知的天然产物，如植物、动物、细菌、孢子、真菌和其他微生物有着广泛联系的一类有机物，具有明显的生物起源和稳定的化学性质，即使

变化也是有规律的变化，其本身包含生物来源和在形成各种油气矿产地质历程中的很多信息，因此被称为"指纹""分子化石""化学化石"（傅家谟等，1991；李素梅等，2000）。生物标志化合物分析资料广泛应用在油气勘探盆地前期评价中，确定烃源岩类型、成熟度、生烃门限值、排烃运移等，同时也对油气勘探中研究原油成因类型，油岩对比、追踪油气藏分布提供实验研究的依据。

C_{27}~C_{35} 藿烷型三萜烷系列是地质体中分布很广的一类生物标志化合物，藿烷系列在生油岩提取物与原油中普遍存在（侯读杰和王铁冠，1994）。通常为一完整系列，其碳数一般都是 C_{27}~C_{35}（常缺失 C_{28}），有碳数高达 C_{40} 或更高的报道，这类化合物的生油主要有两种：一种观点认为藿烷主要来源于植物界；另一种观点认为此类化合物来源于细菌生源。近年来的研究表明，藿烷系列的五环三萜藿烷可能部分来源于植物，但大部分藿烷，特别是碳数大于等于 C_{31} 藿烷主要来源于低等生物，尤其是细菌微生物来源。

银额盆地苏红图拗陷烃源岩抽提物中藿烷系列分布特征为（图 8.8、图 8.9）：碳数分布为 C_{27}~C_{35}，C_{30} 藿烷最高，其次是 C_{29} 藿烷，伽马蜡烷丰度较高，C_{31}~C_{35} 升藿烷都有分布，且 C_{31} 升藿烷含量相对最高，总体上呈 C_{31}~C_{35} 升藿烷丰度依次下降的趋势。

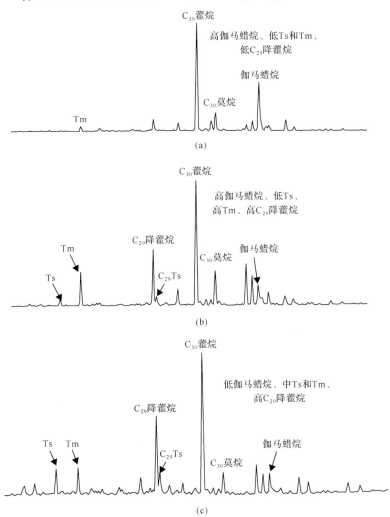

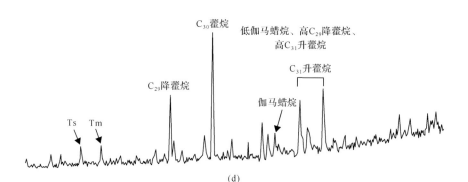

图 8.8　银额盆地苏红图拗陷烃源岩生物标记物质谱图

(a)哈参 1 井,银根组,749m,烃源岩;　(b)哈参 1 井,苏红图组,1375m,烃源岩;

(c)哈参 1 井,巴音戈壁组,2910m,烃源岩;　(d)杭乌拉剖面,二叠系埋汗哈达组,烃源岩

资料来源:刘护创,孟旺才,陈治军,等. 2016. 银额盆地(延长探区)基本石油地质特征研究与勘探方向分析.

西安:陕西延长石油(集团)有限责任公司研究院

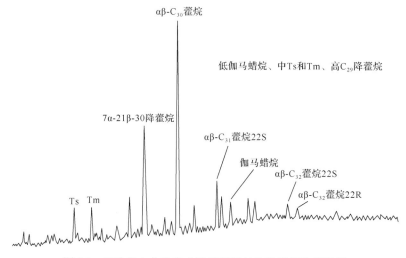

图 8.9　延哈参 1 井巴音戈壁组凝析油生物标记物质谱图

资料来源:刘护创,孟旺才,陈治军,等. 2016. 银额盆地(延长探区)基本石油地质特征研究与勘探方向分析.

西安:陕西延长石油(集团)有限责任公司研究院

生物标记物质谱图分析表明,延哈参 1 井巴音戈壁组凝析油与其自身烃源岩的特征最为相似。

银根组烃源岩 C_{32} 升藿烷含量较高,与 C_{32} 升藿烷含量相当;苏红图组烃源岩 C_{31} 升藿烷占绝对优势;二叠系(露头)烃源岩 C_{32}、C_{35} 升藿烷含量为零。延哈参 1 井巴音戈壁组凝析油升藿烷分布特征为 $C_{31}>C_{32}>C_{33}>C_{34}>C_{35}$,与巴音戈壁组烃源岩具有相似性(图 8.10)。

藿烷分析表明,巴音戈壁组的油气很有可能来自巴音戈壁组自身烃源岩。

4. 甾烷分布与组成特征

甾醇类化合物在真核生物体内分布普遍,它是构成生物细胞壁的重要成分。甾烷类则是甾醇类化合物的成岩演化生物标志物(侯读杰和王铁冠,1995)。由于早期演化的阶段性和不同层位烃源岩有机质构成的复杂性,甾烷的碳数分布和组成特征隐含着丰富的地球化学信息。

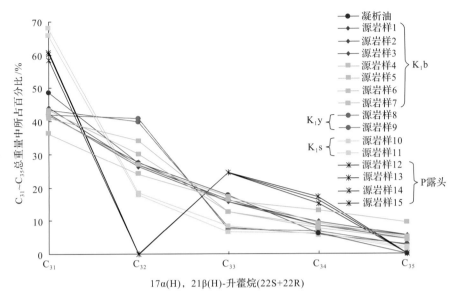

图 8.10　银额盆地苏红图坳陷烃源岩与巴音戈壁组油气的 C_{31}～C_{35} 升藿烷分布曲线

资料来源: 刘护创, 孟旺才, 陈治军, 等. 2016. 银额盆地(延长探区)基本石油地质特征研究与勘探方向分析.
西安: 陕西延长石油(集团)有限责任公司研究院

C_{27}、C_{28}、C_{29} 规则甾烷的相对百分含量是常用的参数, 一般而言沉积物中若 C_{27} 甾烷占优势, 则指示水生生物输入为主; C_{29} 甾烷占优势, 则表示陆源高等植物为主。研究区源岩样品 C_{27}、C_{28}、C_{29} 规则甾烷呈反 "L" 形和不对称 "V" 形, 说明该研究区沉积物源为混源类型, 母质来源既有陆生中高等植物输入, 又有低等水生生物的贡献。

C_{27}～C_{29} 规则甾烷三角图表明(图 8.11): 银根组、苏红图组与巴音戈壁组、二叠系(露

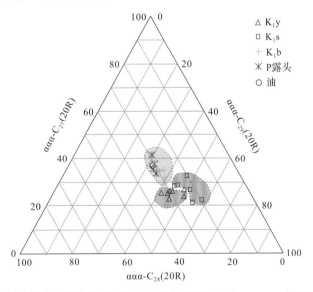

图 8.11　银额盆地苏红图坳陷烃源岩与巴音戈壁组油气的 C_{27}～C_{29} 规则甾烷三角图

资料来源: 刘护创, 孟旺才, 陈治军, 等. 2016. 银额盆地(延长探区)基本石油地质特征研究与勘探方向分析.
西安: 陕西延长石油(集团)有限责任公司研究院

头)烃源岩特征明显不同,哈参 1 井巴音戈壁组凝析油 C_{27}-C_{29} 规则甾烷与巴音戈壁组和二叠系(露头)烃源岩特征相近。

8.1.3 油气成藏期次

研究区各个层位油藏特征的差异与油藏形成期次的不同具有紧密关系,分析油气充注成藏期次对于研究油气藏差异、分析油气分布规律、搞清油气成藏主控因素具有重要意义(侯启军等,2005;张义杰等,2010)。结合原油成熟度特征、流体包裹体特征、构造演化可以确定凹陷油气成藏期次特征。油气包裹体是储层成岩过程中保存的少量油气,其记录了油气运移过程中的成分、温度和压力等信息,是解决油藏演化问题的重要手段(高先志和陈发景,2000)。常选取与有机包裹体同期的盐水包裹体进行均一温度的测量。当流体包裹体在具体地质环境中形成以后,随着物理条件的变化,原本均一的流体就会相变为两相或者多相。因此在实验过程中,通过对流体包裹体加热,使现今的多相流体转变为均一相态,再结合压力的校正,进而得到包裹体的捕获温度。利用包裹体均一温度,结合生烃史、古地温史和地层埋藏史,可以分析油气的成藏期次(任战利等,2002a,2002b,2008)。

对研究区大量油气包裹体和伴生盐水包裹体的均一温度测定结果进行统计后可以看到(图 8.12),均一温度主要分布在 $100\sim180\,^\circ\mathrm{C}$,最低温度为 $103.6\,^\circ\mathrm{C}$,最高温度为 $175.1\,^\circ\mathrm{C}$;冰点温度为 $-18.3\sim-3.2\,^\circ\mathrm{C}$,换算得出盐度为 $5.3\%\sim21.2\%$。包裹体均一温度与盐度交会分析图上可以较好地将晚古生界石炭系—二叠系与中生界白垩系区别开来。整体上石炭系—二叠系中包裹体的盐度远低于白垩系($<15\%$),且均一温度主要集中分布在 $120\sim140\,^\circ\mathrm{C}$;而白垩系盐度较高,多分布于 $10\%\sim20\%$,且均一温度分布范围较广。

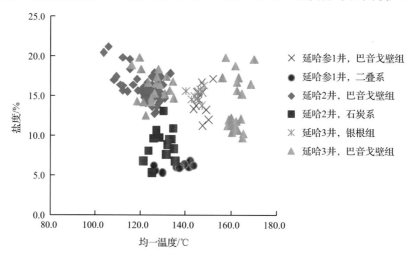

图 8.12 银额盆地苏红图拗陷储层流体包裹体均一温度-盐度分布

银额盆地哈日凹陷巴音戈壁组包裹体分析中共获得 170 个显微测温数据,主要含油层段巴音戈壁组均一温度分布如图 8.13 所示,温度分布存在 2 个峰值,分别是 $120\sim140\,^\circ\mathrm{C}$ 和 $160\sim170\,^\circ\mathrm{C}$,表明研究区存在两期油气充注事件。将与烃类包裹体伴生的同期含烃盐水包裹体均一温度作为捕获时的最小古温度,结合地层埋藏史和热演化史分析,可以确定各层段油气充注时间。结果表明研究区第一期油气充注成藏发生在约 $102\sim$

93Ma，大概是银根组沉积末期，为主要的油气充注期；第二期油气充注成藏发生在约 85～80Ma，大概为乌兰苏海组沉积末期。

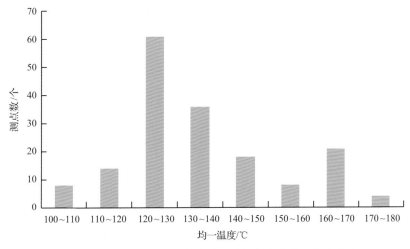

图 8.13　银额盆地苏红图拗陷储层流体包裹体均一温度分布

8.2　油气成藏条件

8.2.1　烃源条件

银额盆地苏红图拗陷发育多套区域性的生油岩，分布面积广、沉积厚度大，生烃能力较强，总体上烃源条件良好（表 8.2）。银根组烃源岩具有有机质丰度高，类型好，偏腐泥型，以 I-II_1 型干酪根为主，处于未成熟—低成熟生烃阶段，以产生物气和低熟油为主；苏红图组有机质类型为混合型，以 II_1-II_2 型为主；镜质体反射率 R_o 位于 0.71%～0.81%，生烃潜力大；巴二段有机质丰度低，生烃潜力有限，但是巴一段有机质丰度较高，有机

表 8.2　银额盆地苏红图拗陷哈日凹陷及巴北凹陷烃源岩评价参数对比

烃源岩层段		哈日凹陷				巴北凹陷			
		有机质丰度 TOC/%	有机质成熟度 R_o/%	有机质类型	有效厚度/m	有机质丰度 TOC/%	有机质成熟度 R_o/%	有机质类型	有效厚度/m
银根组		2.75	0.58	I、II_1	429.05	0.47	/	I、II_1	4.61
苏红图组	苏二段	1.392	0.75	II_1、II_2、III	276.10	0.381	0.655	II_1、II_2、III	28.22
	苏一段	0.87	0.82	II_1、II_2、III	35.88	0.25	0.809	II_1、II_2、III	37.71
巴音戈壁组	巴二段	0.76	1.03	I、II_1、II_2、III	89.70	0.38	0.868	I、II_1、II_2、III	72.98
	巴一段	0.97	1.19	I、II_1、II_2	82.07	0.20	1.24	I、II_1、II_2、III	0.00
二叠系		0.4	1.53	II_2、III	5.21	0.42	1.47	II_2、III	64.27

质类型以混合型为主，更偏腐殖型，处于高成熟和过成熟生气阶段，生烃潜力较大；古生界有机质丰度低，以II₂型干酪根为主，处于过成熟裂解生湿气阶段，但是有机质丰度低，生烃潜力有限。因此苏红图组以及巴一段可以作为主力生烃层位。

8.2.2 储集条件

研究区储层类型多种多样，既包括以白云岩和砂岩为代表的常规储层，也含有以灰质泥岩和火山岩为代表的非常规储层。储层沉积厚度较大，分布面积较广（图8.14），其中白云岩储层主要在银根组，分布较为广泛，在哈日凹陷和拐子湖凹陷厚度最大；砂岩储层发育层系较多，在苏红图组、巴音戈壁组和二叠系均较为发育，主要以扇三角洲和冲积扇为主，各凹陷均有分布；灰质泥岩为深湖—半深湖沉积，主要分布在断陷的中央深凹带，以巴音戈壁组最为发育。相对而言，火山岩储层分布较为局限，仅在哈日凹陷发现，且受断裂控制，沿断裂展布。物性上看，白云岩储层物性最好，砂岩储层和灰质泥岩次之，裂缝的发育大大改善了灰质泥岩的储集空间。整体上，四类储层均为低孔低渗特低渗储层，但厚度较大，距离烃源岩较近，储集条件有利。

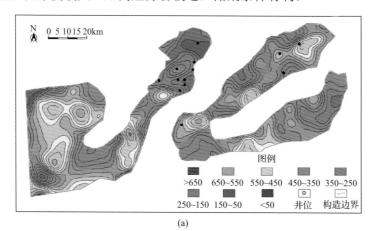

(a)

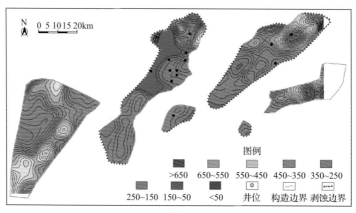

(b)

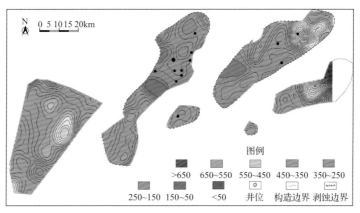

(c)

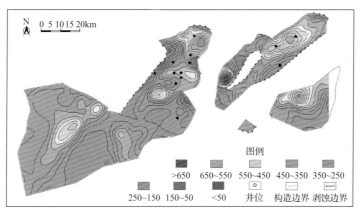

(d)

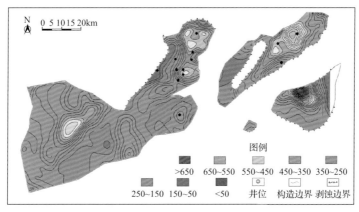

(e)

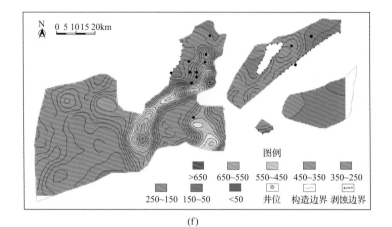

(f)

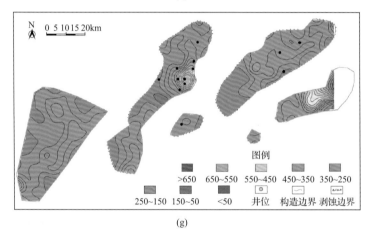

(g)

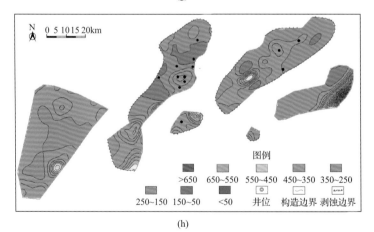

(h)

图 8.14 银额盆地苏红图拗陷四种类型储层展布(单位：m)

(a)二叠系砂岩储层；(b)巴二段砂岩储层；(c)巴一段砂岩储层；(d)苏二段砂岩储层；(e)苏一段砂岩储层；

(f)银根组白云岩储层；(g)巴一段灰质泥岩储层；(h)巴一段火山岩储层

8.2.3 成藏组合

根据烃源岩和储层评价结果，结合油源分析对比，综合分析认为研究区可划分上、下两套成藏组合(图 8.15)。

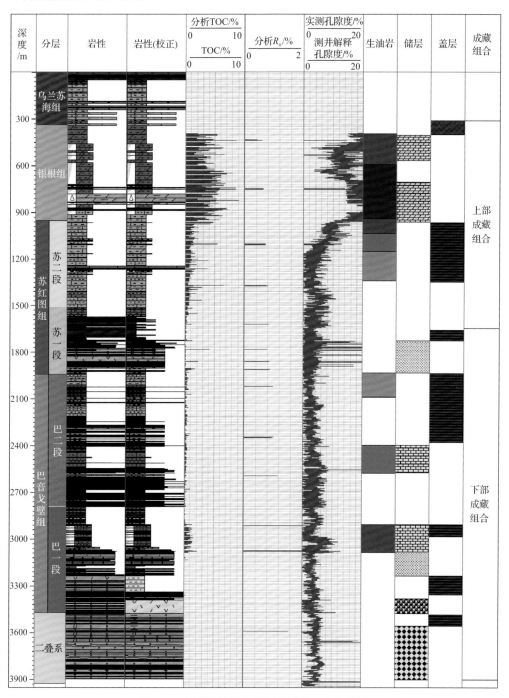

图 8.15 银额盆地苏红图拗陷成藏组合柱状图

（1）上部成藏组合主要为银根组自生自储型生储盖组合和苏红图组上生下储型生储盖组合。其烃源均主要来自凹陷深部的银根组深湖—半深湖相偏腐泥型烃源岩，生成的油气一部分通过断层向下运移，在苏红图组中具有构造圈闭或岩性圈闭的砂岩储层中富集成藏；另一部分则通过有机质生烃及构造拉伸形成的微裂缝通道，经短距离运聚，在银根组自身的白云岩储层中聚集成藏。

（2）下部成藏组合主要为巴音戈壁组自生自储型和下生上储型生储盖组合和石炭系—二叠系中生古储型生储盖组合。其烃源均主要来自凹陷深部的巴音戈壁组深湖—半深湖相腐泥型烃源岩，生成的油气一部分通过沟通烃源岩的断层通道向上运移，在巴一段中具有构造圈闭砂岩储层中富集成藏；一部分通过不整合面及沟通基底的断裂向下运移，在不整合面之下的古潜山油气藏；还有一部分则在生排烃后保存在泥灰岩孔隙及裂缝中。

8.2.4　圈闭条件

研究区圈闭类型多，目前以发现的油藏中以岩性圈闭、构造圈闭和构造-岩性复合圈闭为主。例如，拐子湖凹陷拐参 1 井巴音戈壁组油藏即为构造圈闭，哈日凹陷延哈参 1 井及延哈 2 井巴音戈壁组油气藏即为岩性圈闭，而延哈 3 井巴音戈壁组油藏为岩性-构造圈闭。研究区圈闭数量多，本次构造精细解释落实 77 余个，优选出 13 个圈闭作为有利勘探目标(图 8.16)。研究区圈闭受构造演化和沉积相共同控制，在纵向上具有继承性，若在巴音戈壁组发现圈闭，通常在其上方的苏红图组和银根组也发育类似圈闭，可以有效地提高单井可钻探的圈闭数量。研究区圈闭面积较大，单个圈闭面积最大的可达 174km^2。

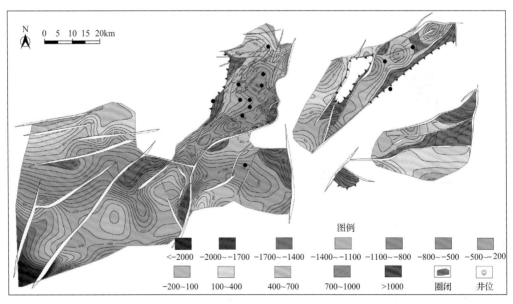

(a)

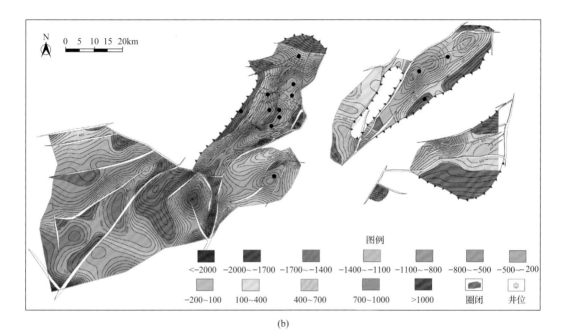

图例

<-2000　-2000~-1700　-1700~-1400　-1400~-1100　-1100~-800　-800~-500　-500~-200

-200~100　100~400　400~700　700~1000　>1000　圈闭　井位

(b)

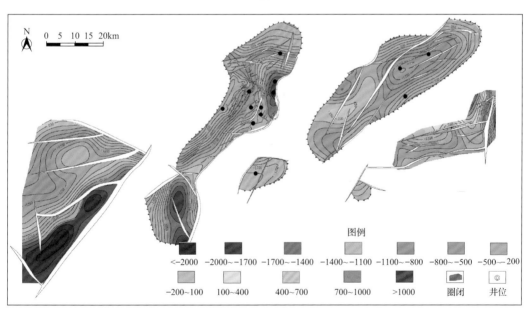

图例

<-2000　-2000~-1700　-1700~-1400　-1400~-1100　-1100~-800　-800~-500　-500~-200

-200~100　100~400　400~700　700~1000　>1000　圈闭　井位

(c)

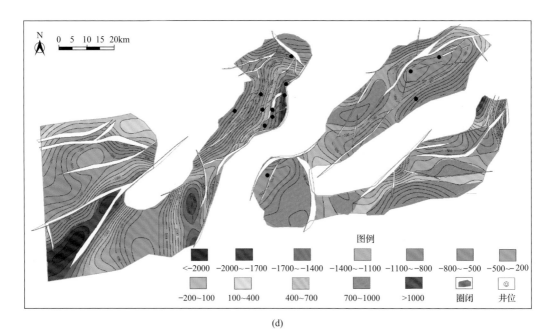

(d)

图 8.16 银额盆地苏红图拗陷各层段圈闭展布特征(单位：m)

(a)银根组；(b)苏红图组；(c)巴音戈壁组；(d)二叠系

8.2.5 输导体系

研究区复杂的构造及沉积演化过程中，经历了断陷和拗陷两个演化阶段，自深凹带至斜坡带发育了多种多样的油气输导通道，大体可分为受构造作用控制形成的断裂输导体系和受沉积作用控制形成的砂岩输导体系两大类(图 8.17)。研究区断裂构造非常发育，多呈东北走向，与凹陷的构造轴平行。以拐子湖凹陷和哈日凹陷为例，在凹陷的东部的陡断带为长期活动的边界断裂，活动持续时间长、规模大；而凹陷西部的斜坡带则多发育"Y"字形和平行断裂。这些断裂均为伸展变形作用下形成正断层，多切割了巴音戈

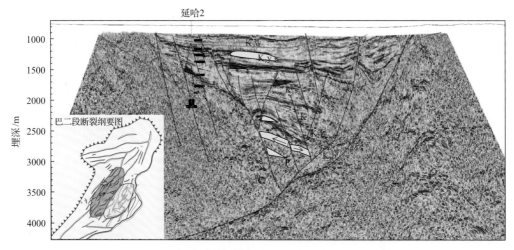

图 8.17 银额盆地苏红图拗陷哈日凹陷油气输导体系图

壁组及银根组两套生油层，且活动时期多持续到苏红图期后，生油岩排烃后，油气易沿着断层运移，并在有效圈闭聚集成藏。同时研究区斜坡带的扇三角洲和陡坡带的水下扇较为发育，这些砂体大部分深入深凹带的富有机质泥岩中，与有利烃源岩互层，大面积分布，烃源岩生成的油气经初步运移进入砂体中，易形成自生自储油气藏，若砂岩孔隙度和渗透率较好则发生侧向运移至有利部位成藏。断层与构造、砂体配合构成了油气向上运移的通道，同时也可相互组合形成圈闭，因此目前已发现油藏均具有围绕断裂展布的特点。

8.2.6　保存条件

1. 晚白垩世的拗陷演化为油气保存提供良好的构造环境

拗陷期是陆相断陷盆地发育演化的晚期阶段。研究区晚白垩世时期，印度板块与欧亚板块碰撞，研究区处于强烈的南北向挤压应力下，由断陷盆地发展阶段向拗陷盆地发展阶段转化，表现为填平补齐式的整体沉降，结束了断陷期构造活动，断裂活动趋于稳定，有利于深部油气聚集保存。

2. 乌兰苏海组膏岩层为一套良好的盖层

晚白垩世时期，研究区凹陷以咸化湖盆为主，干寒的气候条件、基底充足的盐源供给和闭塞的湖盆环境导致乌兰海组沉积了厚度较大、分布广泛的膏盐层。而膏盐层普通具有岩性致密，排替压力高和良好的塑性特征，被普遍认为是油气保存的良好盖层。

8.3　油气富集规律

油气藏的形成是长期地质历史时期生、储、盖、圈、运、保等多种地质因素用的结果(赵文智等，1999，2005b；庞雄奇等，2012)。就研究区而言，控制油气成藏的关键因素为优质烃源岩、优质储层、有效圈闭及输导断裂和微裂缝带的分布，在分析油气成藏关键因素基础上，根据油气成藏条件的配置关系及油气勘探实践，建立了研究区油气成藏模式(图 8.18)。

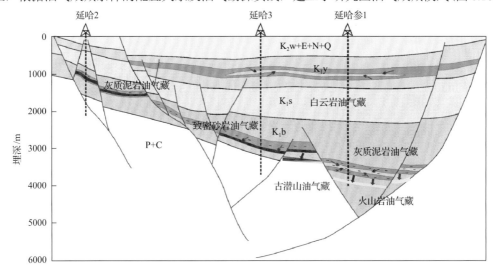

图 8.18　研究区油气成藏模式图

1. 优质生油岩控制油气藏的分布及类型

烃源评价认为研究区自上而下存在多套烃源岩且分布广泛，其中以下白垩统巴音戈壁组灰质泥岩、泥灰岩生油气能力最强，为该区域主力烃源岩。从已发现的含油气面积来看，银根组和巴音戈壁组优质烃源岩分布范围控制了油气的分布和油气类型。纵向上，可根据两套烃源岩分为上、下两套含油气系统，银根组为上部含油气系统提供油源，巴音戈壁组为下部含油气系统提供油源，以下部含油气系统为主。在埋藏越深、热演化程度越高的烃源岩附近，油气类型多以湿气或富含伴生气的石油为主；反之，在埋藏较浅、热演化程度较低的烃源岩周围则多形成少气或不含气的石油聚集。在平面上，烃源岩厚度越大、有机质丰度越高、有机质成熟度越高的区域越容易发现油气聚集。

2. 砂岩储层物性决定岩性油气藏和构造油气藏的油气富集程度

研究区已发现砂岩油气藏均位于巴音戈壁组。通过试油结果对比，发现砂岩储层物性很大程度上影响了油气富集程度，即产量。例如拐参 1 井和延哈 3 井均为巴音戈壁组砂岩储层，但拐参 1 井巴音戈壁组砂岩储层物性明显要好于延哈 3 井的巴音戈壁组砂岩储层，因此拐参 1 井对巴音戈壁组砂岩储层的试油产量也比延哈 3 井更高。

3. 微断裂发育区多是非常规页岩油气藏的油气富集区

不同构造带构造活动强度不同，断层发育、延伸程度也不相同，使油气在纵向上的富集层位也不相同。通常，构造活动较弱的地区，油气往往在与烃源岩相邻的储集层中聚集成藏，易形成原生油气藏。国内外页岩气勘探实践表明，微裂缝不仅能提高页岩储层的储集空间和连通性，也能大大提高游离气占总含气量的比值，对非常规页岩油气藏而言具有非常重要的意义。研究区的裂缝对比分析表明，延哈参 1 井相对于延哈 2 井来说巴音戈壁组中的微裂缝更为发育，因此其测试产量更高。

4. 有效圈闭是油气藏形成关键

圈闭的有效性是指圈闭聚集油气的实际能力，影响其有效性的主要因素有四个：圈闭形成时间与区域性油气运移时间的关系；圈闭与油源区的距离；圈闭位置与油气运移优势方向的关系；水动力强度和流体性质对圈闭有效性的影响。研究区优质烃源岩主要位于断陷的构造深部位，因此油气的优质运移方向主要是从凹陷的深部中央向凹陷的浅部边缘运移，由于砂岩输导层不发育，油气横向运移的距离有限。因此距离优质烃源岩更近的圈闭最为有利，如巴音戈壁组砂岩油气藏。同时只有早于油气大量运移的时期形成的圈闭才能获得油气聚集。流体包裹体显示研究区主要的油气充注期在银根组沉积末期，因此早于银根组沉积的巴音戈壁组、苏红图组发育的圈闭是最有利于油气聚集圈闭，同时二叠系古潜山等圈闭也是油气聚集的有利场所。

第9章 有效储层及圈闭含油气性预测

9.1 储层厚度展布预测

9.1.1 储层岩性预测参数选取

1. 岩性分析

根据研究区内钻井油气显示统计，研究区较为有利的油气显示主要分布在白垩统银根组白云质泥岩、泥质白云岩，苏红图组细粉砂岩，巴音戈壁组砂岩、灰质泥岩、含灰泥岩以及二叠系火山岩等，测井数据分析主要研究目的层段内测井曲线的变化规律，一般对声波时差(AC)曲线、自然伽马(GR)曲线、密度(DEN)曲线、电阻率(RLLD、RLLS、RT)和中子(CNL)等曲线进行研究。通过已钻井同种测井曲线的对比，分析储层的岩石物理特征。通过研究区多口井同种测井曲线响应特征的对比分析，自然伽马能区分泥岩和灰质泥岩，中子能区分白云岩和泥质白云岩，声波时差和密度对火山岩有一定的区分效果(图9.1)。

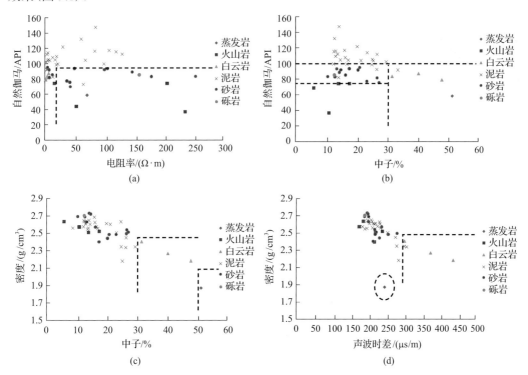

图 9.1 测井曲线交会图

(a)电阻率与自然伽马交会图；(b)中子与自然伽马交会图；(c)中子与密度交会图；(d)声波时差与密度交会图

通过岩石物理分析结合研究区目的层段岩性特征，开展叠后伽马反演可以较好地识别泥岩、灰质泥岩，中子反演可以较好地识别白云岩、泥质白云岩，纵波阻抗反演可以识别火山岩和泥质背景下的灰质泥岩，TOC 曲线参数反演能较好地识别出暗色泥岩。利用分步去除的办法最终利用对应的门槛值能实现岩性区分的目的，准确刻画目的层段砂岩储层、白云岩储层、灰质泥岩储层和火山岩储层的分布，指导后续的井位部署，图 9.2 为本次研究技术系列图。

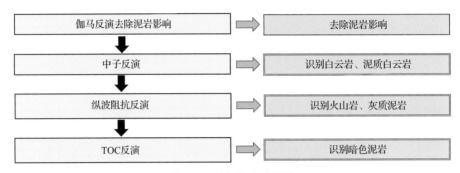

图 9.2　研究技术系列图

2. 地震岩性标定

从延哈 3 井合成记录标定结果来看(图 9.3)，银根组底是膏岩与白云岩的分界面，二

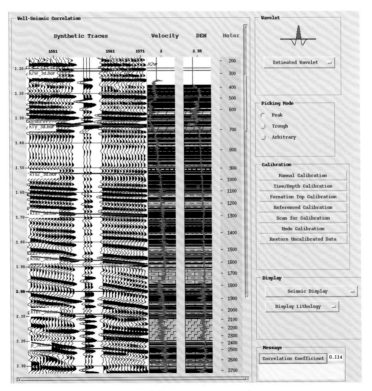

图 9.3　延哈 3 井合成记录标定

者之间有较大的正反射系数差，地震反射呈现强波峰反射界面，可全区连续追踪对比。各地层井震对比吻合较好，研究区对已有12口钻井进行了精细合成记录标定。

3. 井约束叠后地震反演原理

地震反演的目标就是根据已经获得的地震反射波形，以已知地质规律和钻井、测井资料为约束，对地下岩层空间结构和物理性质所进行的成像（求解）。叠后地震反演主要是利用叠后纯波地震处理成果的纵波信息预测储层（张国栋等，2010）。

叠后地震道反演的方法较多，包括递推反演、稀疏脉冲波阻抗反演、基于模型的波阻抗反演等。但不管怎样，拓宽频带、提高分辨率和稳定性及提高反演结果的精度，永远是叠后反演方法所追求的目标。基于这一原则，前人根据数值模拟和实际资料的计算结果证实了模型法是最好的叠后反演方法之一（胡亚龙，2000）。根据测井资料在其中所起作用的大小又可分成：①地震直接反演；②测井控制下的地震反演；③测井-地震联合反演；④地震控制下的测井内插外推，分别用于油气勘探的不同阶段和不同地质条件下。其中，基于考虑构造、地层地质模型的测井和地震联合反演方法是目前的主流技术。

本次反演采用全局寻优的快速反演算法（模拟退火和宽带约束反演），宽带约束反演的基本思想是要寻找一个最佳的地球物理模型，使该模型的响应与观测数据（地震道）的残差在最小二乘意义下达到最小。宽带约束反演方法与以往的广义线性方法（GLI）有本质上的不同：首先，它是严格意义上的非线性反演；其次，在反演过程中，它受地质、测井先验知识的约束。

定义目标函数：

$$o(m) = \left\| D - F \right\|_P + W_I \left\| M_I - M_I^{\mathrm{pri}} \right\|_P + W_C \left\| \nabla_X M_I - \nabla_X M_I^{\mathrm{pri}} \right\|_P$$

式中，D、F 分别表示实际地震记录和合成记录；M_I 为波阻抗模型参数；M_I^{pri} 为波阻抗模型参数的先验值；∇_X 表示横向梯度；W_I、W_C 分别为波阻抗模型先验值及波阻抗横向连续性的约束权系数。

在目标函数表达式中：公式右侧第一项表示记录残差，即要使反演结果的模型响应（F）尽可能逼近实际记录（D）；第二项表示先验约束，即反演解不能偏离先验值太远；第三项是要保证反演结果具有一定的横向连续性，使解更合理。采用模拟退火方法解上述约束最优化问题，无论在勘探初期只有少量钻井，或在开发阶段有很多钻井的情况下，都可以得到高分辨率反演结果。

模拟退火是一种全局最优化技术，模拟退火方法能够克服传统最优化方法的缺点，获得全局最优解（李景叶和陈小宏，2003）。基于宽带约束的模拟退火反演方法，在模拟退火算法的基础上，将已知条件转化成具体约束，以实现对反演过程的控制。在用模拟退火方法解决全局寻优问题的同时，又能合理利用约束条件提高反演的精度和收敛速度。约束主要体现在两个方面：首先是反演中参数取值范围的确定，可以参考测井等资料形成这种约束；其次是利用测井和地震解释资料形成合理的初始地质模型。

在地质模型建立过程中，采用信息融合技术把地质、测井、地震等多元地学信息统一到同一模型上,实现各类信息在模型空间的有机融合,来提高反演的信息使用量、信息匹配精度和反演结果的可信度。并且在建模时考虑了多种沉积模式(超覆、退覆、剥蚀和尖灭等)的约束,使用地震分形技术和地震波形相干技术内插方法,建造出复杂储层的初始地质模型,该模型完全保留了储层构造、沉积和地层学特征(通过地震波形变化)在横向上的变化特征。

在反演过程中,通过采用子波反演和层位标定交互迭代技术,获取最佳层位标定和最佳子波。在复杂构造框架和多种储层沉积模式的约束下,采用全局寻优的快速反演算法(宽带约束和模拟退火反演),对初始地质模型进行反复的迭代修正,得到高分辨率的波阻抗反演结果,其地震反演结果符合工区的构造、沉积和地层特点。

实际应用表明,该地震反演方法能够适应复杂地质模型的反演计算,反演结果精度高,具有较宽的频带,适用范围广,具有较强的抗干扰能力,能够适应含噪声的地震资料。

基于模型地震反演方法的思路如图 9.4 所示。这种方法从地质模型出发,采用模型优选迭代扰动算法,通过不断修改更新模型,使模型正演合成地震资料与实际地震资料数据最佳吻合,最终的模型数据便是反演结果,简称"模型约束下的全局寻优迭代"。在薄储层地质条件下,由于地震频带宽度的限制,基于普通地震分辨率的直接反演方法都不能满足油田勘探开发的要求。基于模型的地震反演技术以测井资料所含有的丰富的高频信息和完整的低频成分补充地震有限带宽的不足,可获得高分辨率的地层波阻抗资料,为薄层油(气)藏精细描述创造了有利条件。

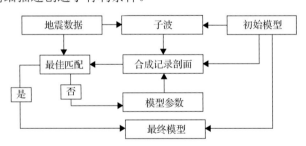

图 9.4 基于模型反演方法思路

4. 叠后反演关键步骤

1) 测井曲线分析

从图 9.1 分析可以看出,伽马反演可以较好地识别泥岩、灰质泥岩,中子反演可以较好地识别白云岩、泥质白云岩,纵波阻抗反演能够识别火山岩和灰质泥岩,TOC 曲线参数反演能较好地识别出暗色泥岩。火山岩、砂岩和泥岩在声波速度有较好的区分效果,因此通过叠后的速度反演具有较好的区分效果,能去除玄武岩对砂岩预测的影响。自然伽马曲线对泥岩、灰质泥岩和砂岩有较好的区分效果,泥岩自然伽马高于 100API,砂岩、白云岩和火山岩自然伽马低于 100API;中子曲线对白云岩、泥质白云岩有较好的区分效果,白云岩、泥质白云岩中子高于 30%,砂岩、泥岩和火山岩中子低于 30%;灰质泥岩相较于泥岩具有较高的声波速度和岩石密度，因此在区分出泥岩之后再通过纵波阻抗反演识别灰质泥岩；而火山岩相较于同样埋深的砂泥岩阻抗略低，也能通过叠后纵波阻抗进行识别。

2) 拟声波曲线的构建

在进行伽马和中子拟声波反演时，由于波阻抗反演是对叠后地震资料反演的唯一有效手段，如果直接进行参数反演在理论上站不住脚。因此可以基于声波测井曲线，有效地综合各种信息，利用信息融合技术把它们统一到同一个模型上，从而把反映地层岩性变化比较敏感的自然伽马和中子曲线转换具有声波量纲的拟声波曲线，使其具备伽马和中子的高频信息，同时结合声波的低频信息，合成拟声波曲线，使它既能反映地层速度和波阻抗的变化，又能反映地层岩性等的细微差别，从而更好地反映储层特征与地震之间的关系。

在拟声波反演的结果基础上，去除掉声波低频反演得到的阻抗信息，使反演结果仅仅反演伽马和中子等的高频信息，确保反演结果能有效区分砂岩、泥岩和白云岩，为后续岩性过滤打下很好的基础。

3) 子波提取与合成记录标定

层位标定的好坏直接影响到子波的反演结果，而子波的正确性又对层位的准确标定具有重要影响，正因为它们之间的相互制约，所以只有通过子波反演和层位标定交互迭代才能获取最佳标定和最佳子波。采用子波反演和层位标定自动迭代扫描技术，大大提高了子波提取和层位标定的精度和效率，准确架接地震和测井之间的桥梁，在子波反演过程中，保持声波曲线标定好的时深关系不变，以目的层的合成记录与井旁道地震波组特征有较好的对应关系为原则，提取各井的声波和拟声波曲线子波。

本次对研究区内的 12 口井进行了精细层位标定，从井旁地震道提取子波，与反射系数褶积后产生合成记录剖面与实际地震剖面对比，同时不断调整子波参数，使两者达到最大相关，通过全工区子波整形，进行全工区探井的标定，标定后合成地震道与井旁道对应关系较好。

4) 地质建模及波阻抗反演

采用信息融合技术把地质、测井、地震等多种地学信息统一到同一模型上，实现各类信息在模型空间的有机融合。根据精细的层位解释结果建立地层框架表，地层框架表定义井或速度数据在每个地层如何进行内插。地层框架表对反演目的层段的地层特征应具有代表性，建立合适的地层框架表是井或速度数据进行内插的关键。具体做法是根据地震解释层位，按沉积体的沉积规律在大层之间内插出很多小层，建立一个地质框架结构，在这个地质框架结构的控制下，根据一定的插值方式对测井数据沿层进行内插和外推，产生一个平滑、闭合的实体模型(如波阻抗模型)。

在建模时考虑了多种沉积模式的约束，使用地震分形技术和地震波形相似内插方法，建造出复杂储层的初始地质模型，该模型完全保留了储层构造、沉积和地层学特征(通过地震波形变化)在横向上的变化特征，使地震反演结果符合研究区的构造、沉积和地层特点。

9.1.2 不同类型储层平面展布预测

1. 火山岩

研究区利用声波时差和密度曲线进行叠后纵波速度反演，通过岩石物理交会分析可以看出，纵波速度对火山岩有一定的识别效果，火山岩具有较低速、低密度、低阻抗特征，运用常规的纵波速度反演技术就能识别较厚的火山岩(陈树民等，2010)。

图 9.5 是三维区过延哈 2—延哈 3—哈 1—延哈参 1—延哈 4 井连井纵波阻抗反演剖面，从反演结果可以看出，火山岩对应低纵波阻抗，表明纵波阻抗对火山岩有一定的识别效果。

图 9.6 是二维区过延哈 3 井 YG14-199 和 YG14-508 线纵波阻抗反演剖面，火山岩主要分布在巴一段，对应高纵波阻抗背景下的低阻抗值，二维、三维联合对比可以看出，火山岩主要分布在巴一段早期，二维与三维之间吻合较好，没有闭合差。

根据反演的结果计算巴一段火山岩厚度，图 9.7 是三维区巴一段火山岩厚度平面图，从反演结果可以看出，火山岩主要分布在三维区中部延哈 3 井、哈 1 井和延哈参 1 井附近，其他部位相对火山岩欠发育，火山岩的发育具有较强的非均质性。

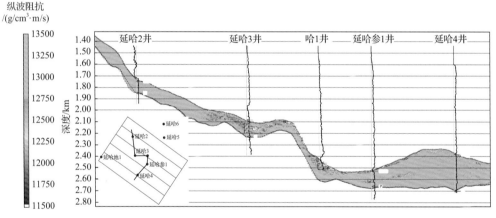

图 9.5 三维区过延哈 2—延哈 3—哈 1—延哈参 1—延哈 4 井连井纵波阻抗反演剖面

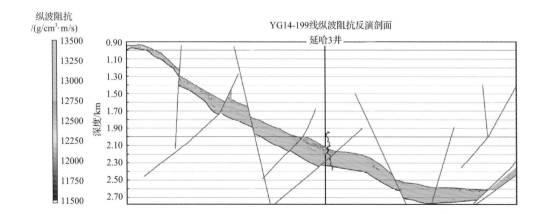

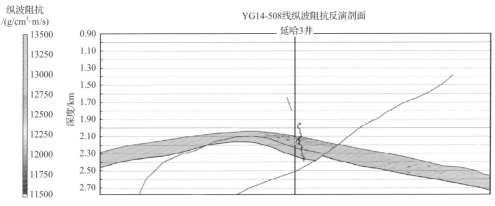

图 9.6　二维区过延哈 3 井 YG14-199 线和 YG14-508 线波阻抗反演剖面

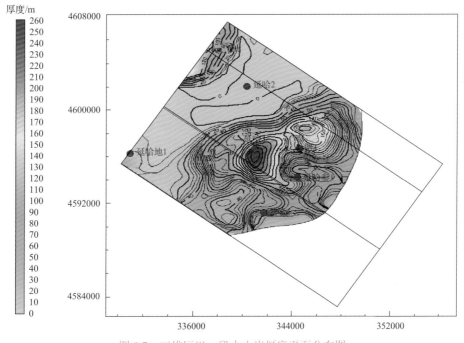

图 9.7　三维区巴一段火山岩厚度平面分布图

图 9.8 是二维、三维联合巴一段火山岩厚度平面分布图，从反演结果可以看出，火山岩在工区零星分布，主要发育在三维区中部延哈 3 井、哈 1 井、延哈参 1 井、延哈南 1 井和延巴参 1 井附近，以及工区西南侧，其他部位火山岩相对欠发育，火山岩的发育具有较强的非均质性，比较符合地质规律。

2. 白云岩

图 9.9 是三维区过延哈 2—延哈 3—哈 1—延哈参 1—延哈 4 井连井中子反演剖面，从反演结果可以看出，白云岩和泥质白云岩主要分布在银根组和苏二段的顶部，对应高中子值，具有较好的识别效果。

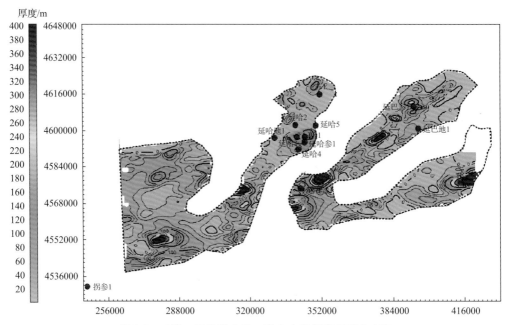

图 9.8 二维、三维联合巴一段火山岩厚度平面分布图

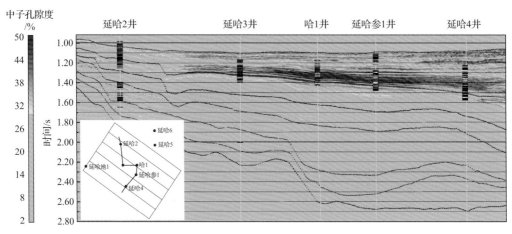

图 9.9 三维区过延哈 2—延哈 3—哈 1—延哈参 1—延哈 4 井连井中子反演剖面

图 9.10 是二维区过延哈 5 井 YG15-208 线中子反演剖面，从反演结果可以看出，白云岩和泥质白云岩主要分布在银根组和苏二段的顶部，对应高中子值，二维反演结果与三维结果较吻合。

根据反演的结果计算银根组和苏二段白云岩厚度，图 9.11 是三维区苏二段白云岩厚度平面分布图，图 9.12 是三维区银根组白云岩厚度平面分布图。从反演结果可以看出，白云岩和泥质白云岩主要分布在三维区东北方向，由东北向西南白云岩厚度逐渐减薄。

　　图 9.13 是二维、三维联合苏二段白云岩厚度平面分布图，图 9.14 是二维、三维联合银根组白云岩厚度平面分布图。从反演结果可以看出，白云岩和泥质白云岩主要分布在三维区东北方向，由东北向西南方向白云岩厚度逐渐减薄，研究区西南方向、东南方向和东北方向白云岩相对欠发育，银根组白云岩的厚度较苏二段更厚，白云岩发育范围更广。

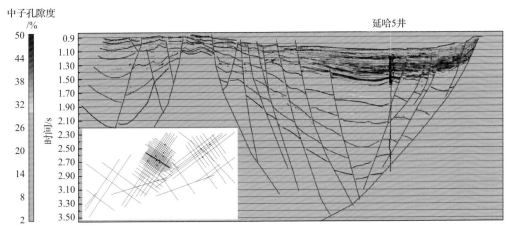

图 9.10　二维区过延哈 5 井 YG15-208 线中子反演剖面

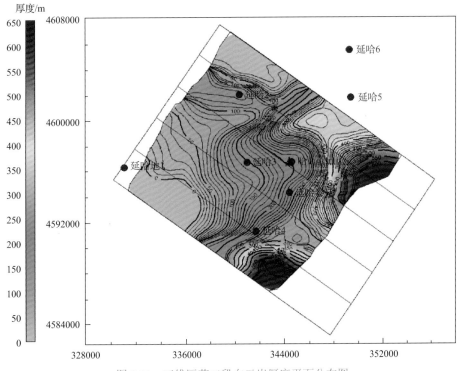

图 9.11　三维区苏二段白云岩厚度平面分布图

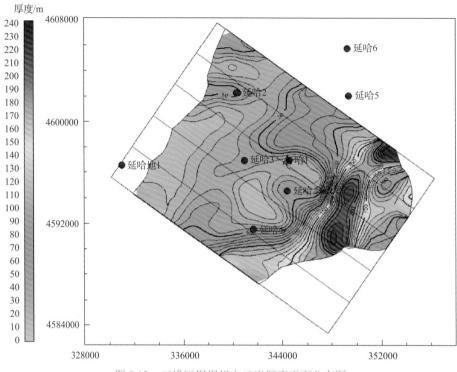

图 9.12　三维区银根组白云岩厚度平面分布图

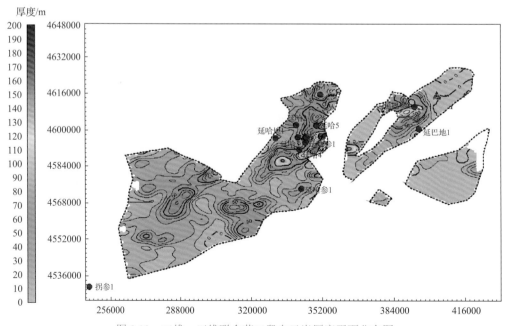

图 9.13　二维、三维联合苏二段白云岩厚度平面分布图

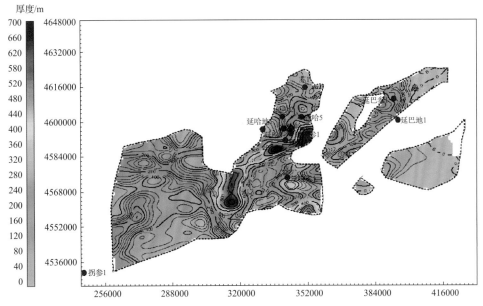

图 9.14　二维、三维联合银根组白云岩厚度平面分布图

3. 灰质泥岩

图 9.15 是三维区过延哈 2—延哈 3—哈 1—延哈参 1—延哈 4 井巴音戈壁组连井纵波阻抗反演剖面图，从反演结果可以看出，灰质泥岩主要分布在巴一段和巴二段，其他层段零星发育，相对泥岩，灰质泥岩具有更高的速度和密度，纵波阻抗值较大，从连井反演结果可以看出，灰质泥岩主要分布在延哈 3 井、哈 1 井、延哈参 1 井、延哈 4 井巴音戈壁组。

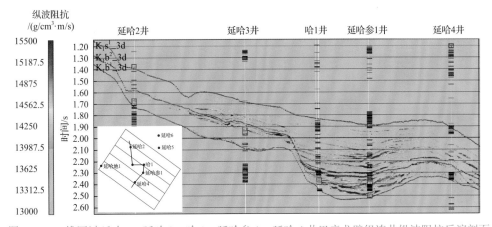

图 9.15　三维区过延哈 2—延哈 3—哈 1—延哈参 1—延哈 4 井巴音戈壁组连井纵波阻抗反演剖面

图 9.16 是二维区过哈 1 井 YG15-201 线巴音戈壁组纵波阻抗反演剖面，从反演结果可以看出，灰质泥岩主要分布在巴一段和巴二段，其他层段零星发育，相比于泥岩，灰质泥岩具有更高的速度和密度，纵波阻抗值较大，从二维、三维联合反演结果对比可以看出，二维与三维之间吻合较好，没有闭合差。

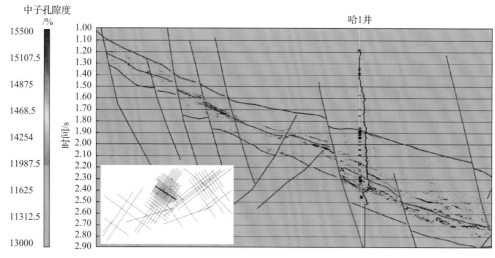

图 9.16 二维区过哈 1 井 YG15-201 线巴音戈壁组纵波阻抗反演剖面

根据反演的结果计算巴一段和巴二段灰质泥岩厚度，图 9.17 是三维区巴一段灰质泥岩厚度平面分布图，图 9.18 是三维区巴二段灰质泥岩厚度平面分布图。从反演结果可以看出，灰质泥岩主要分布在研究区北东方向，研究区西南方向相对不发育。

图 9.19 是二维、三维联合巴一段灰质泥岩厚度平面分布图，图 9.20 是二维、三维联合巴二段灰质泥岩厚度平面图，从反演结果可以看出，灰质泥岩主要分布在研究区北部、北东部，研究区西南方向灰质泥岩发育略薄，研究区中部相对不发育。

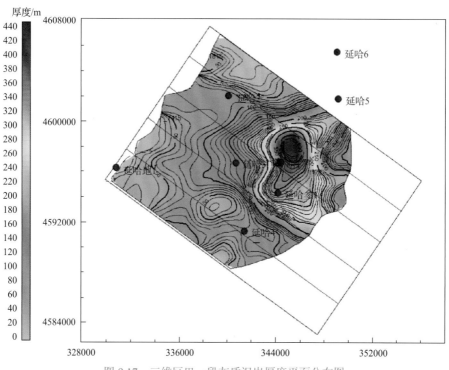

图 9.17 三维区巴一段灰质泥岩厚度平面分布图

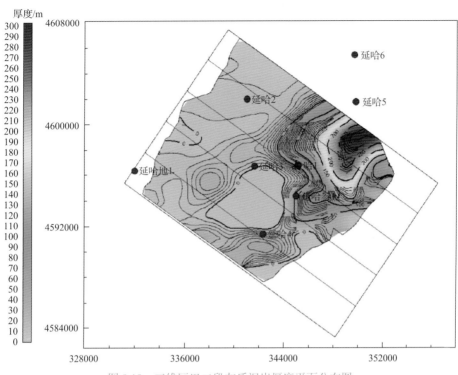

图 9.18　三维区巴二段灰质泥岩厚度平面分布图

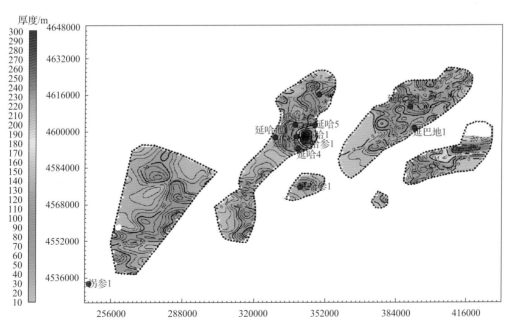

图 9.19　二维、三维联合巴一段灰质泥岩厚度平面分布图

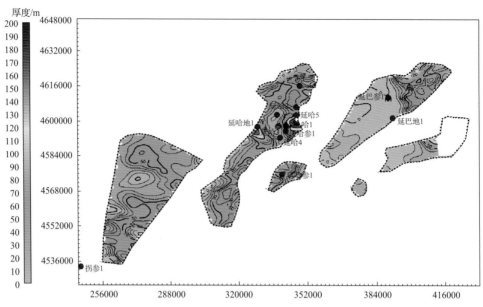

图 9.20　二维、三维联合巴二段灰质泥岩厚度平面分布图

4. 砂岩

图 9.21 是三维区过延哈 2—延哈 3—哈 1—延哈参 1—延哈 4 井伽马反演剖面图,从反演结果可以看出,在去除白云岩和火山岩影响之后,砂岩较泥岩自然伽马值更低,砂岩主要分布在二叠系、巴音戈壁组和苏红图组,银根组砂岩相对欠发育。

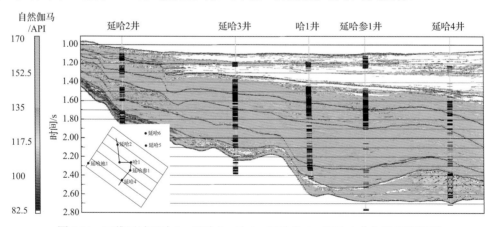

图 9.21　三维区过延哈 2—延哈 3—哈 1—延哈参 1—延哈 4 井伽马反演剖面

图 9.22 是二维区过延哈 4 井 YG14-195 线伽马反演剖面,从反演结果可以看出,在去除白云岩和火山岩影响之后,砂岩较泥岩自然伽马值更低,砂岩主要分布在二叠系、巴音戈壁组和苏红图组,银根组砂岩相对欠发育,二维线反演结果与井同样吻合较好。

根据反演的结果计算二叠系、巴一段、巴二段、苏一段、苏二段和银根组砂岩厚度,图 9.23 是三维区各层段砂岩厚度平面分布图,从反演结果可以看出,砂岩主要分布在延哈 3 井、哈 1 井和延哈参 1 井附近,整体砂岩厚度东北方向较大,向研究区西南方向逐渐减薄，各层段砂岩厚度变化较大，指示该区各层段古构造形态变化较快。

图 9.24 是二维、三维联合各层段砂岩厚度平面图，从反演结果可以看出，砂岩主要分布在三维区及苏 1 井附近、延巴 1 井附近砂岩较发育，研究区中部延巴南 1 井附近砂岩相对欠发育，纵向上二叠系砂岩最发育。

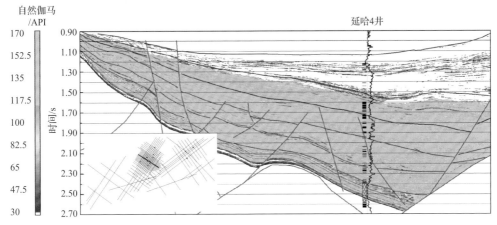

图 9.22 二维区过延哈 4 井 YG14-195 线伽马反演剖面

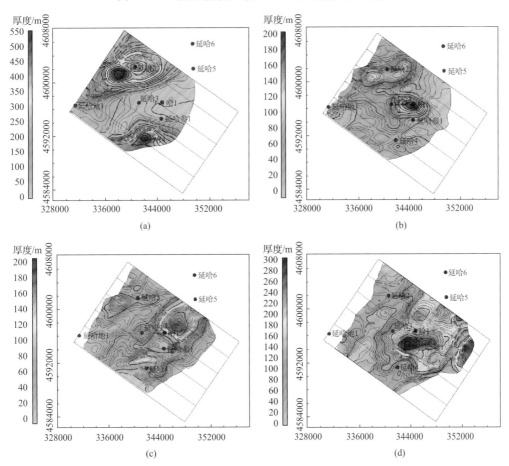

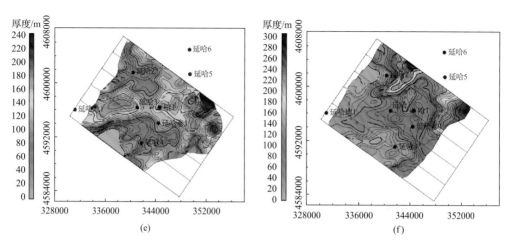

图 9.23 三维区各层段砂岩厚度平面分布图

(a)二叠系；(b)巴一段；(c)巴二段；(d)苏一段；(e)苏二段；(f)银根组

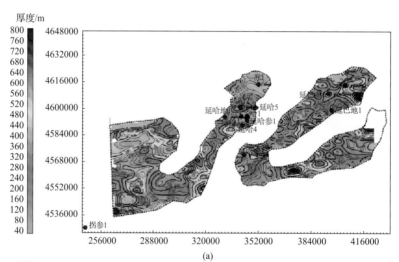

(a)

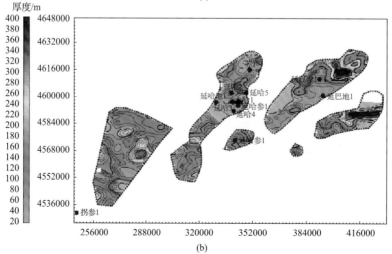

(b)

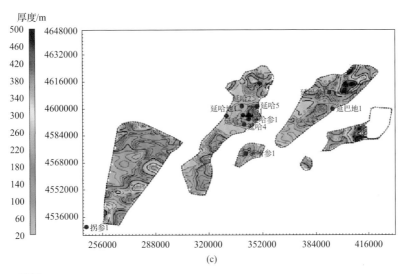

(c)

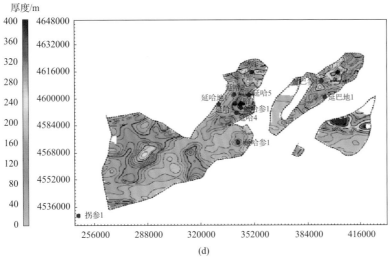

(d)

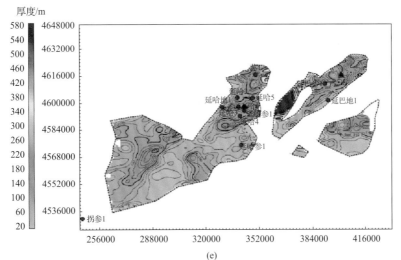

(e)

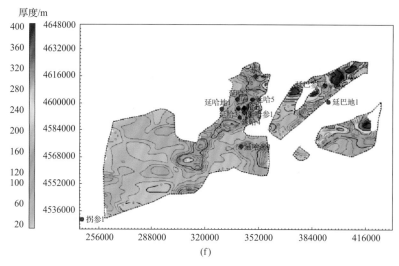

图 9.24　二维、三维联合各层段砂岩厚度平面分布图

(a)二叠系；(b)巴一段；(c)巴二段；(d)苏一段；(e)苏二段；(f)银根组

5. 泥岩

参考前人研究成果，暗色泥岩 TOC 门槛值为大于 0.4%，本次研究利用 TOC 参数反演，在泥岩里面寻找 TOC 值大于 0.4%的暗色泥岩。从过延哈 2—延哈 3—哈 1—延哈参1—延哈 4 井 TOC 反演剖面图(图 9.25)和二维区过延哈 3 井、延哈参 1 井 YG14-199 测线 TOC 反演剖面(图 9.26)可以看出，暗色泥岩主要分布在苏红图组和巴音戈壁组，二叠系和银根组暗色泥岩欠发育。

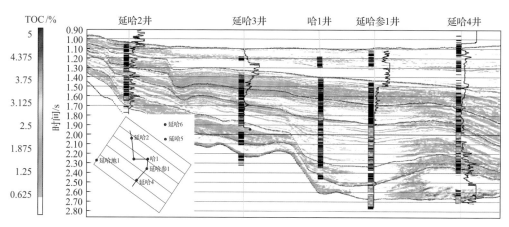

图 9.25　三维区过延哈 2—延哈 3—哈 1—延哈参 1—延哈 4 井连井 TOC 反演剖面

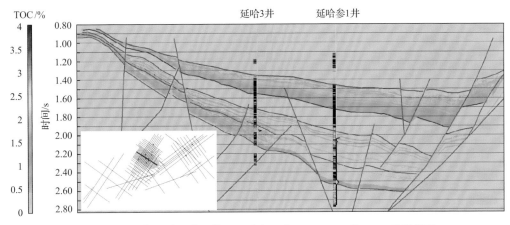

图 9.26　二维区过延哈 3 井、延哈参 1 井 YG14-199 线 TOC 反演剖面

　　根据反演的结果计算巴音戈壁组和苏红图组暗色泥岩厚度，图 9.27 是三维区巴音戈壁组暗色泥岩厚度平面图，图 9.28 是三维区苏红图组暗色泥岩厚度平面图。从反演结果可以看出，研究区暗色泥岩主要分布在研究区东部哈 1 井东北方向最厚，向西南方向暗色泥岩厚度逐渐变薄，研究区西北方向暗色泥岩欠发育，暗色泥岩主要发育在构造低部位，受构造控制。

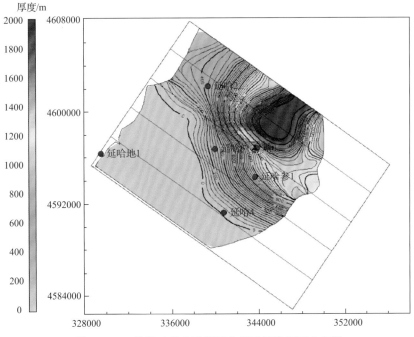

图 9.27　三维区巴音戈壁组暗色泥岩厚度平面分布图

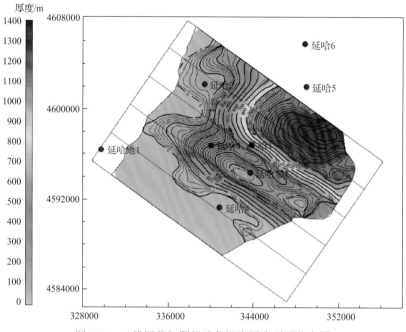

图 9.28　三维区苏红图组暗色泥岩厚度平面分布图

　　图 9.29 是二维、三维联合巴音戈壁组暗色泥岩厚度平面图，图 9.30 是二维、三维联合苏红图组暗色泥岩厚度平面图。从反演结果可以看出，研究区暗色泥岩主要分布在研究区东部哈 1 井东北方向最厚，其次是三维区正北方向的苏 1 井附近暗色泥岩也较厚，中部的延巴南 1 井附近暗色泥岩相对欠发育，暗色泥岩主要发育在构造低部位，受构造控制。

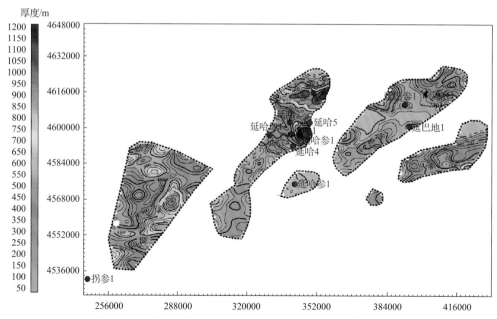

图 9.29　二维、三维联合巴音戈壁组暗色泥岩厚度平面分布图

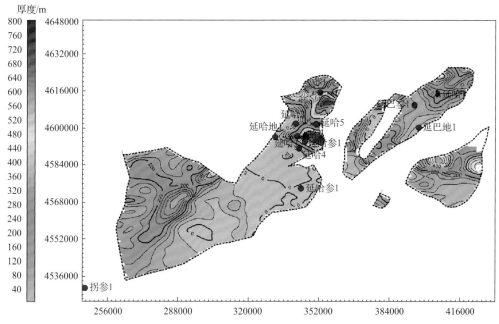

图 9.30　二维、三维联合苏红图组暗色泥岩厚度平面分布图

9.2　储层物性展布预测

由于孔隙度与纵波阻抗有较好的拟合关系，可运用参数反演预测研究区孔隙度展布规律，图 9.31 是三维区过延哈 3 井主测线 1501 线孔隙度反演剖面，从反演结果可以看出，在苏红图组和巴音戈壁组中上部孔隙度相对发育，研究区中东部物性较差，较致密。

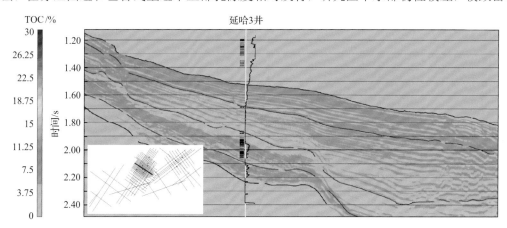

图 9.31　三维区过延哈 3 井 Inline1501 线孔隙度反演剖面

图 9.32 是二维区过延哈 3 井 YG14-199 线孔隙度反演剖面，从反演结果可以看出，在苏红图组和巴音戈壁组中上部孔隙度相对发育，研究区西部物性相对较好，中东部物性较差，较致密。

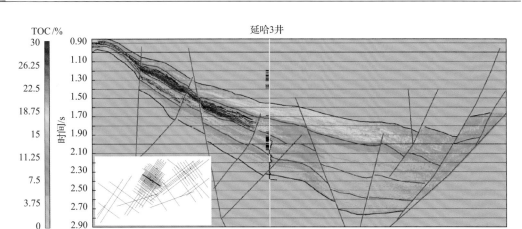

图 9.32   二维区过延哈 3 井 YG14-199 线孔隙度反演剖面

从孔隙度反演预测各层段孔隙度平面分布图(图 9.33)可以看出，三维区西北侧、东北侧物性相对较好，三维区西南侧、中部延哈 3 井南侧相对孔隙度欠发育。

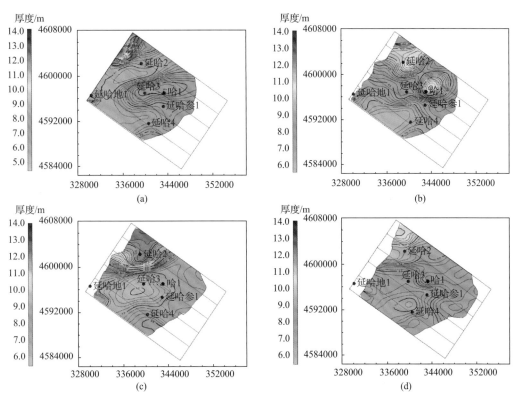

图 9.33   三维区各层段孔隙度平面分布图
(a)二叠系；(b)巴一段；(c)巴二段；(d)苏一段

图 9.34 是二维、三维联合各层段孔隙度平面图，从孔隙度反演预测各层段孔隙度平面分布图可以看出，研究区北东方向相对物性较好，研究区中部、南部相对物性较差。

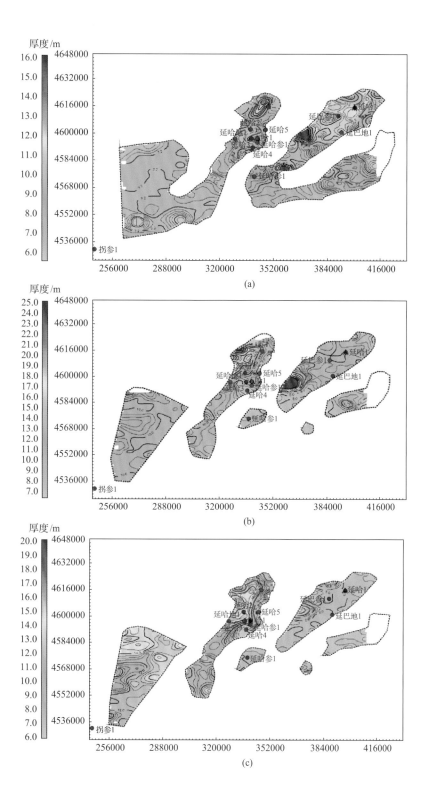

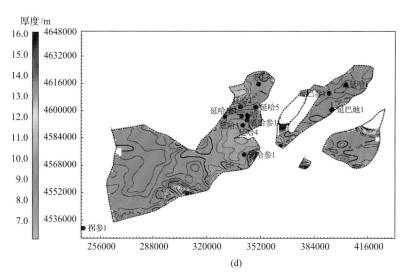

图9.34   研究区各层段孔隙度平面分布图

(a)二叠系；(b)巴一段；(c)巴二段；(d)苏一段

9.3   储层裂缝展布预测

9.3.1   地震资料特殊处理

方位各向异性预测裂缝需要开展分方位角道集针对性处理(杨勤勇等，2006)。方位角道集地震数据的处理输入数据是用于叠加的叠前动校正后的 CMP(common middle point)道集数据。该数据已做完了叠前所有的常规处理，包括静校正、剩余静校正、振幅补偿、去噪、拓频等处理，分析 CMP 道集方位信息扫描后的结果，为了后续方位各向异性计算裂缝的需要；在全方位信息要求的基础上限制偏移距的范围大小，充分考虑不同方位夹角扇区地震资料覆盖次数相对均匀，地震资料品质近似，叠加后频谱分析近似，确保方位角划分合理，避免人为产生方位各向异性；进行分方位叠加及叠后偏移处理，将叠后部分叠加偏移数据合成方位道集数据，最终得到不同方位角扇区地震资料的叠加偏移道集数据体；利用该数据体进行属性计算，分析敏感裂缝预测属性；利用方位各向属性差异进行椭圆拟合，求取各向异性差，预测裂缝的空间分布(图9.35)。

由于三维区地震数据覆盖次数太高，数据量太大，选取三维区中部的部分 CMP 道集进行信息扫描分析，从苏红图拗陷方位信息扫描图上可以看到(图9.36)，在偏移距为0～5400m 时，0°～180°各个方位角都有数据分布，方位角的分布基本上在各个方位都有，且比较均匀。由于陆地采集是窄方位角采集，在不同方位角上，地震资料的覆盖次数是不一样的，偏移距的范围也不一样，所以为了保持不同方位角数据体分析的可对比性，在方位角叠加之前，需要对偏移距大小进行限制，所有的方位角的偏移距均统一在50～5400m。

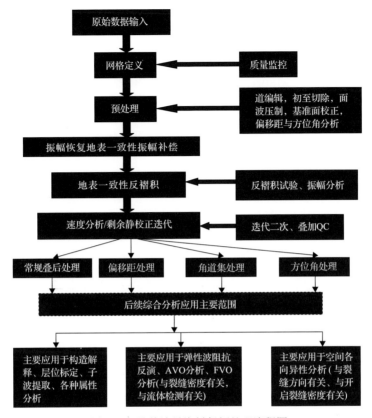

图 9.35 叠前地震资料保幅处理流程图

AVO 为振幅随偏移距的变化(amplitude variation with offset);FVO 为频率偏移(frequency verses offset);QC 为 quality control

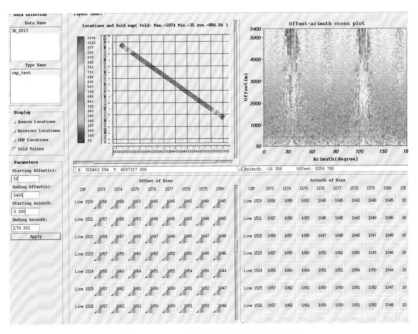

图 9.36 CMP 道集方位信息扫描图

通过工区地震资料方位角信息分析，划分方位角范围为 0°～42°、35°～77°、69°～112°、104°～148°、137°～180°五个区域进行分别叠加(图9.37)，将这五个扇区的方位信息分别置成方位角 21°、56°、90°、126°、159°共5个数据体(由于方位角的对称性，180°～360°的方位角都统一到 0°～180°，正北方向为方位角0°)。

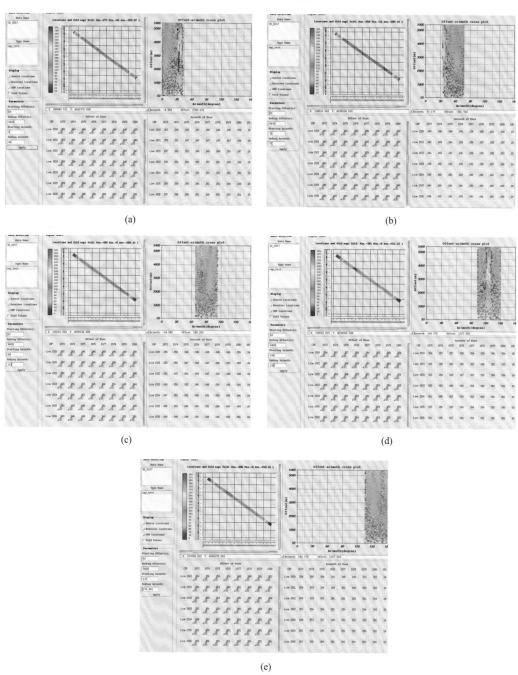

图 9.37　地震资料各方位角划分覆盖次数分析
(a)0°～42°；(b)35°～77°；(c)69°～112°；(d)104°～148°；(e)137°～180°

为了满足叠前裂缝预测的研究需要，针对 CDP 道集资料进行偏移距和方位角的分布交汇分析，叠前 CMP 道集满方位角信息分布的偏移距范围为 50～5400m。根据偏移距和方位角的交会图和各个方位角面元上的覆盖次数分析划分出五个方位角分别是 21°、56°、90°、126°、159°，每个方位角的覆盖次数主体基本相同，均在 210 次左右，保证部分方位角道集数据叠加偏移后资料信噪比近似，没有明显的波形畸变，尽量减少由于方位角划分不均造成的人为各向异性，影响方位各向异性裂缝预测结果的准确性。

除了覆盖次数均匀，经五个方位角部分叠加偏移后剖面对比分析，各方位角所对应的叠加偏移后剖面能量强弱均匀，波组特征清晰，地震资料信噪比较好，没有明显的畸变，确保方位角划分的均匀可靠，没有人为产生方位各向异性，为后续方位各向异性计算裂缝打下很好的基础。

9.3.2　叠前地震各向异性技术原理

目前已经发展起来的裂缝性油气藏勘探技术有：横波勘探、P-S 转换波、多分量地震、多方位垂直地震剖面(vertical seismic profiling，VSP)、纵波振幅随入射角和方位角的变化(amplitude variation with incident angle and azimuth，AVAZ)等(季玉新，2002)。横波地震勘探检测裂缝：当地震横波进入裂缝介质时，形成横波分裂。平行于裂隙方向的快横波称为 S_1 波，垂直于裂隙方向的慢横波称为 S_2 波。S_1 和 S_2 的偏振、时间延迟及振幅与裂隙方位和密度有关，但横波采集和处理的费用极高，油田投资风险大，因此不能成为常用技术。转换横波探测裂缝：P 波在一个方位各向异性界面处引起相同的偏振现象，产生 P-S 转换横波，转换横波进入裂缝地层之后，也会发生横波分裂。VSP 法识别裂缝：多分量和多方位的变井源距的观测有利于对井周围的岩石裂缝系统进行全面的研究，而与测井资料的紧密结合更加强了 VSP 在探测裂缝方面的能力。多分量地震、多方位 VSP、P-S 转换波、VSP 法等技术虽然有不错的效果，但要么勘探成本高，要么非常规地震采集项目在国内现阶段难以推广应用。自 20 世纪 90 年代以来，兴起了利用 P 波各向异性检测裂缝的热潮。

1. 岩石物理正演模型

通过岩石物理正演模型的研究，可以帮助建立储层岩石物性的理论模型及理论上该模型所产生的地震各向异性响应特征(李勇根和徐胜峰，2008)。

1)建立储层各向异性岩石物理模型

建立地震各向异性岩石物理模型的主要目的是建立起岩石弹性模量与裂缝参数(密度、所含流体、裂缝宽度/长度比)之间的关系。根据等效介质理论，将含裂缝岩石的等效柔度张量定义为岩石骨架的柔度张量和裂缝引起的附加柔度张量之和。如果裂缝的排列具有轴对称性(即平行发育的裂缝)，那么裂缝总体柔度张量可视作两部分之和，即裂缝法向柔度张量和切向柔度张量。这两个张量可与 Hudson 的裂缝模型建立理论关系(Hudson，1981；Hudson et al.，1996)。得到了裂缝的总柔度张量就可以进行弹性系数的反演，由反演得到的弹性系数可以计算各种弹性模量，如岩石的体变模量、切变模量和拉梅系数等。首先要计算研究区域内的理论地震反射振幅。计算反射振幅的方法通常有两种：一是依据精确的反射和透射系数公式(Fryer and Frazer，1984)；另一种是根据基于弱各向异性和弱反射界面的假设得到近似的公式(Rüger，1998)。

水平层状介质的呈层构造易形成具有垂直对称的侧向各向同性介质(VTI)，而垂直排列的裂缝组成的岩石可形成水平对称轴的侧向各向同性介质(HTI)，对这种侧向同性介质(TI)，它们需要 5 个独立的弹性系数来描述它们的各向异性特征。当构造引起岩层倾斜后，这些介质将不再是 VTI 和 HTI 介质，而是任意各向异性介质，它们需要 21 个弹性系数来描述它们的各向异性，建立任意各向异性介质的岩石物理模型，准确地提供具有构造特征的各向异性介质的地震响应。

在叠前正演模拟研究中，要建立裂缝储层的地质模型和弹性介质模型，需要知道岩石的纵横波速度和密度，然后根据岩石物理模型计算井中含有裂缝的储层段岩石的弹性张量和各向异性等效的 Thomsen 指数，从而了解裂缝对各向异性的岩石物理参数的影响。通过得到的井中的裂缝各向异性的参数，计算叠前地震反射在各个方位角的响应，并计算各向异性的地震反射振幅与裂缝定向的关系。这一计算给提供了裂缝在井旁地震道的地震响应，包括叠前 AVO 特征和叠前各方位角的 AVO 特征，以及在裂缝影响下的 AVO 特征随方位角的变化规律。通常，岩石中裂缝的密度、裂缝的宽度和所含流体的成分都是影响地震各向异性的因素。地震各向异性的幅度随着裂缝密度的增加而增加，不同流体对地震各向异性的响应也有不同的影响。对含气和含水的裂缝储层而言，由于水和气的弹性模量相近，裂缝密度的影响会明显。叠前正演模拟可以帮助了解各向异性的地震响应特征与裂缝的密度、空间定向及所含流体的关系。这为利用地震资料的分析结果提取裂缝的信息提供了理论依据。

对延哈 4 井资料(钻井和测井)加以分析，并在层位标定基础上，建立裂缝储层的地质模型和弹性介质模型，如图 9.38 所示，开展叠前正演模拟研究。

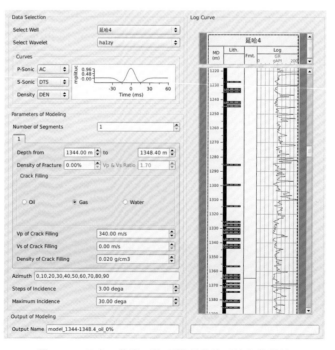

图 9.38　延哈 4 井岩石物理模型叠前正演参数设计

2) 储层各向异性的地震响应

将褶积模型计算得到的零偏移距的地震合成记录、正演模拟计算得到的含气裂缝储层的多方位角的叠前地震合成记录与实际地震记录相对比。储层段内，三者均有很好的对比性。从上述延哈 4 井的岩石物理模型正演的结果可以得到地质界面与地震反射间的对应关系，以及地震响应在地质界面上的 AVO 特征。用归一化的反射振幅随入射角的AVO 响应定量地描述了裂缝引起的方位角振幅的变化特征，并用各入射角上的振幅方位椭圆与裂缝的分布关系定性说明如何用振幅方位椭圆的长、短轴来确定裂缝的方向。

图 9.39 显示了延哈 4 井苏红图组储层裂缝孔隙度为 0、5‰、10‰、15‰时，随方位角和入射角变化的地震反射振幅和入射角为 30°的振幅方位椭圆。如果储层中的裂缝走向(裂缝方向)为 90°(正北方位)，那么裂缝的法向方向就为 0°(正东方位)。延哈 4 井的储层裂缝正演模拟结果表明，当苏红图组储层含有油饱和的裂缝时，反射振幅会随方位角变化。在裂缝走向方向，振幅随偏移距递减比在裂缝的法向方向要小。地震反射振幅方位椭圆与裂缝定向的关系是最小振幅方向近似地代表了裂缝走向方向，而最大振幅方向近似地代表了裂缝法向方向。

储层裂缝的发育程度是影响地震各向异性的重要因素之一，当设置裂缝孔隙度为 0时，储层椭圆扁率都为 1，各方位曲线完全重合，不具有各向异性即各向同性；当裂缝孔隙度为 5‰时，地震各向异性振幅椭圆表现为振幅随入射角增大而减小，椭圆扁率分别是 1.08631，在较大入射角处各方向曲线能有效区分；当裂缝孔隙度为 10‰和 15‰时，椭圆的扁率分别是 1.18846 和 1.31037，即裂缝孔隙度大于 5‰时，利用方位各向异性即可以对裂缝进行识别。随着裂缝孔隙度增大，方位各向异性差异进一步扩大，裂缝孔隙度越大，椭圆扁率就越大，即各向异性越大(图 9.40)。

以上结果表明，对延哈 4 井的正演模拟研究可以更好地帮助理解储层裂缝的地球物理响应，了解方位角的振幅随入射角变化与裂缝性质的关系，进一步验证方位各向异性对研究区裂缝预测的可行性，更重要的是，叠前准确的合成记录能提供准确的叠前地震波波场及振幅、频率和相位的特征，为研究具有物理意义的地震属性参数及它们对裂缝的敏感性提供了依据，这些研究将是探测和解释储层裂缝的基础。

2. 叠前地震各向异性技术原理

AVAZ(或 AVOZ)，即三维地震资料的振幅随入射角(偏移距)和方位角变化关系。沈凤和钱绍新(1994)的研究表明，地震频率的衰减和裂缝密度场的空间变化有关。沿裂缝走向方向随偏移距(offset)衰减慢，而垂直裂缝走向方向随偏移距离衰减快，裂缝密度越大衰减越快。

据 Thomsen(1995)的研究，AVO 梯度较小的方向是裂缝走向，梯度最大的方向是裂缝法线方向，并且差值本身与裂缝的密度成正比，因此裂缝的密度可以标定出来。

Gray 和 Head(2000)的研究描述了 AVAZ 分析法并表明 AVO 随方位角的变化关系(即AVO 梯度)反映了岩石硬度的变化。

Ramos(1996)的研究表明，纵波垂直于裂缝带传播会有明显的旅行时延迟和衰减，并有反射强度降低和频率变低等现象。

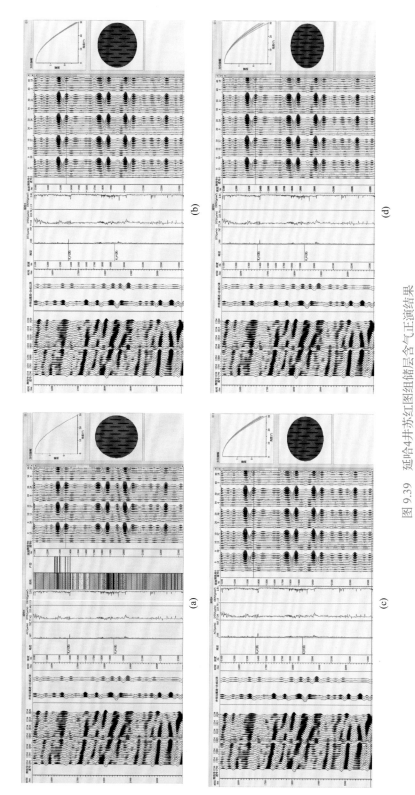

图 9.39 延哈 4 井苏红图组储层含气正演结果

(a) 裂缝孔隙度为 0 含油正演结果；(b) 裂缝孔隙度为 5‰含油正演结果；(c) 裂缝孔隙度为 10‰含油正演结果；(d) 裂缝孔隙度为 15‰含油正演结果

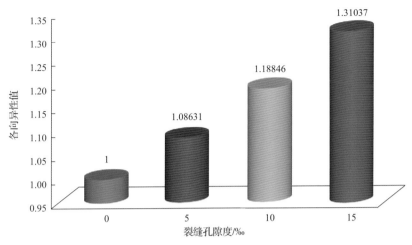

图 9.40　延哈 4 井各向异性正演结果统计图

贺振华等(2001)通过岩石物理模型实验结果表明，地震 P 波沿垂直于裂缝方向的传播速度小于沿平行于裂缝方向的传播速度，并且地震波的动力学特征如振幅、主频、衰减等比运动学特征如速度对裂缝特征的变化更为敏感。

这些研究为 AVAZ 的发展奠定了基础，并且利用叠前地震资料提取方位地震属性如振幅、速度、主频、衰减等检测裂缝型储层是完全可行的，比基于叠后地震资料的裂缝检测技术有更大的优越性。

方位各向异性的分析就是将每一个采样点上不同方位角的地震信号进行椭圆拟合(图 9.41)。长短轴的比值就代表了该采样点的各向异性的大小。从方位椭圆拟合结果图上还可以确定各向异性的方向。在岩石物理模型的正演模拟中，首先假定了高渗发育带的方向为正南北方向，若椭圆拟合的长轴方向与假定的高渗发育带的方向相一致，拟合椭圆的长轴方向就代表了方位各向异性的方向。反之，若椭圆拟合的短轴方向与假定的高渗发育带的方向相一致，拟合椭圆的短轴方向就代表了方位各向异性的方向。

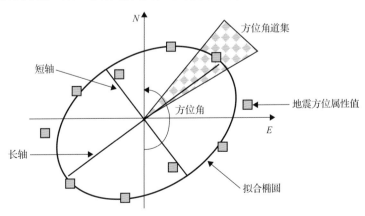

图 9.41　裂缝方位检测方法图示

裂缝预测软件 FRS 裂缝检测方法是基于纵波的一种地震检测方法,当地震 P 波在遇到裂缝地层产生反射时,由于 P 波与裂缝的方位角不同,产生的反射就不同,如图 9.42 所示,只要地下介质存在方位各向异性,就可以通过方位角道集地震信号的变化来对其进行分析和研究(方晨等,2007)。裂缝的方向、密度和所含流体变化会对纵、横波速度产生很大影响,并产生较强的地震各向异性。由于裂缝引起的地震各向异性特征明显,利用叠前地震资料宽方位角的特点来研究裂缝,通过研究三维地震属性(振幅、频率、衰减梯度等)随方位角变化的特征来分析裂缝的方位和发育程度,该方法尤其对开启的高角度裂缝效果明显。

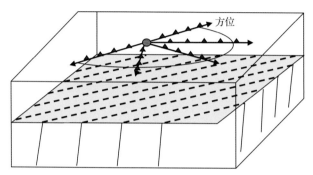

图 9.42 垂直裂缝储层与三维地震方位数据检测示意图

根据图 9.42 所示的裂缝方位检测示意图,可以得出如下的裂缝检测计算流程。

(1)在 CMP 道集中抽选方位道集并进行叠加。计算的方位角个数可选 3~6 个,要求基本均匀地分布在 0°~180°范围。

(2)地震属性可以采用经过标定的振幅数据、频率、能量等数据,对每一个方位叠加道集计算对应的属性。

(3)对储层的每个共深度点(common depth point,CDP),使用上述各方位角的时窗统计属性值进行椭圆拟合,计算出三个特征值:椭圆长轴长度、短轴长度、及其与 X 轴的夹角,然后获得椭圆扁率(长轴/短轴)。

(4)根据所选地震属性对裂缝方位的响应关系,以及在正演模拟中的结果,判定该夹角如何指示裂缝方向,椭圆扁率通常指示裂缝密度分布。

(5)裂缝方位分析可以选择其他属性的数据。

FRS 叠前各向异性裂缝预测技术流程如图 9.43 所示。地震属性中对裂隙比较敏感的属性有方位 AVO、方位地震衰减、方位地震干涉、方位地震弹性参数、方位振幅、方位频率、方位能量等属性。地震衰减和裂缝密度场的空间变化有关,沿裂缝走向方向衰减慢,而沿垂直裂缝走向方向衰减快,裂缝密度越大衰减越快。裂缝不仅产生地震衰减,还产生地震波的干涉,瞬时频率被用来研究地震波场干涉现象。瞬时频率可用来分析裂缝储层中相干波的时变频谱属性和刻画地震波的衰减属性。垂直裂缝走向方向衰减快,并出现强非均质性,含气裂缝较含油裂缝表现出更强的非均质(图 9.44)。应用叠前地震各向异性技术研究裂缝,其原理基于方位 AVO 属性分析:在相同的孔隙度条件下,细小的裂缝比圆形的孔隙对速度的影响更大,在砂岩中小于 0.01%裂缝孔隙

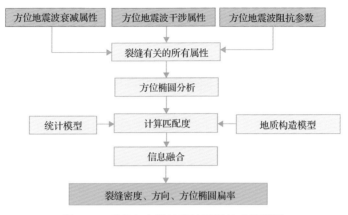

图 9.43　叠前各向异性裂缝预测技术流程图

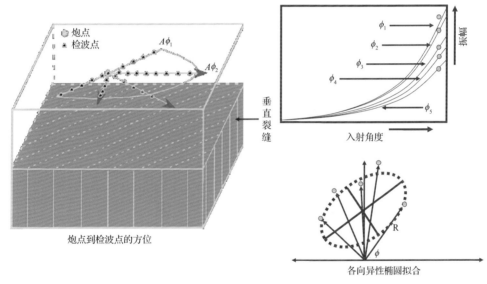

图 9.44　不同方位角的地震 P 波响应特征示意图

$\phi_1 \sim \phi_5$ 为不同的方位椭圆扁率；$A\phi_1$、$A\phi_2$ 为不同椭圆扁率的方位；R 为检波点

度能导致纵波和横波速度降低 10%以上(Kuster and Toksoz，1974)。因此，裂缝的方向、密度和所含流体变化会对纵波和横波速度产生很大影响并产生较强的地震各向异性，裂缝对振幅随方位角变化特征的影响力是随偏移距的增加而增加，较大的偏移距可使由裂缝引起的振幅随方位角的变化变得明显，因此，方位振幅随偏移距变化(AVO)的属性可用来检测裂缝。含油气的储层裂缝密度越大，同一偏移距下振幅的方位角变化就越大。由此可见，裂缝引起的地震各向异性特征很明显，利用叠前地震资料研究裂缝是切实可行的。

裂缝的分布是控制生产井产能和地下流体流动的主要因素，裂缝的发育与否直接决定了单井的产能高低。针对研究区的裂缝特点，可以采用各向异性分析来检测裂缝的特征，而在叠前各向异性计算方面，主要是分析叠前地震振频率属性随方位角的变化，以及该变化与裂缝之间的关系，进而为裂缝解释提供地球物理依据。在裂缝分析中，主要依据振幅随方位角的变化来确定裂缝的方向，而频率属性随方位角的变化主要是用来作为确定裂缝密度强度尤其是开启裂缝密度强度的手段之一。

依据各向异性理论检测高角度裂缝带，在利用本次陆上采集的全方位覆盖的近到中等偏移距的纵波地震数据时，要尽可能减少由地震数据方位覆盖的不均匀而带来的地震数据的偏差。

岩石物理正演模拟的研究可以用于指导理解地震资料的分析结果，利用测井分析来确保模拟结果的实际应用和统计关系的物理意义。

与方位角和入射角有关的地震干涉属性分析：裂缝不仅产生地震衰减，还产生地震波场干涉现象，瞬时频率常用来研究地震波场干涉现象。瞬时频率可用来分析裂缝储层中相干波的时变频谱属性和刻画地震波的衰减属性。垂直裂缝走向方向衰减快，并出现强非均质性，含气裂缝较含油裂缝表现出更强的非均质（图9.45）。

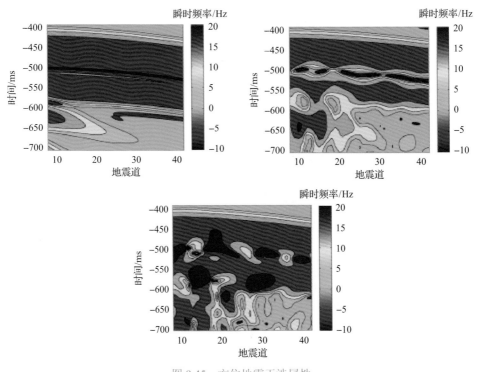

图 9.45   方位地震干涉属性
垂直裂缝走向方向衰减快，并出现强非均质性

与方位角和入射角有关的地震衰减属性分析：裂缝储层的地震散射理论研究表明，地震衰减和裂缝密度场的空间变化有关，沿裂缝走向方向衰减慢，而沿垂直裂缝走向方向衰减快，裂缝密度越大衰减越快（图9.46、图9.47）。垂直裂缝、斜交分布裂缝和网状结构裂缝是引起地震能量衰减和地震能量不均匀分布的主要因素。高密度裂缝会引起地震波散射增强，并加快地震能量的衰减，裂缝越发育，引起的地震波散射越明显，能量变化越大，同时也会造成地震波频率降低。为了了解地震散射能量强度的变化，对地震反射振幅数据体进行与地震波衰减作用相关的属性分析，得到地震波散射能量在高频范

围内随频率衰减的属性。例如，采用多信号频率估算技术研究频率随偏移距变化 FVO（frequency versus offset），估算具有物理意义的地震属性参数。

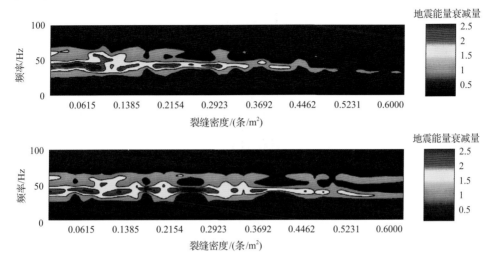

图 9.46　方位地震衰减属性

沿裂缝走向地震衰减慢，沿垂直裂缝走向地震衰减快

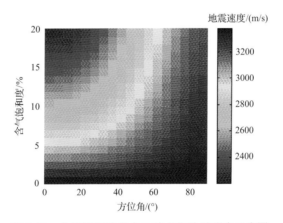

图 9.47　含气饱和砂岩中 P 波方位地震速度示意图

沿裂缝走向速度大，垂直裂缝走向速度小

　　与方位角和入射角有关的叠前地震弹性参数反演：采用叠前地震弹性参数反演技术反演纵横波阻抗、速度、泊松比、拉梅常数和剪切模量等参数，对岩石的力学特性进行精细描述，为应力场数值模拟提供准确的输入数据。同时利用地震弹性参数的各向异性特征预测裂缝方位、裂缝密度等各项参数。

　　与方位角和入射角有关的地震振幅标定：从与方位角和入射角有关的地震振幅标定得到的数据体中提取的地震属性能较好地反映储层特性。由储层特征的变化所引起的地震振幅变化，不仅会出现在原始的地震数据体上，也会保留在标定后的地震属性数据体上。地震振幅标定消除子波的影响，进行了振幅的标定和处理，可用于分析振幅随方位角的变化，得到振幅的方位角椭圆在空间上的变化，由此研究裂缝在空间的统计方向。

据 Mallick 和 Frazer(1991)及 Craft 等(1997)指出利用 P 波反射振幅和速度在裂缝的不同方位上具有不同的变化特征。利用振幅随方位角变化(RVA)和速度随方位角变化(VVA)识别裂缝的方位和密度,原理如图 9.44 所示。反射 P 波通过裂缝介质时,在固定炮检距的情况下,反射振幅(R)和速度(V)随方位角的变化是炮检方向与裂缝走向的夹角 θ 的余弦函数,反射振幅和速度随方位角的变化可用解析式表示为

$$R = A_r + B_r \cos 2\theta$$

$$V = A_v + B_v \cos 2\theta$$

式中,R 为反射振幅;V 为方位速度;A_r、A_v 分别为振幅、速度的偏置因子,即 A_r 为均匀介质下的振幅,A_v 为均匀介质下的速度;B_r、B_v 分别为振幅和速度的调制因子,即分别为定偏移距下的振幅和速度随方位角的变化量,它们都是裂缝密度的函数。

图 9.48 中的 φ 为裂缝走向与正北方向的夹角,α 为炮检方向与正北方向的夹角,存在关系 $\theta = \varphi - \alpha$。上两式可近似地用一椭圆表示(图 9.49)。当炮检方向与裂缝走向平行时,振幅和速度最大($A+B$);当炮检方向与裂缝走向垂直时,振幅和速度最小($A-B$)。而 $(A+B)/(A-B)$ 则反映了裂缝的密度。

这样确定裂缝方位就变成一个正定问题,可精确求解 A、B 值及裂缝方位。多方位的组合可看成许多正定问题的集合,对求出的许多确切解进行拟合可得到 A、B 和 φ 的唯一解。

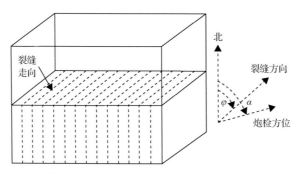

图 9.48   炮检方位与裂缝方向关系示意图

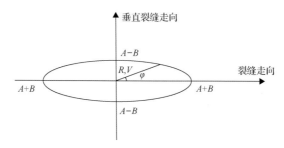

图 9.49   地震属性沿裂缝不同方向变化示意图

若有三个方位角数据,对于每个 CMP 点假设一定偏移距上有三个方位上的观测资料 $R(\varphi)$、$R(\varphi+\alpha)$、$R(\varphi+\beta)$,其中 φ 为第一个方位道集与裂缝走向之间的夹角,α 及 β 为第

二、三方位道集与第一道集之间的已知角度：

$$\begin{cases} R(\varphi) = A + B\cos 2\varphi \\ R(\varphi + \alpha) = A + B\cos 2(\varphi + \alpha) \\ R(\varphi + \beta) = A + B\cos 2(\varphi + \beta) \end{cases}$$

因此利用宽方位的迭前地震数据，研究 P 波振幅随方位角的变化与裂缝的关系，检测 P 波通过裂缝体时方位各向异性特征，就可以对油气储层的裂缝方位、裂缝的发育程度做出判别。

通常理解的各向异性是指地下介质在不同方向上表现出不同的物性特征，因此也称为方位各向异性。在反射波法地震勘探中，在同一个共中心点采集到的三维地震信号包含了来自不同方向和不同偏移距的地震波信号，通过分析共中心点道集上不同方位角道集地震信号的变化特征，并建立其与地下介质在不同方向上的物性特征之间的对应关系，即所谓的方位各向异性分析技术。

裂缝及所含的油气会引起储层的地震反射方位频率的变化，通过计算各方位频率属性，运用方位椭圆拟合，求取裂缝发育的方向和密度，指示裂缝发育有利区带，配合高孔隙砂岩储层分布区预测结果，综合预测有利储集空间分布。依据各向异性理论探测高角度裂缝带，在利用全方位覆盖的近到中等偏移距的纵波地震数据时，要尽可能减少由地震数据方位覆盖的不均匀性带来的地震数据的偏差。由于研究工区内地震数据品质较好，方位角覆盖次数高，这些优势为使用各向异性分析提供了非常好的数据基础。

岩石物理正演模拟的研究可以用于指导理解和解释地震资料的分析结果，利用测井分析来确保模拟结果的实际应用和确保统计关系的物理意义。

叠前三维地震 P 波各向异性分析预测裂缝技术路线如图 9.50 所示。

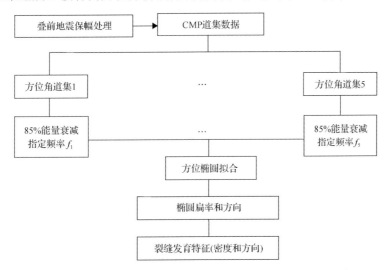

图 9.50　叠前三维地震 P 波各向异性分析预测裂缝技术路线示意图

在工区进行叠前地震各向异性计算时，对地震资料进行了方位角的处理，由三维叠前数据得到了五个方位角的部分叠加地震数据体。选取方位角范围的原则是不同方位角的叠加覆盖次数均匀，方位角的重叠范围尽可能小。经过反复试验对比，本次在 50～

5400m 偏移距范围内选取五个方位角范围，具体如下：0°~42°、35°~77°、69°~112°、104°~148°、137°~180°五个区域进行部分叠加和叠后偏移，确保其偏移结果和成果偏移结果一致。

要得到振幅随方位角的变化在空间的分布，首先对五个方位角部分叠加数据进行标定，并消除子波的影响。通过小波变换的算法计算方位角的振幅各向异性强度，对计算的方位角振幅各向异性进行了方位角的变化分析，得到了振幅方位角椭圆在空间的变化。对标定的不同方位角振幅数据体分别进行反演，得到不同方位角的相对波阻抗等数据体。在层的层段内进行相对波阻抗随方位角的变化分析，得到目的层段裂缝走向和裂缝密度数据并成图。当然，也可以计算频率、衰减属性等，分析其随方位角的变化，从而反映裂缝的走向和密度。

这样，通过振幅、频率及衰减属性随方位角的变化确定了裂缝造成的地震波衰减各向异性的强度。由于饱和油气是引起地震波衰减的重要因素，由方位振幅椭圆所描述的地震波衰减的各向异性强度间接提供了含流体的裂缝密度在空间的分布。

9.3.3 裂缝储层综合描述

在井点方位各向异性模拟的基础上，通过叠前地震各向异性计算，得到了不同方位角的相对波阻抗、频率及衰减等数据体(陈佳梁等，2004)。通过对比分析，优选累计能量达到 85%时对应的频率随方位角的变化来反映裂缝的发育程度，进而分析得到目的层段裂缝走向和裂缝密度数据并成图。

利用中子反演预测得到的白云岩和泥质白云岩对叠前各向异性裂缝预测结果进行过滤，图 9.51 是三维区连井线白云岩裂缝剖面图，从连井对比裂缝剖面可以看出，延哈 3井、哈 1井和延哈参 1井附近白云岩和泥质白云岩裂缝相对欠发育。延哈 4 井成像测井解释银根组主要发育低角度层间缝及水平层理，与预测结果吻合。

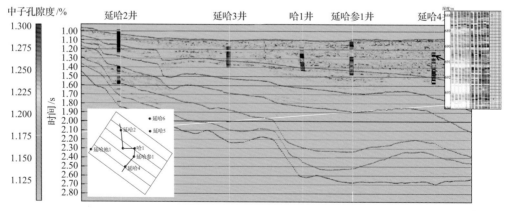

图 9.51　三维区过延哈 2—延哈 3—哈 1—延哈参 1—延哈 4 井连井线白云岩裂缝预测剖面图

图 9.52 是苏二段白云岩裂缝平面分布图，图 9.53 是银根组白云岩裂缝平面分布图，从叠前各向异性裂缝预测结果可以看出，苏二段白云岩裂缝主要发育在研究区东北方向，延哈 4 井附近白云岩裂缝不发育；银根组白云岩裂缝主要分布在研究区西北部延哈 2 井附近，延哈 3 井、哈 1 井及延哈参 1 井附近白云岩裂缝相对不发育；白云岩段裂缝的发

育与断裂有较好的匹配关系，断层附近白云岩裂缝相对较发育，说明构造缝是研究区最主要的裂缝。

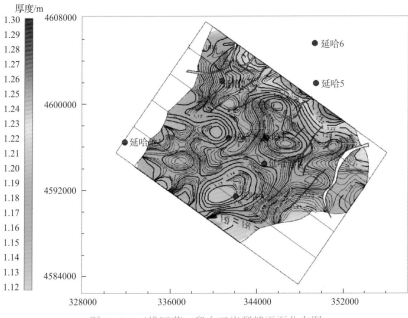

图 9.52　三维区苏二段白云岩裂缝平面分布图

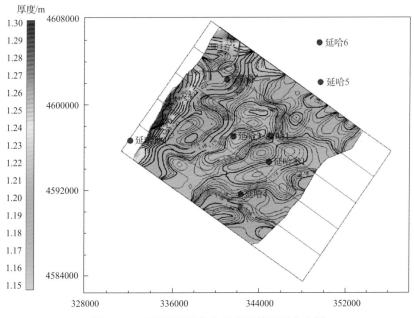

图 9.53　三维区银根组白云岩裂缝平面分布图

利用反演预测得到的灰质泥岩对叠前各向异性裂缝预测结果进行过滤，图 9.54 是三维区巴音戈壁组灰质泥岩连井对比裂缝剖面图，从剖面可以看出，灰质泥岩巴一段较巴二段裂缝更发育，尤其是哈 1 井和延哈参 1 井附近，灰质泥岩裂缝较发育。

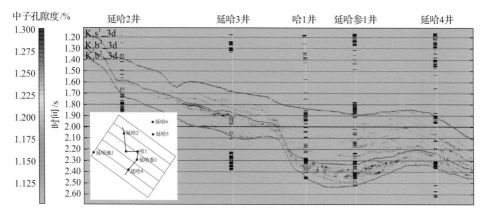

图 9.54　三维区过延哈 2—延哈 3—哈 1—延哈参 1—延哈 4 井连井线巴音戈壁组
灰质泥岩裂缝预测对比剖面

图 9.55 是巴一段灰质泥岩裂缝平面分布图，图 9.56 是巴二段灰质泥岩裂缝平面分布图。从叠前各向异性裂缝预测结果可以看出，巴音戈壁组灰质泥岩裂缝主要分布在研究区西北部和东南部靠近断层附近。研究区西南部灰质泥岩裂缝相对不发育，灰质泥岩相对致密，裂缝作为储集空间和渗流通道，灰质泥岩裂缝主要受断层影响，断层活动导致相对致密的灰质泥岩发生破裂从而形成裂缝。

利用前面反演预测得到的灰质泥岩对叠前各向异性裂缝预测结果进行过滤，图 9.57 是三维区砂岩连井对比裂缝剖面图，从剖面可以看出，在去除白云岩、泥岩和火山岩影响之后，砂岩裂缝发育段主要在二叠系，其他层系零星发育，其中延哈 3、哈 1 和延哈参 1 井相对砂岩裂缝欠发育，延哈 2 和延哈 4 井砂岩裂缝相对发育。

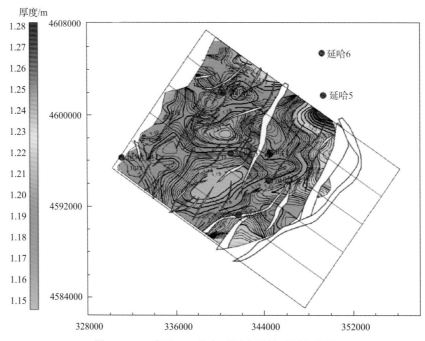

图 9.55　三维区巴一段灰质泥岩裂缝平面分布图

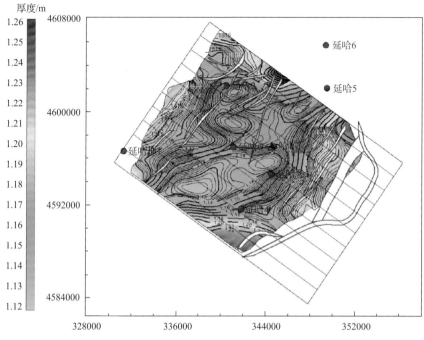

图 9.56　三维区巴二段灰质泥岩裂缝平面分布图

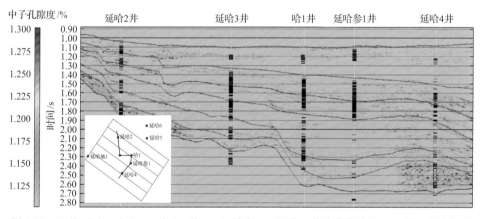

图 9.57　三维区过延哈 2—延哈 3—哈 1—延哈参 1—延哈 4 井连井线砂岩裂缝预测对比剖面

　　图 9.58 是三维区各层段砂岩裂缝平面分布图，从叠前各向异性裂缝预测的结果可以看出，各层段砂岩裂缝主要发育在工区边部，工区中部延哈 3、哈 1、延哈参 1 井附近裂缝相对欠发育。

　　图 9.59 是三维区各层段综合裂缝平面图，二叠系裂缝展布方向以北西—南东向为主，其他方向为辅，裂缝主要分布在研究区西北部，研究区中部、东部局部发育；巴一段裂缝展布方向以北西向为主，其他方向为辅，裂缝主要分布在研究区东北、东南部，研究区中部欠发育；巴二段裂缝展布方向以北西向和北北东向，裂缝主要分布在研究区四周，研究区中部延哈 3、哈 1 和延哈参 1 井附近裂缝不发育；苏一段裂缝展布方向以北西—南东向为主，局部发育北北东向，裂缝主要分布在研究区西北部，研究区东北部局部发育，

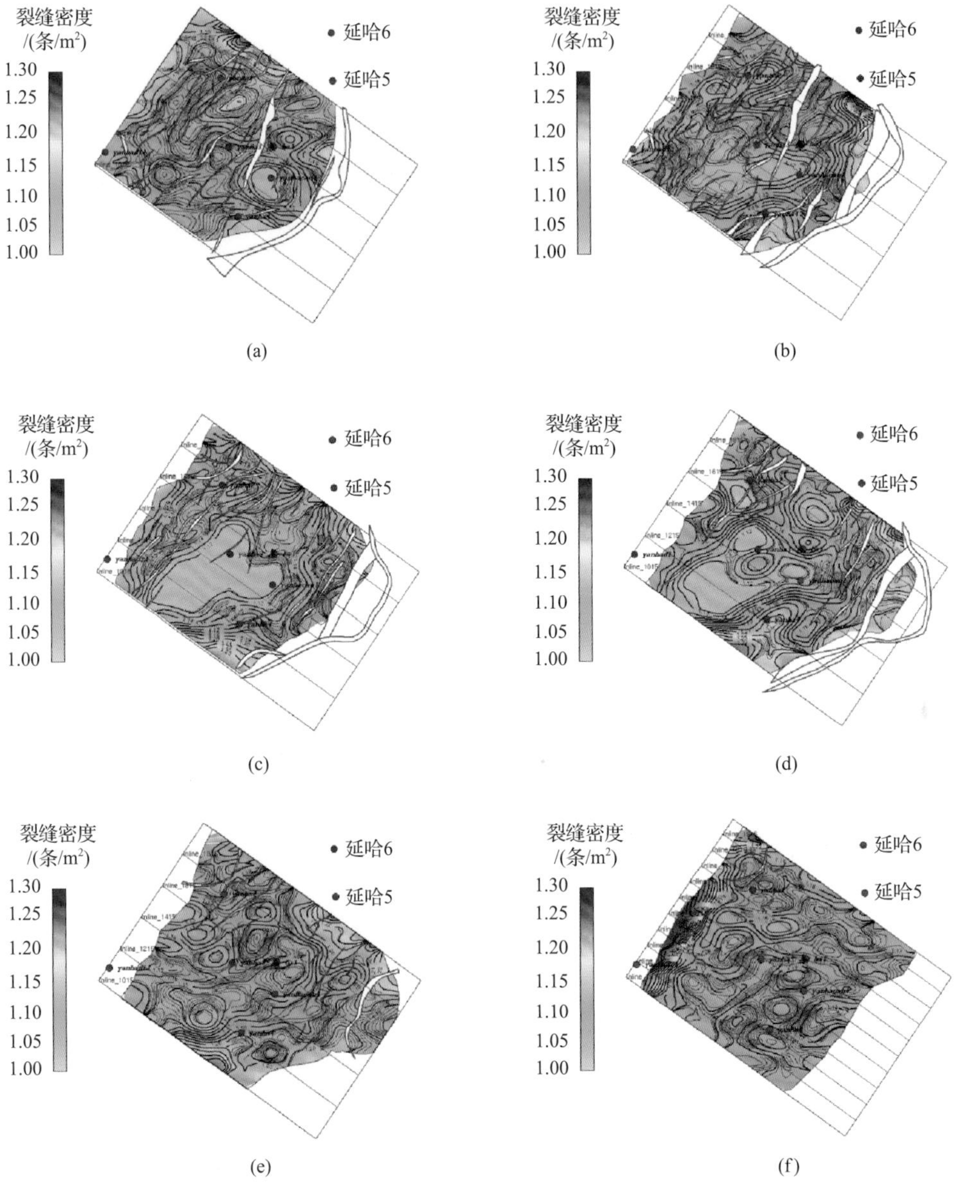

图 9.58　三维区各层段砂岩裂缝平面分布图

(a)二叠系；(b)巴一段；(c)巴二段；(d)苏一段；(e)苏二段；(f)银根组

成像测井测量该段局部裂缝方向为北东东向，跟井点裂缝方向统计结果吻合；苏二段裂缝展布方向以北西—南东向为主，局部发育北北东向，裂缝主要分布在研究区西部，研究区东北部局部发育。延哈 4 井成像测井显示苏红图组裂缝主要北东向，预测结果与之一致；银根组裂缝展布方向以北西—南东向为主，裂缝主要分布在研究区西部，研究区东北部裂缝相对欠发育，银根组裂缝主要北西向，预测结果与之一致。

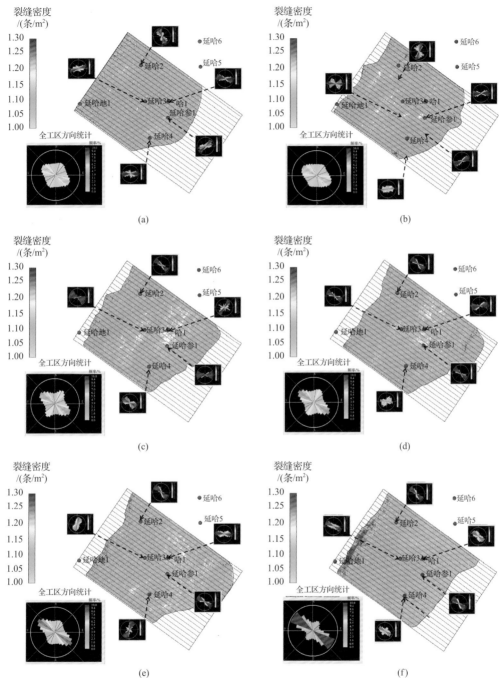

图 9.59　三维区各层段综合裂缝平面分布图

(a)二叠系；(b)巴一段；(c)巴二段；(d)苏一段；(e)苏二段；(f)银根组

图 9.60 是三维区各层段孔、缝平面展布图，从各层段孔、缝预测平面分布图可以看出，研究区北部、东北部相对发育裂缝-孔隙型储层，研究区东南部局部发育裂缝型储层，研究区延哈参 1 井附近相对致密，孔、缝均不太发育。

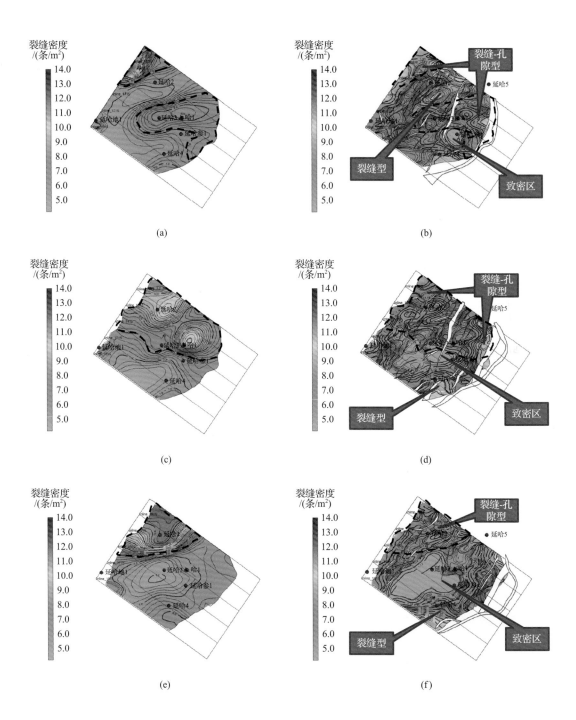

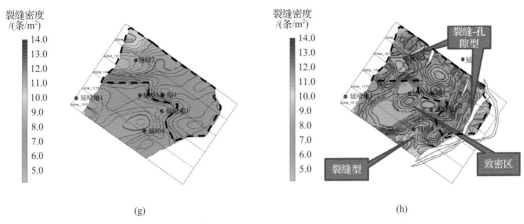

(g)　　　　　　　　　　　　　　　(h)

图 9.60　三维区各层段孔隙度及孔洞雕刻展布平面分布图

(a)二叠系孔隙度平面图；(b)二叠系缝隙平面图；(c)巴一段孔隙度平面图；(d)巴一段孔洞雕刻平面图；
(e)巴二段孔隙度平面图；(f)巴二段孔洞雕刻平面图；(g)苏一段孔隙度平面图；(h)苏一段孔洞雕刻平面图

图 9.61 中的岩心和成像测井表明，延哈 3 井银根组裂缝不发育，延哈 4 井银根组则发育较多小尺度的中低角度裂缝，地震预测结果显示延哈 4 井井旁裂缝比延哈 3 井更发育。图 9.62 中的岩心和成像测井表明，延哈 3 井和延哈 4 井苏红图组的裂缝均不发育，局部裂缝以水平层理缝为主，地震预测裂缝反映了相同的特征。延哈 4 井成像测井解释和地震预测的裂缝方向对比结果表明，成像测井解释和地震预测的裂缝方向较为一致，研究区小尺度裂缝方向并不完全平行于断层的北东东向，而多表现出一定的夹角，有些甚至垂直于断层(图 9.59)。

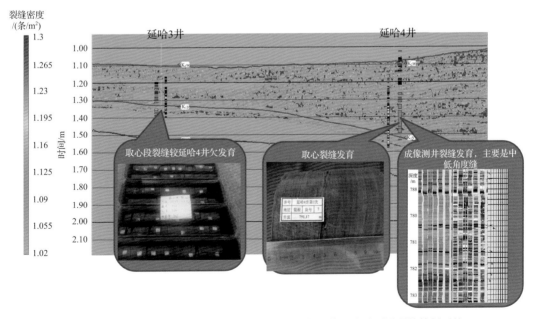

图 9.61　银额盆地苏红图拗陷银根组岩心、成像测井及地震预测裂缝特征对比

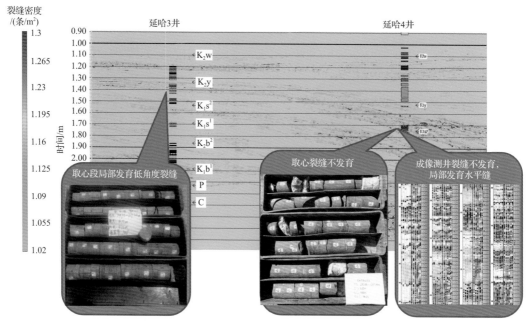

图 9.62　银额盆地苏红图拗陷苏红图组岩心、成像测井及地震预测裂缝特征对比

9.4　储层含油气性预测

9.4.1　叠后高频衰减属性预测含油气

衰减属性分析手段可以用来进行含油气检测。衰减属性分析的主要目的是通过属性标定将定量的地震衰减属性转化为储层特征，地震属性标定中最重要的是认识和识别能够反映地质意义和物理意义的具有稳定统计特征的属性(黄中玉等，2000)。理论研究表明，与致密的单相地质体相比，当地质体中含流体如油、气或水时，会引起地震波能量的衰减；断层、裂缝等的存在也会引起地震波的散射，造成地震能量的衰减。因此，衰减属性是指示地震波传播过程中衰减快慢的物理量，是一个相对的概念，衰减属性的分析可以反过来指示衰减因素存在的可能性和分布范围。这里的衰减属性分析就是要通过计算出的反映地震波衰减快慢的属性体来指示油气存在的可能性和分布范围。一般来说，在高频段，地质背景条件相同的情况下，由于油气的存在，使地震信号的能量衰减增大。能量衰减可以通过能量随频率的衰减梯度、指定能量比所对应的频率、指定频率段的能量比等物理参数来进行指示，不同的物理参数从不同的侧面来反映油气存在的可能性。衰减梯度是衰减属性之一，如图 9.63 中的箭头表示了高频段的地震波能量随频率的变化情况，它可以指示地震波在传播过程中衰减的快慢。地震波的衰减，除地震波在单相介质内传播过程中的扩散效应及地震波在多相介质反射界面处的反射机理以外，如果存在油气等衰减因素，则衰减梯度增大。

利用高频衰减属性对二维区各条线进行流体检测，图 9.64 是二维区过延哈 3 井YG14-199 线高频衰减剖面图，从剖面可以看出，在巴音戈壁组和银根组解释气层段高频衰减属性有较好的响应，因此利用高频衰减属性对含气性有一定的预测效果。

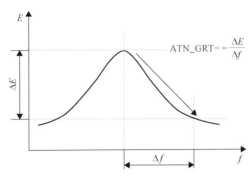

图 9.63　叠合地震衰减梯度示意图

E 和 ΔE 分别为地震波能量和能量变化量；f 和 Δf 分别为地震波频率和频率变化量；
ATN_GRT 为地震波能量随频率的变化率

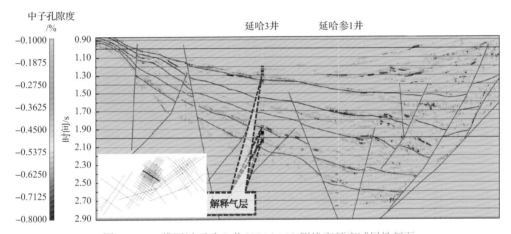

图 9.64　二维区过延哈 3 井 YG14-199 测线高频衰减属性剖面

图 9.65 是二维区各层段高频衰减平面分布图，从叠后高频衰减属性预测结果可以看出，各层段含气异常主要呈现浅层较深层含气异常更发育，银根组和苏红图组在三维区含气异常较发育，巴音戈壁组和二叠系相对含气不发育。

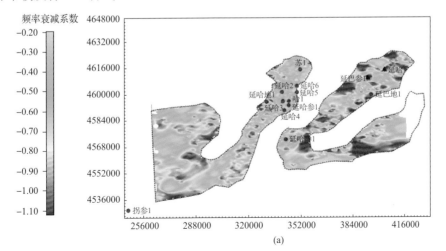

(a)

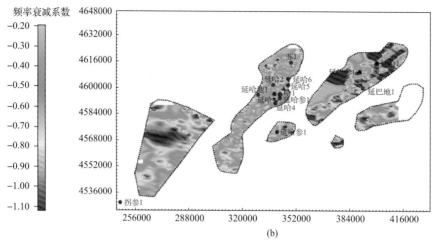

(b)

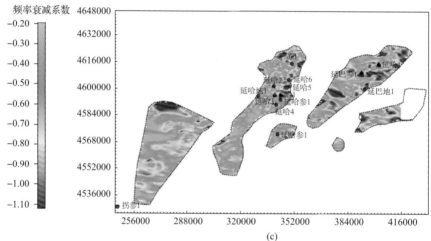

(c)

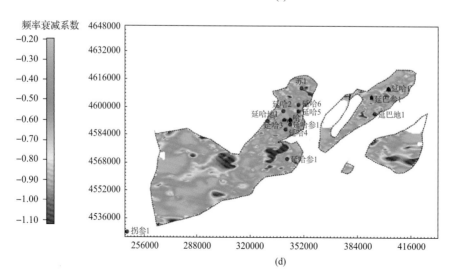

(d)

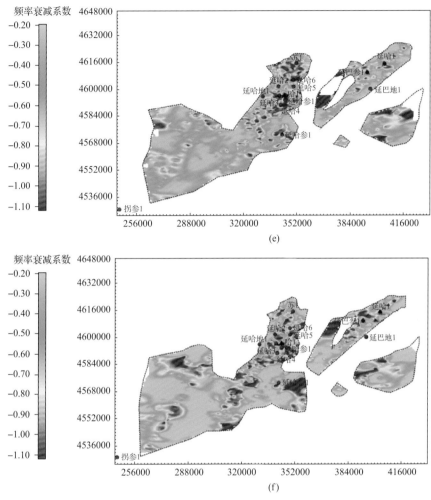

图 9.65　二维区各层段高频衰减含气性预测平面分布图

(a)二叠系；(b)巴一段；(c)巴二段；(d)苏一段；(e)苏二段；(f)银根组

9.4.2　叠前弹性反演预测含油气

1. 叠前弹性反演原理

弹性波阻抗反演技术(elastic impedance，EI)是利用地震资料反演地层波阻抗的地震特殊处理解释技术。根据 AVO 理论，零炮检距(或小炮检距)剖面可近似视为声阻抗(acoustic impedance，AI)的函数，它与岩石的密度和纵波速度有关。通常，声阻抗对油气层反应不敏感，因此，只用声阻抗不能很好地识别油气。与声阻抗 AI 相比，弹性波阻抗 $EI(\theta)$ 与入射角有关，它包含了岩性和 AVO 信息。在大部分区域，AI 与 EI 是相当的，但是，在油气藏处可以明显看到差异，它们的差异有助于区分和识别油气藏(喻岳钰等，2009)。

岩石的物理模型示意图如图 9.66 所示，常见的弹性模量有如下几种。

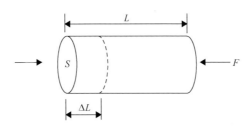

图 9.66　物理模型示意图

L 和 ΔL 分别为长度和长度变化量；S 为截面积；F 为作用力

杨氏模量 E(Young's modulus)测量当纵向应力作用时所产生的纵向应变量，如右图所示，其表达式可写定义为

$$E = \frac{应力}{应变} = \frac{F / S}{\Delta L / L} \tag{9.1}$$

E 表示物体抗拉伸或挤压的力学参数；E 越大，抗拉伸或挤压的阻力越大。

剪切模量 μ (shear modulus)表现为刚性，它是描述剪切应力与其相应的剪切应变间关系的弹性常量，其表达式为

$$\mu = \frac{剪切应力}{剪切形变} = \frac{F / S}{\varphi} \tag{9.2}$$

式中，φ 为切变角。剪切模量表示物体阻止剪切应变的力学参数，单位与应力相同，剪切模量越大，剪切应变越小，液体中剪切模量为 0。

体积模量 K(bulk modulus)表现为不可压缩性，是描述体应力(在物体的各个方向上产生均匀作用的力，即流体静压力)与物体相应的体积变化量之间关系的一个弹性常量，其表达式可写成

$$K = \frac{静压力}{体积变化量} = \frac{P}{\Delta V / V} \tag{9.3}$$

式中，P 为流体静压力；$\Delta V / V$ 为体积的相对变化。体积模量是表示物体抗压性质的参数，所以又称为抗压缩系数。

流体的体积模量是 AVO 分析中使用最多的弹性模量，固体和流体间的体积模量有很大的差别，不同流体间的体积模量也有明显的不同，如气体与水之间的体积模量差别就很大，因此在一定的条件下，可以根据岩石的体积模量的差别来区分一些岩石和流体(油、水、气)。

拉梅系数是 AVO 分析中经常用到的一个弹性模量，和上面介绍的几种弹性模量不同，它不能在实验室中进行直接测量，也不像上面的几个弹性模量那样具有明确的物理意义。最近有学者认为：拉梅系数是阻止物体侧向收缩所需要的横向应力与纵向的拉伸形变之比，其表达式为

$$\lambda = \frac{\text{横向应力}}{\text{纵向应变}} = K - \frac{2}{3}\mu \tag{9.4}$$

式中，K 和 μ 分别是岩石的体积模量和剪切模量。

此外，除了上述的弹性参数外，岩石的泊松比也是非常重要的弹性反演参数。

泊松比 σ（Poisson's ration）为横向应变与纵向应变之比，其表达式可写为

$$\sigma = \frac{\text{横向应变(或压缩)}}{\text{纵向应变(或拉伸)}} = \frac{\Delta d / d}{\Delta L / L} \tag{9.5}$$

σ 反映的是物体的横向拉伸(或压缩)对纵向的压缩(或拉伸)的影响，σ 越大，影响越小。其中负号表示两个应变的方向相反，泊松比与速度的关系可表示为

$$\nu = \frac{\left(V_p / V_s\right)^2 - 2}{2\left[\left(V_p / V_s\right)^2 - 1\right]} \tag{9.6}$$

式中，V_p 和 V_s 分别为纵波速度和横波速度。

由式(9.6)可见，自然界中，泊松比的范围在 $0 \sim 0.5$ 间变化，一般未胶结的砂土 ν 较高，而坚硬岩石的 ν 较小；当 $\nu = 0.25$ 时的介质被称为泊松固体；流体的 $\nu = 0.5$。

研究区采用叠前地震反演软件系统 GmaxTM reservoir 中的弹性波阻抗反演技术，预测有利区在空间上的分布。

传统的 AVO 和岩石物理分析是提取和分析纵横波速度的异常变化来确定孔隙流体和岩性的变化。纵横波速度和密度对反射系数的重要性，可以从平面波的 Zoeppritz 方程中看出。但是在波动方程中，$\dfrac{d^2 U}{dt^2} = C^2 \dfrac{d^2 U}{dX^2}$（$U$ 为位移量；t 为时间；x 为应变量；C 为常数），其表达式并不与地震波速度直接相关，而与岩石密度和弹性模量相关。因此，直接考虑泊松比、拉梅系数和岩石剪切模量比采用地震波速度能更好地反映岩石物理特征。地震的纵波速度与含孔隙流体岩石特征的关系是靠体变模量 K 联系在一起的，体变模量 K 和纵波速度都包含了最敏感的流体检测因子拉梅系数(λ)，但都因纵波速度和体变模量中包含 μ 而减弱了 λ 的敏感性，可以由关系式 $V_p^2 = (\lambda + 2\mu)/\rho$（$\rho$ 为岩石密度）和 $V_s^2 = \mu/\rho$ 看出。最近，AVO 的反演试图包含密度参数以获取准确的弹性模量参数。对反演的准确性而言，其精度随未知量的增多而降低，使方程的解变得不稳健，提取的参数也就更不准确。因此，在反演中将考虑用弹性模量/密度关系或阻抗参数，具体为

$$\begin{aligned} \text{AI}^2 &= (V_p\rho)^2 = (\lambda + 2\mu)\rho \\ \text{SI}^2 &= (V_s\rho)^2 = \mu\rho \end{aligned} \tag{9.7}$$

式中，AI 为纵波波阻抗；SI 为横波波阻抗。通过叠前地震资料反演得到的纵横波波阻抗通过如下变换，可以得到拉梅系数和岩石密度的乘积剖面和剪切模量和岩石密度的乘积剖面，即 $\lambda\rho$ 和 $\mu\rho$：

$$\lambda = V_p^{\ 2}\rho \tag{9.8}$$

$$\mu = V_s^{\ 2}\rho \tag{9.9}$$

$$\lambda\rho = PI^2 - 2SI^2 \tag{9.10}$$

$$\mu\rho = SI^2 \tag{9.11}$$

$$v = \frac{\lambda}{2(\lambda + \mu)} = \frac{0.5 - (V_s/V_p)^2}{1 - (V_s/V_p)^2} = \frac{0.5 - (SI/AI)^2}{1 - (SI/AI)^2} \tag{9.12}$$

式中，PI 为泊松阻抗。

式 (9.12) 表明泊松比 v 对流体检测因子拉梅系数 λ 较敏感，是一个较好的流体检测弹性参数。

垂直入射（自激自收）时，反射系数为

$$R_{pp} = \frac{\rho_2 V_{p2} - \rho_1 V_{p1}}{\rho_2 V_{p2} + \rho_1 V_{p1}} \tag{9.13}$$

式中，R_{pp} 为纵波反射系数；ρ_1、ρ_2 分别为上、下介质密度；V_{p1}、V_{p2} 分别为上、下层介质的纵波速度。而非垂直入射（炮检距不为零）时，纵、横波的反射和透射系数是以策普里兹 (Zoeppritz) 方程的矩阵形式：

$$
\begin{bmatrix} R_{pp} \\ R_{ps} \\ T_{pp} \\ T_{ps} \end{bmatrix} =
\begin{bmatrix}
-\sin\theta_1 & -\cos\varphi_1 & \sin\theta_2 & \cos\varphi_2 \\
\cos\theta_1 & -\sin\varphi_1 & \cos\theta_2 & -\sin\varphi_2 \\
\sin 2\theta_1 & \dfrac{V_{p1}}{V_{s1}}\cos 2\varphi_1 & \dfrac{\rho_2 V_{s2}^2 V_{p1}}{\rho_1 V_{s1}^2 V_{p2}}\cos 2\theta_2 & \dfrac{\rho_2 V_{s2} V_{p1}}{\rho_1 V_{s1}^2}\cos 2\varphi_2 \\
-\cos 2\varphi_1 & \dfrac{V_{s1}}{V_{p1}}\sin 2\varphi_1 & \dfrac{\rho_2 V_{p2}}{\rho_1 V_{p1}}\cos 2\varphi_2 & \dfrac{\rho_2 V_{s2}}{\rho_1 V_{p1}}\sin 2\varphi_2
\end{bmatrix}
\begin{bmatrix} \sin\theta_1 \\ \cos\theta_1 \\ \sin 2\theta_1 \\ \cos 2\varphi_1 \end{bmatrix}
\tag{9.14}
$$

式中，R_{ps} 为横波反射系数；T_{pp} 和 T_{ps} 分别为纵、横波透射系数。但该式并未直观表述纵、横波速度及密度对反射系数的贡献。Connolly (1999) 对上述反射系数表达式做出近似。Connolly 定义 P 波入射角 θ 的弹性波阻抗 $EI(\theta)$ 为

$$EI(\theta) = V_p^{(1+\tan^2\theta)} V_s^{(-8K\sin^2\theta)} \rho^{(1-4K\sin^2\theta)} \tag{9.15}$$

弹性波阻抗的基本作用是代替与入射角相关的 P 波反射率，就像 AI 代表零偏移距反射率一样。当 $\theta = 0°$ 时，纵波反射系数为

$$R_{pp}(0°) = \frac{AI_2 - AI_1}{AI_2 + AI_1} \tag{9.16}$$

此时，弹性阻抗与声阻抗相等，即 $EI = AI = \rho V_p$。

如果定义反射界面上、下介质的弹性波阻抗 EI_1 和 EI_2 的数学表达式为

$$EI_1 = V_{p1}^{(1+\tan^2\theta)} V_{s1}^{(-8K\sin^2\theta)} \rho_1^{(1-4K\sin^2\theta)} \tag{9.17}$$

$$EI_2 = V_{p2}^{(1+\tan^2\theta)} V_{s2}^{(-8K\sin^2\theta)} \rho_2^{(1-4K\sin^2\theta)} \tag{9.18}$$

式中下标 1、2 分别表示界面上、下介质，K 的表达方式为

$$K = \frac{\left(\dfrac{V_{s1}}{V_{p1}}\right)^2 + \left(\dfrac{V_{s2}}{V_{p2}}\right)^2}{2} \tag{9.19}$$

根据式 (9.17) 和式 (9.18) 定义的弹性波阻抗，可得入射角为 θ 时的反射系数可近似为

$$R_{pp}(\theta) \approx \frac{EI_2 - EI_1}{EI_2 + EI_1} \tag{9.20}$$

由式 (9.20) 可见，非垂直入射时反射系数表达式与垂直入射时反射系数表达式一样，这样就可以借用传统相对成熟的叠后波阻抗反演方法反演弹性波阻抗，这也是 Connolly 定义弹性波阻抗的原因。

由弹性波阻抗的表达式可得

$$\cos^2\theta \ln EI = \ln(\rho V_p) - \left[4K\left(\ln\rho + 2\ln V_s\right) + \ln\rho\right]\sin^2\theta + 4K\left(\ln\rho + 2\ln V_s\right)\sin^4\theta \tag{9.21}$$

当入射角小于 30° 时，$\tan 2\theta \approx \sin 2\theta$，$\sin 4\theta \approx 0$，式 (9.21) 可简化为

$$\ln EI \approx \ln(\rho V_p) + \left[\ln V_p - 4K\left(\ln\rho + 2\ln V_s\right)\right]\sin^2\theta \tag{9.22}$$

式中，V_p、V_s、ρ 为三个未知数，利用不同入射角数据进行反演，就得到多个入射角弹性波阻抗，由此建立方程组可求取其他弹性参数，用于岩性及油气预测。

弹性波阻抗反演的基本思路：根据井中纵波速度、横波速度和密度计算井中弹性波阻抗，在复杂构造框架和多种储层沉积模式的约束下，采用地震分形插值技术建立可保留复杂构造和地层沉积学特征的弹性波阻抗模型，使反演结果符合研究区的构造、沉积和异常体特征。采用广义线性反演技术反演各个角度的地震子波，得到与入射角有关的地震子波。在每一个角道集上，采用宽带约束反演方法反演弹性波阻抗，得到与入射角有关的弹性波阻抗。最后对不同角度的弹性波阻抗进行最小二乘拟和，即可计算出纵横波阻抗，进而获得泊松比等弹性参数。

2. 叠前 EI 反演关键步骤

1) 三维叠前 CDP 道集入射角划分

在前述地震资料特殊处理中，已通过 CRP 道集扫描，将入射角划分为 3°～15°

小入射角、13°～25°中入射角和23°～35°大入射角，并分别叠加，以用于叠前弹性参数反演。

叠前弹性参数反演是基于 CRP 道集和叠加速度共同抽取的入射角道集来完成的，所以如何抽取入射角道集对原始 CRP 道集的质量检查和分析是至关重要的。三维研究区叠前入射角处理：根据偏移距的范围及目的层顶底的深度，利用偏移距与目的层顶底深度比值为入射角的正切值计算得到最大入射角为 35°，在实际处理中通过反复试验选择，通过 CRP 道集扫描，将入射角划分为 3°～15°的小角度入射角、13°～25°的中角度入射角和 23°～35°的大角度入射角并分别叠加，将三个叠后数据进行道集合成，得到可用于弹性波阻抗反演的入射角道集数据，以用于后续的叠前弹性阻抗参数反演，三个入射角数据波组特征清晰，能量均匀，波阻形态可追踪，没有明显的波形畸变，小角度入射角地震资料频率相对较高，大角度入射角地震资料频率相对较低，与实际地震资料形态吻合，满足后续叠前弹性阻抗反演需要。

2) 岩石物理参数分析

通过工区内井上声波时差曲线、横波速度曲线，泊松比、拉梅系数、剪切模量等曲线之间综合分析，以及多井交会分析，图 9.67 指示剪切模量参数对干层、油气层、水层有较好的响应，在对应的试油和测井解释含油气层段的剪切模量值为相对高值，且该属性能够与井上油气层较好的对应。

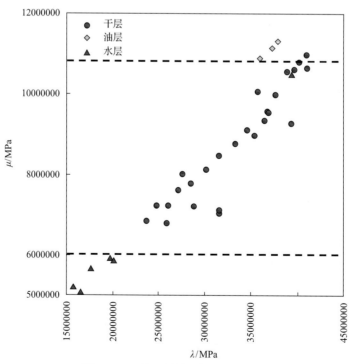

图 9.67　三维区弹性参数 λ-μ 交会图

3) 时深标定及子波提取

在子波反演过程中，保持声波曲线标定好的时深关系不变，以目的层的合成记录与井旁道地震波阻特征有较好的对应关系为原则，提取各井的弹性波阻抗曲线的子波。

本次对工区内有横波曲线的井进行了精细标定，从井旁地震道提取子波，与反射系数褶积后产生合成记录剖面与实际地震剖面对比，同时不断调整子波参数，使两者达到最大相关。标定后合成地震道与井旁道对应关系较好。

4) 多井约束建模及 EI 反演

在复杂构造框架和多种储层沉积模式的约束下，采用地震分形插值技术建立可保留复杂构造和地层沉积学特征的弹性波阻抗模型，使反演结果符合研究区的构造、沉积和异常体特征。

选择叠前入射角道集数据，在系统内部根据各井的 EI 曲线，选择约束层位及参与反演的井，采用宽带约束反演方法反演弹性波阻抗。

5) 弹性参数反演

在弹性波阻抗反演的基础上，进一步进行储层参数反演得到拉梅系数、泊松比、剪切模量等数据体。根据岩石物理参数分析，优选出对气较为敏感的剪切模量进行油气检测。

3. 叠前 EI 反演效果分析

图 9.68 是三维区过延哈 2—延哈 3—哈 1—延哈参 1—延哈 4 井连井线剪切模量对比剖面，从连井对比结果可以看出，气层、含气层、油气层对应高剪切模量值，干层对应剪切模量低值，延哈 3 井、延哈 4 井局部发育气层，井震吻合较好。

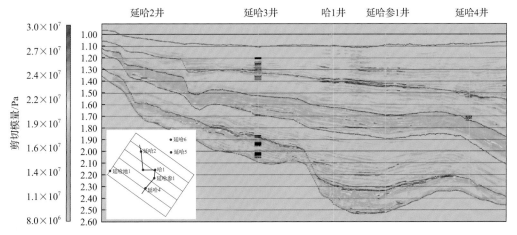

图 9.68　三维区过延哈 2—延哈 3—哈 1—延哈参 1—延哈 4 井连井线剪切模量对比剖面

图 9.69 是叠前剪切模量累计厚度图，表 9.1 为对应各层段含气性统计数据，从图 9.70 和表 9.1 可以看出银根组延哈参 1 井、延哈 3 井及延哈 4 井有一定的含气响应，延哈 2 井未见含气异常；苏红图组延哈参 1 井、延哈 3 井及延哈 4 井有一定的含气异常，延哈

2 井含气性不明显；巴音戈壁组延哈 3 井、延哈 2 井、延哈参 1 井含气性响应较敏感，延哈 4 井含气性略差，预测结果与测井解释、气测异常及荧光反映较吻合。

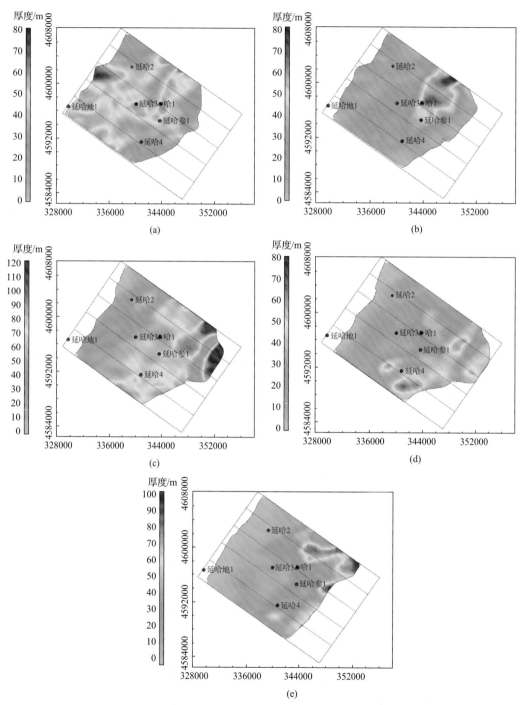

图 9.69　三维区各层段含气性预测平面图

(a)巴一段；(b)巴二段；(c)苏一段；(d)苏二段；(e)银根组

表 9.1　各层段钻井含气性统计表

井名	深度/m	层位	气测异常	全烃值分布/%	荧光	油迹
延哈参 1	460～913	K₁y	453m/20 层	0.65～13.50	121.08m/6 层	
	965～1742	K₁s	39.12m/11 层	0.42～1.02	39.2m/11 层	
	2469～3077	K₁b	210m/26 层	0.22～10.26		
延哈 2	1035～1449	K₁b	103.84m/27 层	0.089～1.212	103.84m/27 层	
延哈 3	373～747	K₁y	114.41m/22 层	0.46～6.79	10.53m/2 层	
	883～1667	K₁s	7.00m/3 层	0.14～1.35	23.94m/11 层	
	1692～1959	K₁b	41.00m/7 层	0.29～3.29	75.16m/24 层	19.58m/11 层
延哈 4	432～980	K₁y	258m/22 层	0.29～3.01	113m/5 层	2m/1 层
	1260～1400	K₁s			21m/6 层	23m/12 层
	2326～2820	K₁b	7.0m/3 层	0.42～1.01		

油气资源量估算是分析该区块勘探开发潜力的前提，是油气资源评价中的重要工作（赵文智等，2005a）。对新探区进行地质油气资源潜量估算的工作，其目的是为该区油气勘探开发、规划部署提供科学依据，对进一步认识油气资源潜力和指导油气资源勘探开发具有重要的作用。

银额盆地苏红图坳陷主要包括四个三级凹陷：哈日凹陷、巴北凹陷、拐子湖凹陷、乌兰凹陷，勘探程度较低，钻井少，油气显示较好，目前已有钻井揭示研究区中生界具有很好的油气资源前景，因此，有必要对研究区油气资源量进行估算。但由于受资料的限制，已有钻井资料及烃源岩地化资料主要分布与哈日凹陷及巴北凹陷，而拐子湖凹陷与乌兰凹陷仅有地震资料，所以，根据对不同凹陷地层特征、构造特征、发育规模、沉积特征及油气资源特征进行比较，发现拐子湖凹陷与哈日凹陷均具有很好在烃源岩条件，且两者具有很好的相似性，而乌兰凹陷则与巴北凹陷相似，两者之间具有很好的借鉴性。本次研究在研究区烃源岩地化特征、热演化史及生烃史、排烃特征研究的基础上，结合研究区的实际情况，利用生烃潜力法计算了不同凹陷油气地质资源潜量。

10.1 中生界资源量评价

研究区已有钻井基本均已钻穿中生界地层，揭示中生界烃源岩发育，已开发的井油气显示均在中生界白垩系，因此，结合石油天然气的成因机理或假说，通过估算盆地烃源岩的生烃量及排烃量，再乘以聚集系数，可以较准确地估算得到盆地的中生界的总资源量。成因法类的方法较多，本次评价选取了生烃潜力法进行计算。

1. 生烃量计算

1）方法原理

通过体积成因法估算资源量，计算公式为

$$Q_生 = 10^{-7} SH\rho CK\beta \tag{10.1}$$

式中，$Q_生$ 为原始生烃量，亿 t；S 为成熟烃源岩面积，km^2；H 为成熟烃源岩厚度，m；ρ 为烃源岩密度，g/cm^3；C 为残余有机碳含量，%；K 为有机碳恢复系数；β 为烃源岩中单位重量有机碳的生烃量(产烃率)，mg/g TOC。

2）参数确定

（1）有效烃源岩面积(S)及厚度(H)。

根据烃源岩的丰度、成熟度研究，结合地震资料重新处理，沉积相、地层残余厚度预测了有效烃源岩的分布，在此统计了有效烃源岩的面积及各个层位的烃源岩厚度(表 10.1)。需要注意的是，由于研究区面积较大，受断陷盆地的沉积作用控制，凹陷内部厚度变化较快，若采用平均厚度计算资源量，则误差较大，因此，采用了面积分割法，分别统计厚度区间相等的烃源岩面积，然后分块代入公式计算：

$$SHTOC = \sum_{i=1}^{n} S_i H_i TOC_i \tag{10.2}$$

式中，n 为烃源岩分割块数；S_i 为第 i 块有效烃源岩面积；H_i 为第 i 块有效烃源岩厚度；TOC_i 为第 i 块有效烃源岩的有机碳含量。

有效烃源岩的选择是在暗色泥岩统计的基础上，用有机质丰度(采用 TOC 含量大于 0.4%)、有机质成熟度(R_o 大于 0.5%)分别进行约束。

(2)有机碳含量(TOC)。

按照前文研究得到的不同层位的有机碳平面分布等值线图，匹配划分的有效烃源岩分块计算面积进行统计(表 10.1)，从而使结果更加精确。

(3)源岩密度(ρ)。

泥质烃源岩密度通常为 2.2～2.4g/cm³，巴北凹陷巴音戈壁组主力烃源岩为湖相暗色泥质烃源岩，密度 ρ 取 2.3g/cm³。

(4)恢复系数(K)。

根据张辉和彭平安(2011)实验分析，银根组为Ⅰ型干酪根，有机碳恢复系数 K 取 1.30，苏红图组和巴音戈壁组为Ⅱ干酪根，有机碳恢复系数 K 取 1.13。

(5)单位生烃量(β)。

单位生烃量是一个较关键的参数，根据研究区两口井的生烃史模拟的结果，分别估算了哈日凹陷及巴北凹陷单位生烃潜量(表 10.2)。

哈日凹陷银根组成熟度较低，模拟的累计单位生油量为 5mg/g TOC、生气量为 0mg/g TOC；苏红图组二段有机质丰度较高，成熟度处于早成熟—中成熟生烃阶段，模拟的累计单位生油量为 55mg/g TOC、生气量为 5mg/g TOC；苏一段有机质丰度相对苏二段低，成熟度处于中成熟阶段，累计单位生油量为 100mg/g TOC、生气量为 15mg/g TOC；巴音戈壁组二段，累计单位生油量为 135mg/g TOC、生气量为 50mg/g TOC；巴一段有机质成熟度较高，成熟度由高成熟—热裂解生湿气阶段均有分布，累计单位生油量为 300mg/g TOC、生气量为 200mg/g TOC。

巴北凹陷银根组模拟的累计单位生油量为 5mg/g TOC、生气量为 0mg/g TOC；苏红图组二段模拟累计单位生油量为 17.5mg/g TOC、生气量为 6mg/g TOC；苏一段累计单位生油量为 62.5mg/g TOC、生气量为 15mg/g TOC；巴音戈壁组二段有机质丰度相对较高，成熟度处于中成熟—高成熟生烃阶段，累计单位生油量为 225mg/g TOC、生气量为 50mg/g TOC；巴一段累计单位生油量为 195mg/g TOC、生气量为 40mg/g TOC。

表 10.1　银额盆地苏红图坳陷各凹陷中生界主力烃源岩面积及厚度估算表

凹陷	层位	划分单元 1			划分单元 2			划分单元 3			划分单元 4			划分单元 5		
		TOC/%	厚度/m	面积/m²	TOC/%	厚度/m	面积/m²	TOC/%	厚度/m	面积/m²	TOC/%	厚度/m	面积/m²	TOC/%	厚度/m	面积/m²
哈日凹陷	银根组	3.05	450.00	87.24	2.55	350.00	185.46	1.50	250.00	108.82	0.90	150.00	274.33	0.60	50.00	378.33
	苏二段	1.42	450.00	37.22	1.44	350.00	76.65	0.90	250.00	97.13	0.70	150.00	268.91	0.50	50.00	397.71
	苏一段	0.70	70.00	19.12	1.07	50.00	52.59	0.90	30.00	90.81	0.60	10.00	403.12			
	巴二段	1.14	175.00	28.21	1.15	125.00	75.85	0.70	75.00	263.74	0.50	25.00	456.38			
	巴一段	0.75	175.00	11.39	1.25	125.00	64.93	0.95	75.00	147.44	0.65	25.00	247.23			
巴北凹陷	银根组	0.50	50.00	435.97												
	苏二段	0.50	50.00	369.72												
	苏一段	0.55	20.00	26.22	0.50	10.00	200.13									
	巴二段	0.55	50.00	39.44	0.50	10.00	544.91									
	巴一段	0.55	50.00	29.95	0.50	10.00	122.48									
拐子湖凹陷	银根组	0.70	150.00	1182.19	0.50	50.00	1064.67									
	苏二段	0.50	50.00	411.77												
	苏一段	0.50	10.00	531.79												
	巴二段	0.70	50.00	435.63	0.50	25.00	178.18									
	巴一段	0.70	50.00	158.68	0.50	25.00	568.48									
乌兰凹陷	银根组	0.70	100.00	79.63	0.50	50.00	359.51									
	苏二段	0.50	50.00	139.11												
	苏一段	0.50	10.00	91.34												
	巴二段	0.50	25.00	76.62												
	巴一段	0.50	25.00	121.66												

表 10.2 银额盆地苏红图凹陷各凹陷中生界主力烃源岩计算参数表

凹陷	层位	烃源岩密度 ρ /(g/cm³)	平均 TOC/%	有机碳恢复系数 K	产油率 β /(mg/g TOC)	产气率 β /(mg/g TOC)	油 $\rho K\beta$	气 $\rho K\beta$
哈日凹陷/拐子湖凹陷	银根组	2.3	2.75	1.3	5	0	14.95	0
	苏二段	2.3	1.39	1.13	55	5	142.945	12.995
	苏一段	2.3	0.87	1.13	100	15	259.9	38.985
	巴二段	2.3	0.76	1.13	135	50	350.865	129.95
	巴一段	2.3	0.97	1.13	300	200	779.7	519.8
巴北凹陷/乌兰凹陷	银根组	2.3	0.47	1.3	5	0	14.95	0
	苏二段	2.3	0.45	1.13	17.5	6	45.4825	15.594
	苏一段	2.3	0.47	1.13	62.5	15	162.4375	38.985
	巴二段	2.3	0.48	1.13	225	50	584.775	129.95
	巴一段	2.3	0.5	1.13	195	40	506.805	103.96

3）生烃量计算步骤

由于研究区勘探程度相对较低，本章采用了两种方法进行生烃量的计算：一种方法是根据地震和钻井资料采用面积分块来计算生烃量(表 10.3)；另一种方法是采用烃源岩厚度加权平均来计算生烃量，即最大生烃量(表 10.4)。

(1)哈日凹陷。

银根组生烃量为 0.56 亿 t；苏红图组二段生油量为 1.75 亿 t，生气量为 0.16 亿 t，总生烃量为 1.91 亿 t；苏一段生油量为 0.22 亿 t，生气量为 0.03 亿 t，总生烃量为 0.25 亿 t；巴音戈壁组二段生油量为 1.27 亿 t，生气量为 0.47 亿 t，总生烃量为 1.73 亿 t；巴一段生油量为 2.04 亿 t，生气量为 1.36 亿 t，生烃量为 3.40 亿 t。哈日凹陷总生烃量为 7.86 亿 t。

(2)巴北凹陷。

银根组生烃量为 0.015 亿 t；苏红图组二段生油量为 0.038 亿 t，生气量为 0.013 亿 t，总生烃量为 0.051 亿 t；苏一段生油量为 0.020 亿 t，生气量为 0.005 亿 t，生烃量为 0.025 亿 t；巴音戈壁组二段生油量为 0.454 亿 t，生气量为 0.101 亿 t，生烃量为 0.554 亿 t；巴一段生油量为 0.132 亿 t，生气量为 0.027 亿 t，生烃量为 0.160 亿 t。巴北凹陷总生烃量为 0.805 亿 t。

(3)拐子湖凹陷。

银根组生烃量为 0.225 亿 t；苏红图组二段生烃量为 0.161 亿 t；苏一段生烃量为 0.08 亿 t；巴音戈壁组二段生烃量为 1.207 亿 t；巴一段生烃量为 2.00 亿 t。拐子湖凹陷总生烃量为 3.68 亿 t。

(4)乌兰凹陷。

银根组生烃量为 0.025 亿 t；苏红图组二段生烃量为 0.021 亿 t；苏一段生烃量为 0.009 亿 t；巴音戈壁组二段生烃量为 0.068 亿 t；巴一段生烃量为 0.092 亿 t。乌兰凹陷总生烃量为 0.22 亿 t。

表 10.3 银额盆地苏红图拗陷中生界哈日凹陷主力烃源岩生烃量($Q_{生}$)估算结果

凹陷	层位	SHTOC	油 $\rho K\beta$	总油量/亿 t	气 $\rho K\beta$	总气量/亿 t	总生烃/亿 t
哈日凹陷	银根组	374461.11	14.95	0.56	0.00	0.00	0.56
	苏二段	122447.79	142.95	1.75	13.00	0.16	1.91
	苏一段	8621.08	259.90	0.22	38.99	0.03	0.26
	巴二段	36082.97	350.87	1.27	129.95	0.47	1.73
	巴一段	26163.05	779.70	2.04	519.80	1.36	3.40
	合计			5.84		2.02	7.86
巴北凹陷	银根组	10245.29	14.95	0.02	0.00	0.00	0.02
	苏二段	8318.64	45.48	0.04	15.59	0.12	0.05
	苏一段	1233.12	162.44	0.02	38.98	0.00	0.02
	巴二段	7757.14	584.78	0.45	129.95	0.10	0.55
	巴一段	2613.49	506.81	0.13	103.96	0.03	0.16
	合计			0.66		0.25	0.80
拐子湖凹陷	银根组	150746.49	14.95	0.23	0.00	0.00	0.23
	苏二段	10294.16	142.95	0.15	13.00	0.01	0.16
	苏一段	2658.97	259.90	0.07	38.99	0.01	0.08
	巴二段	25097.99	350.87	0.88	129.95	0.33	1.21
	巴一段	15437.09	779.70	1.20	519.80	0.80	2.01
	合计			2.53		1.15	3.68
乌兰凹陷	银根组	17349.65	14.95	0.03	0.00	0.00	0.03
	苏二段	3477.85	45.48	0.02	15.59	0.01	0.02
	苏一段	456.69	162.44	0.01	38.99	0.00	0.01
	巴二段	957.72	584.78	0.06	129.95	0.01	0.07
	巴一段	1520.76	506.81	0.08	103.96	0.02	0.09
	合计			0.18		0.03	0.22

表 10.4 银额盆地苏红图拗陷中生界主力烃源岩最大生烃量估算结果

凹陷	层位	SHTOC	油 $\rho K\beta$	总油量/亿 t	气 $\rho K\beta$	总气量/亿 t	总生烃/亿 t
哈日凹陷	银根组	811624.52	14.95	1.21	0.00	0.00	1.21
	苏二段	336688.52	142.92	4.81	12.99	0.44	5.25
	苏一段	22144.98	259.90	0.58	38.99	0.09	0.67
	巴二段	56373.86	350.87	1.98	129.95	0.73	2.71
	巴一段	36549.06	779.70	2.85	519.80	1.89	4.74
	合计			11.43		3.15	14.58

续表

凹陷	层位	SHTOC	油 $\rho K\beta$	总油量/亿 t	气 $\rho K\beta$	总气量/亿 t	总生烃/亿 t
巴北凹陷	银根组	10245.29	14.95	0.02	0.00	0.00	0.02
	苏二段	8318.64	45.48	0.04	15.59	0.01	0.05
	苏一段	3734.72	162.44	0.06	38.99	0.01	0.07
	巴二段	24104.47	584.78	1.41	129.95	0.31	1.72
	巴一段	6287.82	506.81	0.32	103.96	0.07	0.39
	合计			1.85		0.40	2.25
拐子湖凹陷	银根组	1123427.80	14.95	1.68	0.00	0.00	1.68
	苏二段	61764.93	142.95	0.88	12.99	0.08	0.96
	苏一段	2658.97	259.90	0.07	38.98	0.01	0.08
	巴二段	32225.37	350.86	1.13	129.95	0.42	1.55
	巴一段	38176.65	779.70	2.98	519.80	1.98	4.96
	合计			6.74		2.49	9.23
乌兰凹陷	银根组	19761.69	14.95	0.03	0.00	0.00	0.03
	苏二段	3477.85	45.48	0.02	15.59	0.01	0.03
	苏一段	456.69	162.44	0.01	38.98	0.00	0.01
	巴二段	957.72	584.78	0.06	129.95	0.01	0.07
	巴一段	1520.76	506.81	0.08	103.96	0.02	0.09
	合计			0.19		0.04	0.23

2. 排烃量计算

油气生成后并非马上排出，而是在满足一定的排驱压力、饱和吸附量等地质条件下才会排出运移至有效圈闭聚集成藏。因此，对排烃量及排烃系数的确定对估算油气地质资源量有着重要意义。本次研究在建立巴北凹陷主力烃源岩排烃模式图，推算其排烃门限、排烃率、排烃效率等分析的基础上，进一步结合烃源岩厚度、TOC、烃源岩密度等，根据下列公式可计算排烃强度：

$$E_{hc} = \int_{z_0}^{z} Q_e(z) H \rho(z) \text{TOC} dz \tag{10.3}$$

式中，E_{hc} 为排烃强度，t/km^2；z 为烃源岩埋深，m；z_0 为排烃门限深度，m；$\rho(z)$ 为烃源岩密度，g/cm^3；H 为烃源岩厚度，m；TOC 为有机碳含量，%；$Q_e(z)$ 为排烃率，mg/g。

从研究区白垩系烃源岩排烃模式(图 10.1)中深度与排烃率之间的多项式关系，可以得到哈日凹陷、巴北凹陷烃源岩排烃率计算公式为

$$Q_e(z) = \text{HCI}(0) - \text{HCI}(z)$$

式中，HCI(0)为最大原始生烃潜力；HCI(z)为某一深度生烃潜力。

排烃量的计算公式为

$$Q=E_{hc}S$$

式中，Q 为排烃量；E_{hc} 为排烃强度；S 为成熟烃源岩面积。

通过收集统计该区各主力烃源岩有机质热解(S_1、S_2、TOC)实验数据，利用生烃潜力法对哈日凹陷、巴北凹陷烃源岩排烃特征研究，确立了研究区银根组、苏红图组、巴音戈壁组的排烃模式图，进一步分析主力烃源岩层的排烃门限、排烃率、排烃效率、排烃量、排烃系数等问题(图6.23、图6.24)。

1)哈日凹陷

哈日凹陷排烃门限深度为1944.40m，银根组没有进入排烃门限，苏红图组仅底部进入排烃门限，巴音戈壁组基本进入排烃门限。因此，主要计算了不同凹陷巴音戈壁组的排烃量(表10.5)。

银根组及苏红图组：由排烃模式图可见排烃门限深度为1944.40m，银根组及苏红图组烃源岩尚未进入排烃门限，几乎没有烃类排出。烃源岩处于未成熟—低成熟阶段，且没有进入排烃门限，因此，该组生油岩对研究区油气聚集成藏几乎没有贡献。

表10.5　银额盆地苏红图拗陷中生界主力烃源岩排烃量估算结果

凹陷	层位	烃源岩密度 ρ/(g/cm³)	平均TOC/%	厚度/m	排烃率/(mg/g)	排烃强度/(10t/km²)	面积/km²	排烃量/百万 t
哈日凹陷	巴二段	2.30	0.76	89.70	50.00	7839.78	824.18	64.62
	巴一段	2.30	0.96	82.07	100.00	18121.06	470.99	85.35
巴北凹陷	巴二段	2.30	0.75	70.00	50.00	6037.50	584.35	35.28
	巴一段	2.30	0.65	40.00	40.00	2392.00	152.43	3.65
拐子湖凹陷	巴二段	2.30	0.76	50.00	50.00	4370.00	613.82	26.82
	巴一段	2.30	0.96	50.00	100.00	11040.00	727.17	80.28
乌兰凹陷	巴二段	2.30	0.75	25.00	50.00	2156.25	76.62	1.65
	巴一段	2.30	0.65	25.00	40.00	1495.00	121.66	1.82

巴音戈壁组二段：延哈参1井巴二段源岩深度主要集中在2032~2081.00m及2310~2327m。由排烃模式图可知其1944.40m处原始生烃指数最大为133.72mg/g，烃源岩顶部、底部排烃率分别为25mg/g、65mg/g。估算得出巴二段排烃强度为7.84万t/km²。排烃量为：$Q_{排}=E_{hc}S=7.84×10^4×824.179t=64.62$百万t。

巴音戈壁组一段：巴一段有机质丰度高，有机质类型以II_2型为主；处于高成熟生湿气阶段，对研究区油气聚集成藏贡献很大。巴一段烃源岩平均排烃率为100mg/g。估算得出巴一段排烃强度为18.12万t/km²。排烃量为：$Q_{排}=E_{hc}S=18.12×10^4×470.99t=85.34$百万t。

2）巴北凹陷

巴北凹陷排烃门限深度为 1400m，银根组和苏红图组对该区的生排烃意义不大，巴音戈壁组基本进入排烃门限，在排烃模式图上，根据深度与单位质量排烃量之间的多项式关系可推断巴北凹陷烃源岩排烃率。

巴音戈壁组二段：巴北凹陷巴二段相比其他层位，有机质丰度较好，热演化程度处于中成熟—高成熟生烃阶段，烃源岩排烃率为 50mg/g。估算得出巴二段排烃强度为 6.04 万 t/km²。排烃量为：$Q_{排} = E_{hc}S = 35.28$ 百万 t。

巴音戈壁组一段：估算得出巴一段排烃强度为 2.39 万 t/km²，排烃量为 3.65 百万 t。

3）拐子湖凹陷及乌兰凹陷

同样方法计算得到拐子湖凹陷及乌兰凹陷巴音戈壁组二段排烃量分别为 26.82 百万 t、1.65 百万 t。巴音戈壁组一段排烃量分别为 80.28 百万 t、1.81 百万 t。

3. 运聚系数

油气运聚系数是成因法计算资源量的关键参数，在以往的资源评价中，主要依据研究区的油气成藏条件与高勘探程度区进行类比或根据评价者经验进行选取。研究区勘探程度低、钻井少，较难获取可类比勘探区的运聚系数。本次分析在柳广第等（2003）对油气运聚单元解剖、运聚系数预测模型分析的理论基础上，结合该区实际地质情况估算适合其自身资源潜量评价的运聚系数。

运聚系数与烃源岩年龄、圈闭面积、不整合面个数、烃源岩成熟度等有良好的指数对应关系，并在此基础上建立了油气系数运聚模型，用以下公式表示：

$$\ln K_{运} = 1.487 - 0.00318a + 0.186R_o - 0.112c + 0.02118d \tag{10.4}$$

式中，$K_{运}$ 为运聚系数，%；a 为烃源岩年龄，Ma；R_o 为烃源岩成熟度，%；c 为不整合面个数；d 为圈闭面积系数，%。

1）哈日凹陷

该区主力有效烃源岩沉积年龄晚于 107Ma，约为 105Ma，主要发育三个不整合接触关系；银根组、苏红图组、巴音戈壁组圈闭面积系数依次为 10.28%、6.46%、9.66%，银根组、苏红图组、巴音戈壁组镜质体反射率 R_o 依次为 0.41%～0.60%、0.60%～1.04%、1.04%～1.50%。

利用式（10.4）计算可得哈日凹陷银根组、苏红图组、巴音戈壁组油气运聚系数分别为：银根组 $K_{运} = 3.03%～3.14%$、苏红图组 $K_{运} = 2.90%～3.15%$、巴音戈壁组 $K_{运} = 3.37%～4.32%$。

2）巴北凹陷

基于上述方法，确定了巴北凹陷油气运聚系数为 2.2%（表 10.6）。

表 10.6　巴北凹陷巴音戈壁组运聚系数确定

烃源岩年龄 a/Ma	成熟度 R_o/%	不整合面个数 c	圈闭面积系数 d/%	运聚系数 $K_{运}$/%
105	1.1	3	55	2.2

4. 资源量估算结果

研究区各组烃源岩热演化史及生排烃史表明不同层位油气运聚成藏模式不同，银根组与苏红图组没有达到排烃门限，成藏模式以自生自储为主，但是其生油条件好，主要以计算非常规油气资源量为主，而巴音戈壁组烃源岩热演化程度较高，均已进入了排烃门限。因此资源潜量分为两部分，第一部分为自生自储的非常规油气资源潜量，第二部分为常规资源量(表10.7)，计算公式如下：

非常规资源量：

$$Q_{潜量} = Q_{生}\alpha \tag{10.5}$$

式中，α 为成烃转换率。

常规资源量：

$$Q_{潜量} = Q_{生}K_{排}K_{运} \tag{10.6}$$

1) 哈日凹陷

银根组、苏红图组没有达到排烃门限，但是其生油条件好，其以自生自储为主的油气资源潜量如下。

银根组：$Q_{潜量} = Q_{生}\alpha = 0.476亿 \sim 1.031亿 \text{t}$。

苏二段：$Q_{潜量} = Q_{生}\alpha = 1.623亿 \sim 4.463亿 \text{t}$。

苏一段：$Q_{潜量} = Q_{生}\alpha = 0.219亿 \sim 0.563亿 \text{t}$。

巴音戈壁组全部达到排烃门限，其中资源量如下。

巴二段资源量：$Q_{潜量} = Q_{生}K_{排}K_{运} = 2.585百万 \text{t}$。

巴一段资源量：$Q_{潜量} = Q_{生}K_{排}K_{运} = 3.414百万 \text{t}$。

哈日凹陷非常规资源量：$Q_{潜量} = 5.408亿 \sim 11.123亿 \text{t}$。

哈日凹陷常规资源量：$Q_{潜量} = 6.000百万 \text{t}$。

哈日凹陷总资源量：$5.468亿 \sim 11.183亿 \text{t}$。

2) 巴北凹陷

银根组、苏红图组油气资源潜量如下。

银根组：$Q_{潜量} = Q_{生}\alpha = 0.013亿 \text{t}$。

苏二段：$Q_{潜量} = Q_{生}\alpha = 0.043亿 \text{t}$。

苏一段：$Q_{潜量} = Q_{生}\alpha = 0.021亿 \sim 0.063亿 \text{t}$。

巴音戈壁组油气资源量如下。

巴二段资源量：$Q_{潜量} = Q_{生}K_{排}K_{运} = 0.776百万 \text{t}$。

巴一段资源量：$Q_{潜量} = Q_{生}K_{排}K_{运} = 0.080百万 \text{t}$。

巴北凹陷非常规资源量：$Q_{潜量} = 0.353亿 \sim 1.580亿 \text{t}$。

巴北凹陷常规资源量：$Q_{潜量} = 0.85百万 \text{t}$。

巴北凹陷总资源量：$0.361亿 \sim 1.588亿 \text{t}$。

3）拐子湖凹陷

银根组、苏红图组油气资源潜量如下。

银根组：$Q_{潜量} = Q_{生}\alpha = 0.192$ 亿 ～1.427 亿 t。

苏二段：$Q_{潜量} = Q_{生}\alpha = 0.136$ 亿 ～0.818 亿 t。

苏一段：$Q_{潜量} = Q_{生}\alpha = 0.067$ 亿 t 。

巴音戈壁组全部达到排烃门限，油气资源量如下。

巴二段资源量：$Q_{潜量} = Q_{生}K_{排}K_{运} = 1.073$ 百万 t 。

巴一段资源量：$Q_{潜量} = Q_{生}K_{排}K_{运} = 3.211$ 百万 t 。

拐子湖凹陷非常规资源量：$Q_{潜量} = 2.216$ 亿 ～6.937 亿 t 。

拐子湖凹陷常规资源量：$Q_{潜量} = 4.284$ 百万 t 。

拐子湖凹陷总资源量：2.258 亿～6.979 亿 t 。

4）乌兰凹陷

银根组、苏红图组油气资源潜量如下。

银根组：$Q_{潜量} = Q_{生}\alpha = 0.022$ 亿 ～0.025 亿 t 。

苏二段：$Q_{潜量} = Q_{生}\alpha = 0.018$ 亿 t 。

苏一段：$Q_{潜量} = Q_{生}\alpha = 0.008$ 亿 t 。

巴音戈壁组全部达到排烃门限，油气资源量如下。

巴二段资源量：$Q_{潜量} = Q_{生}K_{排}K_{运} = 0.036$ 百万 t 。

巴一段资源量：$Q_{潜量} = Q_{生}K_{排}K_{运} = 0.040$ 百万 t 。

乌兰凹陷非常规资源量：$Q_{潜量} = 0.156$ 亿 ～0.159 亿 t 。

乌兰凹陷常规资源量：$Q_{潜量} = 0.076$ 百万 t 。

乌兰凹陷总资源量：0.156 亿～0.159 亿 t 。

表 10.7　银额盆地苏红图拗陷中生界主力烃源岩资源量估算结果（计算方法一）

凹陷	地层	总生烃/亿 t	$K_{运}$/%	成烃转化率α/%	非常规资源/亿 t	$Q_{排}$/百万 t	常规总资源/百万 t
哈日凹陷	银根组	0.560	0.032	0.850	0.476		
	苏二段	1.909	0.035	0.850	1.623		
	苏一段	0.258	0.035	0.850	0.219		
	巴二段	1.735	0.040	0.850	0.925	64.614	2.585
	巴一段	3.400	0.040	0.850	2.164	85.349	3.414
	合计	7.862			5.408	149.963	5.999
巴北凹陷	银根组	0.015	0.022	0.850	0.013		
	苏二段	0.051	0.022	0.850	0.043		
	苏一段	0.025	0.022	0.850	0.211		
	巴二段	0.554	0.022	0.850	0.171	35.28	0.776
	巴一段	0.160	0.022	0.850	0.105	3.646	0.080
	合计	0.805			0.543	38.926	0.856

凹陷	地层	总生烃/亿 t	$K_运$/%	成烃转化率 α/%	非常规资源/亿 t	$Q_排$/百万 t	常规总资源/百万 t
拐子湖凹陷	银根组	0.225	0.032	0.850	0.192		
	苏二段	0.161	0.035	0.850	0.136		
	苏一段	0.079	0.035	0.850	0.068		
	巴二段	1.207	0.040	0.850	0.798	26.823	1.073
	巴一段	2.006	0.040	0.850	1.022	80.28	3.211
	合计	3.678			2.215	107.103	4.284
乌兰凹陷	银根组	0.026	0.022	0.850	0.022		
	苏二段	0.021	0.022	0.850	0.018		
	苏一段	0.009	0.022	0.850	0.008		
	巴二段	0.068	0.022	0.850	0.044	1.652	0.036
	巴一段	0.093	0.022	0.850	0.063	1.819	0.040
	合计	0.218			0.155	3.471	0.076

最大资源量量估计：基于前述最大生烃量的计算结果，计算了研究区不同凹陷及层位的最大资源量，结果见表 10.8。

表 10.8　银额盆地苏红图拗陷中生界主力烃源岩最大资源量估算结果（计算方法二）

凹陷	地层	总生烃/亿 t	$K_运$/%	成烃转化率 α/%	非常规资源/亿 t	$Q_排$/百万 t	常规总资源/百万 t
哈日凹陷	银根组	1.213	0.032	0.850	1.031		
	苏二段	5.250	0.035	0.850	4.463		
	苏一段	0.662	0.035	0.850	0.563		
	巴二段	2.711	0.040	0.850	1.755	64.614	2.585
	巴一段	4.750	0.040	0.850	3.311	85.349	3.414
	合计	14.585			11.122	149.963	5.998
巴北凹陷	银根组	0.015	0.022	0.850	0.013		
	苏二段	0.051	0.022	0.850	0.043		
	苏一段	0.075	0.022	0.850	0.064		
	巴二段	1.723	0.022	0.850	1.165	35.280	0.776
	巴一段	0.384	0.022	0.850	0.295	3.646	0.080
	合计	2.248			1.580	38.926	0.856
拐子湖凹陷	银根组	1.680	0.031	0.850	1.428		
	苏二段	0.963	0.030	0.850	0.819		
	苏一段	0.079	0.030	0.850	0.068		
	巴二段	1.549	0.038	0.850	1.089	26.824	1.019
	巴一段	4.961	0.038	0.850	3.535	80.280	3.051
	合计	9.233			6.937	107.104	4.070

续表

凹陷	地层	总生烃/亿 t	$K_运$/%	成烃转化率α/%	非常规资源/亿 t	$Q_排$/百万 t	常规总资源/百万 t
乌兰凹陷	银根组	0.030	0.022	0.850	0.025		
	苏二段	0.021	0.022	0.850	0.018		
	苏一段	0.009	0.022	0.850	0.008		
	巴二段	0.068	0.022	0.850	0.044	1.652	0.036
	巴一段	0.093	0.022	0.850	0.063	1.819	0.040
	合计	0.221			0.159	3.471	0.076

5. 可靠性评价

本次资源量计算采用成因法(生烃潜力法)，选取烃源岩面积、密度、厚度、聚集系数、有机碳 TOC、生烃潜量等参数计算研究区的资源潜量，从凹陷的角度来看，研究区内哈日凹陷探井较多，已经取得的分析化验资料多，计算的资源量比较可靠，巴北凹陷及其他凹陷探井较少，并可控面积较小，主要依据地震解释得到结果，资源量计算结果仅具有一定的参考意义。

6. 勘探潜力分析

表 10.9～表 10.12 分别统计了研究区不同凹陷、不同层位总的生烃量、排烃量、常规资源量及资源总量。

表 10.9　银额盆地苏红图拗陷中生界主力烃源岩生烃量统计表　　（单位：亿 t）

地层	哈日凹陷	巴北凹陷	拐子湖凹陷	乌兰凹陷	总计
银根组	0.560～1.213	0.015	0.225～1.680	0.026～0.030	0.826～2.938
苏二段	1.909～5.250	0.051	0.161～0.963	0.021	2.142～6.258
苏一段	0.258～0.661	0.025～0.075	0.079	0.009	0.371～0.824
巴二段	1.735～2.710	0.554～1.722	1.207～1.549	0.068	3.564～6.049
巴一段	3.400～4.750	0.160～0.384	2.006～4.961	0.093	5.659～10.188
总计	7.861～14.585	0.805～2.248	3.678～9.233	0.218～0.211	12.562～26.277

表 10.10　银额盆地苏红图拗陷中生界主力烃源岩排烃量统计表　　（单位：百万 t）

地层	哈日凹陷	巴北凹陷	拐子湖凹陷	乌兰凹陷	统计
巴二段	64.614	35.280	26.824	1.652	128.370
巴一段	85.349	3.646	80.280	1.819	171.094
总计	148.639	38.926	107.104	3.471	299.464

表 10.11　银额盆地苏红图拗陷中生界主力常规资源量统计表　　　　（单位：百万 t）

地层	哈日凹陷	巴北凹陷	拐子湖凹陷	乌兰凹陷	总计
巴二段	2.585	0.776	1.073	0.036	4.470
巴一段	3.414	0.080	3.211	0.040	6.745
总计	5.999	0.856	4.284	0.076	11.215

表 10.12　银额盆地苏红图拗陷中生界资源量统计表

资源量	哈日凹陷	巴北凹陷	拐子湖凹陷	乌兰凹陷	总计
非常规资源量/亿 t	5.408～11.123	0.353～1.580	2.216-6.937	0.156～0.159	8.133～19.799
常规资源量/百万 t	6.000	0.850	4.280	0.076	11.206
总资源量/亿 t	5.468～11.183	0.361～1.588	2.258～6.979	0.156～0.159	8.243～19.909

研究区哈日凹陷非常规资源量为 5.408 亿～11.123 亿 t，常规资源量为 6.0 百万 t，总资源量为 5.468 亿～11.183 亿 t；巴北凹陷非常规资源量为 0.353 亿～1.580 亿 t，常规资源量为 0.850 百万 t，总资源量为 0.361 亿～1.588 亿 t；拐子湖凹陷非常规资源量为 2.216 亿～6.937 亿 t，常规资源量为 4.280 百万 t，总资源量为 2.258 亿～6.979 亿 t；乌兰凹陷非常规资源量为 0.156 亿～0.159 亿 t，常规资源量为 0.076 百万 t，总资源量为 0.156 亿～0.159 亿 t。总体上看，以哈日凹陷和拐子湖凹陷勘探潜力最大。

研究区白垩系非常规资源总量为 8.133 亿～19.799 亿 t，常规资源总量为 11.206 百万 t，白垩系总资源量为 8.243 亿～19.909 亿 t。

从资源量平面分布来看，哈日凹陷、拐子湖凹陷生烃量、排烃量均较大，常规与非常规油气资源潜力可观，巴北凹陷与乌兰凹陷烃源岩条件较差，仅在局部构造有利部位存在一定的常规性油气资源，非常规油气资源匮乏。

从资源量纵向分布来看，哈日凹陷、拐子湖凹陷纵向生烃有利层位较多，生烃量大小与烃源岩成熟度密切相关，上部银根组、苏红图组以非常规油气资源为主，下部巴音戈壁组非常规与常规油气资源均较好。巴北凹陷与乌兰凹陷纵向生烃有利层位主要分布在巴二段，存在一定资源潜力。

从计算的结果来看，银额盆地哈日凹陷与南部的拐子湖凹陷中生界资源潜量较好，油气勘探前景较好，值得进一步开展工作。巴北凹陷及乌兰凹陷，凹陷规模较小，资源量较小，但区内断裂发育，圈闭类型及数量较多，若能找到含油气资源丰富的圈闭，也具有良好的资源效益。

10.2　古生界资源量评价

银额盆地沉积了厚度巨大的石炭系—二叠系，但石炭系—二叠系沉积之后经历了多期次的构造改造，其残留厚度不仅与沉积厚度有关，而且还受海西末期和印支期抬升剥蚀的影响(明楷曼等，2013)。基于前文对研究区石炭系—二叠系地层划分、沉积相、构造特征、烃源岩等方面的研究，在计算古生界资源量过程中主要考虑以下几点。

（1）石炭系—二叠系原始沉积范围、厚度较大，不受断陷盆地沉积边界的控制，但后期受构造改造强烈，地层残留厚度分布不均。

（2）石炭系—二叠系烃源岩厚度及发育情况存在差异，钻井岩心表明，哈日凹陷井下古生界烃源岩发育较差，厚度小，巴北凹陷古生界烃源岩相对较好，此外，野外露头揭示古生界烃源岩厚度相对较大。

（3）石炭系—二叠系烃源岩成熟度差异较大，局部地区受动力变质作用影响，成熟度较高。

1. 生烃量计算

1）原理及参数选取

通过体积成因法估算资源量，计算公式同式（10.1）。

受钻井及地震分辨率等因素的制约，本次古生界烃源岩计算面积选取主要根据古生界地层分布特点及不同凹陷烃源岩发育程度确定。

烃源岩厚度主要结合野外露头及井下资料进行选取。钻井及露头观察表明，石炭系—二叠系暗色泥岩厚度为 0～250m，占地层厚度的 0～50%，且整体上以二叠系暗色泥岩为主，石炭系暗色泥岩厚度较薄或经过变质作用改造，因此本书只计算二叠系油气资源量。其中，哈日凹陷二叠系暗色泥岩厚度变化较大，在 0～200m，有效烃源岩厚度在 50m 左右。巴北凹陷二叠系暗色泥岩相对较为发育，厚度在 50～500m，变化较大，有效烃源岩厚度平均在 100m 左右；拐子湖凹陷暗色泥岩厚度不发育。

有机碳含量（TOC）按照前文研究得到的不同凹陷古生界有机碳含量，哈日凹陷平均为 0.4%，巴北凹陷为 0.57%。源岩密度（ρ）：古生界二叠系烃源岩密度依据实际分析结果密度取 2.61g/cm^3（表 10.13）。古生界有机碳恢复系数 K 取 1.13（表 10.14）。

表 10.13　银额盆地二叠系暗色泥岩岩石密度分析结果表

序号	样品编号	岩性	岩石密度/(g/cm³)	序号	样品编号	岩性	岩石密度/(g/cm³)
1	11MHZK-C1	灰黑色泥岩	2.54	6	11AQZK-C1	灰黑色泥岩	2.62
2	11MHZK-C2	灰黑色泥岩	2.57	7	11AQZK-C2	灰黑色泥岩	2.64
3	11MHZK-C3	灰黑色泥岩	2.60	8	11AQZK-C4	灰黑色泥岩	2.67
4	11MHZK-C4	灰黑色泥岩	2.59	9	11AQZK-C5	灰黑色泥岩	2.65
5	11MHZK-C5	灰黑色泥岩	2.58	10	11AQZK-C6	灰黑色泥岩	2.68

表 10.14　银额盆地苏红图拗陷各凹陷二叠系主力烃源岩计算参数表

构造单元	地层	烃源岩密度 ρ /(g/cm³)	平均 TOC%	有机碳恢复系数 K	产油率 β /(mg/g TOC)	产气率 β /(mg/g TOC)	油 $\rho K\beta$	气 $\rho K\beta$
哈日凹陷/拐子湖凹陷	二叠系	2.61	0.4	1.13	50	100	147.465	294.93
巴北凹陷/乌兰凹陷	二叠系	2.61	0.57	1.13	60	150	176.958	442.395

哈日凹陷有机质成熟度较高,成熟度由热裂解生湿气-生干气阶段均有分布,累积单位生油率为50mg/gTOC、生气率为100mg/gTOC。巴北凹陷二叠系累积单位生油率为60mg/gTOC、生气率为150mg/gTOC。

2) 生烃量计算结果

根据生烃潜力法计算公式,采用面积分块计算生油量及生气量,最终得到不同凹陷不同层位生烃量(表10.15)。

表 10.15　银额盆地苏红图拗陷二叠系主力烃源岩生烃量($Q_{生}$)估算结果

构造单元	TOC/%	厚度/m	$SHTOC$	油 $\rho K\beta$	总油量/亿 t	气 $\rho K\beta$	总气量/亿 t
哈日凹陷	0.4	50	23216.8	147.465	0.342366541	294.93	0.684733082
巴北凹陷	0.57	100	70874.94	176.958	1.254188763	442.395	3.135471908
拐子湖凹陷	0.4	50	39190.6	147.465	0.577924183	294.93	1.155848366
乌兰凹陷	0.57	100	66396.45	176.958	1.1749383	442.395	2.93734575

哈日凹陷二叠系总生烃量为1.03亿t,巴北凹陷二叠系总生烃量为4.39亿t,拐子湖凹陷二叠系总生烃量为1.73亿t,乌兰凹陷二叠系总生烃量为4.11亿t。

2. 排烃量计算

基于前文中生界排烃门限及排烃率的研究,确定研究区二叠系烃源岩均以达到排烃门限,哈日凹陷及拐子湖凹陷烃源岩排烃率取 60mg/g,巴北凹陷、乌兰凹陷排烃率取80mg/g。

估算得出哈日凹陷二叠系排烃强度为(表 10.16)3.13 万 t/km^2;排烃量为:$Q_{排} = E_{hc}S = 3.132 \times 10^4 \times 1160.84t \approx 36.36$ 百万 t。

巴北凹陷二叠系排烃强度为 11.90 万 t/km^2;排烃量为:$Q_{排} = E_{hc}S = 11.9016 \times 10^4 \times 1243.42t \approx 147.99$ 百万 t。

拐子湖凹陷二叠系排烃强度为 3.132 万 t/km^2;排烃量为:$Q_{排} = E_{hc}S = 3.13 \times 10^4 \times 1959.53t \approx 61.37$ 百万 t。

乌兰凹陷二叠系排烃强度为:11.9016 万 t/km^2;排烃量为:$Q_{排} = E_{hc}S = 11.90 \times 10^4 \times 1164.85t \approx 138.64$ 百万 t。

表 10.16　银额盆地苏红图拗陷二叠系主力烃源岩排烃量估算结果

构造单元	烃源岩密度 $\rho/(g/cm^3)$	平均 TOC/%	厚度 /m	排烃率 /(mg/g)	排烃强度 /(万 t/km^2)	面积 /km^2	排烃量 /百万 t
哈日凹陷	2.61	0.4	50	60	3132	1160.84	36.3575088
巴北凹陷	2.61	0.57	100	80	11901.6	1243.42	147.9868747
拐子湖凹陷	2.61	0.4	50	60	3132	1959.53	61.3724796
乌兰凹陷	2.61	0.57	100	80	11901.6	1164.85	138.6357876

3. 资源量估算结果

二叠系热演化程度高，烃源岩排烃率相对较大，一般在 60% 左右，因此，资源量计算主要以常规资源量计算为主，非常规资源计算为辅（表 10.17、表 10.18）。

表 10.17　银额盆地苏红图拗陷二叠系主力烃源岩最大资源量估算结果

构造单元	总生烃/亿 t	K	成烃转化率 α	非常规资源/亿 t	$Q_{排}$/百万 t	常规总资源/百万 t
哈日凹陷	1.027099624	0.04	0.85	0.56397468	36.3575088	1.454300352
巴北凹陷	4.389660671	0.022	0.85	2.473211571	147.9868747	3.255711244
拐子湖凹陷	1.733772549	0.038	0.85	0.952061666	61.3724796	2.332154225
乌兰凹陷	4.11228405	0.022	0.85	2.313941442	138.6357876	3.049987327

表 10.18　银额盆地苏红图拗陷二叠系资源量统计表

	哈日凹陷	巴北凹陷	拐子湖凹陷	乌兰凹陷	总计
常规总资源/百万 t	1.454	3.256	2.332	3.050	10.092
非常规油气资源/亿 t	0.564	2.473	0.952	2.314	6.303
总计/亿 t	0.578	2.503	0.972	2.344	6.403

非常规资源量的 $Q_{潜量} = Q_{生}\alpha$；常规资源量的 $Q_{潜量} = Q_{生}K_{排}K_{运}$。

(1) 哈日凹陷。

常规资源量：$Q_{潜量} = Q_{生}K_{排}K_{运} = 1.454$ 百万 t。

非常规资源量：$Q_{潜量} = 0.564$ 亿 t。

(2) 巴北凹陷。

常规资源量：$Q_{潜量} = Q_{生}K_{排}K_{运} = 3.256$ 百万 t。

非常规资源量：$Q_{潜量} = 2.473$ 亿 t。

(3) 拐子湖凹陷。

常规资源量：$Q_{潜量} = Q_{生}K_{排}K_{运} = 2.332$ 百万 t。

非常规资源量：$Q_{潜量} = 0.952$ 亿 t。

(4) 乌兰凹陷。

常规资源量：$Q_{潜量} = Q_{生}K_{排}K_{运} = 3.050$ 百万 t。

非常规资源量：$Q_{潜量} = 2.314$ 亿 t。

研究区古生界总资源量为 6.403 亿 t，其中估算的古生界非常规资源总量为 6.303 亿 t，常规资源总量为 10.092 百万 t。

4. 中生界和古生界资源潜力对比

评价结果表明，研究区白垩系非常规资源总量为 8.133 亿～19.799 亿 t，常规资源总量为 11.206 百万 t，总资源量为 8.243 亿～19.909 亿 t；石炭系—二叠系非常规资源总量为 6.303 亿 t，常规资源总量为 10.092 百万 t，古生界总资源量为 6.403 亿 t。资源量对比可以看出，研究区的白垩系比石炭系—二叠系具有更大的油气勘探潜力，但远景资源量相差相对较小。从分布范围来看，研究区白垩纪为断陷湖盆沉积期，而石炭系—二叠纪为海相湖盆沉积期，因此白垩系分布范围相对石炭系—二叠系小。从资源评价的数据来源来看，研究区已有 11 口井钻穿了白垩系，对白垩系烃源岩进行了连续采样、系统评价，可靠程度高，但研究区尚无钻井完整揭示了石炭系—二叠系，石炭系—二叠系的烃源岩评价参数多来自地质露头分析资料，资料较少，因此白垩系资源潜力较为落实，目前研究区实际生产也印证了资源量计算结果，而石炭系—二叠系则以远景资源预测为主，需要通过今后的钻井评价来进行修正。

10.3   有利区预测

银额盆地苏红图拗陷共包括哈日凹陷、哈日南凹陷、拐子湖凹陷、巴北凹陷、巴南凹陷和乌兰凹陷。由于该区处于勘探初期，各种地质因素还存在较多不确定性，除哈日凹陷外，其余凹陷钻井资料较少，只能以哈日凹陷已发现油气藏为基础，结合区域的基本石油地质特征和条件进行有利区预测。勘探区中生代凹陷均属于断陷湖盆沉积，且目前已发现油气藏多为非常规油气藏，如致密砂岩油气藏、灰质泥岩裂缝性油气藏，对有利目标区的预测要结合有效烃源岩、有效储层展布、油气成藏组合、圈闭类型。

1. 有利区带优选原则

1）有效烃源岩

有效烃源岩是指既有油气生成又有油气排出的岩石，它在某种程度上控制着盆地内油气藏的分布，它们生成和排出的烃类应足以形成商业性油气藏。

研究区自下而上依次发育银根组、苏红图组、巴音戈壁组和二叠系四套烃源岩。纵向上，银根组烃源岩具有丰度高，类型好，偏腐泥型以 I - II_1 型干酪根为主，成熟度适当，处于未成熟—低熟生烃阶段，生烃潜力较大，以生生物气和低熟油为主；苏红图组有机质类型为混合型，以 II_1 - II_2 型为主；镜质体反射率 R_o 为 0.71%～0.81%，生烃潜力大；巴二段有机质丰度低，生烃潜力有限，但是巴一段有机质丰度较高，有机质类型以混合型为主，更偏腐殖型，处于高成熟和过成熟生气阶段，生烃较大；古生界有机质丰度低，以 II_2 型干酪根为主，处于过成熟裂解生湿气阶段，但是有机质丰度低，生烃潜力有限。因此纵向上银根组下部及巴一段可以作为主力生烃层位，苏红图组和二叠系作为次要生烃层位。根据陆相烃源岩评价标准，设置有效烃源岩有机质丰度，TOC下限为 0.4%，有机质成熟度 R_o 下限为 0.5%，研究区各层位有效烃源岩平面分布如图 10.1 所示。

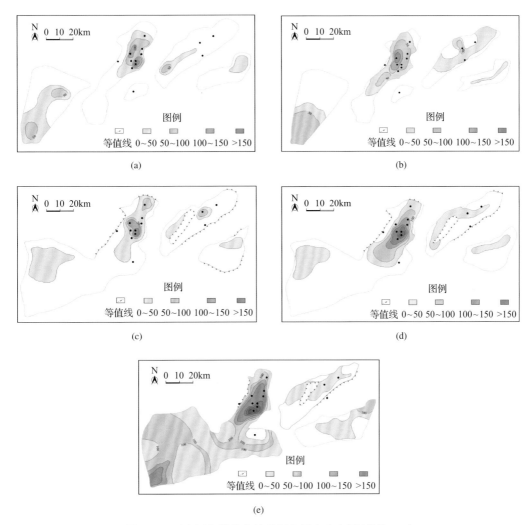

图 10.1　研究区各层段有效烃源岩厚度分布图(单位：m)

(a)巴一段；(b)巴二段；(c)苏一段；(d)苏二段；(e)银根组

2)有效储层展布

有效储层是指现有工艺条件下能获得工业油流的储层，即当有效孔隙度、渗透率达到一定界限时，储层才有开采价值，此界限为储层的物性下限。由第 4 章的储层评价可知，研究区目前已发现油气藏储层类型主要为灰质泥岩裂缝型储层和致密砂岩储层两种，为Ⅰ类储层，同时还存在火山岩及白云岩两种潜在的储层，为Ⅱ类储层。四种储层均属于特低孔特低渗储层，相比而言，砂岩储层及灰质泥岩储层物性最好，白云岩储层和火山岩储层次之。灰质泥岩裂缝型储层物性主要受裂缝发育程度的控制，裂缝越发育，物性越好。研究区砂岩储层以三角洲沉积为主，可借鉴类似断陷盆地的储层物性下限。东营凹陷为渤海湾盆地的断陷油田，该地区沙河街组储层特征与研究区类似，大量生产实践证实该地区有效致密砂岩砂岩储层的物性下限应在 5.43%左右，渗透率下限 0.45mD，可作为本研究区的参考值；而白云岩储层和火山岩储层也采用类比法，分别确定为 4%。

则研究区各层位有效储层及裂缝平面分布如图 10.2 所示。

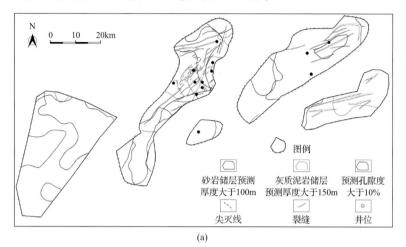

(a)

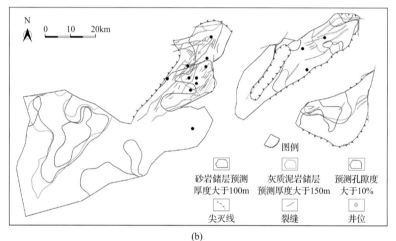

(b)

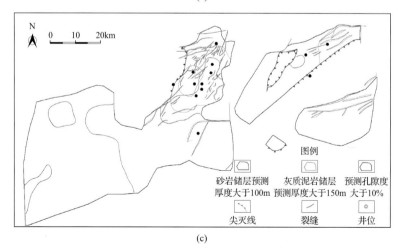

(c)

图 10.2　研究区各层段有效储层及裂缝分布图

(a)巴音戈壁组；(b)苏红图组；(c)银根组

3) 有利的生储盖组合

有利的生储盖组合指在地层剖面中紧密相邻的包括生油层、储集层和盖层的一个有规律的组合，是油藏评价的重要内容。研究区主要存在上、下两套生储盖组合，上部成藏组合主要为银根组自生储型生储盖组合和苏红图组上生下储型生储盖组合；下部成藏组合主要为巴音戈壁组自生储型和下生上储型生储盖组合和石炭系—二叠系中生古储型生储盖组合。不同的生储盖组合形成区域不同的油气藏，因此，在有利区预测时需要对其进行区分。

4) 圈闭分布

圈闭是一种能阻止油气继续运移并能在其中聚集的场所。圈闭类型大致可以分为构造圈闭和构造-地层复合圈闭、地层圈闭、岩性圈闭四类。研究表明，研究区整体缺乏大型纯构造圈闭，多以地层圈闭、构造-地层复合圈闭或地层-岩性圈闭为主。整体上斜坡带以构造圈闭为主、深凹带和陡坡带以岩性圈闭和构造-岩性圈闭为主的特征(图 10.3)。相对而言，斜坡带圈闭数量多，圈闭面积较大；深凹带和陡坡带圈闭距离生烃灶更近，落实程度更高。

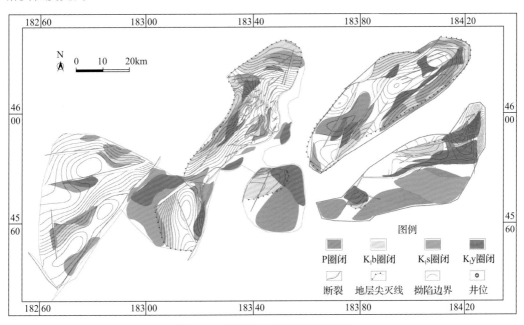

图 10.3　研究区各层段圈闭叠合图

2. 有利区预测及目标优选

根据东部断陷盆地的油气勘探开发经验认为，往往断陷发育程度控制着地层的展布，地层的展布规律控制着烃源岩的分布位置和发育程度，烃源岩生烃能力、资源量大小控制着凹陷勘探潜力及方向，成藏条件组合控制各凹陷有利区带。整体上银额盆地苏红图拗陷油气成藏条件良好，具有较好的油气勘探潜力。优质生油岩控制油藏分布及类型，储层物性决定油气的富集程度，小型断裂发育区多是油气富集区。基于以上认识，结合叠后油气分布预测结果(图 9.65)，本章开展了银额盆地苏红图拗陷的有利区预测和目标优选。

银根组沉积时期，区域上湖平面达到最大，发育富有机质的厚层白云质泥岩、泥质白云岩，后期断陷向拗陷转化，大部分烃源岩未经历深埋，成熟度普遍较低。因此，达到生烃门限之上的银根组烃源岩控制了上部油气成藏的分布范围。巴音戈壁组沉积时期，即断陷形成初期，湖盆水体较浅，富有机质泥岩主要分布在断陷中央，因此，达到有机质丰度下限的巴音戈壁组烃源岩控制了下部油气成藏的分布范围。研究区储层基质孔隙普遍不发育，均属于低孔特低孔特低渗储层，微裂缝的发育可以大大提高储集空间，有效改善储层物性。因此微裂缝的分布范围往往是油气富集的有利区域。

综上所述，按照研究区成藏条件及制约因素，选择以有效烃源岩、有效储层、生储盖配置及圈闭类型为基础，以目前已发现油气藏为线索，对研究区储层有利目标区进行优选评价和预测，根据银根组、苏红图组、巴音戈壁组不同的成藏构造要素进行叠合分析，优选出两类有利区：Ⅰ类有利目标区和Ⅱ类有利目标区(图 10.4～图 10.6)。

(1) Ⅰ类有利目标区。

将有效烃源岩、有效储层、裂缝发育区及圈闭分布成藏等要素进行平面叠合后，同时具备三个成藏条件的区域设为Ⅰ类有利目标区。从分布结果来看，Ⅰ类有利目标区主要分布在哈日凹陷和拐子湖凹陷的中央深凹带和陡坡带，例如，目前已发现延哈参 1 井、延哈 3 井油气藏，而延哈 4 井和延哈 5 井也见到了多层油气显示，而在巴北凹陷和乌兰凹陷分布较少。

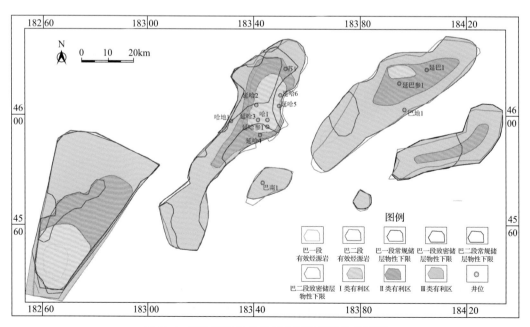

图 10.4　研究区巴音戈壁组有利勘探区带预测图

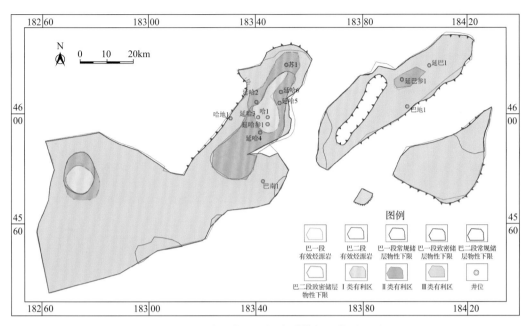

图 10.5　研究区苏红图组有利勘探区带预测图

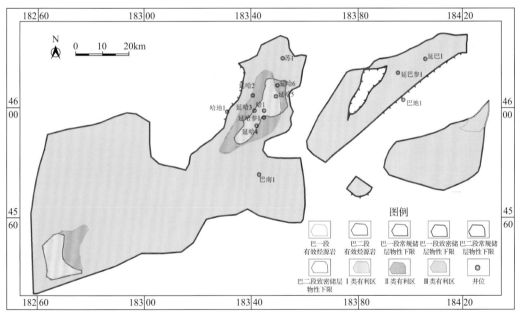

图 10.6　研究区银根组有利勘探区带预测图

(2) Ⅱ类有利目标区。

将有效烃源岩、有效储层、裂缝发育及圈闭分布成藏等要素进行平面叠合后,同时具备两个成藏要素的区域设为Ⅱ类有利目标区。从分布结果来看,Ⅱ类有利目标区主要分布在哈日凹陷和拐子湖凹陷的斜坡带,例如,目前已发现了延哈 2 井油气藏,而在巴北凹陷和乌兰凹陷Ⅱ类有利目标区主要分布在凹陷深凹带的局部区域。

参 考 文 献

白晓寅, 贺永红, 任来义, 等. 2017. 银根-额济纳旗盆地苏红图拗陷西区构造特征与演化[J]. 延安大学学报(自然科学版), 36(2): 57-61.

常海亮, 郑荣才, 郭春利, 等. 2016. 准噶尔盆地西北缘风城组喷流岩稀土元素地球化学特征[J]. 地质论评, 62(3): 550-568.

陈佳梁, 兰素清, 王昌杰. 2004. 裂缝性储层的预测方法及应用[J]. 勘探地球物理进展, 27(1): 35-40.

陈建平, 何忠华, 魏志彬, 等. 2001a. 银额盆地查干凹陷基本生油条件研究[J]. 石油勘探与开发, 28(6): 23-27.

陈建平, 何忠华, 魏志彬, 等. 2001b. 银额盆地查干凹陷原油地化特征及油源对比[J]. 沉积学报, 2001, 19(2): 299-305.

陈建平, 王绪龙, 邓春萍, 等. 2015. 准噶尔盆地南缘油气生成与分布规律——烃源岩地球化学特征与生烃史[J]. 石油学报, 36(7): 767-780.

陈践发, 孙省利, 刘文汇, 等. 2004. 塔里木盆地下寒武统底部富有机质层段地球化学特征及成因探讨[J]. 中国科学: 地球科学, 34(S1): 107-113.

陈启林, 卫平生, 肖占龙. 2006. 银根—额济纳盆地构造演化与油气勘探方向[J]. 石油实验地质, 28(4): 311-315.

陈树民, 李来林, 赵海波. 2010. 松辽盆地白垩系火山岩储层岩石物理声学特性分析[J]. 岩石学报, 26(1): 14-20.

陈岳龙, 杨忠芳, 赵志丹. 2005. 同位素地质年代学与地球化学[M]. 北京: 地质出版社.

陈增智, 柳广弟, 郝石生. 1999. 修正的镜质体反射率剥蚀厚度恢复方法[J]. 沉积学报, 17(1): 141-144.

陈志鹏, 任战利, 于春勇, 等. 2018. 银额盆地哈日凹陷下白垩统热水沉积岩特征及成因[J]. 地球科学, 43(6): 1941-1956.

陈志鹏, 任战利, 崔军平, 等. 2019a. 银额盆地哈日凹陷 YHC1 井高产油气层时代归属及油气地质意义[J]. 石油与天然气地质, 40(2): 354-368.

陈志鹏, 任战利, 于春勇, 等. 2019b. 银额盆地苏红图拗陷早白垩世巴音戈壁组火山岩锆石 U-Pb 年代学、地球化学特征及构造意义[J]. 地质学报, 93(3): 353-367.

陈治军, 任来义, 贺永红, 等. 2017. 银额盆地哈日凹陷银根组优质烃源岩地球化学特征及其形成环境[J]. 吉林大学学报(地球科学版), 47(5): 1352-1364.

陈治军, 高怡文, 孟江辉, 等. 2018a. 内蒙古银额盆地哈日凹陷下白垩统碎屑锆石 U-Pb 测年及其物源意义[J]. 古地理学报, 20(06): 164-179.

陈治军, 刘舵, 刘护创, 等. 2018b. 银额盆地厚层粗碎屑岩沉积特征与地层沉积年代的厘定[J]. 沉积学报, 36(03): 45-59.

陈治军, 高怡文, 刘护创, 等. 2018c. 银根—额济纳旗盆地哈日凹陷下白垩统烃源岩地球化学特征及油源对比[J]. 石油学报, 39(1): 69-81.

崔军平, 任战利. 2011. 内蒙古海拉尔盆地乌尔逊凹陷热演化史[J]. 现代地质, 25(4): 668-674.

崔军平, 任战利. 2013. 海拉尔盆地古地温研究[J]. 地质科技情报, 32(4): 151-156.

崔军平, 钟高润, 任战利. 2012. 内蒙古海拉尔盆地油气成藏期次分析[J]. 现代地质, 26(4): 801-807.

崔工, 宋传中, 刘奇, 等. 2007. 大别山北麓黄土地球化学特征及其古气候意义[J]. 物探与化探, 31(3): 256-260.

丁振举, 刘丛强, 姚书振, 等. 2000. 海底热液系统高温流体的稀土元素组成及其控制因素[J]. 地球科学进展, 15(3): 307-312.

董艳蕾, 朱筱敏, 李德江, 等. 2007. 渤海湾盆地辽东湾地区古近系地震相研究[J]. 沉积学报, 25(4): 554-563.

方晨, 曾利刚, 由成才, 等. 2007. 裂缝综合预测方法及应用研究[J]. 天然气工业, (S1): 449-451.

房倩, 国殿斌, 徐怀民. 2014. 银额盆地查干凹陷苏红图组火山岩储层特征[J]. 地层学杂志, 38(4): 454-460.

付绍洪, 王苹. 2000. 川西北马脑壳金矿床流体包裹体研究及对成矿条件的制约[J]. 岩石学报, 16(4): 569-574.

付晓飞, 李兆影, 卢双舫, 等. 2004. 利用声波时差资料恢复剥蚀量方法研究与应用[J]. 大庆石油地质与开发, 23(1): 9-11.

傅家谟, 盛国英, 许家友, 等. 1991. 应用生物标志化合物参数判识古沉积环境[J]. 地球化学, (1): 1-12.

高尚玉. 1985. 萨拉乌苏河第四纪地层中化学元素的迁移和聚集与古气候的关系[J]. 地球化学, (3): 269-276.

高先志, 陈发景. 2000. 应用流体包裹体研究油气成藏期次——以柴达木盆地南八仙油田系三系储层为例[J]. 地学前缘, 7(4): 548-554.

郭彦如. 2003. 银额盆地查干断陷闭流湖盆层序类型与层序地层模式[J]. 天然气地球科学, 14(6): 448-452.

郭彦如, 王新民, 刘又岭. 2000. 银根—额济纳旗盆地含油气系统特征与油气勘探前景[J]. 大庆石油地质与开发, 19(6): 4-8.

郭彦如, 陈文, 穆剑, 等. 2002. 阿尔金断裂系及其邻区中——新生代构造演化[J]. 地质论评, (S1): 169-175.

韩伟, 卢进才, 张云鹏, 等. 2014. 内蒙古西部额济纳旗及其邻区磷灰石裂变径迹研究及其油气地质意义[J]. 大地构造与成矿学, (3): 647-655.

韩伟, 卢进才, 魏建设, 等. 2015a. 内蒙古银额盆地尚丹凹陷中生代构造活动的磷灰石裂变径迹约束[J]. 地质学报, 89(12): 2277-2285.

韩伟, 任战利, 卢进才, 等. 2015b. 银额盆地石炭—二叠系包裹体成分特征对油气运移的讨论[J]. 吉林大学学报(地球科学版), 45(5): 1342-1351.

贺振华, 李亚林, 张帆, 等. 2001. 定向裂缝对地震波速度和振幅影响的比较—实验结果分析[J]. 物探化探计算技术, 23(1): 1-5.

侯读杰, 王铁冠. 1994. 低熟烃源岩中五环三萜类的分布型式[J]. 石油天然气学报, (4): 39-45.

侯读杰, 王铁冠. 1995. 陆相湖盆沉积物和原油中的甲藻甾烷[J]. 科学通报, 40(4): 333-335.

侯启军, 冯子辉, 邹玉良. 2005. 松辽盆地齐家—古龙凹陷油气成藏期次研究[J]. 石油实验地质, 27(4): 390-394.

侯云超, 樊太亮, 王宏语, 等. 2019. 银额盆地拐子湖凹陷深层优质储层特征及形成机理[J]. 沉积学报, 37(4): 758-767.

胡圣标, 汪集旸, 张容燕. 1999. 利用镜质体反射率数据估算地层剥蚀厚度[J]. 石油勘探与开发, (4): 42-45.

胡亚龙. 2000. Riss方法及其在垦东29井区砂体预测的应用[D]. 北京: 中国石油勘探开发科学研究院.

黄第藩. 1984. 陆相有机质演化和成烃机理[M]. 北京: 石油工业出版社.

黄籍中. 1988. 干酪根的稳定碳同位素分类依据[J]. 地质地球化学, 3: 66-68.

黄中玉, 王于静, 苏永昌. 2000. 一种新的地震波衰减分析方法——预测油气异常的有效工具[J]. 石油地球物理勘探, 35(6): 768-773.

季玉新. 2002. 用地震资料检测裂缝性油气藏的方法[J]. 勘探地球物理进展, 25(5): 28-35.

贾智彬, 侯读杰, 孙德强, 等. 2016. 热水沉积判别标志及与烃源岩的耦合关系[J]. 天然气地球科学, 27(6): 1025-1034.

焦鑫, 柳益群, 靳梦琪, 等. 2017. 新疆三塘湖薄层状岩浆-热液白云质喷流沉积岩[J]. 沉积学报, 35(6): 1087-1096.

金强. 2001. 有效烃源岩的重要性及其研究[J]. 油气地质与采收率, 8(1): 1-4.

靳久强, 孟庆任, 张研, 等. 2000. 额济纳旗地区侏罗-白垩纪盆地演化与油气特征[J]. 石油学报, 21(4): 13-19.

康铁笙, 王世成. 1991. 用磷灰石封闭裂变径迹长度研究热历史[J]. 核技术, (7): 419-422.

李光云, 漆万珍, 唐龙, 等. 2007. 银额盆地居延海拗陷油气勘探前景[J]. 石油天然气学报, 29(5): 13-18.

李锦铁, 张进, 杨天南, 等. 2009. 北亚造山区南部及其毗邻地区地壳构造分区与构造演化[J]. 吉林大学学报(地球科学版), 39(4): 584-605.

李景叶, 陈小宏. 2003. 用改进的模拟退火算法进行叠后时移地震数据反演[J]. 石油地球物理勘探, 38(4): 392-395.

李素梅, 刘洛夫, 王铁冠. 2000. 生物标志化合物和含氮化合物作为油气运移指标有效性的对比研究[J]. 石油勘探与开发, 27(4): 95-98.

李文厚, 周立发. 1997. 苏红图—银根盆地白垩纪沉积相与构造环境[J]. 地质科学, (3): 387-396.

李勇根, 徐胜峰. 2008. 地震岩石物理和正演模拟技术在致密砂岩储层预测中的应用研究[J]. 石油天然气学报, 30(6): 6, 79-83.

刘爱永, 李令喜, 杨国臣, 等. 2014. 查干凹陷苏红图组火山岩储层及其油气成藏特征[J]. 油气地质与采收率, 21(4): 54-57.

刘宝珺. 1992. 沉积成岩作用[M]. 北京: 科学出版社.

刘池洋. 2017. 叠合盆地特征及油气赋存条件[J]. 石油学报, 28(1): 1-7.

刘池洋, 杨兴科. 2000. 改造盆地研究和油气评价的思路[J]. 石油与天然气地质, 127(1): 11-14.

刘春燕, 林畅松, 吴茂炳, 等. 2006. 银根—额济纳旗中生代盆地构造演化及油气勘探前景[J]. 中国地质, 33(6): 1328-1335.

刘护创, 王文慧, 陈治军, 等. 2019. 银额盆地哈日凹陷白垩系云质泥岩气藏特征与成藏条件[J]. 岩性油气藏, 31(2): 24-34.

柳广弟, 张厚福. 2009. 石油地质学[M]. 北京: 石油工业出版社.

柳广弟, 赵文智, 胡素云, 等. 2003. 油气运聚单元石油运聚系数的预测模型[J]. 石油勘探与开发, (5): 53-55.

柳益群, 周鼎武, 焦鑫, 等. 2013. 一类新型沉积岩: 地幔热液喷积岩——以中国新疆三塘湖地区为例[J]. 沉积学报, 31(5): 773-781.

卢凤艳, 安芷生. 2010. 青海湖表层沉积物介形虫丰度及其壳体氧同位素的气候环境意义[J]. 海洋地质与第四纪地质, 30(5): 119-128.

卢进才. 2012. 银额盆地及邻区石炭系: 二叠系油气地质条件与资源前景[M]. 北京: 地质出版社.

卢进才, 陈高潮, 李玉宏, 等. 2014. 银额盆地及其邻区石炭系-二叠系油气资源远景调查主要进展及成果[J]. 中国地质调查, 1(2): 35-44.

卢进才, 张洪安, 牛亚卓, 等. 2017. 内蒙古西部银额盆地石炭系—二叠系油气地质条件与勘探发现[J]. 中国地质, (1): 13-32.

卢进才, 史冀忠, 牛亚卓, 等. 2018a. 内蒙古西部北山-银额地区石炭纪-二叠纪层序地层与沉积演化[J]. 岩石学报, 34(10): 287-301.

卢进才, 宋博, 牛亚卓, 等. 2018b. 银额盆地哈日凹陷 Y 井天然气产层时代厘定及其意义[J]. 地质通报, (1): 93-99.

卢进才, 魏仙样, 魏建设, 等. 2018c. 银额盆地哈日凹陷 Y 井油气地球化学特征与油气源对比[J]. 地质通报, (1): 100-106.

毛德宝, 钟长汀, 陈志宏, 等. 2003. 冀北洞子沟银矿床: 一个中元古代的浅成低温热液矿床——来自矿物学和地球化学的证据[J]. 矿物岩石, 23(2): 16-21.

明楷曼, 潘仁芳, 孙远成, 等. 2013. 银额盆地石炭—二叠纪以来的构造演化及其残余地层分布[J]. 重庆科技学院学报(自然科学版), 15(5): 18-20.

庞雄奇, 周新源, 姜振学, 等. 2012. 叠合盆地油气藏形成、演化与预测评价[J]. 地质学报, 86(1): 1-103.

祁凯, 任战利, 崔军平, 等. 2018. 银额盆地苏红图拗陷西部中生界烃源岩热演化史恢复[J]. 地球科学, 43(6): 1957-1971.

秦建中, 金聚畅, 刘宝泉. 2005. 海相不同类型烃源岩有机质丰度热演化规律[J]. 石油与天然气地质, 26(2): 177-184.

秦建中, 刘宝泉, 国建英, 等. 2004. 关于碳酸盐烃源岩的评价标准[J]. 石油实验地质, 26(3): 281-286.

邱楠生. 2005. 沉积盆地热历史恢复方法及其在油气勘探中的应用[J]. 海相油气地质, 10(2): 45-51.

邱楠生, 胡圣标, 何丽娟. 2004. 沉积盆地热体制研究的理论与应用[M]. 北京: 石油工业出版社.

任纪舜. 1994. 中国大陆的组成、结构、演化和动力学[J]. 地球学报, 26(3、4): 5-13.

任纪舜. 2003. 新一代中国大地构造图——中国及邻区大地构造图(1∶5000000)附简要说明: 从全球看中国大地构造[J]. 地球学报, 24(1): 1-2.

任纪舜, 陈廷愚, 牛宝贵, 等. 1990. 中国东部及邻区大陆岩石圈的构造演化与成矿[M]. 北京: 科学出版社.

任战利. 1991. 关于沉积盆地古地温场恢复问题的探讨[J]. 西北大学学报, 21(增): 227-234.

任战利. 1995. 利用磷灰石裂变径迹法研究鄂尔多斯盆地地热史[J]. 地球物理学报, 38(3): 339-349.

任战利. 1996. 鄂尔多斯盆地热演化史与油气关系的研究[J]. 石油学报, 17(1): 17-24.

任战利. 1998. 中国北方沉积盆地构造热演化史恢复及其对比研究[D]. 西安: 西北大学.

任战利. 1999. 中国北方沉积盆地构造热演化史研究[M]. 北京: 石油工业出版社.

任战利. 2000. 中国北方沉积盆地地热演化史的对比[J]. 石油与天然气地质, 21(1): 33-37.

任战利, 张小会. 1995. 花海—金塔盆地生油岩古温度的确定指明了油气勘探方向[J]. 科学通报, 40(10): 921-923.

任战利, 刘池阳. 2000. 酒泉盆地群热演化史恢复及其对比研究[J]. 地球物理学报, (5): 56-66.

任战利, 赵重远. 2001. 中生代晚期中国北方沉积盆地地热梯度恢复及对比[J]. 石油勘探与开发, 28(6): 1-4.

任战利, 刘池阳, 蒲仁海, 等. 2000. 二连盆地巴音都兰凹陷热演化史研究[J]. 石油学报, 21(4): 42-45.

任战利, 崔军平, 冯建辉, 等. 2002a. 东濮凹陷桥口地区油气藏形成期次研究[J]. 石油勘探与开发, 29(6): 15-18.

任战利, 冯建辉, 崔军平, 等. 2002b. 东濮凹陷杜桥白地区天然气藏的成藏期次[J]. 石油与天然气地质, 23(4): 376-381.

任战利, 张盛, 高胜利, 等. 2007. 鄂尔多斯盆地构造热演化史及其成藏成矿意义[J]. 中国科学(D辑: 地球科学), (S1): 23-32.

任战利, 刘丽, 崔军平, 等. 2008. 盆地构造热演化史在油气成藏期次研究中的应用[J]. 石油与天然气地质, 29(4): 502-506.

任战利, 田涛, 李进步, 等. 2014a. 沉积盆地热演化史研究方法与叠合盆地热演化史恢复研究进展[J]. 地球科学与环境, 36(3): 1-20.

任战利, 李文厚, 梁宇, 等. 2014b. 鄂尔多斯盆地东南部延长组致密油成藏条件及主控因素[J]. 石油与天然气地质, 35(2): 190-198.

任战利, 于强, 崔军平, 等. 2017. 鄂尔多斯盆地热演化史及其对油气的控制作用[J]. 地学前缘, 24(3): 137-148.

沈凤, 钱绍新. 1994. AVO多参数反演在气层检测和储层定量研究中的应用[J]. 石油学报, 15(2): 11-20.

沈守文. 1990. X射线衍射全岩分析和地层微粒分析[J]. 西南石油大学学报(自然科学版), 1(1): 29-36.

孙家振, 李兰斌. 2002. 地震地质综合解释教程[M]. 武汉: 中国地质大学出版社.

孙省利, 陈践发, 刘文汇, 等. 2003. 海底热水活动与海相富有机质层形成的关系——以华北新元古界青白口系下马岭组为例[J]. 地质评论, 49(6): 588-595.

谭秀成, 王振宇, 田景春, 等. 2007. 利用储层岩石学研究油气运移期次[J]. 石油学报, 28(3): 63-67.

佟彦明, 朱光辉. 2006. 利用镜质体反射率恢复地层剥蚀量的几个重要问题[J]. 石油天然气学报, (3): 215-217.

佟彦明, 宋立军, 曾少军. 2005. 利用镜质体反射率恢复地层剥蚀厚度的新方法[J]. 古地理学报, 7(3): 417-424.

王廷印, 王金荣, 刘金坤, 等. 1993. 华北板块和塔里木板块之关系[J]. 地质学报, (4): 287-300.

王香增, 陈治军, 任来义, 等. 2016. 银根—额济纳旗盆地苏红图拗陷H井锆石LA-ICP-MSU-Pb定年及其地质意义[J]. 沉积学报, 34(5): 853-867.

王小多, 刘护创, 于珺, 等. 2015. 银额盆地哈日凹陷油气成藏条件研究及有利区带预测[J]. 科学技术与工程, 15(36), 57-61.

王新民, 郭彦如, 马龙, 等. 2001. 银—额盆地侏罗、白垩系油气超系统特征及其勘探方向[J]. 地球科学进展, 16(4): 490-495.

卫平生, 姚清洲, 吴时国. 2005. 银根—额济纳旗盆地白垩纪地层, 古生物群和古环境研究[J]. 西安石油大学学报: 自然科学版, 20(2): 17-21.

卫平生, 张虎权, 陈启林, 等. 2007. 银根-额济纳旗盆地下白垩统银根组的确立[J]. 地层学杂志, 31(2): 184-189.

魏巍, 朱筱敏, 谈明轩, 等. 2015. 查干凹陷下白垩统扇三角洲相储层特征及物性影响因素[J]. 石油与天然气地质, 36(3): 447-455.

魏巍, 朱筱敏, 谈明轩, 等. 2017. 查干凹陷早白垩世热流体活动的证据及其对巴音戈壁组碎屑岩储层的影响[J]. 石油与天然气地质, 38(2): 270-280.

魏喜, 祝永军, 许红, 等. 2006. 西沙群岛新近纪白云岩形成条件的探讨: C、O同位素和流体包裹体证据[J]. 岩石学报, 22(9): 2394-2404.

魏仙样, 卢进才, 魏建设, 等. 2014. 内蒙古银额盆地居延海拗陷X井地层划分修正及其油气地质意义[J]. 地质通报, (9): 1409-1416.

文华国. 2008. 酒泉盆地青西凹陷湖相"白烟型"热水沉积岩地质地球化学特征及成因[D]. 成都理工大学.

文华国, 郑荣才, Qing H R, 等. 2014. 青藏高原北缘酒泉盆地青西凹陷白垩系湖相热水沉积原生白云岩[J]. 中国科学: 地球科学, (4): 591-604.

文启忠, 刁桂仪, 贾蓉芬, 等. 1995. 黄土剖面中古气候变化的地球化学记录[J]. 第四纪研究, 15(3): 223-231.

吴茂炳, 王新民. 2003. 银根-额济纳旗盆地油气地质特征及油气勘探方向[J]. 中国石油勘探, 8(4): 45-49.

吴泰然, 何国琦. 1992. 阿拉善地块北缘的蛇绿混杂岩带及其大地构造意义[J]. 现代地质, (3): 286-296.

吴元保, 郑永飞. 2004. 锆石成因矿物学研究及其对U-Pb年龄解释的制约[J]. 科学通报, 49(16): 1589.

吴元燕, 吴胜和, 蔡正旗. 2005. 油矿地质学(第三版)[M]. 北京: 石油工业出版社.

肖荣阁, 张宗恒, 陈卉泉, 等. 2001. 地质流体自然类型与成矿流体类型[J]. 地学前缘, 8(4): 379-385.

许怀先, 陈丽华, 万玉金, 等. 2001. 石油地质实验测试技术与应用[M]. 北京: 石油工业出版社.

许伟, 魏建设, 韩伟, 等. 2018. 银额盆地及周缘石炭系和二叠系沉积之后构造改造初探[J]. 地质通报, (1): 132-143.

严云奎, 袁炳强, 杨高印, 等. 2011. 内蒙古西部银根-额济纳旗盆地重力场与断裂构造的特征[J]. 地质通报, 30(12): 1962-1968.

颜文, 李朝阳. 1997. 一种新类型铜矿床的地球化学特征及其热水沉积成因[J]. 地球化学, (1): 54-63.

杨勤勇, 赵群, 王世星, 等. 2006. 纵波方位各向异性及其在裂缝检测中的应用[J]. 石油物探, 45(2): 177-181.

喻岳钰, 杨长春, 王彦飞, 等. 2009. 叠前弹性阻抗反演及其在含气储层预测中的应用[J]. 地球物理学进展, 24(2): 574-580.

袁剑英, 黄成刚, 曹正林, 等. 2015. 咸化湖盆白云岩碳氧同位素特征及古环境意义: 以柴西地区始新统下干柴沟组为例[J]. 地球化学, 44(3): 254-266.

袁万明, 董金泉, 保增宽. 2004. 新疆阿尔泰造山带构造活动的磷灰石裂变径迹证据[J]. 地学前缘, 11(4): 461-468.

曾方明. 2016. 青海湖地区晚第四纪黄土的物质来源[J]. 地球科学, 41(1): 131-138.

张爱平. 2003. 内蒙古银额盆地查干凹陷构造特征及其与油气关系[D]. 北京: 中国地质大学(北京).

张国栋, 刘萱, 田丽花, 等. 2010. 综合应用地震属性与地震反演进行储层描述[J]. 石油地球物理勘探, 45(a01): 137-144.

张辉, 彭平安. 2011. 烃源岩有机碳含量恢复探讨[J]. 地球化学, 40(1): 56-62.

张进, 李锦轶, 李彦峰, 等. 2007. 阿拉善地块新生代构造作用——兼论阿尔金断裂新生代东向延伸问题[J]. 地质学报, (11): 1481-1497.

张琴, 朱筱敏, 董国栋, 等. 2013. 苏北盆地金湖凹陷戴南组成岩阶段划分及其油气地质意义[J]. 石油实验地质, (1): 53-59.

张文正, 杨华, 解丽琴, 等. 2010. 湖底热水活动及其对优质烃源岩发育的影响——以鄂尔多斯盆地长7烃源岩为例[J]. 石油勘探与开发, 37(4): 424-429.

张义杰, 曹剑, 胡文瑄. 2010. 准噶尔盆地油气成藏期次确定与成藏组合划分[J]. 石油勘探与开发, 37(3): 257-262.

张兆辉, 苏明军, 刘化清, 等. 2012. 精细地震层序地层分析技术及应用——以渤海湾盆地歧口凹陷滨海地区为例[J]. 石油实验地质, (6): 648-652.

赵春晨, 刘护创, 任来义, 等. 2017. 银额盆地YHC1井白垩系气藏形成的地质环境及其远景意义[J]. 天然气地球科学, 28(3): 439-451.

赵孟军, 黄第藩. 1995. 不同沉积环境生成的原油单体烃碳同位素分布特征[J]. 石油实验地质, 17(2): 171-179.

赵省民, 邓坚. 2011. 银根-额济纳旗及邻区石炭—二叠纪碳酸盐岩的沉积特征及其地质意义[J]. 地球科学, 36(1): 62-72.

赵省民, 陈登超, 邓坚. 2010. 银根-额济纳旗及邻区石炭系—二叠系的沉积特征及石油地质意义[J]. 地质学报, (8): 1183-1194.

赵文智, 何登发, 李小第. 1999. 石油地质综合研究导论[M]. 北京: 石油工业出版社.

赵文智, 胡素云, 沈成喜, 等. 2005a. 油气资源评价方法研究新进展[J]. 石油学报, 26(S1): 25-29.

赵文智, 汪泽成, 李晓清, 等. 2005b. 油气藏形成的三大要素[J]. 自然科学进展, 15(3): 304-312.

赵玉灵, 杨金中, 沈远超. 2002. 同位素地质学定年方法评述[J]. 地质与勘探, 38(2): 63-67.

赵重远, 刘池洋, 任战利. 1990. 含油气盆地地质学及其研究中的系统工程[J]. 石油与天然气地质, 11(1): 108-113.

赵重远, 张小会, 任战利, 等. 2002. 油气成藏动态预测[J]. 石油与天然气地质, 23, 4): 314-320.

郑荣才, 文华国, 范铭涛, 等. 2006. 酒西盆地下沟组湖相白烟型喷流岩岩石学特征[J]. 岩石学报, 22(12): 3027-3038.

郑荣才, 文华国, 李云, 等. 2018. 甘肃酒西盆地青西凹陷下白垩统下沟组湖相喷流岩物质组分与结构构造[J]. 古地理学报, 20(1): 1-18.

郑荣国, 李锦轶, 肖文交, 等. 2016. 阿拉善地块北缘恩格尔乌苏地区发现志留纪侵入体[J]. 地质学报, 90(8): 1725-1736.

钟大康, 周立建, 孙海涛, 等. 2012. 储层岩石学特征对成岩作用及孔隙发育的影响——以鄂尔多斯盆地陇东地区三叠系延长组为例[J]. 石油与天然气地质, 33(6): 890-899.

钟大康, 姜振昌, 郭强, 等. 2015. 内蒙古二连盆地白音查干凹陷热水沉积白云岩的发现及其地质与矿产意义[J]. 石油与天然气地质, 36(4): 587-595.

钟大康, 杨喆, 孙海涛, 等. 2018. 热水沉积岩岩石学特征: 以内蒙古二连盆地白音查干凹陷下白垩统腾格尔组为例[J]. 古地理学报, 20(1): 19-32.

钟福平. 2015. 华北克拉通破坏时间与破坏范围分布特征——来自银根—额济纳旗盆地苏红图拗陷早白垩世火山岩的启示[J]. 中国地质, 42(2): 435-456.

钟福平, 钟建华, 王毅, 等. 2011. 银根—额济纳旗盆地苏红图拗陷早白垩世火山岩对阿尔金断裂研究的科学意义[J]. 地学前缘, 18(3): 233-240.

钟福平, 钟建华, 王毅, 等. 2014. 银根-额济纳旗盆地苏红图拗陷早白垩世火山岩地球化学特征与成因[J]. 矿物学报, (1): 107-116.

钟巍, 薛积彬, 甄治国, 等. 2007. 雷州半岛北部晚更新世晚期气候环境变化的泥炭沉积记录[J]. 海洋地质与第四纪地质, 27(6): 97-104.

周成礼, 冯石, 王世成, 等. 1994. 磷灰石裂变径迹长度分布数值模拟及地质应用[J]. 石油实验地质, (4): 409-416.

周路, 郑金云, 雷德文, 等. 2007. 准噶尔盆地车莫古隆起侏罗系剥蚀厚度恢复[J]. 古地理学报, 9(3): 243-252.

朱东亚, 金之钧, 胡文瑄. 2010. 塔北地区下奥陶统白云岩热液重结晶作用及其油气储集意义[J]. 中国科学: 地球科学, 40(2): 156-170.

朱俊章, 施和生, 舒誉, 等. 2007. 珠江口盆地烃源岩有机显微组分特征与生烃潜力分析[J]. 石油实验地质, 29(3): 301-306.

朱筱敏. 2008. 沉积岩石学[M]. 北京: 石油工业出版社.

左银辉, 邱楠生, 邓已寻, 等. 2013. 查干凹陷大地热流[J]. 地球物理学报, 56(9).

左银辉, 李新军, 孙雨, 等. 2014. 查干凹陷热史及油气成藏期次[J]. 地质与勘探, 50(3): 583-590.

左银辉, 张旺, 李兆影, 等. 2015. 查干凹陷中、新生代构造-热演化史[J]. 地球物理学报, 58(7): 2366-2379.

Allen A P, Allen R J. 2005. Basin Analysis: Principles and Applications[M]. Blackwell Scientific.

Barker C E , Pawlewiez M J . 1986. The correlation of vitrinite reflectance with maximum temperature in humic organic matter[M] //Günter B, Lajos S. Paleogeothermics: Evaluation of Geothermal Conditions in the Geological Past. Berlin:Springer Verlag.

Barrat J A, Boulegue J, Tiercelin J J, et al. 2000. Strontium isotopes and rare-earth element geochemistry of hydrothermal carbonate deposits from Lake Tanganyika, East Africa[J]. Geochimica Et Cosmochimica Acta, 64(2): 287-298.

Bemis B E, Spero H J, Bijma J, et al. 1998. Reevaluation of the oxygen isotopic composition of planktonic foraminifera: Experimental results and revised paleotemperature equations[J]. Paleoceanography, 13(2): 150-160.

Brandon M T. 1996. Probability density plot for fission-track grain-age samples[J]. Radiation Measurements, 26(5): 663-676.

Burruss R C. 1989. Paleotemperatures from Fluid Inclusions: Advances in theory and technique[M]//Thermal History of Sedimentary Basins. Berlin: Springer.

Choi J H, Hariya Y. 1992. Geochemistry and depositional environment of Mn Oxide deposits in the Tokoro Belt, Northeastern Hokkaido, Japan[J]. Economic Geology, 87(5): 1265-1274.

Cocherie, Calvez J Y, Oudin-Dunlop E, et al. 1994. Hydrothermal activity as recorded by Red Sea sediments: Sr-Nd isotopes and REE signatures[J]. Marine Geology, 118(3-4): 291-302.

Connolly P. 1999. Elastic impedance[J]. Leading Edge, 18(4): 438-452.

Craft K J, Mallick S, Meister L J, et al. 1997. Azimuthal anisotropy analysis from P wave seismic travel time data[C]// Expanded Abstracts of 67th SEG Meeting, 1214-1217.

Crerar D A, Namson J, Chyi M S, et al. 1982. Manganiferous cherts of the franciscan assemblage; i, general geology, ancient and modern analogues, and implications for hydrothermal convection at oceanic spreading centers[J]. Economic Geology, 773: 519-540.

Dow W G. 1977. Kerogen studies and geological interpretations[J]. Journal of Geochemical Exploration, (7): 79-99.

Dunbar C O, Rodgers J. 1957. Principles of stratigraphy[M]. Hoboken: John Wiley & Sons Inc.

Epstein S, Buchsbaum R, Lowenstam H A, et al. 1953. Revised carbonate-water isotopic temperature Scale[J]. Bulletin of the Geological Survey of Japan, 64(11): 1315-1326.

Faure G. 1998. Isotope geochronology and its applications to geology[J]. Earth Science Frontiers, 5(1-2): 17-39.

Fryer G J, Frazer L N. 1984. Seismic waves in stratified anisotropic media[J]. Geophysical Journal International, 78(3): 691-710.

Galbraith R F. 1981. On statistical models for fission track counts[J]. Journal of the International Association for Mathematical Geology, 13(6): 471-478.

Gleadow A J W, Fitzgerald P G. 1987. Uplift history and structure of the Transantarctic Mountains: New evidence from fission track dating of basement apatites in the Dry Valleys area, southern Victoria Land[J]. Earth and Planetary Science Letters, 82: 1-14.

Gleadow A J W, Duddy I R, Green P F, et al. 1986. Confined fission track lengths in apatite: A diagnostic tool for thermal history analysis[J]. Contributions to Mineralogy & Petrology, 94(4): 405-415.

Gray D, Head K. 2000. Fracture detection in Manderson Field: A 3-D AVAZ case history[J]. Geophysics, 19(11): 1214-1221.

Gromet L P, Haskin L A, Korotev R L, et al. 1984. The "North American shale composite": Its compilation, major and trace element characteristics[J]. Geochimica Et Cosmochimica Acta, 48(12): 2469-2482.

Horibe Y, Oba T. 1972. Temperature scales of aragonite-water and calcite-water systems[J]. Fossils, 23(24): 69-79.

Hudson J A. 1981. Wave speeds and attenuation of elastic waves in material containing cracks[J]. Geophysical Journal International, 64(1): 133-150.

Hudson J A, Liu E, Crampin S. 1996. The mechanical properties of materials with interconnected cracks and pores[J]. Geophysical Journal International, 124(1): 105-112.

Hurford A J, Gleadow A J W. 1977. Calibration of fission track dating parameters[J]. Nuclear Track Detection, 1(1): 41-48.

Hurford A J, Green P F. 1982. A Users' guide to fission track dating calibration[J]. Earth and Planetary Science Letters, 59(2): 343-354.

Julia R, Luque J A. 2006. Climatic changes vs. catastrophic events in lacustrine systems: A geochemical approach[J]. Quaternary International, 158: 162-171.

Kim S T, O'Neil J R. 1997. Equilibrium and nonequilibrium oxygen isotope effects in synthetic carbonates[J]. Geochimica et Cosmochimica Acta, 61(16), 3461-3475.

Klinkhammer G P, Elderfield H, Edmond J M, et al. 1994. Geochemical implications of rare earth element patterns in hydrothermal fluids from mid-ocean ridges[J]. Geochimicaet Cosmochimica Acta, 58(23): 5105-5113.

Kuster G T, Toksoz M N. 1974. Velocity and attenuation of seismic waves in two-phase media[J]. Geophysics, 39(5): 587-618.

Mallick S, Frazer L N. 1991. Reflection/transmission coefficients and azimuthal anisotropy in marine seismic studies[J]. Geophysical Journal International, 105(1): 241-252.

Marchig V, Gundlach H, Möller P, et al. 1982. Some geochemical indicators for discrimination between diagenetic and hydrothermal metalliferous sediments[J]. Marine Geology, 50(3): 241-256.

McCrea J M. 1950. On the isotopic chemistry of carbonates and a paleothermometer scale[J]. Journal of Chemical Physics, 5(6): 48-51.

Murray R W. 1994. Chemical criteria to identify the depositional environment of chert: General principles and applications[J]. Sedimentary Geology, 90(3-4): 213-232.

O'Neil, James R. 1969. Oxygen isotope fractionation in divalent metal carbonates[J]. Journal of Chemical Physics, 51(12): 5547-5558.

Pearce J A, Harris N B W, Tindle A G. 1984. Trace element discrimination diagrams for the tectonic interpretation of granitic rocks[J]. Journal of Petrology, 25(4): 956-983.

Rajabzadeh M A, Rasti S. 2017. Investigation on mineralogy, geochemistry and fluid inclusions of the Goushti hydrothermal magnetite deposit, Fars Province, SW Iran: A comparison with IOCGs[J]. Ore Geology Reviews, 82: 93-107.

Ramos A C. 1996. Azimuthal anisotropy in P wave 3D multiazimuth data[J]. The Leading Edge, 15(8): 923-928.

Ren Z L. 1995. Thermal history of Ordos Basin assessed by apatite fission track analysis[J]. Chinese Journal of the Geophysics, 38(2): 233-247.

Ren Z L, Zhang X H, Liu C Y, et al. 1995. Determination of oil source rock palaeotemperature ascertains the direction of oil-gas exploration in Huahai-Jinta Basin[J]. Science Bulletin, 24(10): 2053-2056.

Ren Z L, Zhang X H, Liu C Y, et al. 2000. Thermal history recovery and comparative research on Jiuquan basin group[J]. Chinese Journal of Geophysics, 43(5): 635-645.

Ren Z L, Xiao H, Liu Li, et al. 2005. The evidence of fission-track data for the study of tectonic thermal history in Qinshui Basin[J]. Chinese Science Bulletin, 50(S): 104-110.

Ren Z L, Cui J P, Liu C Y, et al. 2015. Apatite fission track evidence of uplift cooling in Qiangtang basin and constraints on the Tibetan Plateau uplift[J]. Acta Geologica Sinica, 89(2): 467-484.

Rona P A. 1978. Criteria for recognition of hydrothermal mineral deposits in oceanic crust[J]. Economic Geology, 732: 135-160.

Rona P A, Hannington M D, Raman C V, et al. 1989. Active and relict sea-floor hydrothermal mineralization at the tag hydrothermal field, mid-atlantic ridge[J]. Economic Geology, 888: 1989-2017.

Rüger A. 1998. Variation of P-wave reflectivity with offset and azimuth in anisotropic media[J]. Geophysics, 63(3): 935-947.

Savelli C, Marani M, Gamberi F. 1999. Geochemistry of metalliferous, hydrothermal deposits in the Aeolian arc (Tyrrhenian Sea)[J]. Journal of Volcanology and Geothermal Research, 88(4): 305-323.

Seifert W K, Moldowan J M. 1986. Use of biological markers in petroleum exploration[J]. Methods in Geochemistry and Geophysics, 24: 261-290.

Simeone R, Simmons S F. 1999. Mineralogical and fluid inclusion studies of low-sulfidation epithermal veins at Osilo (Sardinia), Italy[J]. Mineralium Deposita, 34(7): 705-717.

Stoffers P, Botz R. 1994. Formation of hydrothermal carbonate in Lake Tanganyika, East-Central Africa[J]. Chemical Geology, 115(1–2): 117-122.

Sun S S, McDonough W F. 1989. Chemical and isotopic systematics of oceanic basalts: Implications for mantle composition and processes[J]. Geological Society London Special Publications, 42(1): 313-345.

Taylor S R, Mclennan S M. 1985. The Continental Crust: Its Composition and Evolution[M]. London: Blackwell.

Teichmüller, Marlies. 1986. Organic petrology of source rocks, history and state of the art?[J]. Organic Geochemistry, 10(1): 581-599.

Thomsen L. 1995. Elastic anisotropy due to aligned cracks in porous rock[J]. Geophysical Prospecting, 43(6): 805-829.

Urey H C, Lowenstam H A, Epstein S, et al. 1951. Measurement of paleotemperatures and temperatures of the Upper Cretaceous of England, Denmark, and the Southeastern United States[J]. Geological Society of America Bulletin, 62(62): 399-416.

Wood D A. 1979. A variably veined suboceanic upper mantle—genetic significance for mid-ocean ridge basalts from geochemical evidence[J]. Geology, (7): 499-503.

Yang P, Ren Z L, Xia B, et al. 2017. The Lower Cretaceous source rocks geochemical characteristics and thermal evolution history in the HaRi Sag, Yin-E Basin[J]. Petroleum Science and Technology, 35(12): 1304-1313.

Zhang C, Cai Y, Xu H, et al. 2017. Mechanism of mineralization in the Changjiang uranium ore field, South China: Evidence from fluid inclusions, hydrothermal alteration, and H–O isotopes[J]. Ore Geology Reviews, 86: 225-253.